Human Resource Management

人力資源管理

2nd Edition

丁志達◎編著

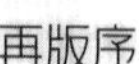

再版序

苟日新，日日新，又日新。

——《禮記・大學》

在現今邁入知識經濟的時代，企業的競爭就是人才的競爭。任何企業都必須提升人力資源的素質，創造企業的價値，始能掌握競爭優勢，立於不敗之地。企業爲達到此一目標，應擁有優秀的人力資源管理的專業人才，始克有成。

本書自2005年出版後，頗受大專院校相關科系採用爲人資管理課程指定的教科書，以及企業界人士的支持、指導、肯定與推薦，初版四刷，如今再版問市，由衷地感謝各位方家的鼓勵。

台諺說：「土水師（泥水匠）怕抓漏，醫師怕治咳。」這句話正好點出了要將現有的成品再作補強的難度，刪減部分資料有點不捨。但是，限於篇幅，只能忍痛割愛，俗話說得好，「舊的不去，新的不來」，再版以嶄新的面貌再度與讀者見面。

近年來，人力資源管理的新資訊不斷被提出，而上世紀80年代、90年代出生的新人類也已投入職場，新人類成員的資質跟嬰兒潮時代的就業者相比，學歷普遍的提高，這群運用科技資訊而非靠勞力來謀生的人力資源，使得人力資源管理的手法也要「天蠶變」，以留住這一批「天之驕子」，因而本書的修訂版勢必再行。

2011年5月，規範攸關勞工團結權、協商權及爭議權的勞動三法（《工會法》、《團體協約法》、《勞資爭議處理法》）的施行，我國勞資關係正式邁入新紀元。傳統上雇主一個人說了算數的時代已過去了，面對這樣的新局，雇主必須調整人事管理心態，讓未來勞資關係邁向成熟有秩序，合作又競爭之新境界。2011年6月29日修正的《勞動基準法》上路，加重對雇主違法的處罰額度，罰金提高五倍（最高併科新台幣七十五

萬元以下罰金）；罰鍰由現行新台幣六千元到六萬元提高爲二萬元到三十萬元，並賦予與主管機關得公布違反《勞動基準法》之事業單位或事業主之名稱、負責人姓名，其目的在於呼籲雇主應確實遵守勞動基準法令，並提供合法的勞動條件保障，以維護勞工的基本權利。

本書再版掌握了人力資源管理新趨勢，架構完備，從宏觀面的人力資源管理緒論（第一章）精要部分作介紹、再依序討論人力資源成本量化管理（第二章）、組織設計與人力規劃（第三章）、工作設計與工作分析（第四章）、員工招募與甄選（第五章）、培訓管理（第六章）、人力資源發展（第七章）、績效管理（第八章）、薪資制度（第九章）、績效獎勵制度（第十章）、員工福利制度（第十一章）、勞動法規與紀律管理（第十二章）、工作規則與勞動契約（第十三章）、勞資關係（第十四章）、勞動三法與爭議行爲（第十五章）及離職管理（第十六章），並以著者在人資界工作四十餘年的工作心得之記錄，在每一單元內，以劄記方式提出一些精闢的觀點補遺未能在本文詳細論述之處，並提供圖、表、範例約二百種，內容豐富完備，可說是一本參考實用性強的人資管理實務作業手冊。

在本書再版付梓之際，謹向揚智文化事業公司葉總經理忠賢先生、閻總編輯富萍小姐暨全體工作同仁敬致衷心的謝忱。限於著者學識與經驗的侷限，書中疏誤之處，在所難免，尚請方家不吝賜教是幸。

丁志達 謹識

2012年10月18日寫於重慶旅次

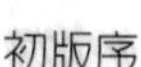

初版序

孤鳥單飛　銜草以築

回首向來蕭瑟處，歸去，也無風雨也無晴。

——蘇軾．《定風波》

我，三年級生，輔大歷史學系畢業，預官退伍後，沒有像其他同班同學往教育界發展，反而自我選擇的走入人資界服務，一切都得靠自己努力求生。從事人資工作，少有掌聲，多是抱怨聲，一路走來，眞的體驗了「冬天飲冰水，冷暖自知」的心境，但是一想到明朝洪自誠寫了一本《菜根譚》書中的一段話：「我貴而人奉之，奉此峨冠大帶也；我賤而人侮之，侮此布衣草履也。然則原非奉我，我胡爲喜？原非侮我，我胡爲怒？」就釋然多了。

1960年代，企業界的人事工作大都隸屬於總務部門底下的一個小單位，因爲在「人浮於事」的社會，少有勞資糾紛，勞工有工作可做，是老闆的「恩典」，人事工作就是行政工作，在組織裡起不了作用。

1970年代，電子業、紡織業興起，要錄用大批的基層女性勞工，人員也開始流動，人事單位逐漸的脫離總務部門成爲獨立的「人事室」（部門）。在這個年代，人事工作主要的是爲人員「招聘」與「離退」的「迎新送舊」而忙碌。

1980年代，外人來華投資蔚爲風潮，外商企業引進了國外較爲先進的人事管理制度，在「本土化」的人才培育下，人事管理工作的範圍從原先的「招聘」，逐漸拓展到「訓練」、「薪資」、「福利」與「績效」管理的範疇，也形成了企業界設置「人力資源管理部」的雛型。《勞動基準法》實施後，台灣的勞資關係驟變，抗爭不斷，企業爲了應付這種勞資爭議新局面，人事部門逐漸轉型到「工業關係部」的組織型態，處理勞資糾

紛或是與工會對話的「窗口」，這是當時人事管理人員的「日常」重要工作。

1990年代，服務業崛起，勞力型人力逐漸的往工作環境較製造業舒適的服務業流動，使得創造台灣經濟奇蹟的製造、營建業基層勞工的缺工問題，開始浮出檯面。體力工找不到人來做，工資又高漲，抗爭也多，業界迫促政府開放外勞，以遞補缺工的現象。在這個年代裡，又適逢中國大陸對外改革開放，台灣的一些傳統產業紛紛往大陸地區投資設廠，「外籍勞工」、「台籍幹部」與「大陸職工」成爲人資界新的專有名詞與新的工作領域，人事工作成爲「跨國企業」的人事管理工作，裡（國內）、外（國外）員工都要兼顧管理，「人力資源管理部」於焉成立。

2000年代，在亞洲金融風暴的影響下，企業購併、裁員、組織再造、勞務外包的風行，「人力資源部門」從行政專業的工作走入了「策略夥伴」的角色，「人力資源管理」也轉向以內部顧客爲導向的「人力資源服務部門」。人資部門在企業內的位階提升了，但人資人員的工作壓力也相對增加了，個人職場存活率的風險也伴隨而來，在這個「巨變」的經營環境下工作的人資人員，任重道遠，唯有不斷地尋找名師，終身學習，才能成爲企業內不會被抽換的樑柱。

從1960年代走到2000年代，這三十多年來，作爲一名人資界的從業人員，我參與了、我見證了台灣地區人力資源管理沿革的歷程，從人事辦事員、課長、主任、經理到總經理特別助理的工作。從「微觀」的行政基層工作的涉獵，邁向「宏觀」的人資管理與服務的領域；也從日商、美商、法商、義大利商到國人投資的企業都服務過；更曾有一段期間在中國大陸工作。在2000年，個人退出了「朝九暮五」的職場工作後，開始從事人資顧問與授課的工作。

學歷史學的人，是研究「古人」的事，個人卻陰錯陽差的走入管理「今人」的事。所以，在職場上，我必須更用功、更謙虛、更努力，在人品無瑕之下，才能立足人資界。回首三十多年來，個人在工作上始終戰戰兢兢，不敢鬆怠，唯恐對不起曾經在職場上提攜或協助過我的貴人（按在職場工作先後順序排序）：丁玉鑫先生、蔡長榮先生、丁伯銘先生、李裕昆先生、陳根塗先生、黃心炤先生、邱再興先生、蔡武雄先生、馬維驤先

生、廖文瑛先生、張成發先生、謝金生先生、宋茜午女士、廖德卿先生、王遐昌先生、楊正先生等長官及同事，在此表達個人衷心的感恩與感激。

學歷史學的我，曾受過嚴謹的資料蒐集與分析的訓練，因而這些年來陸續地蒐集、保存了台灣與大陸地區出版的有關人力資源管理方面的文獻資料，並詳加研讀。因緣際會，承蒙中華企業管理發展中心李董事長裕昆先生暨高總經理盛隆先生的提攜，定期安排在中華企管傳授人力資源管理一系列的實務課程，在教學相長下，乃不揣譾陋，撰稿成書；又承蒙揚智文化葉總經理忠賢先生的慨允出版，謹致最大的的敬意與謝意。

本書撰寫的宗旨，就個人曾經涉獵的古（古書的啓示）、今（實務的經驗）、中（本國企業的作法）、外（外商的管理經驗）四大主軸的人力資源管理的經驗加以融合，以實務爲主導，以經驗爲內容，提供一些可行的具體方法。但囿於個人才疏學淺，雖克盡所能，掛一漏萬，在所難免，尚祈各位方家不吝指教是盼。

在本書撰寫期間，承蒙任教於台南應用科技大學應用英語系助理教授王志峯博士、內人林專女士以及丁經岳先生、詹宜穎小姐、丁經芸小姐的協助與資料整理，特此致謝。

最後，謹以虔誠、感謝的心，向本書各章節及有關圖表所引用資料的所有作者或譯者，敬致最高的謝忱。

丁志達　謹識

目　錄

第6章　培訓管理　141

第7章　人力資源發展　169

第8章　績效管理　191

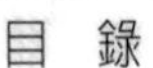

圖目錄

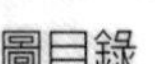

表目錄

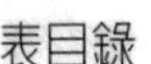

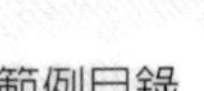

範例目錄

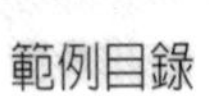

第1章 人力資源管理緒論

- 人力資源管理的演進
- 知識經濟時代的員工
- 人資部門的特質與功能
- 人資人員角色定位
- 人資人員的職能與操守
- 跨國企業人資管理
- 結　語

> 不管時間表排得再忙、有多少的重要行程，一定分出百分之七十的時間投入人力資源，因為把人搞定，一切都搞定了。
>
> ——前奇異（GE）執行長傑克·威爾許（Jack Welch）

傳統人事管理偏重行政方面的工作，而現代人力資源管理則比較強調能站在企業長期發展策略規劃的角度，以更前瞻的眼光與作法，未雨綢繆找出企業組織內人力資源的優勢與劣勢，加以整合，以迎接企業所面臨的內外在經營環境的挑戰（**表1-1**）。

表1-1　人力資源認知進化論

類別	功能	特色	觀念認知	代表公司
人事管理	扮演監督管理行政的角色，按規章制度行事，主要處理人事問題糾紛。	被動。通常其他部門提出需求，人事部門才處理。	認為人事主要的職責在監督員工，避免員工違反公司規範。	約有50%的公司，實質上還停留在此階段。
人力資源管理	已經有策略思維，人是生產過程中重要的關鍵，公司運用人力資源創造價值。	重視人力競爭力提升，希望創造價值、產生結果。	把人當成石油般的資源來用，會希望用最少資源創造最大價值，一旦獲利未見提升，就開始裁員、縮編。	全球主流。
人力資本	資本是創造愈多價值愈好，本益比愈高愈好，所以人才是為了創造價值。	認為人才值多少錢，企業就付出多少，甚至更高，但相對預期人才能創造更多價值。	把人才當成資本，人與人的關係只建立在經濟價值上，人才為了創造價值，可以放棄生活、家庭。	如恩隆（Enron）就是極端例子，執行長為了創造高績效假象，製造假交易，以創造股票市值。
人力資產	資產廣義的概念包含資本、資源，有經濟價值與非經濟價值，可以分有形與無形資產。	知識經濟時代，知識資源更重要，關鍵人才是公司重要的資產。	資產除了可以為公司創造價值外，資產本身還會增值。	谷歌（Google）、微軟（Microsoft）。

資料來源：李瑞華；引自：李宜萍（2008），〈台灣首位變革人資長李瑞華：從行政專家變成策略夥伴〉，《管理雜誌》，第410期（2008/8），頁82。

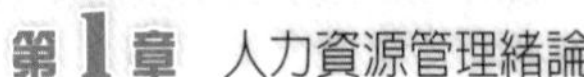

第一節　人力資源管理的演進

企業組織的功能可區分爲「生產」、「行銷」、「人力資源」、「研究發展」、「財務」等五項，即一般所謂的「產、銷、人、發、財」。功能雖各有不同，但也並非完全獨立。企業經營若欲體質健康，則必須各項功能、制度都能妥善配合，結爲一體，發揮相輔相成之功效，方能達成企業的目標。

一、傳統人事管理的功能

在「人」與「組織」科學化管理觀念的歷史演進時間不超過百年，過去總以「人事管理」（personnel management）視之，著重於行政事務層面的管理。1940年代的「勞工關係」，50年代的「訓練議題」，60年代的「法規、考核與薪酬」，是人事管理的「主軸」。

英國人事管理協會（Institute of Personnel Management）在1963年的金禧紀念刊物上，爲人事管理做出如下的闡釋：「人事管理包括所有管理人的責任，亦是指那些受聘專門擔任這類工作的人。人事管理是管理範疇中主要處理工作中人的問題，以及人與企業的關係。」（王銳添，1998）

二、人力資源管理的功能

1970年代以後，「人力資源」（human resource）一詞出現，漸漸取代昔日「人事」（personnel）或「人力」（manpower）等狹隘的字眼。人力資源管理將舊式的人事職務擴大，由以前控制員工的角度轉爲一個完整的人力資源規劃（human resource planning）、組織發展及運用的新取向（**圖1-1**）。

到了1980年代，隨著產業結構的改變，資訊科技的進步，社會環境的變遷，企業景氣的循環，勞動市場人力供需的變化，勞工立法趨於嚴謹，以及全球化的競爭趨勢，個人自由意識的高漲、個人價值觀不同於往

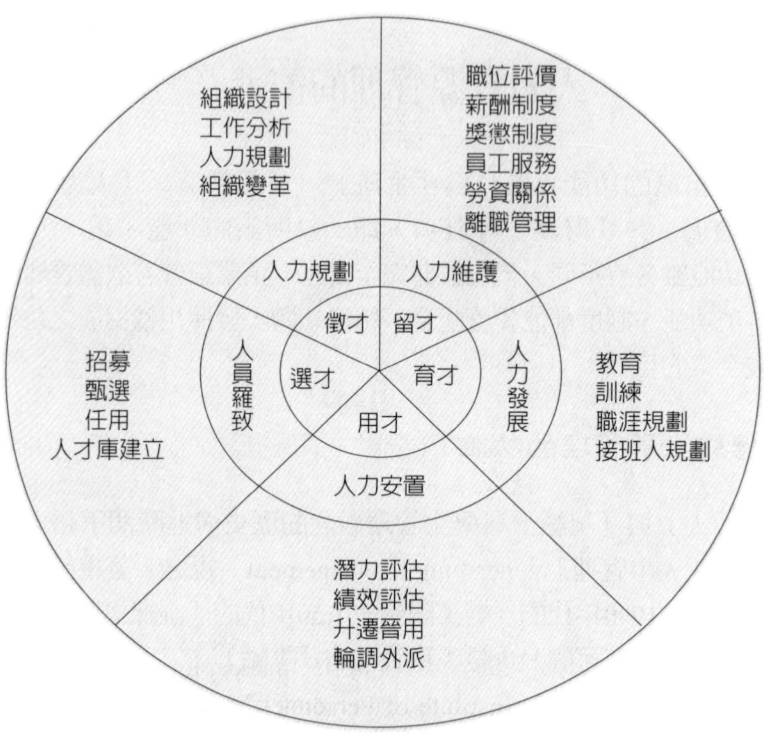

圖1-1　人力資源管理的五大功能圖

資料來源：丁志達（2012），「人力資源管理實務研習班」講義，財團法人中國生產力中心編印。

昔。企業面臨更爲複雜的、自由化的經營環境，使得傳統式的人事部門由「組織」面的切入，從事人員招募、考勤休假、教育訓練、績效考核、薪資福利、員工關係等經常性的人事行政工作，必須迅速轉型到以「員工」面爲切入點，將個人與組織的目標結合爲一，使人事管理逐漸提升爲更具彈性的「人力資源管理」（human resource management）的角色，也使得人事的功能，從次要的、消極的角色，提升到高層的、積極的角色。人事工作除了處理上述傳統的一般人事行政事務外，其內容尚須涵蓋到人力資源的規劃、組織發展、人力培育與發展、績效管理、目標管理、薪資管理與績效獎勵制度（reward system）、彈性福利制度、員工協助方案（Employee Assistance Programs, EAPs）、勞資關係，以及國際企業人力

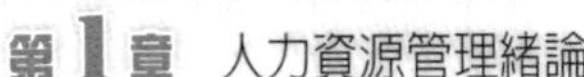

資源管理等各項重要課題。

在1990年代，「員工」與「組織」的管理進入策略的層次，形成所謂的「策略性人力資源管理」（strategic human resource management）的新紀元，以更積極的作爲，來協助企業創造競爭優勢，有效展現與發展組織整體的能力（organizational capability），妥善研擬適當的策略，以主動性（由被動的解決行政上的問題，轉型到主動的提供服務）、積極性（以專業的角色，向各級主管提供所需資訊及協助）、前瞻性（重視企業與員工的長期成長與發展）的規劃，以因應產業結構的改變、全球化的競爭趨勢，於外在環境的劇烈競爭下，謀求企業的生存與永續發展。

晚近，企業經營環境丕變，全球化的併購風潮、斷尾求生的裁員（layoff）動作與組織再造（reengineering），使得「人的價値」成爲企業經營成功或失敗的「主軸」，在「人才是企業的最重要資產」的前提下，人力資源管理受到經營者的「青睞」與「重視」，例如，文化變革（culture change）、組織能力（organizational capacity）、核心職能（core competency）、智力資本（intellectual capital）、高績效工作系統（high-performance work system）、業務流程管理（business process management）、價値革新（value innovation）、賦權（empowerment）、員工參與（employee involvement）、生產力（productivity）、高績效團隊（high performing teams）、組織扁平化（downsizing）等議題都與人力資源管理息息相關，使得許多人力資源管理學者及實務界人士仍提出「人力資源管理策略」（human resource management strategy）的觀點，企圖運用不同策略與方法，來積極推動組織之人力資源管理，樹立人力資源管理的專業形象及提升其地位，使其服務對象不僅止於企業內部員工及經理人，更擴及企業外部之客戶、策略夥伴、供應商及經銷商，讓人力資源管理成爲組織經營管理中不可或缺的要角（**圖1-2**）。

進入21世紀，人力資源管理開始強調「資訊技術」（Information Technology, IT），一些傳統的人力資源管理的工具開始走向e化的趨勢。例如，e-performance、e-compensation、e-HR等等。（鄭晉昌，2002）

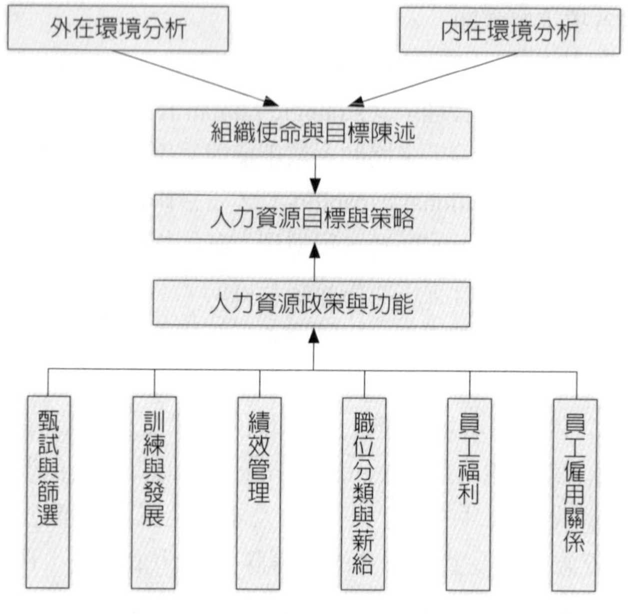

圖1-2　策略性人力資源管理概念

資料來源：Tompkins (2002: 97)；引自：呂育誠，〈策略性人力資源管理意涵及在我國推動的展望〉，網址：http://eppm.shu.edu.tw/file/dissertationc037.pdf。

第二節　知識經濟時代的員工

「企」字無人，企業就要解散，所以企業是靠人來經營的。「勞工」一詞，是在工業革命後才誕生的「專有名詞」。「勞工」有廣義和狹義的認定，廣義的勞工，包括一切以體力勞動（blue-collar workers）和智力勞動（white-collar workers）而換取工資或報酬的人；狹義的勞工，係指以出賣勞力、靠體力勞動換取工資過活的工人而言。簡言之，勞工是透過一生工作歲月的努力，奉獻其勞力、勞心，投入值得歸屬信賴的組織（企業），而成爲可被開發利用的人力資源。

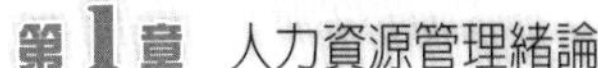

一、勞工的類別

根據國際勞工組織（International Labor Organization, ILO）對「勞工」（labor）所下的定義：「所謂勞工，就是靠自己的體力或智慧，換取薪津工資以交換生活資源的人。」並將勞工分爲五大類：無技術工人（藍領階級）、半技術工人（藍領階級）、技術工人（藍領階級）、白領工人（白領階級）和自營作業者。

在18世紀中葉，一般人是以無技術工人爲勞工；19世紀逐漸擴及半技術工人、技術工人和部分之白領工人爲勞工；到了20世紀，廣義的勞工定義，爲各國所採用。我國《勞動基準法》第二條將「勞工」的定義爲：「謂受雇主僱用從事工作獲致工資者。」係採廣義的解釋。

廣義的勞工定義，使得現代的勞工不同於往昔的傳統勞工，他們不只爲賺取工資來糊口、養家就滿足，更要達到馬斯洛（Abraham H. Maslow）所提出的五個需求層級理論（Maslow's Hierarchy of Needs Theory）的每一層次，通通都要滿足，要「賺錢」，更要「尊嚴」，要「做事」，也要「成就」，要「拚命」，也要「休閒」。勞工意識的高漲，傳統人事管理的方法與作法，必須「改弦更張」，從企業經營面與員工需求面來思考人力資源管理的正確方向。人力資源專業人員（簡稱人資人員）如果還墨守成規、蕭規曹隨，將無法使員工對企業產生「忠誠度」與「向心力」，更遑論會把人力資源管理工作做得好（**表1-2**）。

表1-2 馬斯洛需求層級理論與整體薪酬回報對應

馬斯洛需求理論（從高到低排列）	整體薪酬回報
自我實現的需求	發展和進步的機會
受人尊重的需求	工作績效的回饋、肯定
歸屬與愛的需求	從屬關係與團隊合作
安全的需求	穩定的經濟收入、健康、福利
生理的需求	按勞計酬、基本工資

資料來源：漢威特諮詢公司（2004），〈整體薪酬回報——並非「新瓶裝舊酒」〉，《富有競爭力的薪酬設計》，上海交通大學出版社出版，頁23。

二、知識員工

知識經濟時代，在科技創新和全球化浪潮的襲捲下，管理思維面臨全新的挑戰，創造財富的關鍵不在石油、土地等自然資源，而在於誰能擁抱知識、掌握知識流程，誰就能掌握財富。管理大師彼得·杜拉克（Peter F. Drucker）在《後資本主義社會》（*Post-Capitalist Society*）一書中表示：「我們正進入一個知識社會，在這個社會當中，基本的經濟資源將不再是資本、自然資源或是勞力，而將是知識。知識員工將成爲其中的主角。」（**圖1-3**）

知識員工因擁有知識，爲了達成願景，能將個人擁有的知識轉換成組織的「資產」，進行知識的活用與累積。運用知識管理（knowledge management）在組織中做成決策，並提升組織的績效，以成爲組織成長最重要的貢獻者。（孫曉萍，1999）

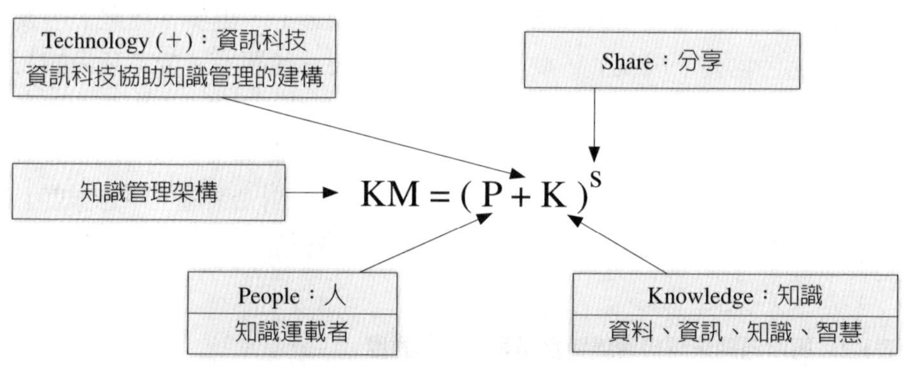

知識管理的架構包括組織的共享、活用與實踐。資訊科技(＋)可以協助知識管理的建構，並加速知識管理的流程。

圖1-3　知識管理重要元素架構圖

資料來源：戴恩經營管理顧問有限公司。

第三節　人資部門的特質與功能

員工是組織最重要的資源，在組織嘗試變得更富有創業精神、在市場更具有競爭力、更專注於學習時，人力資源管理部門（簡稱人資部門）也隨之成長。人資部門將不再只是提供新人僱用和人事管理的作業，其功能尚包括：確定員工現在與未來都有能力協助企業競爭，讓員工的技術能力與組織不斷變動的需求相配合。人資部門是組織重要的環扣，它確保組織的運作、政策與市場的需求一致，並協助員工發揮最大的潛力，增強個人的優勢與組織競爭力。

一、人資部門的特質

傳統的組織正在轉變，它需要以新的方式管理運用企業最具價值的資產——員工。科技領先和國際化要求組織必須更有彈性、更具創業家的精神，人資部門協助組織策略性地管理（服務）員工，以利組織達成更高的績效和利潤水平。人資人員應協助員工找出增進生產力的方法，教導員工有助於組織成長的技能，以強化組織核心能力。除此以外，人資部門還必須發展能夠激勵（incentive）合作、責任和承諾的環境（**表1-3**）。

二、人資部門的功能

人力資源管理功能（human resource management functions）牽涉到各種不同的活動，而大大地影響到組織的所有領域。美國人力資源管理協會（Society for Human Resource Management）確定了下列人力資源管理領域的功能（**圖1-4**）：

(一)人力資源的規劃、甄試與選用

1.從事工作分析，以建立組織內個別工作的特定條件。

2.預測組織目標，達成所需的人力資源條件。

3.發展與執行計畫，以符合這些需求條件。

表1-3　人力資源管理部門的特質

・人力資源是企業生存與發展成功所賴，其他任何資源均無法取代。
・企業在做任何人事政策的決定，都將影響到員工的權益與感受，宜設身處地，以確保員工接受度。
・員工與公司的關係不可僅建立在工作與報酬上，相互的認同與接納，彼此的體恤與關懷才是應有的堅持。
・人資管理制度的建立，應以激勵員工為最終目的，否則，寧可沒有此項制度。
・企業是就業者最佳而非最後選擇。工作條件與工作環境兩者兼具，是讓員工久留的必要條件。
・創造利潤與分享利潤應並行存在；酬勞與績效應是孿生兄弟。
・企業與員工共同成長是雙方共同的願望，任何一方的未來都在對方手中。
・依組織目標與策略，訂定、檢討、建議組織結構及其功能性策略。
・徵才、選才、用才、育才、留才要環環相扣，達到連鎖與互補的功用。
・重視人力的質和量，更重視人力成本。
・利用潛在的人力資源，獲致策略性的優勢。

資料來源：丁志達（2012），「人力資源管理實務研習班」講義，財團法人中國生產力中心編印。

4.甄補組織目標所需要的人力資源。

5.選任和僱用人力資源，以擔任組織內的特定工作職位。

(二)人力資源發展

1.新生訓練與員工訓練。

2.設計、執行、管理與組織發展方案。

3.設計個別員工績效的評估系統。

4.支援員工發展生涯規劃。

(三)報償與福利

1.設計與執行所有員工的報酬和福利制度。

2.確保報償與福利的公平性與一致性。

(四)員工與勞工關係

1.作爲組織與工會的橋樑。

2.設計紀律（discipline）與申訴處理系統。

圖1-4　人力資源管理體系

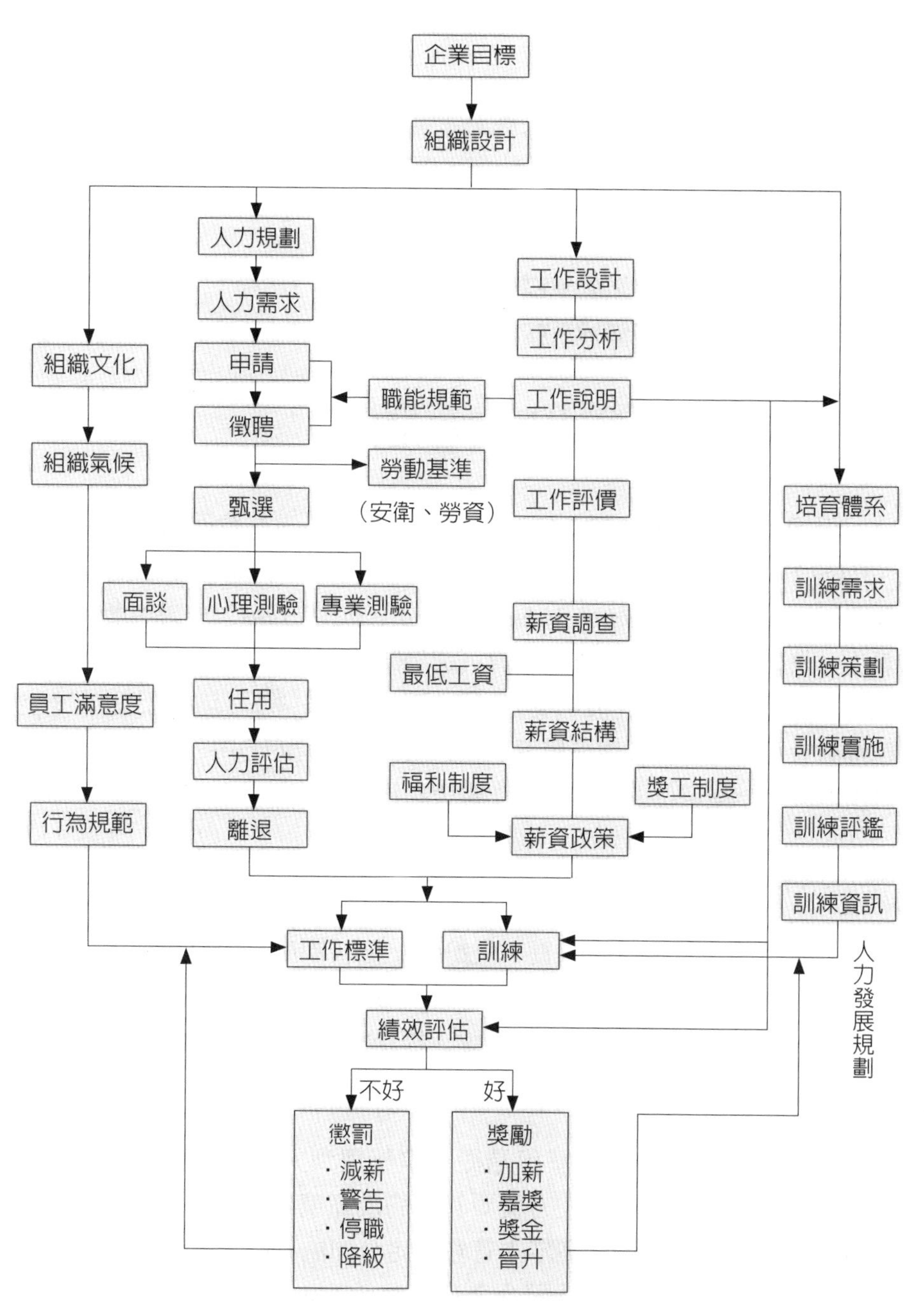

資料來源：《精策人力資源季刊》，第44期（2000/12），頁5。

(五)安全與健康

1.設計與執行方案，以確保員工健康和安全。
2.對足以影響員工工作績效的個人問題提供支援。

(六)人力資源研究

1.提供人力資源資訊的基礎。
2.設計與執行員工溝通系統。（林榮欽譯，1995）

第四節　人資人員角色定位

根據美國密西根大學（University of Michigan）教授戴夫・尤瑞奇（Dave Ulrich）在《人力資源最佳實務》（*Human Resource Champions: The Next Agenda for Adding Value and Delivering Results*）一書中所提出的看法，未來人力資源管理專業人員可透過四種方式引領企業追求卓越，也就是人資人員所要扮演的四大角色是：戰略夥伴、當好員工的代言人、變革推動者及人力資源管理專業者。在企業高階主管的心中，人資部門終將可由「人事作業單位」晉升為「作戰策略拍檔」。

一、人資人員扮演的角色

傳統型的人資人員的職責，是扮演一位「制度」的捍衛者，監督、處理組織內員工薪資、教育訓練、考勤、外勞管理等瑣碎的行政性工作。但是在21世紀的人資人員，就要跳脫、提升這種傳統做事的模式與觀念。

(一)成為企業發展的戰略夥伴（strategic partner）

企業人資管理的發展歷程是從人事管理到人力資源管理，再到策略性人力資源管理，這是人力資源管理的最高境界，以確保企業在競爭的過程中能更成功。協助高階主管在訂定公司的策略與計畫時，能納入有關人力資源管理問題。為配合企業使命（enterprise mission）、願景（vision）、目標（objectives）等的達成，人資人員亦須參與規劃公司的

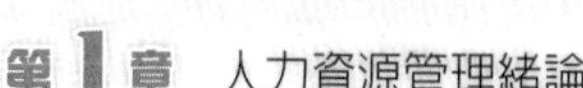

成長計畫，並協助將事業計畫轉為人力資源（發展）規劃，明確地訂定培育或招募人力素質（質與量）的目標、時程表等，即人資部門須承擔協助公司策略成功執行的責任。

(二)當好員工的代言人（employee champion）

從一定程度上說，企業留人比招人更重要。人資部門要為員工塑造良好的工作與成長環境。所以人資部門現在更要強調深入瞭解員工的需求，把員工的想法與合理要求充分反映給公司決策階層。簡要地說，就是透過一系列的人資管理制度，讓企業內部的溝通與決策透明化。人資部門要敢於說實話、說真心話，成為決策者的諍友和勞資合作的橋樑，提供諮詢與輔導，協助員工處理工作適應問題，以及組織及文化衝突等。

(三)做企業變革的推動者（change agent）

人資部門因為可以接觸到企業內所有部門與所有員工，也有很多與外界接觸的機會，應當比別人看得更遠、更敏銳。人資部門可以積極的協助企業推動必要的變革，改變或重塑企業文化，並加強對員工企業文化的教育（education）。對企業來說，為因應市場、顧客等方面的變化，變革已經成為一種常態，但多數企業與員工對變革仍有一種天生的抗拒力，人資部門應當讓企業認識到不改變所可能面臨的問題，以及如何應對它，提供管理階層有效的人員領導管理技巧。

(四)成為人資管理專業者（administrative expert）

過去人資人員大多是從事行政工作的角色，屬於行政執行者、控制者、守門員，較少接觸到企業策略的制定。一方面是由於當時經營環境條件變化不大，另一方面是企業內部大多是屬於藍領階級（作業員），是靠勞力做事，人資部門只需要將日常行政工作做好，企業自然能夠成長。公司如果要進行擴編，人資人員就必須對未來成長的人力資源要求事先規劃；公司如果要開始調整營運方向，人資人員就要開始知道組織精簡後人力結構如何調整。不過，由於現在環境的變化快速，加上知識工作者的興起，人資部門除了要將過去的角色做好外，還要扮演新觀念的引進者，組織改革的推動者和經營策略的共同擬定者。在制定企業策略時，能提供其意見、提供資源給知識工作者，讓他們能有所成長，使企業也能隨之成功。

面對未來人力資源管理專業人員的新定位，即使是內勤性質的人資部門，也必須運用積極的行銷手法來應對新挑戰。人資人員必須瞭解員工需要並給予專業的協助，例如，在組織面臨員額合理化下，如何幫助員工找工作、如何協助員工撰寫工作申請表及教導員工面談的技巧、瞭解員工的意見並代爲轉達，更甚者，是幫助員工適應新的工作環境來安置員工等（**表1-4**）。

二、人資人員的新思維

近年來，人資客戶服務（account service）導向的概念逐漸在人資管理之範疇中深耕，而全球化經營體系下，人資人員更需要具備相應的全球人資管理技能，能瞭解並掌握相當的跨國企業人資管理業務知識，更要能與業務部門說一樣的語言。人資部門應與員工和高層主管都要維持良好關係。人資人員不僅必須有能力與員工建立起一種相互信任的關係，而且還要成爲企業內主管的得力幫手和密友，讓人資管理由一般績效考核、薪酬設計等功能性管理提升到企業的戰略夥伴與變革推手的角色。

在21世紀，人資人員要有下列的新思維：

1.針對現代一般員工價值觀念的改變，應建立以「人性化管理」爲中心的企業文化，尊重人的尊嚴與價值，將是凝聚員工對企業向心力的不二法門。

表1-4　人資人員的角色定位

類別	任務	方式
策略性的夥伴	配合組織發展或營運計畫實施策略性人力資源管理	提供策略性建議
變革的催化者	協助公司轉型及變革	教育、訓練、發展
員工的代言人	激發員工的潛能及貢獻	提供必要的諮詢協助
行政服務專家	縮短各項服務時間	架構人力資源（HR）服務平台

資料來源：丁志達（2012），「活化人力資源競爭力：從『心』開始」講義，財團法人保險事業發展中心編印。

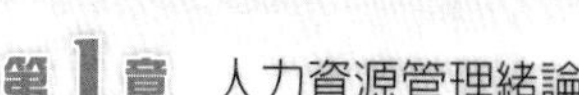

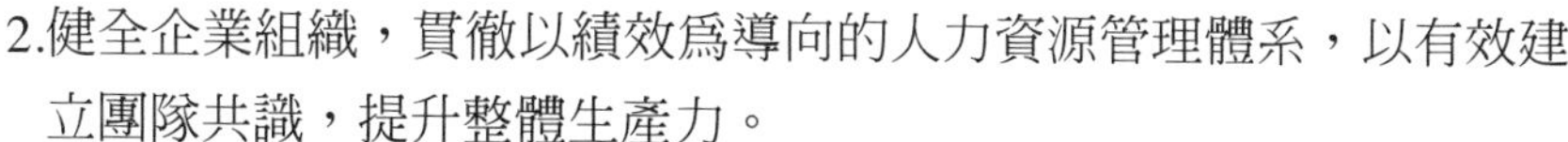

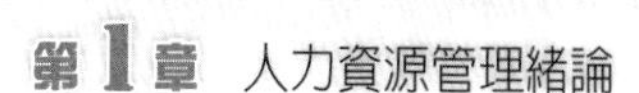

2.健全企業組織，貫徹以績效爲導向的人力資源管理體系，以有效建立團隊共識，提升整體生產力。

3.加強各級主管的培養與訓練，以「領導」取代「管理」。「管理」的重點在控制、命令，而「領導」所強調的是以身作則、啓發與鼓勵，這兩種不同的領導統御風格所帶給員工的感受及所產生的效果將有天壤之別。

4.重視人力資源的長期培養與規劃。許多企業對設備的汰舊換新可以一擲千金，而對於百年樹人的人才培育則非常吝嗇，企業求才若渴，但如果只希望從別家企業挖角撿現成的人才，這是一種病態，無論對企業本身、對別家企業或整體經濟發展都是有害無益的。企業經營者除了以營利爲目的外，還應有爲企業、爲國育才及回饋社會的開闊胸襟，並有計畫的長期培養企業內的員工，這也是吸引人才、留住人才的最佳途徑之一。

5.強化雙軌意見溝通，使組織的上、下層能暢通無阻，而各級主管更應深入基層，隨時協助員工解決困難與工作上所遭遇的問題。（姚燕洪，http://www.advmcl.com/s4p1_1.htm）

第五節　人資人員的職能與操守

21世紀是一個充滿變遷與競爭的年代，對於一個從事人資人員來說，必須跟得上潮流，瞭解目前工作者所關心的事情，以及企業目前所需要的知識，且必須認清整個大環境變遷的方向及變遷所帶給企業的衝擊是什麼，若未能不斷地充實自己，追求創新，勝任企業對人力資源管理者的新要求，持續檢討自己被僱用的能力，選擇自己可以發揮的職業與場所去面對不同的工作挑戰，很快的就會被迫離開這個行業。

一、職能的涵義

職能（competency），指的是個人在擔任某項職務時所須展現的知識（knowledge）、技能（skill）與特質（traits）。職能的概念由美國哈佛大學（Harvard University）教授麥克雷蘭德（David McClelland）於1973年所提出的。他認為績效表現優劣者，在行為表現上一定有所差異，於是針對績效表現優異與績效不彰的兩組人員展開研究，經由一連串的觀察與訪談，找出他們的差異所在，進而提出著名的職能冰山理論（Iceberg Model）（**圖1-5**）。

職能冰山理論，是指人的特質就像冰山一樣，突出在海平面上可以看得到的，只是其中的一小部分，包括技術和知識，在海平面以下的部分則是隱藏於內在的特質，例如自我概念、個人的態度、價值信念、人格特質、動機等。前者屬於比較容易發展的職能，只要透過訓練就可以加以提升；後者則較難評估和改變的，即使可以改善，也需要花費較長的時間。

二、人資人員的專業職能

人資人員，除了要具備健康的身體、溝通的語言能力及良好的生活習慣外，在專業工作領域上，最基本的是將自己執掌範圍的知識（諸如人力規劃、招募任用、訓練與發展、績效管理、薪酬福利、員工安全與健康、員工關係等）加以熟悉，並瞭解自己所負責業務的內容與責任，以及外界相關的經驗與訊息，例如，政府新頒布、修訂或草擬送立法院擬立法的勞動法令、新公布的勞動法規，目前學術界對人力資源研究課題的趨勢探討等之外，還必須一直不斷地找機會充實自己，嘗試學習新知識和技能，開發新領域，它可以從課堂、研討會、雜誌、書籍、座談會、同業之

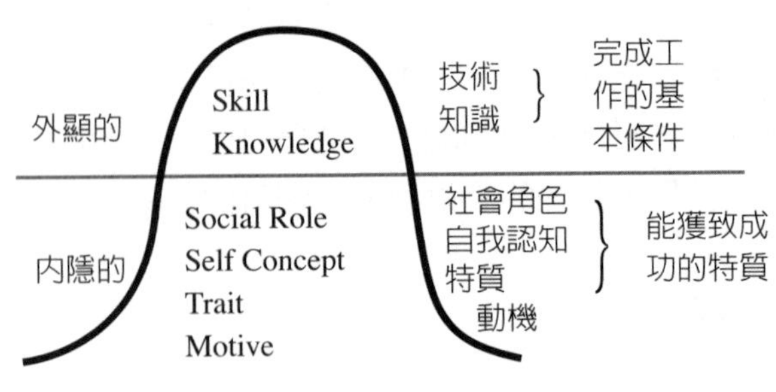

圖1-5　職能冰山理論

資料來源：《統一企業》，第298期（2004/5），頁39。

間的聯誼活動，甚至和導師（mentor）益友進行訪談、求教或切磋，從許多不同的管道取經（專業的素養及知識），以增強自己的專業功力。

同時，人資人員更要抓緊培訓的機會來加強自己在財務、金融方面的知識，必須學會看財務報表，因爲在編制人事費用時，必須與財務人員溝通；在法律方面，也要鑽研法學概論這類的知識，才能瞭解包括《勞動基準法》、《性別工作平等法》、《工會法》、《專利法》、《智慧財產權法》、《勞工退休金條例》等法規內容與用辭涵義，以及學習勞資爭議、調解、仲裁的技巧，以免落入不知法而觸法的大忌。由於人資管理的位階已經提升到「企業夥伴」的高層級的策略角色，也就必須懂得使用到一些具有系統性、邏輯性的分析方法，諸如，魚骨圖（因果圖）、心智地圖、柏拉圖分析及統計圖等，這都是必須花時間去學習才能得到的知識（**表1-5**）。

表1-5　人力資源職能活動的評估

・人力資源總投資／總人力資源帶來的收益
・人力資源總投資／企業總收入
・人力資源部門預算占銷售額的百分比
・人力資源信息中正確的數據資料所占的百分比
・人力資源開支／總開支
・每一信息需求的反饋時間
・關鍵人力資源過程的評估週期
・面試人數占招聘人數的比率（選擇比率）
・適當的招聘廣告項目的數量
・每個員工的僱用成本
・申請求職者的履歷數量
・每一小時受訓者的成本
・每位員工的人力資源開發
・某一課程的上課時數
・接受培訓的員工數量和百分比
・每年的培訓日與培訓項目的數量
・得到適當培訓和獲得發展機會的員工所占的百分比
・定向培訓新員工所需時間
・已實施的員工發展計畫所占的百分比
・每年新增培訓項目所占的百分比
・培訓所付工資的百分比
・各類績效水平的員工的平均任期

（續）表1-5　人力資源職能活動的評估

‧績效考評準時完成的百分比
‧以工作類別和工作績效衡量的員工流失比例
‧人員流失率
‧由工作分類和工作績效所導致的曠工率
‧工作壓力所造成的疾病數量
‧每年申請全天病假的天數
‧填補空缺職位的時間
‧提供工作與接受工作的比例
‧可變勞力成本占可變收入的百分比
‧每位員工的薪酬成本
‧員工年功薪等級
‧發放薪資的即時性
‧福利成本占總薪資額的百分比
‧本公司的福利成本和競爭對手的福利成本之比
‧解決糾紛的平均時間
‧遵守政府的勞動法規
‧遵守所確認的規範行為的技術要求
‧與人力資源有關的訴訟成本
‧抱怨成本
‧安全培訓和安全意識活動的數量
‧全面的安全監控
‧事故成本
‧事故的安全等級
‧工傷發生率
‧工傷成本
‧事故所造成的時間損失

資料來源：Dave Ulrich (1997). "Measuring human resource: An overview of practice and a prescription for results", *Human Resource Management*, 36, 303-320.

三、人資人員的操守規範

企業招募員工，要找到「適才適所」的人，所以要有性向測驗，來檢視應徵者對即將從事工作的「適性」。人資人員在企業內扮演著資方與勞方的「媒婆」（仲介角色），資方用什麼角度來看待人資人員的工作成效？勞方又會用什麼態度來反應對人資人員「施政」的滿意度？而勞資雙方關係的「劍拔弩張」或「化干戈爲玉帛」，再再考驗著人資人員的智慧

與應變能力。人資人員做對了事，員工認爲這是您應該做的工作，很少會給掌聲；做得不合勞工「心意」，則怨聲載道，人人附和，雪上加霜，眞是「無語問蒼天」。而雇主對人資人員之期望是要用最少的成本，達到最大效果的員工滿意度，也往往使人資人員「捉襟見肘」，但工作上的使命感又必須去完成它，「內心煎熬」實非當事人是無法體會的。

由於人資管理的重點是建立公平、公正、公開的機制與環境，因此，一位人資人員必須是一位品德操守無瑕疵，做事正派的人外，還要有工作熱忱、任勞任怨，有服務顧客觀念且具愛心的人。人資人員要經常面臨各種各樣的變化，及時把握企業內外經營的動向。因此，人資人員還必須是一位勤於學習，敏感度高的人，其他諸如策略的思考能力、分析判斷力、個人領導力與溝通協調能力等，都是作爲一位稱職人資人員應該具備的條件，尤其是在個人的操守上更應該潔身自愛，自求多福（**表1-6**）。

表1-6　人資人員的操守規範

- 沒有在公開（正式）或非正式的場合，對同事發牢騷、抱怨的權利。
- 要有犧牲小我，完成大我的胸襟。
- 誠實，不能虛偽，一次的說謊，就無法在企業立足。
- 要精明、能幹。不精明，不能替企業找到「良駒」；不能幹，不能應付複雜的人際關係。
- 要有湧泉而出的創意（點子），並能付諸行動。
- 快速的學習，消化大量的資訊，能解決複雜、棘手的問題，並能從實務經驗中得到教訓，不重蹈覆轍。
- 要有未卜先知、先見之明的敏銳度，才不會在問題發生或大禍臨頭之前，還被蒙在鼓裡。
- 配合地球村時代的來臨，必須要有外語的說寫能力，才不致萬一企業被外商併購後，外國老闆來接收時，無法有效溝通而被資遣。
- 要有組織規劃的能力，才能制定符合時宜的典章制度。
- 熟悉勞動法規，才不會因為不知法而犯法，在員工面前丟臉，讓企業形象受損。
- 不應該得到的報酬，一概不取，否則被人抓到把柄，就會受制於人。
- 有派系色彩的企業，千萬不要偏袒一方，只要涉及權力鬥爭的漩渦，遲早會惹禍上身，成為被犧牲的「卒子」。
- 要有國際化的眼光及心胸，才能成為受僱國際職場的專業人才。
- 要多才多藝，精通多種本事，包括財務能力（會看財務報表）、組織變革能力（如參與企業重整、參與海外投資）以及人力規劃、績效薪資設計、高級人才招募的專業性人力資源的技能，做什麼，像什麼。

(續)表1-6　人資人員的操守規範

·要有憂患意識，但也要保持平常心，瞭解產業的變化趨勢，規劃企業前景與個人生涯發展計畫。 ·凡事厲行反求諸己，以身作則。 ·建立「清廉」的形象，不要介紹自己的親朋好友來工作或承包工程，以避免讓其他員工往「壞」的方面去聯想。

資料來源：丁志達（2012），「活化人力資源競爭力：從『心』開始」講義，財團法人保險事業發展中心編印。

第六節　跨國企業人資管理

經濟的全球化和信息化，使得世界經濟正經歷著一場全面、深刻且不可抵擋的變革，並迅速改變著人類經濟社會的發展，進而各國都可能突破自身市場規模和資源有限等方面的限制，在全球範圍內進行資源的優化配置，從而帶來更大的效益。企業的全球化，正在對人資管理產生著重大的影響。

一、國際人力資源管理

在跨國企業（multinational corporation）國際化的運作中，以世界觀點而言，乃是將經營資源做最適當的分配，獲致最大競爭力，使得投資收益最大化。美國人力資源管理專家摩根（Morgan）在其關於國際人力資源開發的論文中提出，一個國際人力資源管理的模型，包含三個緯度（**圖1-6**）：

1.人力資源管理活動：包括獲取、分配與利用。這三大類別很容易被擴展成人力資源規劃、員工招募、培訓與開發、績效管理、薪酬計畫與福利、勞資關係等六項人力資源的活動。

2.企業經營所在國：與國際人力資源管理相關的三種國家類型，即所在國（在海外建立子公司或分公司的國家）、母國（公司總部所在地的國家）及其他國（勞動力或者資金的來源國）。

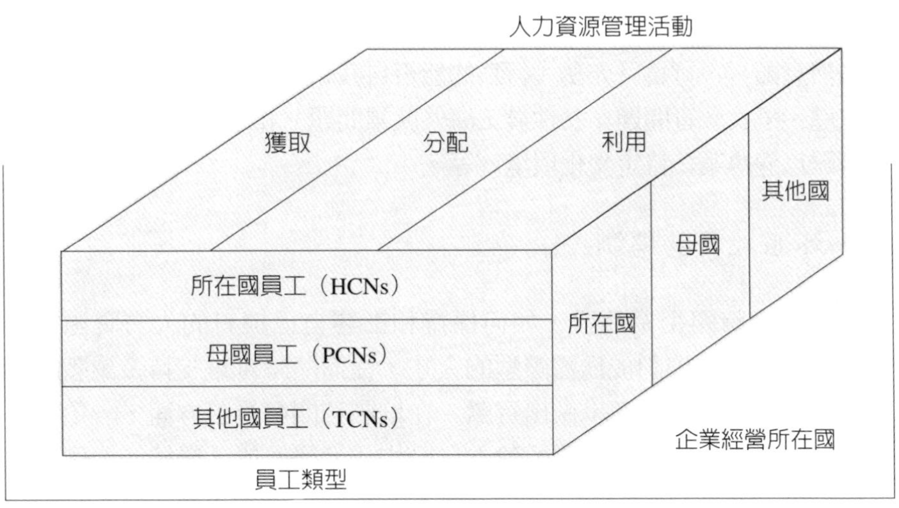

圖1-6　國際人力資源管理的模型

資料來源：Morgan, P. V. (1986). International human resource management: Fact or fiction, *Personnel Administrator, 31*(9), 44；趙曙明等著（2001），《跨國公司人力資源管理》，頁3。

3.員工類型：跨國企業的三種員工類型，即所在國員工（Host-Country Nationals, HCNs）、母國員工（Parent-Country Nationals, PCNs）和其他國員工（Third-Country Nationals, TCNs）。（趙曙明等，2001）。

二、外派人員的甄選

甄選海外派遣人員（expatriate）所面臨最大的挑戰就是確定適合的甄選標準。許多企業在甄選駐外人員時失敗的原因，係因爲他們只考慮技術技巧，而忽視了在國外適應生活、工作以及業務環境所需要的調適能力。預測合適駐外人選的條件，已成爲企業從事這項甄選關鍵活動必須考慮的因素。

外派人員選擇標準，包括派駐人選的個性（如跨文化的適應能力、靈活度與人際關係）、技能（如專業能力、語文能力）、態度（如確定個

人的外派對公司有貢獻、能實現自己的人生目標）、動機（如對海外工作的強烈意願）、行為（如私人行為的能否自我約束）以及個人原因（如雙薪家庭、子女教育問題、女性員工海外就業問題）和環境因素（如感覺到是否難以適應某一特定文化環境）等。

三、外派人員的培訓

對一家跨國企業而言，如何保持和影響自己擁有的人力資源，使其成員受到適當培訓成為國際型的人才，從而隨時可以支持企業戰略的實施，並能為其核心競爭做出貢獻。在培訓和開發員工方面，一項重要的發展趨勢是，跨國企業開始建立自己的「大學」或「學校」，例如，摩托羅拉大學（Motorola University）、麥當勞漢堡大學（Hamburger University）和迪士尼大學（Disney University），就是這種內部培訓中心極好的例子（**表1-7**）。

四、外派人員的績效管理

績效管理是使跨國企業能夠根據明確定義的、預先確定的目標和目的評估，並連續改進個體子公司和總公司績效的過程。而目標設定和評估是績效管理系統的關鍵因素，它包括培訓、開發與績效相關的人事功能。在某種意義上，透過採用績效管理方法，跨國企業更依賴於目標管理下的目標設定強度和傳統績效評估（performance appraisal）方法。

跨國企業在員工績效考核上的政策，要考慮以下幾個方面：

表1-7　外派人員培訓層次

培訓層次	說明
第一層次	要讓培訓對象瞭解文化差異，並強調文化差異可能對經濟結果帶來的影響。
第二層次	要讓培訓對象瞭解人們態度的模式，並知曉態度是如何影響員工行為的。
第三層次	要為培訓對象提供他們未來工作所在地區的具體情況。
第四層次	要為培訓對象提供學習語言的技能、自身調整和適應環境的技巧。

資料來源：張一弛（1999），《人力資源管理教程》，北京：北京大學出版社，頁317。

1.要客觀估計外派人員工作環境的困難程度。

2.在評價中要以當地的評價爲主，以公司總部的評價意見爲輔。

3.如果企業總部負責確定最終的正式評價結果，最好徵求曾經在被評估對象正在工作的地區的同儕意見，這樣會減少評價偏差。

4.根據外派人員工作地區的文化特徵，對企業的考核標準進行適當的修正，以增強考核體系的適應性。

五、外派人員的薪酬

跨國企業對薪酬（工資與福利）進行成功的管理，不僅需要瞭解有關地區的聘用和稅法、習俗、環境和聘用實踐等多方面的知識，同時還需要熟悉匯率波動和通貨膨脹（生活費用）對薪酬的影響，以及考慮派外人員住房、子女教育和全家每年回國探親、渡假的交通費補貼等。

六、外派人員的安全措施

全球恐怖主義行動的猖獗與威脅，再加上不同投資地區的治安問題，使得跨國企業人資管理在對駐外人員與其隨行家人的人身安全保護上，倍增壓力。周全的駐外人員安全維護與緊急應變措施，成爲一項不可忽視的問題。

七、外派人員的職涯規劃

對於派外人員而言，調任回國是一種苦多於樂的經驗。例如，許多外派人員擔心自己在派外期間，會使自己與母公司文化、高層主管與同事日漸疏離；母公司對外招聘（recruiting）錄用的員工的相互不認識；派外人員回國後，發現以前的同事在他外派時間快速升遷；外派人員的家庭在回國後，又要經歷一次文化上的衝擊，配偶及子女需重新建立人際關係及就學的問題等（**表1-8**）。

企業國際化的過程，以人的管理最爲困難，也是企業海外投資成敗的關鍵。

表1-8　解決外派人員回國後工作適應的作法

方案	作法
簽訂調任回國協議（write repatriation agreements）	許多企業採用簽訂調任回國協議，如陶氏化學集團（Dow Chemical）與聯合碳化物公司（Union Carbide Corp.），以書面保證派外人員不會留滯於國外工作期間太久，且在回國後有一份可接受的工作可做。
指定保證人（assign a sponsor）	外派人員應被指定一位保證人，例如，母公司的高階管理者，而此人要在外派人員出國時間照顧他，諸如，告知他母公司發生的重大事件，督導他的職業性向，以及當外派人員預備回國時，將其列入重要職務的考量人選。
提供職業諮詢（provide career counseling）	提供正式的職業諮詢服務，以確保歸國者的工作符合他的需要。
開放地溝通（keep communications open）	提供世界各地的管理會議及定期安排外派人員回國開會，才不致與母公司事務脫節。
提供財務上的支持（offer financial support）	許多企業，如美國鋁業公司（Alcoa）給予歸國員工不動產或房屋津貼，幫助外派人員以租或其他方式保有住宅，使得調任回國的員工及其家人能真正的安頓下來。
發展重新適應計畫（develop reorientation programs）	提供歸國者及其家人重新適應的課程，以協助他們調整適應本國文化。

資料來源：李璋偉譯（1998），Dessler著，《人力資源管理》（*Human Resource Management*），台北：台灣西書出版社，頁747。

企業的人資管理策略以及人員外派的方式，都必須依據環境而調整，而企業爲外派人員準備的訓練課程愈充分，外派成功的機率就愈大，同時，企業對外派人員如何做好回任與發展問題，使得回任者有適當工作可做，才能奠定企業派外員工樂意赴海外任職的關鍵。（林文政，2000）

結　語

21世紀是一個詭譎多變，神龍見首不見尾難以捉摸的競爭年代，也是個追求創新的時代。跨國界的全球競爭、資訊科技的進步，以及產業結構的改變，促使企業無不亟思創新與改變之道，這對人資人員而言，必須

用智慧來判斷整個大環境未來變遷的方向，舊思維也許是過去成功的法典，但不保證未來使用同一法典做事會成功的，唯有求新、求變，活化人力資本，並且開創組織發展的契機，才能挑起企業最昂貴的資產：「人」的重責大任。

箚 記

- 企業追求標竿典範企業，只是跟隨而已，要超越群倫，唯有創新。
- 由於「人」是企業最大的資產，因此如何讓員工「增值」、如何從「身心」兩方面妥善照顧員工，是企業不可忽視的兩大課題。
- 人力資源管理的功能需要重新定位，重視功能而非人事部門，人力資源管理也需要制度化，不是像單純的下棋那樣，把人搬來搬去而已。
- 對員工的需求不瞭解，所有對人力資源的投資，都將是盲目的投資，在管理上很難產生如預期的效益。
- 人資人員應以協助的角色，為各部門解決人事問題，而不是用人事規章來牽制各部門。
- 由於資訊的發達，媒體的傳播，員工很容易獲得各類的訊息，使得個人的獨立性與自主性大大增強。人資人員如果不能隨時加強「專業領域」的知能與創意，那跟「一般員工」的見識又有什麼不同，則人資人員的位階就永遠低人一級，做一些「裡外」不討人喜歡的事情。
- 人資工作如果被動的接受要求去做，只能稱為「例行性」的工作，吃力不討好；有創意性、主動的為員工去做事，才能稱為「服務」，才算「專業性」的工作。

- 人資管理的良窳，可以從員工意外事故發生頻率的多寡，曠工、缺勤次數，產品的良率以及工作士氣來評估。
- 學會與喜歡或不喜歡的員工建立關係，是人資人員必備的基本功。
- 人資主管需要有「隨時離開工作單位」的觀念，才會天天將工作交代清楚，建立制度，培養接班人，我離開企業了，沒有人不能接手，我離開後，人資管理的工作會比我在職時還要好。無私的胸襟，才能做好本分的職責，才能讓部屬「心懷感激」，有跟對人的感覺。
- 參加地區性的人資人員聯誼會組織，可以取得相關人力資源的資訊。
- 企業內部不能存在有「一言堂」，人資人員要有點膽量，對不同的看法，要提出不同的專業見解，站在組織的長遠發展角度，要經常向雇主提出建設性的諍言。
- 無論主管多麼賞識你，你都不可忘記自己在工作上的進退分寸；與主管相處，是要吸收其獨門絕活，保持良性互動，這對自我學習、成長絕對有正面的效果。
- 最成功的人資人員，是能夠迅速瞭解老闆與員工想法的人。
- 人資人員的工作，要如台諺說的：「石磨心」。有容乃大，不爭一時，只求心安理得，問心無愧。
- 遴選駐外人員時，在人格特質上，必須能「以身作則」、「敬業樂群」、「任勞任怨」、「謹言慎行」；在管理上，須能「容納不同價值觀的在地國職工的思想」、「解決能力」、「協調溝通能力」、「處理危機能力」；在技術上，要能讓當地的員工「信服」的本事，才能上行下效，營造良好的組織氣候，奠定長遠勞資和諧的磐石。
- 駐外人員在海外工作，是一種寄人籬下的生活，要懂得明哲保身之道。

- 駐外人員在外工作期間，避談政治，以免惹禍上身。
- 人生而平等，駐外人員不得以「高人一等」的姿態，「輕視」、「欺負」當地的員工，無論是「有意」或「無意」的行為。
- 在決策上的錯誤是要比貪汙更嚴重，貪汙是一筆錢的損失，是可計算的；決策的錯誤有可能會導致企業的倒閉。
- 人資單位在維持企業競爭優勢與創造企業價值的關鍵驅動因素上，扮演者不容爭議的角色。

第2章

人力資源量化管理

- 人力資源計分卡
- 人力資源會計
- 人力資源會計的作用
- 人事預算編製與控制
- 人力資源資訊系統
- 結　語

> 花錢如炒菜一樣，要恰到好處。鹽少了，菜就會淡而無味；鹽多了，苦鹹難咽。
>
> ——微軟（Microsoft）創辦人比爾・蓋茲（Bill Gates）

現代人力資源理論以人力資本理論爲根據。人力資本理論是人力資源理論的重點內容和基礎部分，兩者都是在研究人力作爲生產要素在經濟增長和經濟發展中的重要作用時產生的。因此，人們常將兩者相提並論，但人力資源不同於人力資本。人力資本，是指以某種代價獲得並能在勞動力市場上具有價值的能力或技術；人力資源，是指在生產過程中所投入的人自身的力量，也就是人在勞動活動中運用的體力和腦力的總和。人力資本理論著重從資本角度反映人力，而人力資源會計著重從生產要素的構成角度反映人力。

第一節　人力資源計分卡

近年來，國際之間的人力資源的學者在學術研究上，正探討從傳統的組織行爲學或心理學的領域擴展到管理學與經濟學，企圖用量化分析將人力資源制度對組織營運所可能造成的貢獻具體化。在組織定位方面，人資人員由過去被賦予「照顧員工」的使命，提升至今日「協助企業獲勝，成爲企業的競爭優勢」。在研擬策略的經營會議中，從人員與文化的角度提供專業評估與建議；在部門營運會議中，被邀請協助發現流程問題並提出解決之道。（林瓊瀛，2004）因此，人資人員的使命正日益受到挑戰，必須在組織中扮演更具策略地位的角色，對於人力資源的績效表現及其對企業整體績效貢獻的測量，必須有所作爲。

一、人力資源計分卡的由來

美國兩位管理大師羅伯・柯普朗（R. S. Kaplan）和大衛・諾頓（D. P. Norton）所倡導的平衡計分卡（Balanced Scorecard, BSC）制度，近年來

受到全球企業界的矚目之際，三位大學教授貝克（Brian E. Becker）、哈斯里德（Mark A. Huselid）和尤瑞奇（Dave Ulrich）也推出了一本《人力資源計分卡》（*The HR Scorecard*）的著作，將平衡計分卡的觀念深入運用到人力資源部門中，協助企業將人力資源和策略結合在一起，更讓人力資源部門不再是成本中心，而是企業眞正的策略夥伴，有助於企業創造價值。

二、人資部門對企業策略的影響

人資部門要成功扮演策略性角色，必須以執行企業策略爲終極目標。要達到這點，先要釐清人資部門對企業策略的影響。要瞭解人資部門可以發揮什麼功能，首先企業必須有清楚的策略。擬定策略目標時，要使用具體的描述，儘量精確。例如，「縮短研發週期」或「增加對現有客戶的收入」，讓員工一聽就知道自己要扮演什麼角色，而企業也容易根據這個目標衡量。

當企業擬定策略目標之後，就要找出價值鏈，也就是如何創造價值才能達到策略目標，這時要集合企業的主管集思廣益，以獲得他們的投入，同時透過不同方式獲得資訊。例如，以問卷調查員工對組織目標的瞭解程度，或是透過問卷瞭解企業績效驅動因素，以及組織具有的能力。一旦蒐集資料齊全，得到組織的價值鏈後，就要用各種方式讓員工瞭解這些資料的意義。

瞭解組織價值鏈如何產生之後，接下來人資人員要扮演仲介角色，找出在價值鏈裡，人資部門協助組織達成目標的傳遞因素是什麼？並且也讓其他部門瞭解人資部門扮演的角色及重要性。例如，一家科技公司的策略目標是縮短研發時程，這時人資部門開始思考，什麼因素可以縮短研發時程，結果發現員工的穩定性（人力資源傳遞因素）可以縮短研發時間。這時人資部門就可以根據這個因素設計政策，例如提供高於市場的薪資或紅利（bonus），以留住研發部門具有經驗的資深員工。

找到可以達成策略目標的傳遞因素後，人資部門還要根據傳遞因素設立架構，例如重新設計報酬制度或職涯規劃，以確保策略可以落實。因爲當策略目標與組織制度不協調時，往往無法達成策略目標（**表2-1**）。

範例2-1

HiTech公司的人力資源計分卡

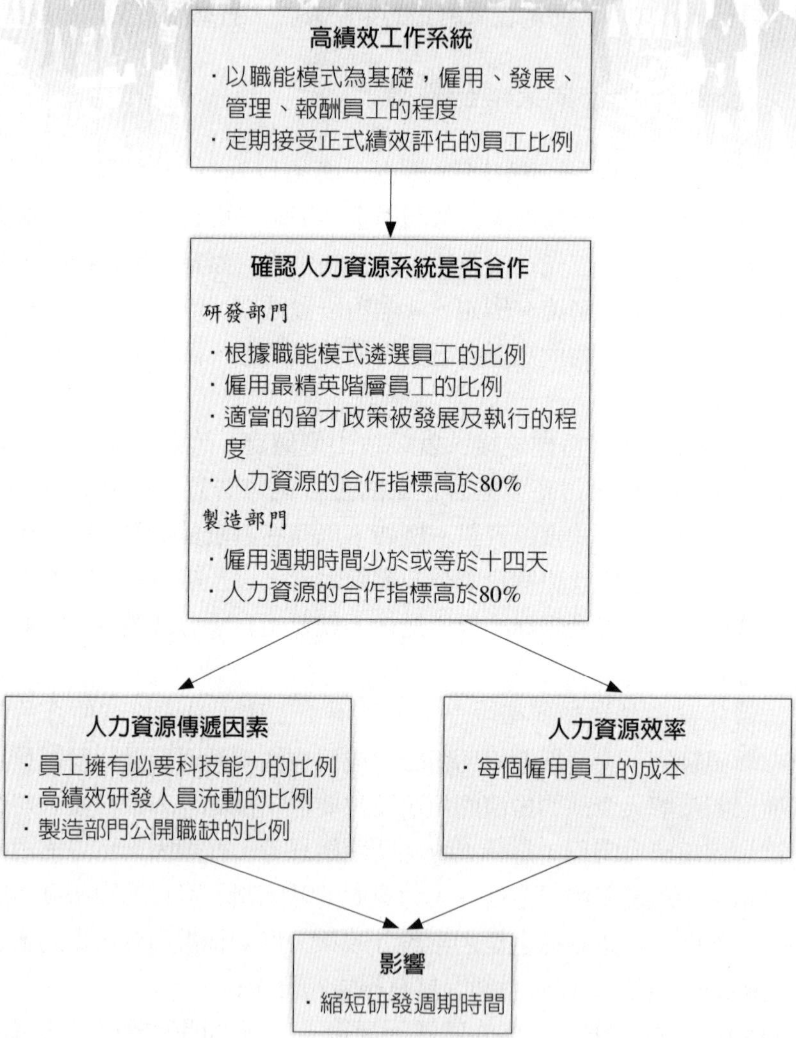

高績效工作系統

- 以職能模式為基礎，僱用、發展、管理、報酬員工的程度
- 定期接受正式績效評估的員工比例

↓

確認人力資源系統是否合作

研發部門

- 根據職能模式遴選員工的比例
- 僱用最精英階層員工的比例
- 適當的留才政策被發展及執行的程度
- 人力資源的合作指標高於80%

製造部門

- 僱用週期時間少於或等於十四天
- 人力資源的合作指標高於80%

↓

人力資源傳遞因素

- 員工擁有必要科技能力的比例
- 高績效研發人員流動的比例
- 製造部門公開職缺的比例

人力資源效率

- 每個僱用員工的成本

↓

影響

- 縮短研發週期時間

資料來源：編輯部（2001），〈人力資源計分卡——人力資源的終極武器〉，《EMBA世界經理文摘》，第178期（2001/6），頁107。

表2-1 平衡計分卡應用於人資管理的各構面指標

構面	指標
財務構面	‧人資部門能有效提升員工每人產值 ‧每一人資部門人員能將其所服務的員工數最大化 ‧人資部門能妥善控制該年度預算 ‧人資部門能確實降低新進人員招募甄選成本 ‧人資部門能增加訓練費用占營業收入的比例 ‧人資部門能有效運用員工訓練費用 ‧人資部門能提供完善的績效獎金制度 ‧人資部門能妥善規劃分紅或入股的激勵制度 ‧人資部門能有效運用員工福利費用以提供完善福利措施 ‧人資部門能有效降低整體人力資源作業的成本
顧客構面	‧人資部門能根據員工需求設計人力資源相關制度 ‧人資部門能及時回應員工需求並適當地給予回饋 ‧人資部門能提供便利的員工意見溝通管道 ‧人資部門人員的服務態度及行為能讓員工感到信任 ‧人資部門設計的各類表格容易閱讀及填寫 ‧人資部門能有效處理員工申辦案件 ‧人資部門能迅速解決員工抱怨事件 ‧人資部門致力於降低員工平均等待服務的時間 ‧人資部門推出的各項活動內容對員工而言是清楚易懂的 ‧人資部門推出的各項活動能讓員工有積極參與的動力
內部流程構面	‧人資部門能配合內外部環境制定人力資源目標與計畫 ‧人資部門會參與企業策略制定並協助企業達成目標 ‧人資部門與管理高層所傳達的訊息是一致的 ‧人資部門有助於員工瞭解公司營運模式與主要經營策略 ‧人資部門有助於員工瞭解工作內容、目標，及其對企業的貢獻程度 ‧人資作業流程採系統化（電腦化）運作使資訊取得及分享更便利 ‧人資部門能妥善地使用及配置人資部門之人力資源 ‧人資部門能和各部門互動頻繁，並提供各部門所需的支援 ‧人資部門所提供之資料具正確度與完整性 ‧人資部門能在計劃的期限內完成績效評估作業 ‧人資部門能規劃有系統的招募甄選流程與作業 ‧人資部門能縮短填補人力需求所花費的時間
學習與成長構面	‧人資部門人員具有足夠的人資相關領域之專業能力 ‧人資部門具有提供員工人資相關資訊與人資技術支援的能力 ‧人資部門人員能不斷學習與創新服務 ‧人資部門人員能面對問題、接受新觀念與挑戰 ‧人資部門人員願意承擔風險以完成目標 ‧人資部門具有良好的團隊運作默契 ‧人資部門提供的訓練課程有助於提升員工職能

（續）表2-1　平衡計分卡應用於人資管理的各構面指標

構面	指標
	‧人資部門提供的訓練可直接應用於實際工作上 ‧人資部門規劃的訓練時數對員工而言是充足的 ‧人資部門能提供員工完善的生涯發展規劃 ‧人資部門能規劃暢通的內部晉升管道 ‧人資部門能設計完善的意見提案制度

資料來源：〈人力資源計分卡〉，國立台灣師範大學教育政策與行政研究所，網址：http://web.ed.ntnu.edu.tw/~minfei/educationadministrationnewissue/content/20090526-1.pdf。

三、人力資源衡量系統

建立了人力資源的架構後，接下來要設計人力資源衡量系統。首先，要確認價值鏈之間的因果關係正確無誤；其次，對於人力資源傳遞因素要採取非常準確的衡量。例如，如果傳遞因素是維持資深員工的穩定性，那麼就要清楚定義工作多少年資稱爲資深員工？怎麼樣的流動率稱爲穩定流動率？流動率的計算是包括所有離職員工，或是只計算自動離職員工？包括因內部晉升而流動的員工嗎？這些衡量目標都要很正確的定義出來。

傳統的衡量著重財務目標，例如僱用一位員工的成本。但是人力資源計分卡（human resource scorecard）需要同時注重非財務目標的衡量，例如員工滿意度。因爲非財務目標雖然不容易衡量，卻對策略目標有重要的影響。

在釐清組織的策略，確認組織的價值鏈，瞭解人力資源與組織策略的關係之後，接下來就可以量身訂做組織的人力資源計分卡，作爲衡量的工具。

從人力資源計分卡的觀點來看，人力資源的功能不應只是找出績效最差的人和控制成本，還應該成爲企業的策略夥伴，創造績效更好的員工，創造價值。在人力資源已經成爲重要企業資產的今日，人力資源計分卡爲企業提供了另一種具體可行的管理架構。（EMBA世界經理文摘編輯部，2001）

 第二節　人力資源會計

自上世紀60年代以來，伴隨人力資源管理理論和實踐的發展，人們正在逐步接受將「人」作爲一種最寶貴的資源加以使用和管理觀念，而且一直在探索盡可能準確地計算人力資源投入一產出效益的理論框架和科學方法，逐步形成了運用會計方法來評估組織的人力資源活動的方法，即人力資源會計（human resource accounting）的誕生。

一、人力資源會計基本概念

依據美國會計學會（American Accounting Association）的說法，人力資源會計是鑑別和計量人力資源數據的一種會計程序和方法，其目標是將企業人力資源變化的信息，提供給企業和外界有關人士使用。它將人力資源與其他實物資源一樣視作組織的資產，計算其投資成本和維護成本，並在可能的情況下計算出人力資源活動的經濟價值，它也適用於對人力資源活動的成本—效益評估。美國著名人力資源會計學家弗蘭霍爾茨（Eric G. Flamholtz）認爲：「人力資源會計是把人的成本和價值作爲組織的資源進行計量和報告的活動。」（**圖2-1**）。

二、人力資源成本的計量

人力資源成本是爲取得和開發人力資源而產生的費用支出，包括人力資源取得成本、使用成本、開發成本和離職成本（**圖2-2**）。

(一)歷史成本與重置成本

人力資源的歷史成本（historical cost）與重置成本（replacement cost）這兩項成本，基本上可以包括人力資源管理成本的全部內涵。

1.歷史成本：又稱原始成本，以歷史成本計價原則爲基礎，取得一項資產實際發生的支出，如對人力資源的取得和開發（例如招募、甄

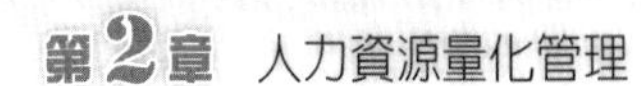

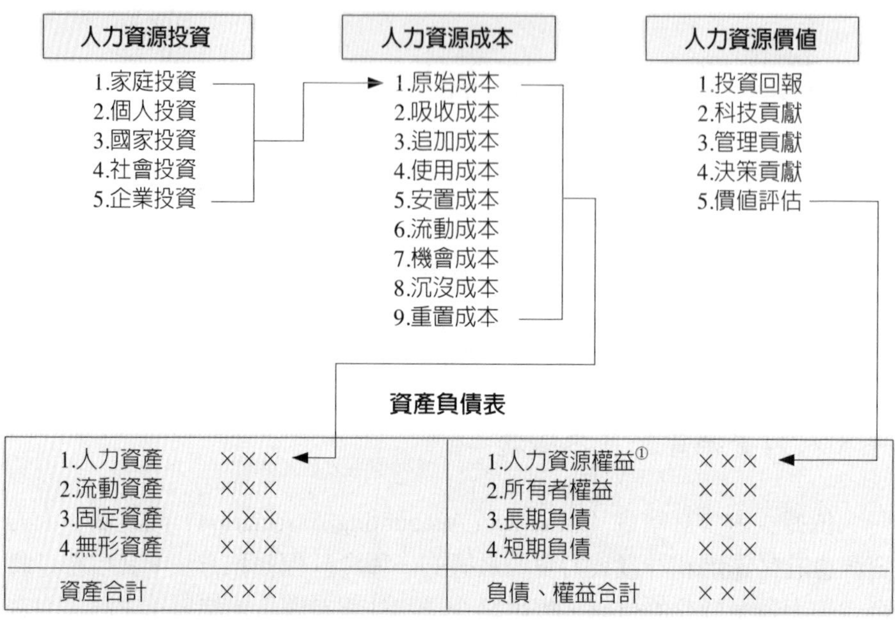

圖2-1　人力資源核算流程

資料來源：張文賢主編，《人力資源會計制度設計》，立信會計出版社出版，頁62。

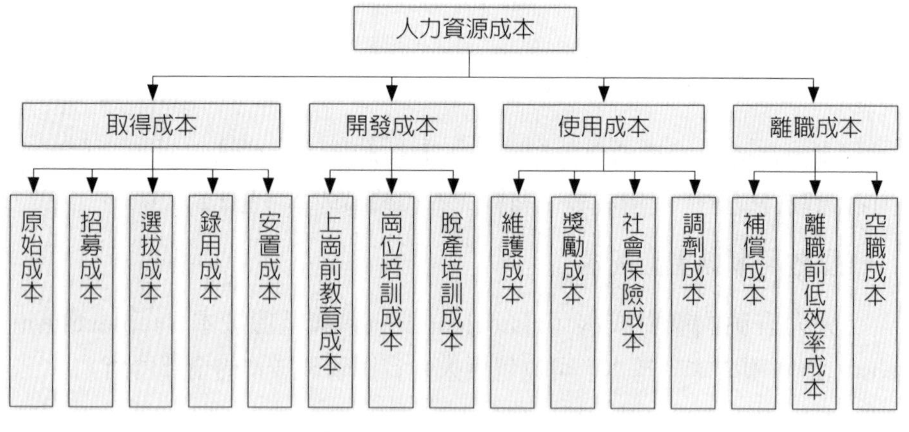

圖2-2　人力資源成本架構

資料來源：丁志達（2012），「人力資源管理實務研習班」講義，財團法人中國生產力中心編印。

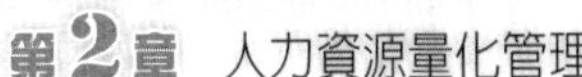

選、安置、培訓等）成本。它包括人力資源的取得、使用、損失都以歷史成本的原則來全部予以資本化。

2.重置成本：又稱現行成本，是在現行物價水平條件下，重置相同人力資源所支付的成本。

(二)直接成本與間接成本

一般直接成本（direct cost）與間接成本（indirect cost），是按照生產費用與產品的關係劃分的。人力資源管理的直接成本與間接成本的劃分方法爲：

1.直接成本：是指可以直接計算和記帳的支出、損失、補償，例如招聘廣告費、缺勤、曠工、事故賠償費及撫恤金等。

2.間接成本：是指不能直接記入財務帳目的，通常以時間消耗，因生產或服務損失導致的加班工時及費用支出等。

(三)可控制成本與不可控制成本

可控制成本（controllable cost）是指人們可以透過一定的方法、手段，使其按人們所希望的狀態發展的成本；不可控制成本（uncontrollable cost）在預算上難以計量，在管理上與現實容易發生偏差。人力資源的可控制成本與不可控制成本的區分爲：

1.可控制成本：是指透過周密的人力資源管理計畫和行爲，可以調節和控制的人力資源管理費用支出。例如，可透過控制招募範圍，控制人員招募和選拔（selection）活動的支出；透過嚴格挑選培訓方案，可以控制人力資源培訓活動支出；薪資、加班費都是可以控制的預算等。

2.不可控制成本：是指由人力資源管理者本身是很難或無法選擇、把握和控制的因素所造成的人力資源管理活動支出。例如，由於人力市場供需因素造成人力招聘困難，導致人員招募成本上升。

(四)實際成本與標準成本

實際成本（actual cost）是企業根據生產經營過程中實際發生的各項

耗費而計算確定的成本；標準成本（normal cost）係預先設定的成本，作爲衡量實際成本的指標。人力資源的實際成本與標準成本的區分爲：

1.實際成本：是指爲獲得、開發和重置人力資源所實際支出的全部成本。
2.標準成本：是指組織根據對組織現有人力資源狀況及有關外部環境的因素的估價，而確定的對某項人力資源管理活動或項目的投入標準。確定這種投入標準對組織的人力資源管理成本控制具有積極意義，但前提是，這種投入標準必須是比較合理而客觀的。

第三節　人力資源會計的作用

隨著知識經濟時代的到來，企業對人力資源的關注加強，在這種經濟背景下，人力資源會計的實施勢在必行。而企業的成本控制是一項創造績效的重要工作，而人力資源作爲企業資源的核心，其重要性可想而知。

人力資源會計，主要表現出以下的作用：

一、人力資源獲得

人力資源獲得成本，是組織在招募和錄取員工的過程中發生的成本。主要包括招募成本、甄選成本、錄用成本、安置成本等一系列滿足企業目前及預期人力資源需求的活動過程。在完成人力資源需求預測之後，人資部門須提出以人員需求爲基礎的人力資源獲得工作預算。人力資源會計可爲這種工作預算提供比較精確的計算方法，使人力資源獲得工作本身更實際並具有預見性。例如，在進行人員選拔決策時，管理人員需要衡量不同求職者價值的方法，當面臨要從數個各方面條件均不錯的、同一工作的求職者中做出選擇時，決策者總希望能挑選出對本企業具有最佳未來價值的人。

在人力資源會計方法趨於成熟以前，企業一般只能利用「管理潛能測試」等一類非貨幣價值衡量方法推測人的預期價值。現在，人力資源會

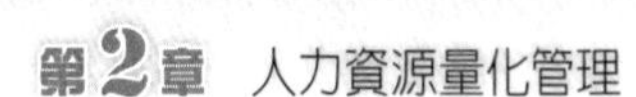

計提供了用貨幣價值衡量人的預期價值的方法，這無疑能使人員選拔乃至整個人力資源獲得工作更爲有效。

二、人力資源開發

人力資源開發成本，主要是教育培訓費，指爲了使員工獲得崗位的工作技能及必備知識而進行的教育培訓等人力資源開發活動的支出，包括員工上崗教育成本、崗位培訓及脫產學習成本等。

人資人員在進行人力資源開發預算時，一般需解決兩個問題：

1.評估擬議中的人力資源開發投資的價值，即人力資本預算，亦即資源分配問題。

2.估算擬支出的成本，即成本估算。

三、人力資源配置

人力資源配置，是指在具體的組織或企業中，爲了提高工作效率（efficiency）、實現人力資源的最優化而實行的對組織或企業的人力資源進行科學、合理的配置的過程。在人力資源配置決策中，往往含有幾個目標（有時甚至是互相衝突的目標）。首先，透過人力資源配置，使人以最有效的方式完成所承擔的任務，這就意味著要將「最合格」的人安置到特定的職位上；但在第二方面，人力資源配置必須考慮企業的人力資源開發，管理人員可能希望爲員工提供邊做邊學以開發技能的機會，這就要求不要將「最合格」或「最富有經驗」的人安排到某職位上；第三方面，管理人員還要透過人力資源配置爲員工提供適應其個人需求的工作。簡言之，人力資源配置，試圖同時使工作的生產率、人力資源開發、個人滿意度這三項變量都得到最大限度的優化。

四、人力資源保證

人力資源保證，是指保持作爲個人的能力所建立起來的人群系統的效用之過程。如果企業不注意監控和維護其人力資源的能力，它就不得不

承擔爲重建其人力資源能力方面所付出的重新培訓或重置成本。例如，從短期目標出發，管理人員可以暫時對員工施加壓力，以提高生產力或減少成本。忽視員工態度和激勵手段，一些訓練有素的、掌握良好技能的員工則會心生不滿，離職而去，而企業爲找到能接替他們的人所需付出的成本可能會大大高於過去以壓力提高的生產力。

五、人力資源利用

人力資源利用，是指如何把已開發出來人的能力變化爲生產力，實現組織目標的過程。人力資源會計透過提供某些概念及價值衡量方法來幫助管理人員有效地利用人力資源，其中最重要的一個概念就是「人力資源價值」。

人力資源價值，可視爲人力資源的管理出發點的標準，更明確地說，人力資源管理的就是透過優化組織的整體價值。工作設計、工作分析、人員選拔、人員配置、人力資源開發、工作績效評價以及支付工資報酬等，就不僅僅是一系列工作環節，而是可用以優化人力資產價值，進而改變整個組織的一套策略了。基於這種認識，人力資源利用便被置於一個更高的層次上。

六、人力資源評價

人力資源評價，是指評價員工對組織有價值的活動，它包括測評員工的生產力（工作績效）和發展潛力。人力資源會計透過貨幣計量員工的工作績效，幫助管理人員測算員工對組織的價值。

七、工資報酬管理

工資報酬是激勵員工、提高員工工作績效的手段，因此，人力資源會計對工資報酬管理具有幫助作用。人力資源管理不能一味的從成本去掌握，不能只是以工資的差別去看待人員的優劣，而應以投資的眼光規劃人力，爲企業創造更好的競爭優勢，實質呈現出人力資源的價值。

八、人力資源報告

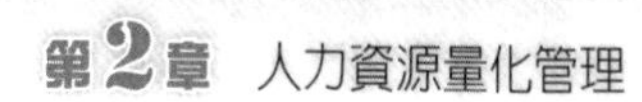

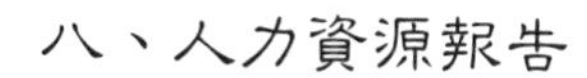

人力資源報告，是把有關人力資源的信息以報告的形式傳遞給信息使用者。在資產負債表中對人力資源信息的報告包括兩部分內容：

(一)人力資源信息內容

它可將人力資產單設一個科目列於資產負債表資產方之首，另設「人力資產投資」科目反映企業用於員工的歷史成本，再設「人力資產價值」科目反映人力資產在使用過程中爲企業帶來的預測總價值。

(二)人力資源權益信息內容

它可以設「人力資本」科目反映企業擁有的勞動力投資，設「應付工資」、「應付福利工資」、「員工培訓基金」等科目反映法定人力資源權益；設「人力資源權益分紅」、「人力資源權益公積」等科目反映人力資源權益實現的價值增值部分。

資產負債表中體現的會計恆等式爲：人力資產＋物力資產＝負債＋人力資源權益＋所有者權益。在利潤表上，可增設「人力資源成本費用」項目，用以反映企業爲使用人力資源而發生的費用和人力資產的攤銷。

在現金流量表上，應在投資活動產生的現金流量下單獨反映企業爲招募、選拔、聘任、錄用、培訓人力資源而發生的現金流出和人力資源創造價值所帶來的現金流入。（潘陸麗， http://big5.xinhuanet.com/gate/big5/news.xinhuanet.com/employment/2006-02/22/content_4211358.htm）

在知識經濟條件下，人力資源的地位和作用更加突出，由此，人力資源會計也更加重要。重視人力資源會計的作用，重視人力資源開發使用、計量、核算，提高人力資源效率，進而提高企業競爭力，是企業必須高度關注的一項任務。

第四節　人事預算編制與控制

日本松下電器公司提倡商業道德，訂定買賣的三十要訣的第二十一條提到：「無意中浪費一張紙，無形中亦將增加商品之銷售成本。」而人事成本的高低，會影響產品的售價更是無庸置疑的。所以，在規劃人力資源時，要有成本概念，控制人事成本在合理的範圍，使企業具有競爭力。如果招人用「員工推薦」或「網路人力銀行」有效，就不需每次招人登報，花大筆的人事廣告費。

一、人事成本科目的編列

企業人事成本的預算編列，依企業的獲利能力而有所不同。一般而言，以營業額反算人事成本，一個人要創造多少業績，或一個員工平均的營業額應該要多少才能達到預期的毛利率。

人資部門在編列年度全公司的人事成本預算時，要考慮下列的因素：

1.薪資調整百分比：企業年度薪資調整百分比必須透過年度薪資調查後，再依薪資政策決定預算（包括全年度員工薪資總額、調薪幅度、晉升調薪幅度，以及保留一筆費用因就業市場人力供需失調時，對內部「某些核心職位」的特別調薪預備金）。

2.福利支出：福利支出項目必須檢視目前「免費」提供員工福利的種類，逐筆依據上年度實際發生的金額，再預測下年度會影響支出的變動因素（例如通貨膨脹、人工成本上漲、基本工資調升、員工人數等）。以企業提供的「免費伙食」爲例，其支出的成本項目包括：

(1)每日用餐的總人數（包括早餐、中餐、晚餐、夜點、外賓、訪客、加班、休假日的用餐人數統計）。

(2)每餐餐費支出（外包或自辦）、廚房工作人員的人工成本支

出。

(3)廚房添購或修繕設備費（包括洗碗機、烤箱、冷凍櫃、爐灶、煮飯鍋、炒菜鍋、飯桌等）。

(4)餐具費用（包括免洗餐盤、筷子、餐巾紙等）。

(5)瓦斯、水費、電費。

(6)聘僱（外包）工作人員的薪水（補貼）。

3.政府規定繳交的規費：勞工保險、全民健康保險、勞工退休準備金提撥、勞工個人退休金帳戶提繳、僱用外籍勞工就業安定基金、未達僱用身心障礙者人數的罰鍰等。

4.津貼：除了員工固定薪資預算外，每月所支出的津貼金額。例如，伙食津貼（公司不提供伙食，而每人每月由企業補助不超過新台幣一千八百元的伙食津貼免列入個人所得申報）、交通津貼、輪班津貼、駕駛車輛津貼（如堆高機、公務車等）、駐外人員津貼（艱困工作地區生活補貼）等。

5.獎金：包括全勤獎金、年資獎金（鼓勵員工久任獎金）、年終（中）獎金、績效獎金等。

6.特殊工作表現獎勵金：超出一般工作努力，提前達成目標所設計的獎勵金。例如，提案制度的獎勵金。

7.團體保險費：參加商業團體保險費（壽險、意外險、住院險）、出差旅行平安保險費等。

8.教育訓練費：包括教育器材添購（視聽器材、電腦輔助教具）、講師費、國內外訓練費、教材費（包含e-learning委外製作費）、餐飲費、場租費、住宿費、交通費、謝師禮物（獎牌）等。

9.招募費用：包括媒體廣告費、傳單印刷費、應徵人員的交通補助費、仲介費、校園（軍中）徵才場租費、員工介紹新進人員紀念品（介紹獎金）、印發公司簡介及雜項支出等。

10.外包人員人事費用：包括警衛、清潔工、特約駐廠醫師、顧問、司機、伙房工作人員等的外包所支付給派遣公司（承攬商）的用人費用或補貼。

11.制服費：係統籌公司各部門工種的實際需要編列的費用。例如護

士、警衛、作業員、安全維護人員的工作服、工作帽、防護鞋等。

12.其他：例如年度未休特別休假折現、資遣費預備金、清洗工作服費用等。

二、人資部門費用編列

人資部門的費用支出原則是「能省則省」，因爲人資部門不是「營利」的單位，是一個「支出」的單位，「少花錢就是賺錢」。縱使部門年度編列的預算已被核准，但眞正支出時，還要嚴謹控管，不可浮濫報銷。

1.辦公文具費：包括文具用品、電腦周邊耗材（碳粉匣、墨水匣及色帶）費、光碟片、報表外包印刷費、名片、電報傳眞用品、影印紙、辦公桌（椅）、保險櫃等。

2.影印費：一般將日常的普通文件與訓練教材的影印費，分開編列，才能控制普通文件的影印數量。

3.設備添購費：例如傳眞機、電腦、巡邏鐘（警衛室用）、打卡鐘（上下班打卡）、郵資機（收發）等。

4.醫藥費：設有醫務室提供員工免費醫療的企業，其醫藥費的成本，可依員工人數多寡來決定編列的預算。例如，依據《勞工健康保護規則》辦理的勞工之預防接種及保健費、員工健康檢查費、特別危害健康作業檢查費（如鉛作業、噪音作業）等。

5.專業書籍費：訂購人力資源管理專業書籍費，包括：專業書刊、雜誌、報紙以及提供給應徵者閱讀的休閒性雜誌等。

6.郵資、通訊費：郵資（快遞服務）及電話（手機）費的編列。

7.會費：參加地區性的人力資源協會（組織）所需繳交的活動經費。例如，電腦通訊企業薪資管理聯誼會、企業人事主管聯誼會、總務人員聯誼會等。

8.禮物、紀念品：爲敦親睦鄰或訪客來訪所送出的小禮物、紀念品等。

9.國內外差旅費：被指派至國內、國外出差或受訓的膳宿費、交通費、短程計程車費、外出辦事誤餐費等。

10.管理顧問費：包括委託企業顧問公司的薪資調查費用、人力資源管理諮詢顧問費等。

11.部門教育訓練費：包括管理課程、語言課程、專業技能訓練等費用編列。

12.招待賓客交際費：如有國外總公司派來的人力資源主管的拜訪或稽查業務人員的招待費用。

13.捐款：贊助地方的公益活動或比賽費用。

14.修繕費：包括傳眞機、電腦、巡邏鐘、打卡鐘、郵資機、車輛、門鎖等的維修費。

15.車輛費用：包括燃料費、清洗打蠟費、過橋費、過路費、稅捐、車險、停車費等。

16.雜項支出：購置公司內部小額雜項用品、服務年資獎、租金費用、大樓管理費、水電安裝、水電費用分擔、祕書節禮物、賀禮、奠儀等。

人資部門是組織的次級系統，是以成本爲中心，而不是以利潤爲中心，人事成本的費用，要精打細算，把「錢」用到刀口上，才不會糟蹋資源。

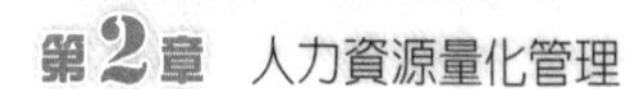

第五節　人力資源資訊系統

網際網路（Internet）、企業網路（Intranet）及企業間網路（Extranet）興起之後，企業界已普遍導入電子（e）化，而人資管理也不能倖免。人力資源管理資訊系統（e-HR）是企業資源規劃系統（Enterprise Resource Planning Systems）的一個模組（HR模組）。

傳統事務性的人事工作將逐漸電子化（e化），人資人員應做些電腦做不到，但人腦可以貢獻的高價值的工作（**圖2-3**）。

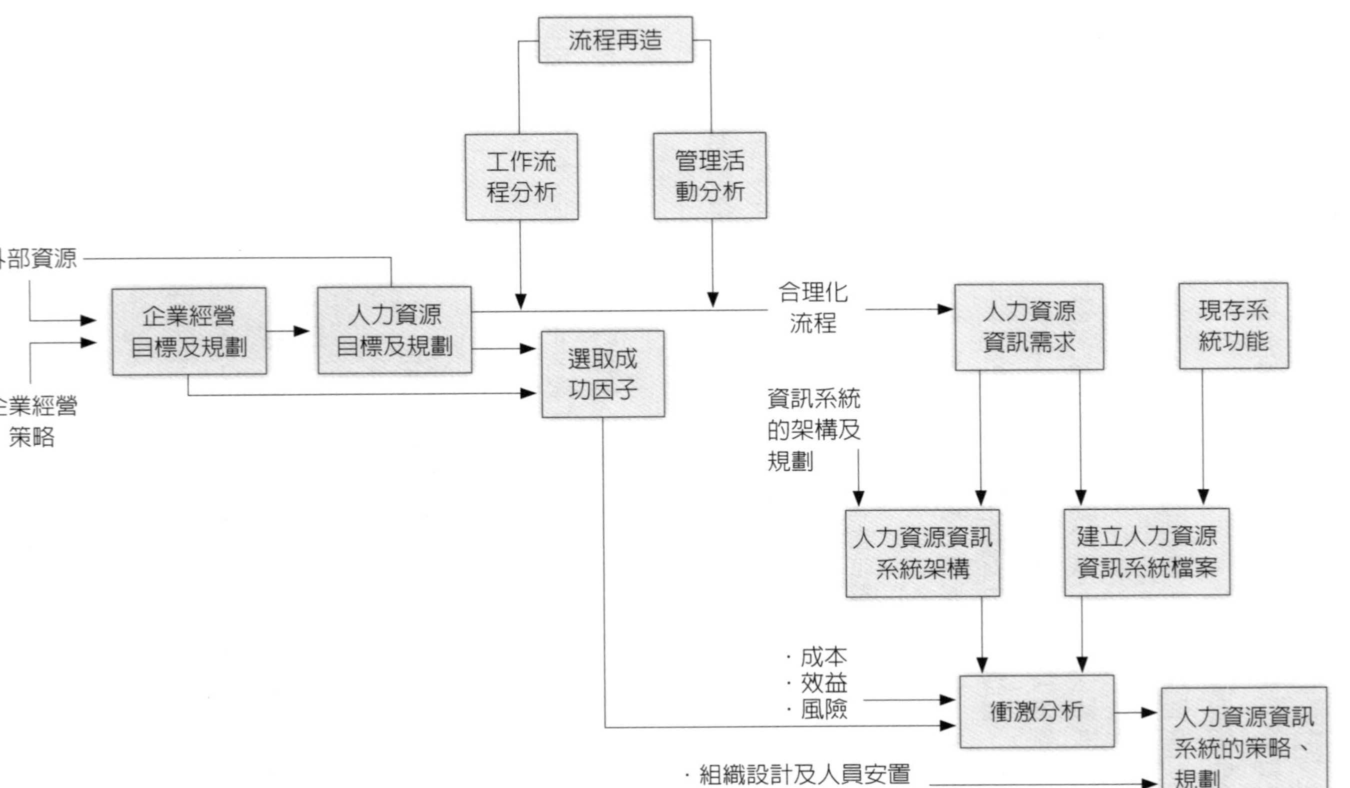

圖2-3　人力資源資訊系統規劃流程

資料來源：鄭晉昌，「數位化人力資源管理」講義。

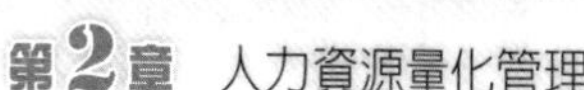

一、導入e-HR資訊系統的目的

所謂e-HR資訊系統，其實就是透過資訊科技，尤其是網路科技，將人資部門以往人工處理的日常業務加以系統化整理、安排並處理妥當的過程。e-HR資訊系統的使用，它顛覆了傳統的人力資源管理，使人力資源管理呈現與以前不一樣的作業型態（**表2-2**）。

二、評估e-HR資訊系統的成本效益

從成本效益的角度來看，功能較完整的系統理當有較高的價格，但是在e-HR系統市場中，軟體廠商往往把「理想」的功能說成「現有」的功能，因此，顧客稍不小心，便可能選擇到這類「高失敗風險」的廠商。以風險與報酬的角度來看，當採購e-HR軟體的企業以低價得到廠商承諾建置強大的功能時，雖然預期得到很高的報酬，但其所承受的建置失敗風險也相對的提高。（劉志皓，http://www.gss.com.tw/eis/30/ p33.htm）

評估e-HR的成本效益可分爲：

1.評估成本：估計軟體、硬體、顧問服務、導入流程、人員訓練、維修諮詢等直接與間接成本。

表2-2 導入e-HR的目的

目的	說明
突破時間限制	隨時可執行人力資源工作，全天候（二十四小時）可提供人力資源服務，不分上班或下班時間。
突破空間限制	隨時可執行人力資源工作，隨時可提供人力資源服務，不分國內或國外，使用簡便。
突破人數時限	可多人同時操作系統，也可以多人同時取得系統的服務。
縮短作業時間	由於突破時間、空間、人數的限制，自然可以縮短作業時間。
降低作業成本	可以節省人資管理的直接成本與間接成本。
提升作業品質	電腦化、網路化提供方便、更正確的服務。

資料來源：丁志達（2012），「人力資源管理實務研習班」講義，中國生產力中心編印。

2.評估效益：以價值分析（value analysis）的方法，分析人力資源系統最佳化與e化之後，所能減少的時間、人工、費用等直接與間接效益。

e-HR從評估、規劃到實際導入、再到網路上線使用與修正以達最佳化，期間可能長達一年（導入的模組愈多，所需時間愈長），成本效益的評估必須從長計議。

三、e-HR資訊系統體系

人資部門透過全面的資訊管理系統，可以輕易獲得所需的組織體系、薪酬福利成本、人力資源狀況等資料，也可以方便地獲得各種變動資訊來進行趨勢預測。企業人資管理e-HR化之範圍，可以區分爲幾個系統：

1.人資基礎建設及資料庫系統：包括組織結構、部門執掌、職位設置、職位管理、工作說明書（含職位說明及職能規範）、員工個人資料及儲備人才資料等。
2.組織氣候系統：包括組織診斷（organizational diagnosis）、員工滿意度調查等。
3.人力規劃：包括人力需求與預測、人力盤點等。
4.人才徵聘系統：包括用人申請、徵聘、測驗、面談乃至錄用作業。
5.人才評鑑管理系統：包括職能評鑑、職涯管理、職位遞補、管理計畫等。
6.教育訓練系統：包括訓練規範、需求評估、計畫形成、計畫執行、師資課程、場地、費用、成效評估、部門及個人訓練資訊教育與訓練系統（多媒體、遠距教學）等。
7.績效管理系統：包括部門績效、專案績效、個人績效評估之評估程序、績效項目、績效權重、績效標準、績效追蹤、績效獎懲、紀律管理、評估結果運用等。
8.薪資決策系統：包括工作評價、薪資調查、薪資政策線、薪資表、

薪資調整、激勵獎金、分紅、福利制度、人事成本分析等。

9.人事管理系統：包括敘薪、獎金、津貼、加給、出（考）勤、保險、福利、補發、扣款、帳務、銀行入帳、媒體申報等。（方翊倫，2000）

透過對人力資源管理「選」、「育」、「用」、「留」全面資訊化來實現人資管理的規範化、制度化、流程優化，使得滿足企業持續成長的需求。

範例2-2

惠普（HP）科技e-HR系統的功能

項目	主要功能項目
人事基本行政管理	包括新進人員報到管理、員工基本的資料建檔、維護、保存管理、員工保險福利的管理、人事相關表格作業，以及其他人力資源規劃預算、人事基本出勤、差勤、請假管理、行政作業、福利委員會活動等基本作業。
人員招募甄選	包括應徵者直接上網、直接填寫資料、應徵者資料庫（與人才庫連線）管理、面試行程安排與通知、面試後的評語欄、結果、線上通知、任用通知、內部職缺公布欄等。
訓練	包括提供網上報名、核准作業和上課通知、藉由網路教學的課程（包括企業文化、員工福利和服務介紹、執行有效的會議、經理人員的核心技能、e化的生活方式、變革管理）等。
生涯規劃	包括經由績效評核結果的發展計畫、執行生涯進度與結果等。
績效管理	包括達成現狀、績效指標、評等紀錄、績效評估進度表、評核結果書面紀錄等。
薪資管理	包括薪資發放、調整薪資、獎金發放、購股計畫等作業。
資訊服務	包括專為員工和經理人設計的入口網站、新知、工作、公司營運重心、管理、新聞、生活等資訊。

資料來源：高英銘（2004），《企業導入電子化人力資源管理制度的關鍵因素》，國立台灣科技大學企業管理系碩士班學位論文。

結　語

人力資源管理從泰勒（Frederick W. Taylor）的「胡蘿蔔加大棒」到現在的「人性化管理」，從定性分析到量化分析，使得在人力資源管理決策這一核心問題上，可以用科學的量化管理來證明人力資源管理穩健的成長績效。而企業在發展人力資源管理資訊系統時，一定要有專業的判斷、按部就班地設計、發展與維護，以澈底做到人力資源資料的透明化、統一化和及時化，以大幅提升企業經營效率與競爭力。

箚　記

- 要想把工作做好，就要量化管理，不想把工作做好，就別量化。
- 做事的品質是在「起頭」時就把事情做好，因為事後的補救，無論稱之檢查、檢驗或稽核，都是一種既浪費時間又浪費資源的彌補方式。
- 人力資源部門應將管理重心放在策略的規劃和執行，這是e-HR帶給企業最好的績效。
- 企業導入e-HR資訊系統，可改變人力資源的作業環境，能夠積極的引領整個人資部門功能及角色上的轉型。
- 網路化的人力資源資訊系統，可以將安全機密上無慮的資料管理機制，轉由員工自行操作使用，例如人事表單的下載、培訓課程的登錄等。

第3章

組織設計與人力規劃

- 組織架構設計
- 組織診斷
- 人力資源規劃
- 能力盤點
- 結　語

> 一個企業完美的平衡只存在於其組織結構圖之中。一個活生生的企業總是處在一種不平衡狀態中，這裡增長，而那裡收縮；這件事做得過火，而那件事又被忽略。
>
> ——彼得．杜拉克（Peter F. Drucker）

日本企業認爲企業經營只需要做好一件正確的事情，那就是爲企業內外部客戶創造價值。而創造價值需要規劃「工作流」（事流），即設計與改善企業各項經營活動的作業流程；「人力資源流」（人流），透過吸引、選拔、聘用、訓練、發展、激勵來實現與改善工作流，從而爲內外部客戶創造價值。（石才原，2011）

第一節　組織架構設計

自有人類以來就有組織，從最基本的家庭組織、宗族組織、社區組織到政治組織，都是人類文明創造、維持與延續的基本機制。尤其是企業組織，它使各種不同的基本資源能夠適當的加以組合，創造出更有價值的商品，對人類的文明的貢獻更大。在基本的組織理論中，清楚地指出企業組織能促進成員間有效分工，完成個人能力無法完成的工作。（堺屋太一，1994）

一、人力資源政策

一般而言，組織成長過程可分爲開創、成長、成熟、衰退、革新等不同階段，每一階段的人力資源問題與需求都各不相同，因此推動策略性人力資源管理時，必須先評估組織當前所處在的哪一個階段，才能「對症下藥」。以員工報酬爲例，開創階段爲吸引人才，故可能以提供更多，或是額外誘因爲主；而在成熟期，由於人員配置已較穩定，故報酬重點便應轉爲嚴格控管支出爲主。

人力資源政策（human resource policy）是企業爲了實現目標而制定

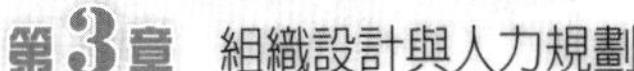

的有關人力資源的獲取、開發、保持和利用的政策規定。企業在擬定人力資源政策時，可從下列五個階段來加以分析：

(一)開創階段（start-up stage）

它指企業正處於創業期，人力資源的功能應著重在使企業的員工能在工作上有最大的彈性。員工要具備有開創性及勇於學習挑戰的特質。

(二)成長階段（growth stage）

它指企業步入穩定成長期時，人資部門要有策略性的人力資源規劃，能隨著組織的擴充而能針對特定職位需求而選才，也須設計對特定技能的訓練課程，讓員工與企業同步發展。

(三)成熟階段（maturity stage）

它指企業已進入穩定業務，各項管理制度成形，人事安定。人資管理的角色需著重未來的經營環境危機預作預防應變，為企業儲備未來的人才。

(四)衰退階段（decline stage）

它指企業遇到經濟不景氣或經營環境變化而走向衰退時，人資管理的角色需要主動提出人事精簡策略。

(五)革新階段（innovation stage）

它是指人資管理的角色不僅從外部招募人才來刺激及活化組織的生命力，並對現有的人事制度及人才運用做全盤檢討，提出變革方案，以配合企業組織全面的企業改造。

企業在制訂人力資源政策時，必須參照企業的使命與願景、瞭解經營者的經營理念、契合企業戰略發展方向、和起草者對於人力資源於管理的體認（**表3-1**）。

表3-1　策略性人力資源管理類別

類別	說明
選才策略	・人力質量均衡及適才適所之目的 ・人力之招聘應注重內升與外聘之平衡
育才策略	・重視技能訓練與才能發展 ・從做中學、輪調與代理等職內訓練或運用職位訓練 ・員工培訓之趨勢應朝「整合性」、「自由化」及「協同式」之方向發展
晉才策略	・績效考評與晉升調遷掛鉤 ・績效考核應採開發式（塑造）目的 ・考評方式多樣化及考評標準多元化
用才策略	・工作教導與員工管理 ・重視賦能（授權）
留才策略	・著重薪酬管理與勞資關係 ・薪資設計應顧及外部競爭性及內部公平性 ・塑造長期的夥伴關係

資料來源：丁志達（2012），「人力資源管理實務研習班」講義，財團法人中國生產力中心編印。

二、構建組織結構類型

企業的組織結構（職能結構、層級結構、部門結構、職權結構），是企業全體員工爲實現企業目標，在工作中進行分工協作，在職務範圍、責任、權力所形成的結構體系。隨著企業的創立、發展及領導體制的演變，企業組織結構形式也經歷了一個發展變化的過程。根據外部環境和內部選擇兩項因素，企業組織結構大致分爲直線型、職能型、事業部型、矩陣式組織等四種類型（**表3-2**）。

(一)直線型組織

直線型組織（line organization），亦稱分級式組織，是一種最早也是最簡單的組織形式。它的特點是企業各級單位從上到下實行垂直的指揮系統，每一位人員只對一個主管負責並接受其指揮監督，各級主管負責人對所屬單位的一切問題負責。

表3-2　組織的基本型態優缺點比較

組織的基本型態	優點	缺點
直線型組織	‧每人的權責及責任均十分明確 ‧命令迅速澈底不易發生錯誤 ‧規律及秩序易於遵守 ‧經營上無須龐大的經費	‧橫向的聯絡及協調不夠充分 ‧直線系統主管需負擔不同性質的業務 ‧直線系統主管責任的負擔易過重
職能型組織	‧因監督人員的工作專業化，故可提高管理上的圓熟程度 ‧可依據專家的見解接受專業的指導	‧命令系統有混亂之慮 ‧權限之爭議及協調需花時間與心力 ‧對結果的責任不明確
事業部型組織	‧總公司領導可以擺脫日常事務，集中精力考慮全局問題 ‧實行獨立核算，更能發揮經營管理的積極性，更有利於組織專業化生產和實現企業的內部協調合作 ‧各事業部之間有比較，有競爭，這種比較和競爭有利於企業的發展 ‧事業部內部的供、產、銷之間容易協調，不像在直線型、職能型下需要高層管理部門過問 ‧事業部經理要從事業部整體來考慮問題，這有利於培養和訓練管理人才	‧事業部間由於人員及設備的重複連帶產生經營努力與人力資源的浪費 ‧人事、管理、銷售、技術等的知識及資訊的交流均有問題 ‧事業部實行獨立核算，各事業部只考慮自身的利益，影響事業部之間的協作。一些業務聯繫與溝通往往也被經濟關係所替代，甚至連總部的職能機構向事業部提供決策諮詢服務時，也要事業部支付諮詢服務費 ‧常易形成短期性業績導向，覺得長期遠景的評估是總公司的事，因此常有決策遲緩的現象
矩陣式組織	‧人力運用具有彈性 ‧目標明確、任務明確 ‧容易產生新能力開發的機會 ‧專案結束，人員歸建 ‧人員可發揮所長 ‧經驗知識可隨專業移轉	‧部屬究竟對哪位主管負責無法明確，常易混淆不清 ‧兩位上司間易發生爭議 ‧集體決策易發生延遲，有時喪失有效時機 ‧因屬多元化的命令報告系統，致使管理成本增加 ‧人員變動大，造成人心惶惶

資料來源：野邊二郎（1997），MTP（管理研習課程）講義，財團法人日本產業訓練協會，中國生產力中心MTP教材翻譯小組，頁12-13。

(二)職能型組織

職能型組織（functional organization）又稱功能性、專職性、橫式或職位式組織。它的特徵係依照製造、技術、研發、財務及人資管理等不同職能別而區分的部門組織。專業人員依各個功能，分別接受專門監督者的指導、考核。它不僅符合專業化的需求，且易獲得最大利益，尤其在中央集權的管理控制下，更能發揮其優點。

(三)事業部型組織

事業部型組織（divisional organization）是歐美、日本大型企業所採用的典型的組織形式，因爲它是一種分權制的組織形式。它最早是由美國通用汽車公司總裁史隆（Alfred P. Sloan）於1924年提出的，故有「史隆模型」之稱，是一種高度（層）集權下的分權管理體制。它適用於規模龐大，產品種類繁多，技術複雜的大型企業所採用的一種組織形式。

(四)矩陣式組織

矩陣式組織（matrix organization）又稱多面式組織（multi-dimensional organization）或專案組織（project organization），此乃職能部門組織與專業組織兩者整合而成的新組織型態。它係指一個部屬擁有兩位以上的主管（部門與專案）的組織。通常在高科技產業的企業機構，以專案爲基礎的企業機構中，此一組織型態甚爲常見。本質上只是對組織技術資源做最有效的運用，何處有需要，便將組織的專業技能分配於何處。此種組織應用最成功且爲人所稱道者，乃美國國家航空暨太空總署（National Aeronautics and Space Administration, NASA）的阿波羅計畫（Project Apollo）（**圖3-1**）。

三、組織設計

組織設計是指對一個組織的結構進行規劃、架設、創新或再造，以便從組織的結構上確保組織目標的有效實現。它是一個動態的工作過程，包含了衆多的工作內容（**圖3-2**）。

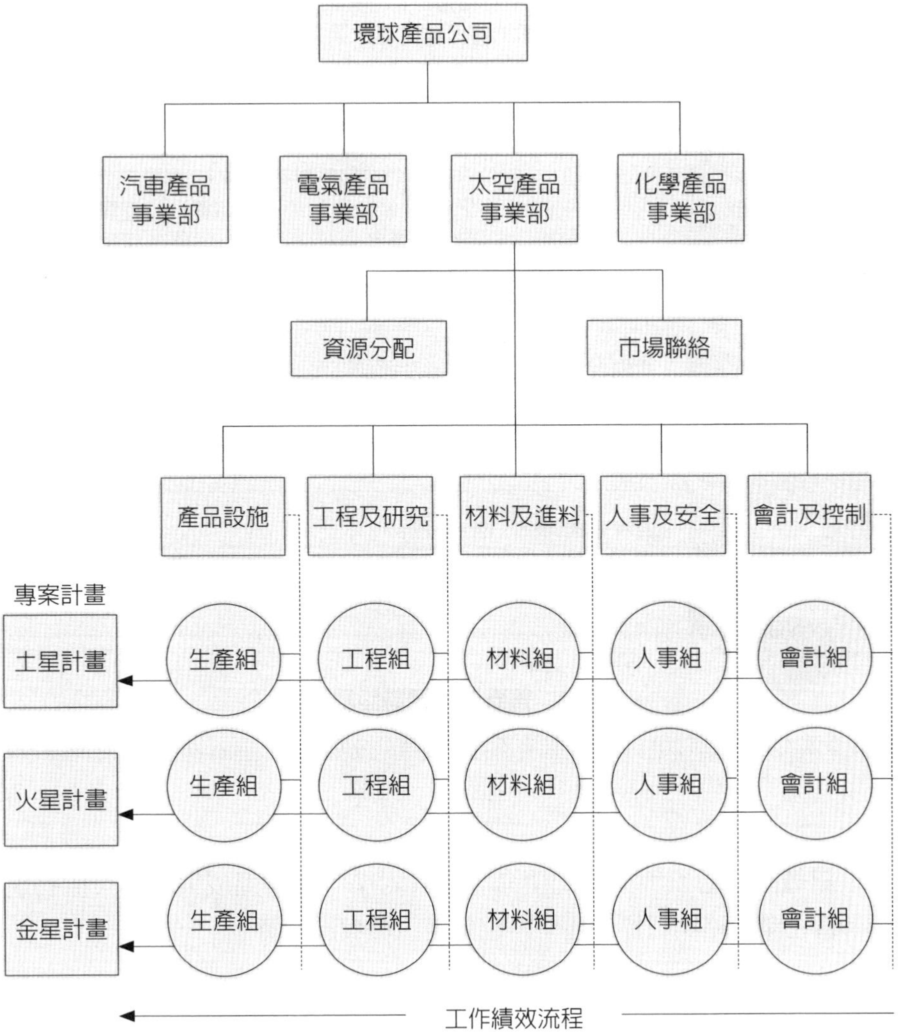

圖3-1 矩陣式組織圖

資料來源：許是祥譯（1990），Warren R. Plunkett & Raymond F. Attner著，《企業管理》，中興管理顧問公司，頁195。

制訂部門工作職責	·各部門管理者依據公司戰略決策與本部門的年度經營規劃制訂部門本年度的關鍵職責 ·人力資源部組織各級管理者及內外部客戶評審各部門職責是否支撐戰略與規劃落地、滿足內外部客戶需求
分解部門各項關鍵職責	·人力資源部協助部門管理者釐清各項一級職責及相互關係 ·人力資源部協助部門管理者分解出每項部門職責實現所需的二三級具體工作事項
實現部門與崗位職責的矩陣匹配	·組織發展部指導管理者進行部門與崗位職責的矩陣匹配 ·組織發展部協助評審各部門關鍵職責在各崗位上的作業順序是否合理
規範組織架構	·簽發組織架構、崗位編制 ·彙總、發布公司的組織架構圖、各部門職責說明 ·組織發展部組織修訂各部門崗位說明書

圖3-2　重新進行組織設計步驟

資料來源：石才員（2011），〈板子不該打在績效管理上〉，《人力資源》，總第331期（2011/5），頁51。

組織設計必須與公司的使命、願景對準，能夠促成策略與目標的達成；當企業策略與目標改變時，也就是組織發展之時。

1.確定組織內部各部門和人員之間的正式關係和各自的職責（組織圖與工作說明書）。

2.規劃出組織最高層級部門向下屬各個部門、人員分派任務和從事各種活動的方式。

3.確定出組織對各部門、人員活動的協調方式。

4.確定組織中權力、地位和等級的正式關係，即確立組織中的職能系統。

組織設計可能有三種情況：一是新設立的企業需要進行組織結構設計；二是原有組織結構出現較大的問題或企業的目標發生變化，比如企業經營機制轉換後原有企業組織結構需重新評價和設計；三是組織結構需進行局部的調整和完善（**表3-3**）。（許玉林主編，2005）

四、組織發展趨勢

在顧客導向的時代，對客戶而言，客戶是針對整個公司，非指對公司內單一部門。因此，唯有採取「靈活型組織」（流體組織，車庫企業型）來取代「制度型組織」（中央集權型）運作模式，建立、採用分權化的、網路化的，以團隊爲中心，以客戶爲導向的扁平而精幹的組織。此一類型的組織，處在經營環境迅速變遷中，能實際改變與客戶、供應商、經銷商及其他商業夥伴的關係，而內部員工隨時相互調派支援，才能因應客戶所需。在靈活型組織運作下，公司的成員不再是某一部門的工作同仁，也不是只對某項工作或某位主管負責，取而代之的是，必須對多位主管報告不同的執行狀況，而且隨時都可能加入另一項工作團隊中（**表3-4**）。

表3-3　組織設計程序

設計程序	設計工作內容
1.設計原則的確定	根據企業的目標和特點，確定組織設計的方針、原則和主要維度。
2.職能分析和設計	確定經營、管理職能及其結構，層層分解到各項管理業務的工作中，進行管理業務的總體設計。
3.結構框架的設計	設計各個管理層次、部門、崗位及其責任、權力，具體表現為確定企業的組織系統圖。
4.聯繫方法的設計	進行控制、信息交流、綜合、協調等方式和制度的設計。
5.管理規範的設計	主要設計管理工作程序、管理工作標準和管理工作方法，作為管理人員的行為規範。
6.人員配備和訓練	根據結構設計，定質、定量地配備各級管理人員。
7.運行制度的設計	設計管理部門和人員績效考核制度；設計精神鼓勵和工資獎勵制度；設計管理人員培訓計畫。
8.回饋和修正	將運行過程中的信息回饋回去，定期或不定期地對上述各項設計進行必要的修正。

資料來源：許玉林主編（2005），《組織設計與管理》，復旦大學出版，頁111。

表3-4　制度型組織與靈活型組織的因素

因素	制度型組織	靈活型組織
結構	等級制度	網際網路
溝通與交互作用	縱向	縱向與橫向
模式	正式的，加上非正式的	非正式的，加上正式的
工作指示	直接管理者	自我、團隊
決策	集中在高層、權利明確	集中在基層，給適當層級的授權
職能部門	獨立存在，發揮諮詢、審計、控制與幫助作用	夥伴關係
承諾	對組織和職業忠誠	成為工作的組成部分，成為團隊和客戶的一員
對變革的態度	注重穩定、權威、控制以及風險迴避	歡迎和適應變革和創新

資料來源：吳雯芳譯（2001），James W. Walker著，《人力資源戰略》（*Human Resource Strategy*），中國人民大學出版，頁110。

美國考伯斯（Koppers）公司前總裁Fletcher Byron說：「組織要有極大的彈性，否則無法適應變化迅速的環境，接受新的作法。太固定的組織和規程，會阻礙進步，阻礙事業的發展。」

第二節　組織診斷

組織與人力資源診斷，是指企業對組織現況及人力資源管理制度運用情形進行評估，藉以提出未來人資管理推展之建議與規劃，並作爲將來人資管理與發展運作系統化之基礎。

一、組織診斷工具

整個組織診斷與評估的設計，採取定量調查（如問卷調查法）與定性調查（如訪談調查法）兩種作法。問卷調查法的目的是透過專業的手法幫助企業深入瞭解組織內部問題；訪談調查法，以關鍵職位擔任者爲對象，除了職位具備關鍵性外，尚需與問卷調查法所分析整理產生的重要現象爲本，深入探討。訪談時間以一小時爲原則，訪談內容需要事先做結構

範例3-1

宏達電執行長的信（摘錄）

但當市場變了，競爭者的策略變了，競爭者變得更強，產品的落差就縮小了。我們的對手可以在規模上、品牌知名度及大筆行銷預算上使力，做一些宏達電（hTC）做不到的事。

在產品、品質、產品全面整備度、行銷、販售、零售等方面，我們永遠有改善空間。我們已找出需要改進的地方，且已有改進計畫。我們最近把部分組織優化，確保有新的方法來努力改進，確保我們能專注於讓好點子發光發亮，並確保我們的產品上市時就已經全方位完備。

我們也需要改善公司的溝通。hTC一向是個做事迅速且反應迅速的公司，但過去兩年的快速成長已讓我們慢了下來。公司無時無刻都有人在開會、討論，卻是議而不決、沒有策略方向或危機意識。隱然成形的官僚作風導致權責不明。我們同意要做某些事，但後來要不是沒做，就是草草了事。

這就是發生在本公司的問題。市場變了，我們也有自己的問題。

現在最重要的是我們要如何解決問題。重要的是我們自己的行動，重要的是我們如何反應，請務必確認我們終止了官僚作風，確認我們迅速做了正確且奏效的事。

我們以明確的目標及指標來溝通，且落實那些目標。例如，在會議之後，公司說希望能按優先順序完成A、B、C，並希望在一週內完成，如果有疑慮及分歧，我們應該立刻講清楚，且就那些目標及指標取得一致意見。我們必須避免缺乏明確目標的「好，好，我們來研究研究」、「我們正在努力」。你當然可以說，「我需要兩天時間來確認」，這是可以的，但請務必在接下來的兩天之內確認。

當忙著一件事時，我們得清楚知道最重要的事項、最重要特色

是什麼，而且一定要很有信心完成優先事項，而不是「做了也沒啥用」的態度。不要讓程序、原則、規範影響了我們的重要目標。當然，我們必須遵循某些原則和標準，但別讓枝微末節扼殺了主要目標。我再說一次，請務必胸懷大志，堅定創新，且擴大及落實那些創新。

我們將重回成功之路。

資料來源：馮克芸譯，〈宏達電執行長的信：我們將重回成功之路〉，《聯合報》（2012/8/16 A2版）。

性問題的設計，訪談時間、場次與地點排定，並應於獨立不受干擾的空間進行（**圖3-3**）。

二、組織診斷的實務作法

組織診斷是在對組織的文化、結構以及環境等的綜合考核與評估的基礎上，確定是否需要變革的活動，其實務的作法有：

(一)組織文化診斷

組織文化可以反映企業組織是否具備強而有力的組織競爭力。從組織的溝通、領導風格、共同願景塑造等方面進行診斷。問卷調查與訪談調查是此項診斷的手段。

(二)現行人力資源管理制度評估

人力資源管理制度的健全與否，關係到員工是否適才適所而發揮群體戰鬥力。因此，現行人員聘僱、薪資福利、培訓、生涯發展等管理制度是否合理，且是否執行得力，就是評估重點。問卷與資料蒐集是經常被採用的評估方法。

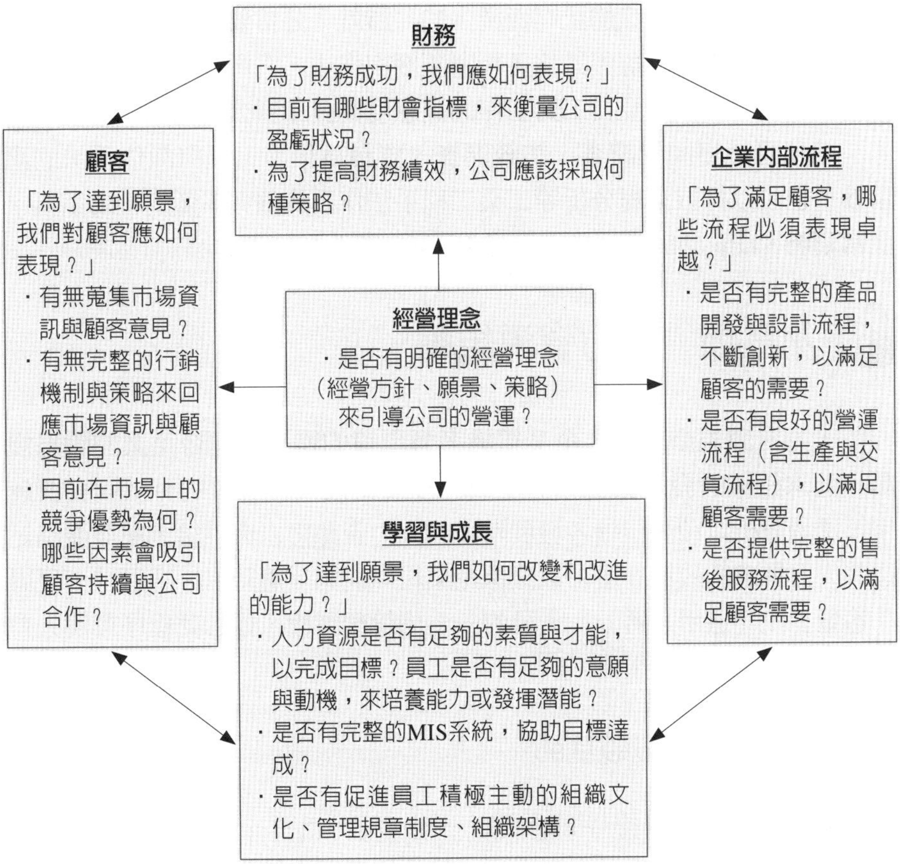

財務

「為了財務成功，我們應如何表現？」

‧目前有哪些財會指標，來衡量公司的盈虧狀況？

‧為了提高財務績效，公司應該採取何種策略？

顧客

「為了達到願景，我們對顧客應如何表現？」

‧有無蒐集市場資訊與顧客意見？

‧有無完整的行銷機制與策略來回應市場資訊與顧客意見？

‧目前在市場上的競爭優勢為何？哪些因素會吸引顧客持續與公司合作？

經營理念

‧是否有明確的經營理念（經營方針、願景、策略）來引導公司的營運？

企業內部流程

「為了滿足顧客，哪些流程必須表現卓越？」

‧是否有完整的產品開發與設計流程，不斷創新，以滿足顧客的需要？

‧是否有良好的營運流程（含生產與交貨流程），以滿足顧客需要？

‧是否提供完整的售後服務流程，以滿足顧客需要？

學習與成長

「為了達到願景，我們如何改變和改進的能力？」

‧人力資源是否有足夠的素質與才能，以完成目標？員工是否有足夠的意願與動機，來培養能力或發揮潛能？

‧是否有完整的MIS系統，協助目標達成？

‧是否有促進員工積極主動的組織文化、管理規章制度、組織架構？

圖3-3　組織診斷實施架構與程序

資料來源：常昭鳴編著（2010），《PMR企業人力再造實戰兵法》，臉譜出版，頁65。

(三)人力資源管理功能評鑑

人力資源是企業組織競爭力的主要來源，其管理功能的發揮關係到企業經營目標是否及時達成。人資管理在企業中所扮演的角色，可以評估組織競爭力的強弱。專業的問卷設計是評估的利器。

(四)員工共識調查

人力資源是企業的重要資產，也是企業組織競爭力的建構基礎。因此，員工的感受對組織的認同而產生的共識就十分重要。共識調查的目的就在於透過調查，瞭解與評估各相關制度與作法。在所設計的各項專案，可以反映組織氣候以及員工對工作的滿意度與員工對公司的認同態度。

除了可使用問卷調查、訪談調查、資料蒐集等工具與評估手法的應用外，也可以採取流程分析等工業工程手法作爲評估與診斷的輔助工具。（常昭鳴，http://bbs.chochina.com/thread-15748-1-1.html）

第三節　人力資源規劃

人力資源規劃，乃是企業組織考量環境的變遷，配合企業的戰略規劃，追求組織的發展與目標的達成，以及組織人力資源的有效開發與運用，透過分析以預測組織各發展階段的人力資源需求與供給，並發展滿足這些人力需求的政策計畫，以確保企業組織能夠「適時」、「適地」獲得「適量」、「適用（質）」人員的一系列管理歷程，經由此程序可使人力獲致最經濟有效之運用。

一、人力資源規劃的目的

人力資源規劃根據時間的長短不同，可分爲長、中、年度和短期計畫四種。長期計畫適合於大型企業，往往是五至十年的規劃，以未來的組織需求爲起點並參考短期計畫的需求，以測定未來的人力需求；中期計畫適合於大、中型企業，一般的期限是二至五年；年度計畫適合於所有的企業，它每年進行一次，通常與企業的年度發展計畫相配合；短期計畫適用於短期內企業人力資源變動加劇的情況，根據組織之目前需求測定其人力需求，並進一步估計目前管理資源能力及需求，從而訂定計畫以彌補能力與需求之間的差距，是一種應急計畫。年度計畫是執行計畫，是中、長期人力規劃的貫徹和落實。中、長期規劃對企業人力規劃具有方向指導作用。

範例3-2

人力資源規劃

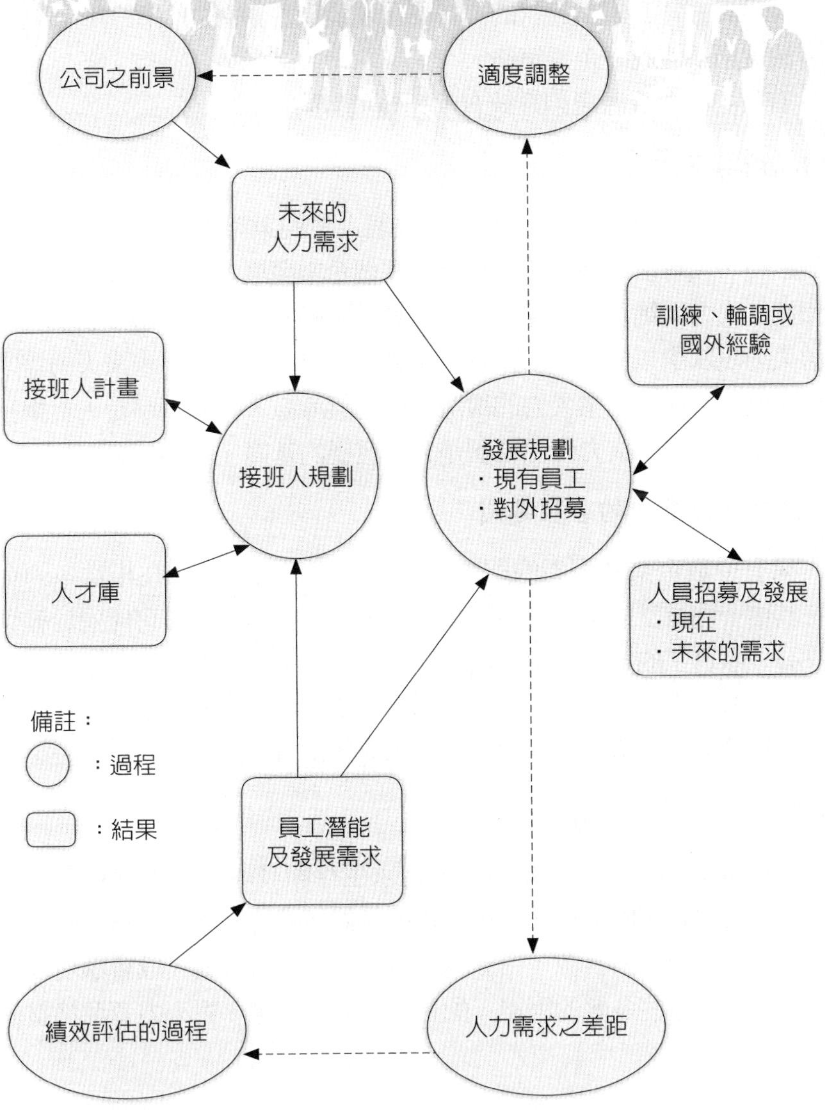

資料來源：HP管理諮詢服務中心。

二、人力資源規劃系統

人力資源規劃的價值，主要就在於幫助經營策略的落實，但只有確定並實現人力資源規劃的目的、目標，才能產生對應的價值。易言之，人力資源規劃不能脫離企業策略。

有效的人力資源規劃系統有下列幾項目的：

(一)規劃人力發展

人力資源規劃系統必須連結到整個企業的策略規劃上。進行人力資源規劃時，須有前瞻性看法，來瞭解整個企業發展。人力資源發展包括人力預測、人力增補及人員培訓，這三者緊密聯繫，不可分割。它一方面對目前人力現狀予以分析，以瞭解人事動態；另一方面，對未來人力需求做一些預測，以便對企業人力的增減進行通盤考慮，再據以制定人員增補和培訓計畫。所以，人力資源規劃是人力發展的基礎。

(二)促使人力資源的合理運用

只有少數企業其人力的配置完全符合理想的狀況，在相當多的企業中，其中一些員工的工作負荷過重，而另一些員工則工作可能過於輕鬆。也許有一些員工的能力有限，而另一些員工則感到能力有餘，未能充分利用。人力資源規劃可改善人力分配的不平衡狀況，進而謀求合理化，以使人力資源能配合組織的發展需要，達到適才適所。

(三)配合組織發展的需要

任何組織的特性，都是不斷地追求生存和發展，而生存和發展的主要因素是人力資源的獲得與運用，也就是如何適時、適量、適質的使組織獲得所需的各類人力資源。由於現代科學技術日新月異，社會環境變化多端，如何針對這些多變的因素，配合組織發展目標，對人力資源恰當規劃甚爲重要。

三、人力資源規劃系統的步驟

有效的人力資源規劃系統，須包括以下四個步驟：

(一)人力盤點

人力盤點是人力資源規劃最基本的工作，評估現有人力資源及分析每位在職員工的專長與在工作上有待加強的認定等。在評估現有人力資源時，需著重於每位在職員工的知識、技術、能力、潛力、語言、職業興趣、年齡、教育程度及工作經驗等。透過人力盤點，可讓企業清楚掌握到現有企業內部人力資源的優、劣勢，也是企業要探知其競爭優勢的關鍵方式（**表3-5**）。

(二)整體環境人力資源預測

人力資源規劃只有充分的考慮了內外環境的變化，才能適應整體經

表3-5　人力盤點考慮的因素

因素	內容
外界的挑戰	國內外社會環境和市場發展趨勢、科技進步的程度、同業競爭的狀況。
公司經營決策	經營目標及策略（如銷售、產品及生產等策略）的方向確立，訂定各項營運功能對人力需求的順序時間表。
人力變動因素	年度員工流動率、缺勤率、退休、開除、辭職等，每位員工每月平均加班小時數等因素列入考量。近三年的人力異動平均比率。
人力來源及人力成本	掌握最便捷、最適合及成本最低的人力資源，評估各項招募管道的可行性及成本分析。
技術／技能需求	工作分析、技能類別性質、技能等級標準、技能訓練、技能評鑑、考核、技能認證和相關技術級別等。
工作量分析	從公司預定的年產量或營業額或銷售量去推算需要的直接人力，再以競爭者的模範標竿作為計算間接人力的參考，加上人力變動因素的考量求出實際公司運作需要的人力。
當前工作狀態	工作重新設計和涉及當前需要修飾的內容及職位的評估或安排升遷、調動、改組、訓練或外包等。

資料來源：丁志達（2012），「人力規劃和人力合理化研習班」講義，遠東新世紀公司編印。

營環境的變化，眞正的達成企業發展目標下，階段性任務的完成。預測企業未來所需要的人力，除應瞭解新業務發展（銷售的變化、產品開發的變化、企業發展戰略的變化）所需的人力外，亦應預測可能流失的在職人員造成的職缺，並要瞭解公司外部的人才供需情況，競爭行業的擴充計畫所產生的人力需求，政府有關人力資源政策的變化，就業市場人力供需的變化等，才能在對內訓練發展與對外招募人員的比重、分配上有具體的數字爲準繩。

(三)行動計畫

完善的人力資源規劃，一定是能夠使企業和員工得到長期利益的計畫，一定是能夠使企業和員工共同發展的計畫。建立公司內部人才庫，以因應未來公司發展的需要，而幾項主要擴大人才庫的方法，包括招募、甄選、訓練、調職、升遷、考核及薪資變動等。

(四)控制與評估

控制與評估的目的，在對人力資源規劃結果作評估與回饋，以確保能達到所預期的人力資源管理。當對人力資源需求確定後，就可進一步從供應面來檢視內部升遷、調職、離職、退休等與外部的招募，如此整合供給面與需求面，即成爲一項完善的人力資源規劃系統。

人力資源管理不能一味的從成本去掌控，不能只是以工資的差別去看待人員的優劣，而應以投資的眼光規劃人力，爲企業創造更好的競爭優勢。

四、人力資源預測分析

人力資源預測，是指在企業的人力評估和預測的基礎上，對未來一定時期內人力資源狀況的假設。人力資源預測可分爲人力資源需求預測和人力資源供給預測。需求預測是指企業爲實現既定目標而對未來所需員工數量和種類的估算；供給預測是確定企業是否能夠保證員工具有必要能力以及員工來自何處的過程。

人力資源預測是建立在企業人力資源現狀、市場人力資源環境等基

礎上的。所以在企業進行人力資源預測時，一定要注意分析以下問題：

1.企業人力資源政策在穩定員工上所發揮的作用。
2.市場上人力資源的供求狀況和發展趨勢。
3.本行業其他公司的人力資源政策。
4.本行業其他公司的人力資源狀況。
5.本行業的發展趨勢和人力資源需求趨勢。
6.本行業的人力資源供給趨勢。
7.企業的人員流動率及原因。
8.企業員工的職業發展規劃狀況。
9.企業員工的工作滿意狀況。（**表3-6**）

五、人力資源需求預測的步驟

人力資源需求預測分為現實人力資源需求預測、未來人力資源需求預測和未來流失人力資源需求預測三個部分，其具體步驟如下：

1.根據職務（工作）分析的結果，來確定職務編制和人員配置。

表3-6　人力評估研究方法分類表

第一階段　組織人力運作問題之初期診斷方法	
・問卷調查法 ・人員訪談法 ・現場觀察法 ・相關文獻法	・歷史事件法 ・組織氣氛調查法 ・功能流程評估法 ・組織目標推演法
第二階段　組織員額評估法	
・數量模型法 ・財務損益兩平法 ・工作分析與部門職掌調查法 ・標準工時推算法 ・組織標竿比較法	・管理幅度法 ・功能流程評估法 ・組織目標推演法 ・人員訪談法
第三階段　最終人員額度之微調方法	
・潛能評鑑法	・人員訪談法

資料來源：精策管理顧問公司。

2.進行人力資源盤點，統計出人員的缺額、超額以及是否符合職務資格要求。

3.將上述統計結論與部門管理者進行討論，修正統計結論。

4.該統計結論爲現實人力資源需求。

5.根據企業發展規劃，確定各部門的工作量。

6.根據工作量的增長情況，確定各部門還需增加的職務及人數，並進行彙總統計。

7.該統計結論爲未來人力資源需求。

8.對預測期內退休的人員進行統計。

9.根據歷史資料，對未來可能發生的離職情況進行預測。

10.將第8至9項統計和預測結果進行彙總，得出未來流失人力資源需求。

11.將現實人力資源需求(4)、未來人力資源需求(7)和未來流失人力資源需求(10)彙總，即得出企業整體人力資源需求預測。

六、人力資源供給預測的步驟

人力資源供給預測，分爲內部供給預測和外部供給預測兩部分，其具體步驟如下：

(一)內部供給預測

分析影響內部人力資源供給的因素包括：

1.進行人力資源盤點，瞭解企業員工現狀。

2.分析企業的職務調整政策和員工輪調資料，統計出員工工作調整的比例。

3.向各部門的主管瞭解可能出現的人事調整情況。

4.將第2、3項的情況彙總，得出企業內部人力資源供給預測。

5.分析影響外部人力資源供給的地域性因素。

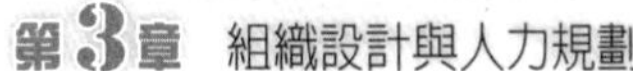

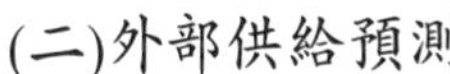

(二)外部供給預測

分析影響外部人力資源供給的因素包括：

1.相關專業的大專畢業生人數及就業情況。
2.政府在就業方面的法規和政策。
3.本行業的人才供需狀況。
4.失業率的比例。
5.從業人員的薪酬水平和差異。
6.根據第1至4項的分析，得出企業外部人力資源供給預測。

將企業內部人力資源供給預測和企業外部人力資源供給預測彙總，得出企業人力資源供給預測。

七、人力資源供需矛盾的調整方法

在企業的運營過程中，企業始終處於人力資源的供需失衡狀態。在企業擴張時期，企業人力資源需求旺盛，人力資源供給不足，人資部門用大部分時間在進行人員的招聘和選拔；在企業穩定時期，企業人力資源在表面上可能會達到穩定，但企業內部仍然同時存在著退休、離職、晉升、降職、補充空缺、不勝任工作、職務調整等情況，企業處於結構性失衡狀態；在企業衰退時期，企業人力資源總量過剩，人力資源需求不多，人資部門需要制定裁員政策。

總之，在整個企業的發展過程中，企業的人力資源狀況始終不可能自然的處於平衡狀態。人資部門的重要工作之一就是不斷地調整人力資源結構，使企業的人力資源始終處於供需平衡狀態，只有這樣，才能有效的提高人力資源利用率，降低企業人力資源成本。

企業的人力資源供需調整，分為人力短缺和人力過剩的調整兩部分。

(一)人力短缺調整方法

企業一旦在人力盤點後發現人力不足時，所採取的對策有：

1.內部調整：它是指當企業出現職務空缺時，優先由企業內部員工調整到該職務的作法。當內部無適當人選能調任新職時，再進行外部招聘。

2.內部晉升：當較高層次的職務出現空缺時，優先提拔企業內部的員工。在許多企業裡，內部晉升是員工職業生涯規劃的重要內容。對員工的提升是對員工工作的肯定，也是對員工的激勵。由於內部員工更加瞭解企業的情況，會比外部招聘人員更快的適應工作環境，節省了外部招聘成本。

3.外部招聘：外部招聘是最常用的人力短缺調整的方法，當人力資源總量短缺時，採用此種方法比較有效。但如果企業有內部調整、內部晉升等計畫，則應該先實施這些計畫，將外部招聘放在最後使用。

4.接班人計畫：接班人計畫（succession planning）的具體作法是，人資部門對企業內的每位員工進行詳細的調查，列出各類職位可以替換（輪調）的人選。接班人計畫屬於企業的機密，名單不可洩露，以免引起員工間勾心鬥角，破壞組織氣氛（**圖3-4**）。

5.技能培訓：對公司現有員工進行必要的技能培訓，使之不僅能適應當前的工作，還能適應更高層次的工作。這樣，就為內部晉升政策的有效實施提供了保障。

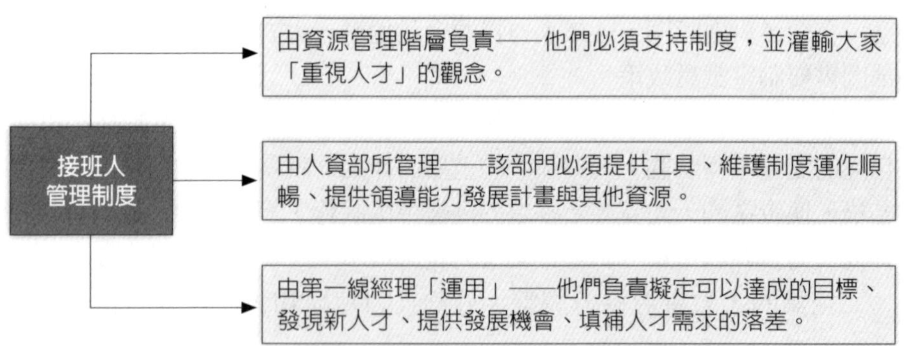

圖3-4　接班人管理制度

資料來源：曾湞菁譯（2004）。Robert Fulmer & Jay Conger著，〈接班人在哪裡？〉，《大師輕鬆讀》，第77期，（2004/5/1~5/19），頁25。

範例3-3

勞雇雙方協商減少工時協議書

立協議書人：＿＿＿＿＿＿公司（以下簡稱甲方）、勞工＿＿＿＿＿（以下簡稱乙方）。緣乙方任職於甲方＿＿＿部門，擔任＿＿＿職務，原雙方約定正常工作日數及時間為每日＿＿＿小時，每（雙）週＿＿＿小時，每月薪資新台幣＿＿＿元。

茲因受景氣因素影響致停工或減產，經雙方協商後，乙方同意在甲方不違反勞動基準法等相關法規的前提下配合甲方，暫時性減少工作時間及工資，並同意訂立協議書條款內容如下，以資共同遵守履行。

一、實施期間及方式

1.乙方自＿＿年＿＿月＿＿日起至＿＿年＿＿月＿＿日止，配合甲方變更工作時間及方式：

□每日＿＿小時，每週＿＿日，每月＿＿天。薪資新台幣＿＿＿元

□其他＿＿＿＿＿＿

2.實施期間乙方得隨時終止勞動契約，此時，甲方仍應比照勞動基準法、勞工退休金條例規定給付資遣費，但符合退休資格者，應給付退休金。

3.實施期間屆滿後，非經乙方同意，不得延長，甲方應立即回復雙方原約定之勞動條件。

4.實施期間甲方承諾不終止與乙方之勞動契約。但有勞動基準法第12條或第13條但書或第54條規定情形時，不在此限。

5.實施期間甲方營運（如公司產能、營業額）如恢復正常，甲方應立即回復雙方原約定之勞動條件，不得藉故拖延。

二、實施期間兼職之約定

乙方於實施期間，在不影響原有勞動契約及在職教育訓練執行之前提下，可另行兼職，不受原契約禁止兼職之限制，但仍應保守企業之機密。

三、新制勞工退休金

甲方應按乙方原領薪資為乙方提繳勞工退休金。

四、無須出勤日出勤工作之處理原則及工資給付標準

實施期間無須出勤日甲方如須乙方出勤工作，應經乙方同意，並另給付工資。

五、權利義務之其他依據

甲乙雙方原約定之勞動條件，除前述事項外，其餘仍依原約定之勞動條件為之，甲方不得作任何變更。

六、其他權利義務

1.實施期間乙方如參加勞工行政主管機關推動之短期訓練計畫，甲方應提供

必要之協助。

2.甲方於營業年度終了結算，如有盈餘，除繳納稅捐及提列股息、公積金外，應給予乙方獎金或分配紅利。

七、其他特別約定事項

____

____

八、協議書修訂

本協議書得經勞資雙方同意後以書面修訂之。

九、誠信協商原則

以上約定事項如有未盡事宜，雙方同意本誠信原則另行協商。

十、協議書之存執

本協議書一式作成二份，由雙方各執一份為憑。

十一、附則

1.甲方提供行政院勞工委員會訂定之「因應景氣影響勞雇雙方協商減少工時應行注意事項」供乙方詳細閱讀，乙方簽訂本協議書前已瞭解該注意事項之內容。

2.本協議書如有爭議涉訟時，雙方合意由________法院為第一審管轄法院。

立協議書人：

甲　　方：______________公司

負　責　人：______________（簽名）

乙　　方：______________（簽名）

中　　華　　民　　國　　年　　月　　日

備註：因勞雇雙方協商減少工時態樣不一，勞雇雙方可參照「因應景氣影響勞雇雙方協商減少工時應行注意事項」就具體狀況酌予調整。

資料來源：行政院勞工委員會，〈勞雇雙方協商減少工時協議書〉，網址：http://www.cla.gov.tw/cgi-bin/Message/MM_msg_control?mode=viewnews&ts=4ed6fa62:7363&theme=

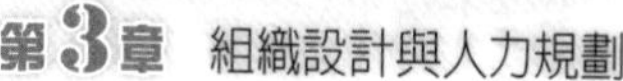

(二)人力過剩調整方法

企業一旦在人力盤點後發現人力過剩時，所採取的對策有：

1.鼓勵提早退休：企業可以適當的放寬退休的年齡和條件限制，促使更多的員工提前退休。如果將退休的條件修改得足夠有吸引力，會有更多的員工願意接受提前退休。

2.人事凍結：當企業出現有員工退休、離職等情形時，對其職缺不予以補充。

3.增加無薪假期：當企業出現短期人力過剩的情況時，採取增加無薪假期（減少工時）的方法比較適合，但此項措施必須經過勞資雙方協商後才能實施。

4.裁員：裁員是一種最無奈、但最有效的方式。在進行裁員時，首先制定人道的裁員政策，比如爲被資遣者發放優厚的資遣費與輔導就業等，然後優先接受主動希望離職的員工，接著裁減工作考評成績低落又無法輔導的沒有工作意願的員工。

在企業營運不佳，面臨景氣蕭條或冗員增多時，藉由人事凍結、退離、縮減組織規模來達成降低成本，以謀救亡圖存，原是無可厚非的，但眞正企業再造的方法應是尋求最佳的經營規模，而非一味地縮減規模或裁員。

第四節　能力盤點

松下幸之助說：「人是一切事務的核心，自然也是企業的核心。員工素質的高低，關係到一個企業的成敗興亡。」所以建立企業員工的「技能清單」（skill inventory）是當務之急。在美國遭受911恐怖攻擊後，大家不約而同地發現，能夠精確掌握企業人力技能的公司，應變速度較快。

企業瞭解員工能力，不僅是爲了應付緊急情況的支援，更重要的是要在今天競爭激烈的環境中生存。市場競爭日益激烈，企業的員工必須掌握更專業化的技能及知識，才能穩操勝算。

一、能力盤點好處

能力盤點的觀念其實有點像庫存盤點的概念一樣，它也是一種供需的關係。人才的儲備，就好像是安全庫存一樣，過高則造成公司過重人事成本的負擔，沒有庫存，則公司又會面臨人才調配的困擾。能力盤點的目的就是要讓企業、各個部門掌握企業的人才分布狀況，以便採取適當的因應對策。

能力盤點對企業、管理者及員工本人有下列的好處：

(一)對企業而言

員工能力盤點可以更有效地促進人才流動，同時找出今後的接班人，把人才管理作爲企業戰略性的經營工具。

(二)對管理者而言

員工能力盤點是一個強有力的管理手段，它能分析出團隊成員之間的優劣，找出員工之間能力的差距，可以使管理者得到他所需要的人才，幫助他在人才招聘方面做出正確決策，管好和發展他的員工。

(三)對員工而言

員工能力盤點可得到更有效的回饋，是進行職涯規劃的關鍵方法。員工以此瞭解自己的表現以及管理者的評價，從而能夠在與主管溝通的基礎上，積極主動地規劃自己的未來職業生涯。

員工能力盤點是一個管理過程，必須時時進行，以確保企業能掌控最新資訊，並透過人力盤點及後續的管理，企業得以分析出自己的優點、弱點及目前的需求， 如此一來，就能發揮人力資本的最大效益，並且做出正確的決策。

二、能力盤點思路

企業要做好員工能力盤點的途徑有：

1.能力盤點必須圍繞新的業務發展戰略及其要求的核心競爭能力，重點盤點關鍵人才。人力資源管理的重點是吸引和留住關鍵人才，在企業內部哪些人是守成的關鍵人才，哪些人是開拓業務的關鍵人才，誰就是人力資源盤點的重點。

2.能力盤點比單純學歷、職稱盤點更重要。傳統的人力資源盤點主要是員工年齡、學歷、職稱、專業等人事信息的統計工作，這些信息很重要，但是，這種靜態盤點在今天競爭激烈的環境中往往不能奏效，只有能力是衡量一個企業人力資源實力的唯一具有說服力的指標。

3.能力盤點的同時，也要盤點人力資源政策。目前企業核心人才流失現象是否嚴重？其根源是否可能與人力資源政策和機制有關？唯有能力盤點與人力資源政策的盤點雙管齊下，能力盤點才會爲人力資源管理奠定堅實的基礎。

4.能力盤點就是根據每位員工的績效考核和潛能考核成績，運用科學的人力資源管理工具，制定合理的人才管理戰略和規劃。誰表現最突出？誰表現有問題？誰能夠成長？誰能夠達到公司的經營目標？能力盤點回答的就是這些問題。

5.在能力盤點過程中，全公司運用統一的標準來評估當前領導團隊的工作表現和潛能，同時也將員工個人的發展需求和願望考慮進來。在此過程中，直線主管和人資部門主管共同探討評估要點，不僅看過去的業績，還要看未來的潛力。

三、員工能力的盤點項目

員工能力盤點，可分爲以下四大類：

(一)對人的能力

在人際關係方面，指的是能夠敏銳的觀察與處理人與人之間的互動關係。例如，表達、溝通、傾聽、協調、說服、談判、激勵等能力。對於從事人資管理、公共關係、客戶服務、業務行銷、律師、教師、社工人員等工作者，良好的人際關係是必備的條件。

(二)對事的能力

具備良好的邏輯思考能力，能夠根據資訊加以研判，並且迅速整理出清晰的脈絡，例如，對於從事研發、管理、教育訓練、程式撰寫、系統管理等工作者，這是一項必備的能力。

(三)對物的能力

對於機械操作或資料處理能夠比一般人做得又快又好。例如，駕駛員、操作員、技術人員、打字員、會計、廚師等工作。

(四)專業知識

其他在各種行業所要求的專業能力，例如，語文能力、電腦軟體運用、專業檢定資格等，也在個人能力盤點的範圍之內。

範例3-4

人才盤點　黃金人才出列

花旗（台灣）商業銀行，每年三至五月都會推行「人才盤點」（Talent Inventory Review, TIR）。由各部門以績效與潛力兩項標準評估現有人力，進而找出高潛力人才，再將名單提報人力資源中心彙整。

人力資源中心收到名單後，則進一步與各事業單位討論名單人選的能力及潛力後，再將名單提報給高階主管依據策略進行未來的人才布局。

人才盤點協助高階主管掌握哪些人為高潛力員工（High Potential Talents），並對其量身訂做個人發展計畫（Individual Development Plan, IDP），同時，建立各部門接班人計畫（Succession Plan），進一步深化對人才的發展與培育。

資料來源：行政院勞工委員會編輯小組編著（2011），《創新人才　精彩100：第七屆國家人力創新獎案例專刊》，行政院勞工委員會出版，頁44。

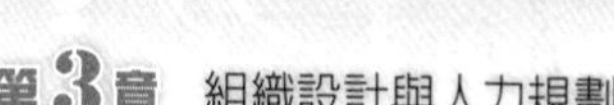

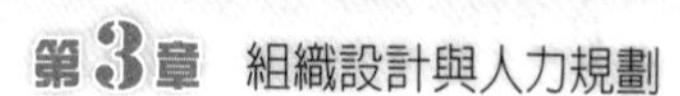

企業如果平日有通盤掌握員工技能的系統，公司遇有職缺時，就可以在短時間內找到具備一種或多種對人的能力（如誰具有團隊精神？）、對事的能力（如誰有能力處理文書檔案？）、對物的能力（如誰會駕駛堆高機？）的員工來遞補該工作空缺，使公司營運不受人事更替影響。同時，在企業擬定招募計畫、訓練計畫及接班計畫時，這套盤點系統成爲影響決策的關鍵。

四、企業加強員工技能的方法

根據《勞動力》雜誌的建議，企業加強員工的技能，有下列幾項作法：

1.利用調查、訪問、分析，找出企業所需要與所擁有的關鍵技術與關鍵能力。因爲每個組織都有不同的需求，必須找出能夠提升自己績效的能力。
2.建立追蹤員工績效表現的管理系統。利用檢查表或是特定的軟體，追蹤員工現在的能力，以及未來應具備的能力，也可以將所蒐集的資訊告訴員工，幫助他們發展。
3.將技術與能力盤點和招募、訓練、接班的人力資源系統結合。例如，列出了職缺關鍵能力，招募人員就知道在面試時需要問的問題，訓練人員也就知道要增加什麼樣的課程。
4.盤點的系統與所需要的能力，都要定期更新，才能符合企業變動的需求。
5.不要期待立即出現奇蹟似的改變。因爲塡補技能不但需要努力，更需要時間。（丘美珍，2002）

基於「人」乃是企業的資產而非「包袱」，如何促成人力配置合理化，充分運用現有人力，使其「適才適所」，發揮個人潛能，才是最重要的課題。

範例3-5

人力盤點的應用

應用類別	說明
人力盤點的效益	‧工作項目以及流程簡化或刪除的依據 ‧組織扁平化，減少組織層級及控制勞動成本（人數、管控幅度與成本控制） ‧人力配置最適化，判斷員工的適任性，消除員工吃大鍋飯的心理 ‧讓員工專注於時間管理上，並追求更高績效表現 ‧招募新進員工人數與職缺的依據 ‧找出各部門績效關鍵指標 ‧找出員工改善事項
人力盤點遭遇的問題	‧員工的反彈 ‧單位主管的反彈 ‧工時記錄失真 ‧員工不積極
人力政策的運用	‧轉調子公司或其他功能性單位（人力過剩時） ‧提升部門績效或提高業績目標（人力過剩時） ‧人事凍結、遇缺不補、排休（人力過剩時） ‧不適任人員輔導計畫 ‧資遣（長期性人力過剩時） ‧教育訓練計畫 ‧派遣工、多能工的使用（人力短缺時） ‧輪班、加班及休假的工時的彈性運用（短期性人力短缺時）

資料來源：徐玉芳（2010），《企業人力盤點實務及其影響之研究》，國立中山大學人力資源管研究所在職專班碩士論文，頁143-147。八家個案公司資料彙總整理：丁志達。

結　語

組織對人類社會的發展有很大的貢獻，同時每一家企業的組織都以永續經營爲其基本信念，但是冷眼細觀企業發展史，能夠超越百年壽命的

企業並不多見，這就如同人有生、老、病、死一般，企業與組織一樣也有興、衰、生、死的循環。員工長期處在順遂、優渥的工作環境，會漸漸喪失危機意識與旺盛的企圖心，逐步喪失鬥志；而外在的競爭對手，卻正在「擦拳磨掌」，逐步「蠶食鯨吞」市場的占有率，致使組織在高度競爭的市場中遭到「出局」的命運。所以，組織必須隨著內、外部環境的變遷，適時調整組織、人力規劃與人力盤點。

箚 記

- 組織不是具有上下關係的神壇而是圓形的。
- 員額與人事費用（薪資）是易放難收，務必格外慎重處理。
- 現代企業的組織結構，已從傳統職位劃分法快速轉變為任務導向的彈性組織結構。
- 組織能持續變革的重要因素，是要不斷的點燃起每個員工的鬥志和天分，並提供有力的支援，使其能在組織中盡情的發揮。
- 企業改造工程的目的，是要提升企業的競爭力，為企業帶來優勢，不是在整人、清倉異己。
- 企業改造運動是一種非常的破壞，若不對人性因素加以考量，一定會引來很大的反彈，徒然增加執行上的困難。
- 企業不必等到瀕臨破產，危在旦夕再來強迫企業改造，而應該是在企業營運狀況良好時，就隨時擬定改造的行動計畫。
- 企業變革的主體是「人」而不是「組織」、「技術」或「設備」。所以，變革的最大阻力是來自於「人」的抗拒，因為變革會帶來風險。
- 員工在不清楚企業改造的狀況下，一旦企業變革的措施損及員工的「特權」或是侵犯到他們的「地盤」時，員工很容易反

彈，繼而處處阻礙改造，而使企業的「天蠶變」功虧一簣。

- 企業改造非「一次革命」。由於世界不斷地在變，因此，企業改造之旅將永無休止。
- 企業改造不只是作業流程本身的改變，它還包括整個企業的組織結構、員工職位、管理制度與企業文化。全體員工與企業負責人必須拿掉舊有的思考模式，以開放的胸襟接受新的事物，以新的衡量指標去面對成本、品質、服務與速度方面的要求。
- 分析及規劃組織的人力時，首先應從「質」上著手，分析組織中的人力素質，使企業能更加充分地運用其現有的人力，而非一味地盲目增加人數。
- 建立有效合理的員工考核系統，也是企業再造重要的一環，人事精簡的目標需要去蕪存菁，獎勵、升遷良才，懲處劣才。
- 「資深員工」的定義，除了指工作年資久，更要是工作持續表現優秀的人，否則，就是一群「濫竽充數」、「倚老賣老」的企業「燙手山芋」。

第4章

工作設計與工作分析

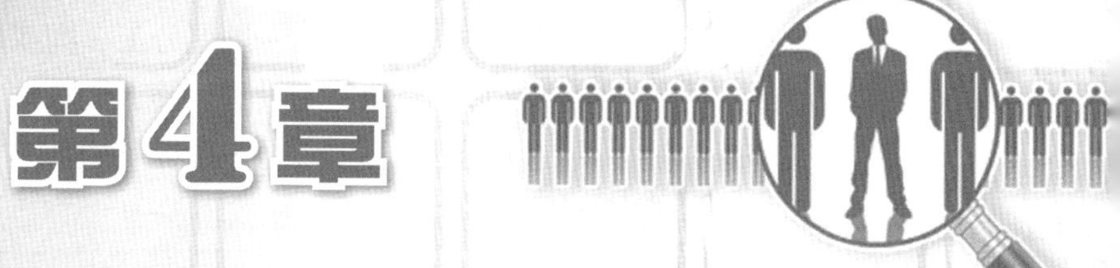

- 工作設計
- 工作分析概論
- 工作分析步驟與難度
- 工作說明書
- 工作規範
- 結　語

> 找一份做「分析」或「評估」的工作，而不是實際「做」某件事的工作。評估某件事時，可以批評別人的工作，實際「做」某件事，就輪到別人批評你。
>
> ——《呆伯特法則——上班異言堂》

企業目標的達成必須透過組織運作。所以，組織規劃與設計是企業遂行各項企業活動的第一項要務。組織規劃與設計後呈現出結構性的組織架構，在組織架構中，無論是功能分工、地區分工，抑或是矩陣式結構型態，必然產生各別職位，而每一職位的設置，其工作職掌、工作內容，甚至於工作條件就必須加以規範。此項規範，在專業領域的工作程序就包含了工作設計與工作分析（**圖4-1**）。

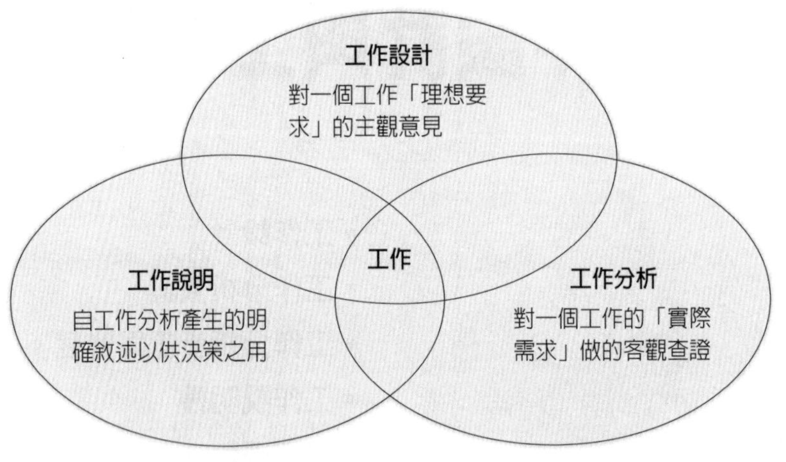

圖4-1　工作設計、工作分析與工作說明關聯圖

資料來源：常昭鳴（2005），〈PHR人資基礎工程：創新與變革時代的職位說明書與職位評價〉，臉譜出版，頁40。

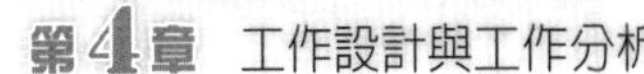

第一節 工作設計

科學管理的先驅泰勒（Frederick Winslow Taylor）在伯利恆鋼鐵廠（Bethlehem Steel）運用工作描述設計流程與工作地點的布局，使勞動生產率得到很大的提高。工作設計（job design）就是根據組織需要並兼顧個人需要，規定某項工作的任務、責任、權力以及在組織中與其他職務關係的過程，以達成組織的目標。

一、工作設計的目的

工作設計是企業運作的基礎。工作設計的目的是透過合理、有效地處理員工與工作崗位之間的關係，來滿足員工個人需要，實現組織目標。它強調透過工作豐富化和工作擴大化來滿足員工的心理和能力發展需求。

企業透過工作設計與分析，得以將組織內的人力資源做最妥善的配置，以提升企業競爭優勢，其目的有：

1.滿足組織在生產力、作業效率和產品、勞務品質上的要求。
2.滿足個人樂趣、挑戰和成就的需求。

這兩項的目的顯然相互關聯，因此，工作設計的整體目標是整合組織與個人的需求爲一體（**表4-1**）。

二、工作設計的內容

工作設計的內容，可包括下列六項具體事項：

1.確定工作的多樣性、自主性、複雜性、常規性及整體性。
2.確定工作責任、工作許可權、資訊溝通方式、工作方法。
3.確定工作承擔者與其他人相互交往聯繫的範圍、建立友誼的機會及工作班組相互配合合作的要求。
4.確定工作任務完成所達到的具體標準（如產品質量、效益等）。

表4-1　基本動作元素分析

必須動作	
伸手（Reach, RE）	指接近或離開目標物的動作
握取（Grasp, G）	指用手或身體其他部位握住目標物的動作
搬運（Transport, TL）	指用手或身體其他部位改變目標物位置的動作
組裝（Assemble, A）	指將多個目標物組成一體的動作
使用（Use, U）	指藉助器具或機器改變目標物的動作
分解（Disassemble, DA）	指將組成一體的目標物分解成多個部件的動作
釋放（Release, Rl）	指讓目標物脫離手或身體其他部位的動作
檢查（Inspect, I）	指比較、測定或評價目標物數量和品質的動作
輔助動作	
尋找（Search, SH）	指確定目標物位置的動作
選擇（Select, ST）	指在許多物品中確定目標物的動作
計畫（Plan, PN）	指對後續動作進行的思考和決策
定位（Position, P）	指調整目標物使之與某軸線或方位一致的動作
預位（Preposition, PP）	指調整目標物使之處於預備定位位置的動作
無效動作	
發現（Find, F）	指尋找到目標物的動作
持住（Hold, H）	指保持目標物在某一位置的動作
停止（Rest, R）	指終止動作活動被擱置
不可避免的滯延（Unavoidable Delay, UD）	指在作業標準中規定的、因作業者無法控制的因素而造成的工作時間延誤
可避免的滯延（Avoidable Delay, AD）	指在作業標準中沒有規定的、因作業者本身的原因而造成的工作時間延誤（這個動作為美國機械工程師學會後來增加的）
備註：要提高動作效率，必須盡可能的刪除無效動作，壓縮輔助動作，使必須動作更精煉、更通順，從而簡化作業動作。	

資料來源：李祚（2011），〈始於吉爾布雷斯的動作分析研究〉，《人力資源》，總第327期（2011/1），頁47。

5.確定工作承擔者對工作的感受與反應（如工作滿意度、出勤率、離職率等）。

6.確定工作回饋等。

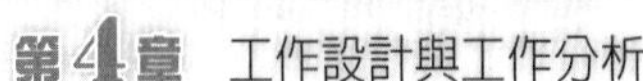

三、工作設計的形式

工作設計在科學管理的時代，其重心在追求效率，以致有了工作豐富化（job enrichment）、工作擴大化（job enlargement）、工作輪換（job rotation）、工作再設計（job redesign）等工作設計的形式。茲分述如下：

(一)工作豐富化

它係指在工作內容和責任層次上增加了技能的多樣化、任務的完整性、突出的工作意義和自主權力等，並且使得員工對計畫、組織、控制及個體評價承擔更多的責任。

充實工作內容主要是讓員工更加完整、更加有責任心地去進行工作，使員工得到工作本身的激勵和成就感（**表4-2**）。

(二)工作擴大化

它係指工作的範圍擴大，旨在向在職者提供更多的工作，即讓員工完成更多的工作量。當員工對某項職務更加熟練時，提高他的工作量（相應的也提高待遇），會讓員工感到更加充實。

工作擴大化只是一種工作內容在水平方向上的擴展，不需要員工具備新的技能。所以，並沒有改變員工工作的枯燥和單調。

(三)工作輪換

它係指在不同的時間階段，員工會在不同的職位上進行工作，比如

表4-2 工作豐富化的五項衡量標準

1.讓員工能夠感覺到自己所從事的工作很重要、很有意義。
2.要讓員工能夠感覺到上司一直在關注他、重視他。
3.要讓員工能夠感覺到他所在的崗位最能發揮自己的聰明才智。
4.要讓員工能夠感覺到自己所做的每一件事情都有反饋。
5.要讓員工能夠感覺到工作成果的整體性。

資料來源：丁志達（2012），「薪酬規劃與管理實務班」講義，台灣科學工業園區同業公會編印。

人資部門的「招聘專員」工作和「薪酬專員」的工作，從事該項工作的員工可以在二、三年內進行一次工作輪換。

(四)工作再設計

它係以員工爲中心的工作再設計，將組織的戰略、使命與員工對工作的滿意度相結合。在工作再設計中，充分採納員工對某些問題的改進建議，但是必須要求他們說明這些改變對實現組織的整體目標有哪些益處，是如何實現的。

第二節　工作分析概論

工作分析（job analysis）思想，最早緣起於古希臘時期蘇格拉底（Socrates）在對理想社會的設想中指出：社會的需求是多種多樣的，每個人只有透過社會分工的方法從事自己力所能及的工作，才能爲社會做出較大的貢獻。所以說，工作分析是分析者採用科學的手段和技術，對每個職位的工作結構因素及其相互關係進行分解、比較和綜合，確定職位工作要素特點、性質與要求的過程，以提供組織規劃與設計、人力資源管理及其他管理機能的基礎。

一、工作分析的意義

工作分析是針對某項職位，就其工作內容與所負責任之資料予以蒐集及研究分析之過程，同時考量該職位所應具備的人格特質、所需的技能和經驗，包括工作說明書（說明工作的內容、任務、責任、性質）與工作規範（從事此項工作所具備的資格條件）。

具體而言，工作分析是人力資源管理的最基本的工具，其重要意義有：

(一)人力資源計畫

儘管企業人力資源計畫的制定會受到企業財務狀況、勞動力市場等因素的影響，但工作分析對人力資源計畫的制定所起的作用是根本性的，它能夠提供年齡結構、知識結構、能力結構、培訓需求和工作安排。

(二)建立工作標準

工作分析可提供組織中所有工作之完整資料，對各項工作的描述都有清晰明確的全貌，故可指出錯誤或重複之工作程序，以發覺其工作程序所需改進之處。所以，工作分析可謂爲簡化工作與改善程序之主要依據。

(三)招聘與甄選

人資部門在選拔或任用員工時，需藉工作分析之指導，才能瞭解哪些職位需要哪些知識或技術，以及如何將適當的人才安排於適當的職位上。透過工作分析確定組織空缺職位所須承擔的工作任務，進而確定所須招聘員工的基本條件的選拔標準，爲組織招募和篩選新員工提供客觀的依據，提高了甄選的信度（reliability）和效度（validity），避免招聘的盲目性，從而減少組織新進員工因知識、技能不足，造成不必要的高培訓成本，降低因招聘不當而引起的高流動性與成本。

(四)培訓計畫

工作分析之說明，列出所需職務、責任與資格，在指示訓練工作上有相當的價值。有效的培訓計畫需要有關工作的詳細資料，它可提供有關準備和訓練計畫所應安排的資料，諸如訓練課程之內容、所需訓練之時間、訓練人員之遴選等。

(五)員工發展

職涯發展路徑不是憑空制定的，而應是根據組織中現有的不同工作職位中的關聯性，透過工作分析來尋找最適合員工發展的方法，使員工清楚了工作的發展方向，便於員工制定自己的職業發展計畫。

(六)績效評估

它指的是將員工的實際績效與組織的期望做一比較，而透過工作分析可以決定出績效標準。工作分析爲績效評估標準的建立和考評的實施提供了依據，使員工明確了公司對其工作的要求目標，從而減少了因考評引

起的員工衝突。

(七)工作評價

工作評價依賴工作分析以說明所有工作之需要條件與其職務，以及說明工作間之相互關係，並指出哪一部門應包含何種類型之工作。如缺乏此等決定工作相對價值之事實資料，則評價人員單憑書面之定義，以從事於縝密的評價工作是不可能的。

(八)薪酬管理

工作分析有一項很重要的用途，在於建立組織中各種工作的相對重要性的排序，並透過量化的形式來幫助組織確定每個職位的薪酬水平，明確了工作的價值，爲工資的給付提供了可參考的標準，保證了薪酬的內部公平，減少了員工之間的不公平感。

(九)管理關係

工作分析明確了上級與下級的隸屬關係，當組織決定對員工升遷、調動或者降級時，工作說明書能夠提供一個比較個人才幹衡量的標準，從而有助於組織進行客觀的人事決策，以改善勞資關係，避免雙方因工作內容定義不清晰而產生對人事決策的抱怨及爭議。

(十)其他事項

工作經過詳細分析後，還有許多其他的效用，如有助於工作權責範圍的劃定，有助於人力資源研究與管理等問題（**表4-3**）。

二、工作分析方法

企業確定分析的工作並蒐集背景材料之後，就要蒐集工作活動和職責有關的資料。在展開工作分析時，一般採用的有觀察法、訪談法、問卷調查法、工作日誌法、計量分析法及綜合法等方法來進行。

一般將工作分析的方法，劃分爲定性和定量兩種基本手法。

表4-3 工作分析的專門術語

術語	說明
工作要素	工作要素是指工作活動中不能夠再繼續分解的最小動作單位。例如，速記人員速記時，能正確書寫各種速記符號；使用電腦、簽字、打電話、發傳真等。
任務	是一系列為了不同的目的所擔負完成的不同的工作活動，即工作活動中達到某一工作目的的要素集合。例如，管理一項電腦專案、列印文件、參加會議、從卡車上卸貨等，都是不同的任務。
職責	職責是指某人擔負的一項或多項相互關聯的任務集合。例如，人資人員的職責之一是進行薪資調查，這一職責由下列任務所組成：設計調查問卷，把問卷發給調查對象，將結果表格化並加以解釋，把調查結果回饋給調查對象等四個任務。
職位	職位是指某一時間內某一主體所擔負的一項或數項相互聯繫的職責集合。例如，辦公室主任，同時擔負單位人事調配、文書管理、日常行政事務處理等三項職責。在同一時間內，職位數量與員工數量相等，有多少位員工就有多少個職位。
職務	職務是指主要職責在重要性與數量上相當的一組職位的集合或統稱。例如，開發工程師就是一種職務，祕書也是一種職務。職務實際上與工作是同義的。在企業中，一種職務可以有一個職位，也可以有多個職位，如企業中的法律顧問這種職務，就可能只有一個職位；開發工程師這種職務，可能就有多個職位。
職業	職業是指不同時間、不同組織中，工作要求相似或職責平行（相近、相當）的職位集合。例如，會計師、工程師等。
職系	由兩個或兩個以上的工作組成，是職責繁簡難易、輕重大小及所需資格條件不同，但工作性質充分相似的所有職位集合。例如，人事行政、社會行政、財稅行政、保險行政等均屬於不同職系，銷售工作和財會工作也是不同職系。
職組	職組是指若干工作性質相近的所有職系的集合。例如，人事行政與社會行政可併入普通行政組，而財稅行政與保險行政可併入專業行政組。職組並非職務分析中的必要因素。
職門	職門即是指若干工作性質大致相近的所有職系的集合。
職級	職級是指同一職系中職責繁簡、難易、輕重及任職條件充分相似的所有職位集合。
職等	職等是指不同職系之間，職責的繁簡、難易、輕重及任職條件要求充分相似的所有職位的集合。

資料來源：丁志達（2012），「薪酬規劃與管理實務班」講義，台灣科學工業園區同業公會編印。

(一)定性的工作分析方法

定性的工作分析信息蒐集方法，包括：觀察法（Observation Method）、訪談法（Interview Method）、問卷調查法（Questionnaire Method）、典型事例法及工作日誌分析法（Work Diary Method），茲說明如下：

◆觀察法

觀察法是歷史上最先使用的方法。泰勒的「科學管理」的觀念就是建立在觀察計量的實證基礎上。它是指工作分析者透過對任職者現場工作直接或間接的觀察、記錄、瞭解任職者工作內容，蒐集有關工作信息的方法。

◆訪談法

訪談法，係指工作分析人員透過訪談的方式獲取需要蒐集的信息。它是信息蒐集過程中應用得最廣泛的方法之一，很多工作是不可能由工作分析人員來實際體會的，例如，航空公司的飛機駕駛員；或不能透過觀察法來瞭解的，例如，腦外科手術醫生的工作。在這種情況下，就必須透過與工作者面談來瞭解工作的內容、原因和作法。透過與工作承擔者進行面談，還可以發現一些在某些情況下不可能瞭解到的工作活動和行為。

◆問卷調查法

問卷調查法是一種採用問卷法進行工作分析，透過任職者或相關人員所填寫的「製式」問卷，來蒐集工作分析所需信息的方法。首先是透過定性分析，找到有效蒐集各種職務資訊的分析要素、指標；其次，是用適當語言恰當的描述這些要素、指標；再次，給每一要素指標一句賦予適當的評定等級，便可形成一初步職務分析調查問卷；最後，是使用這一初步問卷進行規範的抽樣式調查，並進行信度、效度檢測，就可得到較為科學的正式職務分析調查問卷。使用這一職務分析問卷，就可以達到較為科學的職務分析資訊。由分析人員製作工作分析問卷，其設計內容包括：工作內容、職責、使用材料與設備，以及工作上所需的知識、能力等事項。

範例4-1

工作分析問卷

姓名　　　　　　　　　　　　　　日期
職能　　　　　　　　　　　　　　部門

1.主要目的

請摘要說明你的職位的主要目的。

2.職責

請依據重要順序列出你的工作職責，並估計各項職責占全年工作時間的百分比。

所占時間%	主要職責

3.影響／範圍

你的職位會對公司內其他職位產生什麼影響？不適用的問題請以NA表示。

(1)除了你的直接主管和直接部屬，公司內還有那些職位會受到你的直接影響？並請扼要說明這些內部接觸的目的。

(2)請說明你的職位上必須和外界接觸的性質和目的。

(3)請以較具體的衡量方式來說明你所負的責任（例如，預算金額、營業收入、客戶數量、責任區域等）。

4.規劃／決策

(1)請說明你所必須訂定或協助訂定的相關政策或程序。

(2)請列出你在工作上必須遵守的準則、技術手冊、規定等。

(3)有那些經常發生的決策或問題必須：

(a)由你自己批准或解決？

(b)交給你的主管來處理？

5.知識／技術／能力

(1)請說明你的職位所必須具備的知識、技術及能力（例如，如果你要招募新人擔任你現在的職位，你認為一個適當的人選必須具備何種條件？）。

(a)知識

(b)技術

(c)能力

(2)請說明要從事你現在的職位之前所必須具備的工作經驗。

6.組織關係

請在下列組織圖中列出你的主管的職稱，向你主管報告的其他職稱，以及向你報告者的職稱。

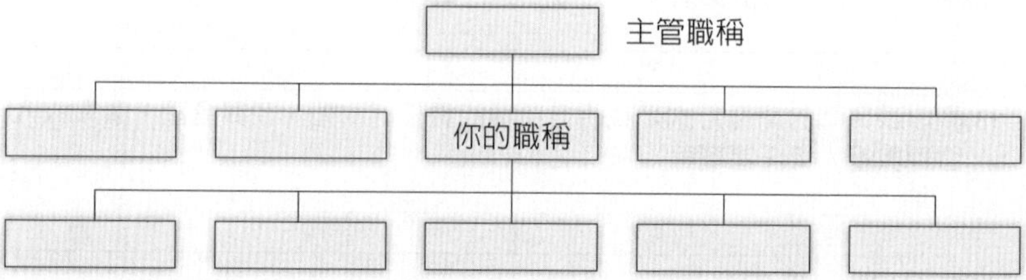

主管職稱

你的職稱

7.其他資料

如果還有其他重要資料有助於瞭解你的工作內容，但並未包括於本問卷，請詳加說明。

資料來源：劉家齊（2008），「2008年度養成班講師會議：工作分析與工作說明書&任用管理參考」講義，中華人力資源管理協會編印。

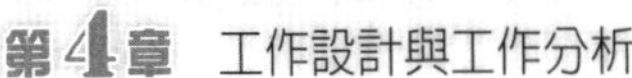

◆**典型事例法**

它是指對實際工作中工作者，特別有效或者無效的行爲進行簡短的描述。透過累積、彙總和分類，得到實際工作對員工的要求。

◆**工作日誌法**

它是要求任職者在一段時間內記錄自己每天所做的工作，按工作日的時間順序記錄下自己工作的實際內容，形成某一工作職位一段時間以來發生的工作活動的全景描述，使工作者能根據工作日誌的內容對工作進行分析。

(二)定量的工作分析方法

主要有三種：職位分析問卷法（Position Analysis Questionnaire, PAQ）、管理職位描述問卷法（Management Position Description Questionnaire, MPDQ）和功能性工作分析法（Functional Job Analysis, FJA）。

◆**職位分析問卷法**

職位分析問卷法是1972年由美國普渡大學（Purdue University）研究員麥考密克（E. J. McCormick）所提出，是一種適用性很強的工作分析方法，係根據決策、熟練性活動、身體活動、設備操作以及資訊運用等特點，對於每一項工作分配一個量化的分數，運用職位分析問卷法所得出的結果對工作進行對比與確定。

職位分析問卷包括一百九十四個工作要素，其中的一百八十七個項目用來分析完成工作過程中員工活動的特徵，另外七個項目涉及薪酬問題。每種樣式的工作要素都可以歸納爲六個維度：

1.信息來源：員工從何處以及如何獲得執行工作所需的信息。
2.心理過程：完成職務所涉及的推理、計畫、決策和信息處理的活動等。
3.工作產出：員工執行工作所需的體力活動及他們所使用工具、設備以及方法。

4.人際關係：執行工作所要求的與他人之間的關係。

5.工作背景：工作條件、物資和社會環境。

6.其他職位特徵：工作時間安排、報酬方法、職務要求、具體職責等。

每一個工作要素既要評定其是否爲一個職務的要素，還要在一個評定量表上評定其重要程度、花費時間及困難程度。

職位分析問卷法給出了六個計分標準，即：信息使用程度、耗費時間、對各個工作部門以及部門內部的各個單元的適用性、對工作的重要性、發生的可能性，以及特殊計分。在使用職位分析問卷時，用這六個評價因素對所需分析的職務加以核查，按照職位分析問卷法給出的計分標準，確定職務在工作要素上的得分。

◆管理職位描述問卷法

管理職位描述問卷法是由托那（W. W. Tornow）與平托（P. R. Pinto）在1976年提出的，是一種以工作爲中心的工作分析方法。這種問卷法是對管理者的工作進行定量化測試，它涉及管理者所關心的問題、所承擔的責任、所受的限制，以及管理者的工作所具備的各種特徵，包括二百零八個項目用來描述管理人員工作的問題。這種問卷由管理人員自己塡寫，也是採用六分標準對每一個項目進行評分。

這二百零八個項目問題可被劃分爲十三類，包括：

1.產品、市場與財務規劃。

2.與其他組織與人員的協調。

3.組織內部業務控制。

4.組織的產品與服務責任。

5.公共與顧客的關係。

6.高層次的諮詢指導。

7.行爲的自主性。

8.財務的審批權。

9.員工服務。

10.員工監督。

11.工作的複雜性與壓力。

12.高層財務管理責任。

13.廣泛的人事管理責任。

◆功能性工作分析法

功能性工作分析法是美國勞工部訓練與就業署開發出來的，係指那些確定工作者與信息、人和事之間關係的活動，故可由此對各項工作進行評估。

功能性的工作分類，考慮以下四個因素：

1.在執行工作時需要得到多大程度的指導。

2.執行工作時需要運用的推理和判斷能力應達到什麼程度。

3.完成工作所要求具備的數學能力有多高。

4.執行工作時所要求的口頭及評議表達能力如何。

這種工作分析方法能夠獲得有關工作任務目的，以及任職者培訓的要求等方面的信息。

各種蒐集方法都有其優缺點，沒有一種蒐集信息的方法能夠提供非常完整的信息，因此應該綜合使用各種蒐集方法（combination method），交叉比對，始可有成（**表4-4**）。

表4-4 企業進行工作分析的時機

・新成立的企業。
・職位有變動時。
・企業從沒有進行過工作分析。
・當企業急速擴張或裁減時。
・當工作由於新技術、新方法、新工藝、新系統的產生而發生重要變化時。
・經營環境的變化需要對組織結構進行調整時。
・組織內部高層管理人員的調遷，可能需要對組織中的工作進行重新界定時。
・組織的業務發生變化後，組織的工作流程變化可能引起對工作分析的需求時。
・制定績效考核標準，需要對工作崗位的職責進行界定，明確工作產出的標準時。

（續）表4-4 企業進行工作分析的時機

・規劃訓練，制定員工培訓計畫，瞭解員工對本身工作瞭解程度，尋找員工對扮演角色的認知差距時。
・管理者覺得冗員出現，協調困難時。
・個人工作效率未達公司期望水準時。
・工作內容重複，工作流程出現瓶頸時。
・公司欲建立完整的薪資管理體系時。
・公司欲實施人員合理化，精簡人員或工作內容及流程簡化時。
・基層員工感覺工作單調，公司欲進行工作豐富化以提高工作士氣時。

資料來源：丁志達（2012），「重慶共好『致用』人力資源總監班」講義，重慶共好管理顧問公司編印。

第三節　工作分析步驟與難度

工作分析的主要步驟與難度，可分爲工作分析方式、工作分析過程、開展工作分析蒐集的資訊、工作分析的主要內容及工作分析的難度來加以說明。

一、工作分析方式

工作分析是一項技術性很強且複雜而細緻的工作，因此在進行工作分析時，必須按照以下工作程序進行：

1.準備階段：包括成立工作小組、確定樣本（蒐集有關於職位的內容或資料及與其他職位的關係）、分解工作爲工作要素和環節、確定工作的基本難度及制定工作分析規範（設計調查方案，規定調查的範圍、對象和方法）。

2.設計階段：包括選擇資訊來源、選擇工作分析人員、選擇蒐集資訊的方法和系統、編制各種調查問卷和提綱。

3.調查階段：包括運用訪談、問卷、觀察、小組集體討論等方法，對各職位進行認眞細膩的調查研究。

4.分析階段：包括歸納、總結出工作分析的必需材料和要素，並用簡潔和系統的格式將這份資料表達出來。

二、工作分析過程

工作分析過程，可分爲以下幾個步驟：

1.對某項工作的需求和工作中的特殊問題進行粗略分析。
2.對工作內容、職責進行詳細分析，形成工作說明。
3.對完成工作所必需的知識、技能等各種條件進行分析，形成工作規範。
4.對該項工作提出培訓要求，形成培訓方案。

三、開展工作分析蒐集的資訊

開展工作分析應蒐集下列的資訊：

1.工作內容是什麼（What）。
2.責任者是誰（Who）。
3.工作職位及其工作環境條件等（Where）。
4.工作時間規定（When）。
5.怎樣操作（How）及操作工具是什麼（What）。
6.爲什麼要這樣做（Why）。
7.對操作人員職位職責與任職資格，例如，生理、心理、技能要求是什麼（What）。
8.與相關職位工作人員的關係要求是什麼（What）。

四、工作分析的主要內容

不同的企業和組織都有各自特點和急需解決的問題。有的是爲設計培訓方案，提高員工的技術素質；有的是爲了制定更切合實際的獎勵制度；還有的是爲根據工作要求改善工作環境，提高安全性。因此，這些企業和組織所要進行的工作分析的重點就不一樣。

一般而言，工作分析主要包括兩方面的內容：

(一)工作描述

工作分析在進行時，工作描述應包括哪些項目，需視分析的目的而有所不同（**表4-5**）。

(二)工作要求

工作要求說明了從事某項工作的人所必須具備的知識、技能、能力、興趣、體格和行爲特點等心理及生理要求。制定工作要求的目的是決定重要的個體特徵，以此作爲人員篩選、任用和調配的基礎。

工作要求的主要內容，包括有關工作程序和技術的要求、工作技能、獨立判斷與思考能力、記憶力、注意力、知覺能力、警覺性、操作能力（速度、準確性和協調性）、工作態度和各種特殊能力要求。職務要求還包括文化程度、工作經驗、生活經歷和健康狀況等。工作要求可以用經驗判斷的方法獲得，也可以透過統計分析方式來確定。

五、工作分析的難度

在人力資源管理的各個環節中，工作分析應該說是一個比較有難度的工作，首先它對工作分析的實施者（人資部門）有一定的專業素質要求，如果缺乏必要的專業常識和專業經驗，很可能需要多次的反覆摸索；其次，工作分析不是一項立竿見影的工作，雖然它對人力資源管理的後續職務影響是巨大的，但它很難爲企業產生直接和立即的效果，這種特點可能會使人資人員將工作分析工作一拖再拖，往往成爲一件「跨年度工程」。

再次，工作分析工作不是人力資源部門單獨可以完成的，它需要公司每個部門，甚至是每位員工的協助，有時可能會不可避免的影響到正常工作。另外，有些企業的管理者並不瞭解工作分析的作用和意義，認爲工作分析可有可無，從而得不到管理者的支援，也會影響工作分析工作的開展。

表4-5 工作描述項目

項目	說明
工作名稱	此名稱是公司用以招聘人員或工作人員之間彼此所用的工作名稱。
聘請人員數目	此名稱係雇主用於招聘同一工作所聘請工作人員的數目和性別。
工作單位	它指工作所在的單位及其組織上下左右的人際關係，亦即說明工作的組織位置。
執行的工作	工作人員為達成其工作目的，所需執行的任務。
職責	此項因素是工作人員所負的責任。包括監督他人及所受監督程度的高低，以及因錯誤結果所造成的損失程度等。
工作知識	圓滿處理某一工作，工作人員所應具備的實際知識。
智力的應用	適當執行工作任務時，必須運用的智力及其方法。
經驗	工作是否需要經驗及何種經驗。此因素對人員招聘、訓練及評定工作價值、決定薪資都很重要。
教育與訓練	工作人員需具有之學歷及應受之訓練。此資料可用為訓練工作所需。
熟練及精確	此因素適用於需要用手工操作的工作。工作的精確可以使用允許差誤的限制說明。
裝備、器材及補給品	它包括工作所使用或所處理的裝備、器材及補給品。
與其他工作的關係	表明該工作與同公司中其他工作的關係。
體能要求	表明該工作人員體能狀況的要求，包括視力、聽力、跳躍、爬高、舉重、推力等。此項因素對需靠體力工作的人員甚為重要。
工作環境	它包括室內、室外、溫度、濕度、噪音、光照度、通風設備、安全措施、建築條件及工作危險性等。
工作人員特性	它指執行工作的主要能力。包括四肢的力量及靈巧能力、感覺辨識能力、記憶、計算及表達能力。
工作時間與輪班	它指工作時數、工作天數及一次輪班的時間幅度，是工作分析的重要資料。
備註	以上所列分析項目，並非所有職位均需要包括在內，例如，在辦公室擔任內勤工作者，則上列的「熟練及精確」、「裝備、器材及補給品」、「體能要求」、「工作環境」等項目可以不必列入。

資料來源：陳明漢總主編（1992），《企業人力資源管理實務手冊》，中華企業管理發展中心，頁13-15。

第四節　工作說明書

透過工作分析程序所得到的資料結果，可作成兩種書面紀錄，一爲工作說明書（job description），一爲工作規範（job specification）。前者說明了工作之性質、職責及資格條件等，後者則是由工作說明書衍生而來，著重在工作所需的個人特性，包含工作所需之技能、體力及能力等條件，這些皆是人力資源管理的基礎。

一、工作說明書的重要性

工作說明書（或稱職位說明書），是把工作分析的結果，做綜合性的整理，以界定特定或代表性職位的工作內容。理論上，工作說明書雖源自於工作設計以及工作分析，但一般實務多省略工作設計，並以工作分析調查問卷等簡易方式來取代工作設計與工作分析等複雜過程。然而從人力資源運用的策略考量，工作說明書是不可或缺的必要製作過程，凡是講求制度化管理的企業，大都設置工作說明書，也由於工作說明書的設置，其對人才的晉用、績效的考核、升遷的考量、薪資的核定等等，方能具有客觀的標準與規範，而此項所謂客觀的標準與規範也就是所謂的制度了。

二、工作說明書的功能

工作說明書是用來記載一個職位的工作職責內容以及任職者所須具備的資歷、才能與特質的一份文件，也是人力資源管理中一個不可或缺的管理工具。工作說明書的用途廣泛，除了作爲求才、選才、育才、用才、留才等之依據外，尚可用來做公司管理制度、主管管理、員工個人工作等三方面的功能作用（**表4-6**）。

三、工作說明書的製作

制度化程度高的企業，都有健全的工作設置說明書，這也是完整有

表4-6 工作說明書的功能作用

一、公司管理制度的功能作用
1.組織及分權方面（由明確個人的工作職責與職權開始，進而明確每個部門的工作職責與職權，使組織內各部門的工作職責與職權更清楚）。 2.員工任免方面（工作說明書中的工作規範部分，詳列了職位擔任者所應具備的資歷與條件，因此，在人員的招聘或調派上，有一個客觀而具體的任用標準）。 3.目標管理方面（根據每一個職位設立的目標及其所負的職責，得以因應全公司的整體發展目標，訂定每一個職位的年度工作目標）。 4.績效考核方面（每一個職位設立時的基本職責，即是賦予此職位去完成組織內一定功能之運作。若是這些基本職責無法順利完成，勢必會影響到組織內的運作或該功能無法達成。因此，每一職位所賦予的基本職責完成之狀況，也是每一職位在進行個人年度績效考核時的考核基準之一，而這些職責已全部列在工作說明書中）。 5.教育訓練方面（每份工作說明書在明確職責後，即可確切瞭解每個職位所需要之工作能力與技巧，並列入工作規範之中。因此，根據這份資料即可瞭解員工教育訓練需求，並可據此排定其訓練計畫）。 6.薪資制度方面（工作說明書是實施工作評價的主要依據。以客觀的評價因素，依據每個職位所具有的職責，衡量每個職位在組織內相對的重要度與貢獻度，進而訂定薪資制度，給予每個職位相對合理報酬）。 7.降低管理成本方面（在進行工作說明書建立的過程中，也可提供公司一個很好的機會，重新檢核工作流程，進而確認工作流程，如此可使公司有機會簡化不必要的作業流程，一來可節省作業時間，提升工作效益，二來也可藉此機會檢核人員配置是否合理）。
二、主管管理功能作用
1.部門工作規劃方面（藉著工作說明書之建立，主管可以明確計畫與分配部門內的職位類別與每一個職位所應承擔之職責，使得分工合理且有效率，甚至可因應未來發展）。 2.領導統御方面（在明確規劃部門內的職責與部門應達成的整體功能時，主管即可透過溝通以整合所領導部門之運作）。 3.控制監督方面（由於每一個職位職責明確，因此主管能相當確切的控制、監督部屬的工作進展與成果）。 4.績效管理方面（工作說明書中所列的主要職責，即是每一個職位在公司整體運作中應完成的使命，因此，這也成為員工個人工作表現評估的重要指標之一）。 5.人力資源調整運用方面（由於工作說明書的建立，使主管明確的掌握部門內整體工作分配的狀況。因此，在因應人員變動、調度或是因應公司內外部的變化與調整時，主管即握有一份基礎資料，可以立即加以調整規劃，以確定部門整體功能的達成與發展）。
三、員工個人工作功能作用
工作說明書的建立，可以使每一個員工明確瞭解自己在組織內所扮演的角色，所承擔的職責與應該具備的知識能力。如此可使員工在工作時方向更明確，將時間及精力能充分且集中運用在自己所應完成的功能與使命，從而發揮與發展自己的才能。

資料來源：丁志達（2012），「薪酬規劃與管理實務班」講義，台灣科學工業園區科學工業同業公會編印。

效的人力資源管理制度的一個重要組成部分。工作說明書沒有標準格式，須視公司自身的需求與目的來決定最適合的工作說明書格式。

一般工作說明書內容，可包括下列幾大項：

(一)基本資料

基本資料（工作識別）通常包括組織圖、工作職稱、隸屬單位、現職者、工作代號、填寫日期、核准人、修正日期、評估日期等。

(二)主要職責

應履行的主要職責（在各項職責上所耗費時間的百分比）、相關管理責任、應達到的業績標準、執照、決策權、業務接洽關係、對外關係、財務責任範圍等。

(三)職責與績效標準

職責與績效標準，包括預定的工作目標、所需工作時間、預期的成果、績效的衡量方式等。

(四)資格條件

資格條件（工作規範），包括學歷要求、所需技能、體力要求、人格特質等。

(五)工作條件與環境

工作條件與環境，包括完成工作的人員數和接受其督導的人數、工作中使用的機器、設備、工具、工作條件和可能產生的危險、工作環境（高溫、游離輻射作業）等。

(六)其他條件

總而言之，工作說明書是將工作分析的結果做綜合性彙整，以界定企業組織中個別職位的工作內容（工作說明）與工作條件（工作規範）。

四、工作說明書的描述

規範工作說明書的描述方式和用語，關係到工作說明書的品質。標準的工作說明書格式應是「動詞＋賓語＋結果」。以動詞開頭，例如，「編制」會計報表；賓語表示該項任務的對象及工作任務的內容，例如，保管「印章」等。在描述中儘量避免使用形容詞，如「最好的」這種字眼，因爲如果在工作說明書使用形容詞，幾乎每一項任務都可以用形容詞堆砌而成，從而可能使需要承擔的工作處於不重要的地位。表示透過此項工作的完成要實現的目標，可用「確保」、「保證」、「推動」、「促進」等詞語連接，例如，人力資源主管負責人力資源策略（human resource strategy）工作和人力資源規劃，「保證」爲企業的發展策略提供有效的人力資源支持（**表4-7**）。

五、製作工作說明書注意事項

工作說明書撰寫的詳盡程度，需視工作說明書使用目的而定。如果工作說明書是用來教導人員如何工作，則工作說明書對工作內容必須詳加說明；如果工作分析的目的是爲了工作評價，則應著重工作職務的繁、簡以及責任的輕重。

表4-7　工作分析四角色法

角色	適用崗位層級	對應的動詞
推動者	基層（頻率高）、中層	瞭解／知曉、協助／協辦、參與、協調、推動／促進、改善、傳達
決策者	高層	授權、審批、審核／審查、指導／管理、建立／制訂、發展／規劃、決策／審批、評定
執行者	基層	提供／提交、修改／維護、操作、執行／履行／處理、分配、控制／監督／檢查、主辦、主導／主持、組織
思考者	中層（頻率高）、基層	收集－界定－研究－評估－起草－建議－諮詢 匯集－整理－分析－預測－撰寫－提議－解釋

資料來源：石才員（2011），〈輕鬆搞定工作分析〉，《人力資源》，總第329期（2011/3），頁39。

企業在製作工作說明書時，需注意下列事項：

1.工作說明書須能根據使用目的，反映基本的工作內容。
2.工作說明書的內容可依據職務分析的目的加以調整，內容可簡可繁。
3.工作說明書可以用表格形式表示，也可以採用敘述型。
4.工作說明書中，文字措辭應保持一致，字跡要清晰。
5.使用淺顯易懂的文字，文字敘述應簡潔，不要模稜兩可。
6.工作說明書應運用統一的格式書寫。
7.工作說明書可充分顯示各工作間之眞正差異。
8.工作說明書的編寫最好由組織高層主管、標竿職位的任職者、人力資源部門代表、工作分析人員共同組成工作小組或委員會，協同工作，共同完成。

第五節　工作規範

工作規範是工作人員爲完成工作，所需具備最低資格條件。例如，最低的教育水準、專業知識、專業技能及所應具備最低的訓練、經驗水準以及面臨的工作環境、心力、體力等要求。工作說明書是在描述工作，而工作規範則是在描述工作所需的人員資歷。工作規範主要是用以指導如何招聘和錄用人員。

工作規範是用以記載該項工作要求工作人員應具備的資格條件的。工作規範的內容可包括：完成該項工作所需求的智力條件、身體條件、經驗、知識、技能、責任程度等等。有的公司是採用將工作說明書與工作規範分開的方法，但更多的公司是把兩者混合起來，即在工作說明書中既記載工作情況，又記載工作所需求的資格條件。包含了一個人完成某項工作所必備的基本素質和條件（僱用什麼樣的人來從事這一工作）。

範例4-2

工作說明書與工作規範

1.職位：行政專員　　2.在職人員：

3.部門：行政部　　4.直屬主管職位：經理

5.工作職責

規劃、執行本公司教育訓練／檔案／文書／資產／員工活動之管理工作

6.工作範圍

(1)資料中心（檔案管理）

(2)員工教育訓練

(3)資產管理

(4)員工關係

(5)員工國外出差行政事務

(6)文書／合同管理

(7)ISO認證行政支援

(8)主管級會議紀錄

7.工作執行內容

	預估所占之百分比
(1)規劃及執行員工教育訓練及發展業務	25%
(2)檔案、雜誌、表單、剪報等資料管理	15%
(3)負責固定資產之保管登錄責任	10%
(4)策劃員工活動（除福委會以外之活動）	10%
(5)經辦文書／合同業務	10%
(6)協助ISO認證之一般行政事務	10%
(7)負責員工國外出差行政事務	5%
(8)每週主管級會議記錄與追蹤	5%
(9)其他交辦的工作	10%

8.監督範圍

(1)直接督導的人員職位　　員工人數

無

(2)間接督導的人員職位

無

9.財務責任與聯繫關係

(1)財務職責（成本、資產、物料、生產品、設備等）

負責固定資產之保管登錄責任

(2)聯繫關係

- 經常與員工接觸，保持互動關係，瞭解員工的反應與需求，並針對問題提出解決建議方案，即時向直屬主管反應。
- 與職訓局、各相關教育訓練機構取得訓練相關課程資訊。

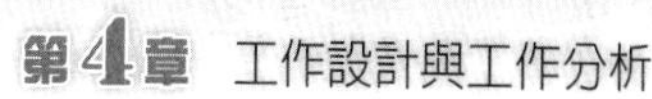

10.擔任此職務最低資格要求

(1)教育程度

大學圖書館學系／資訊學系或相關科系畢業

(2)相關工作經驗

至少需有一年行政工作經驗

(3)知識要求

· 具檔案管理知識
· 熟悉電腦文書處理
· 具溝通協調能力
· 良好人際關係

審核：________　________　________

總經理／日期　部門主管／日期　經辦人／日期

資料來源：丁志達（2012），「薪資管理與設計實務講座班」講義，財團法人中華工商研究院編印。

結　語

工作分析是人力資源管理的基礎工程，而其副產品是「工作說明書」與「工作規範」。對一位初到陌生地方的遊客而言，最迫切需要的恐怕是一份能夠指引迷津的「旅遊指南」。同樣道理，員工在企業工作，最需要得到的是一份「工作說明書」，才知道應具備什麼能力、授予什麼職權、負什麼責任，以減少不必要的內部磨擦，以提升組織效率。

箚記

- 多餘、鬆散的員工政策，不可避免地會造成懶散而缺乏效率的管理方式。帕金森定律（Parkinson's Law）說：「工作會擴張到填滿所有可用的時間。」它還可以引申出第二定律：「工作會擴張到占用所有可用的人。」
- 工作豐富化所以能夠產生效益，是因為它有助於工作本身富有激勵性，能夠激勵員工在執行工作時達成高生產力和高品質，而不是單由金錢等外部因素來激勵。
- 工作分析與工作設計彼此相互直接關聯。在實務上，大多數的工作分析乃進行於早先業已設計過的工作上。
- 工作說明書是對工作的任務及責任的說明，包括工作目的、任務或職責、權利、隸屬關係、工作條件等內容；工作規範是任職者為完成某種特殊的工作所必須具備的知識、技能以及其他特徵的說明。
- 在撰寫工作說明書時，必須嚴格檢查每份資料，最佳的處理方法即是與主管討論工作說明書初稿內容是否正確，或是否有何資料遺漏須加以補充的。
- 工作說明書和工作規範並不是一成不變的，隨著公司生產技術的變化、組織機構的調整、員工素質的提高，其工作內容、責任和權限、任用條件等均可能因內、外環境改變而需加以修改，因此，工作說明書應適時更新、修訂，始具有參考和運用之價值，否則辛苦一場，所得只是一堆無用的文件。
- 在編制工作規範時，要明確指出哪些工作技能對於完成這一職位的工作是重要的，而不能僅僅要求應聘者有過在某職位上做了幾年的工作經歷，或擁有一個冠冕堂皇的頭銜。
- 編寫工作規範時要切記，其所列出的任何資格條件必須與工作有關（即確實的任用資格），而不是主觀判斷的隨意結果。

第5章

員工招募與甄選

- 招聘人才概論
- 人才招募的途徑
- 選才的原則
- 人才甄選的技巧
- 非典型勞動類型
- 外籍勞工管理
- 結　語

治天下唯以用人為本，其餘皆枝葉事耳。

——雍正皇帝批鄂爾泰奏摺語錄

越來越多的企業已經認識到人力資源對於企業成功的重要作用。企業的競爭，其實就是員工素質的競爭。爲了透過人力資源獲取競爭優勢，招聘選拔工作的成功與否就責無旁貸地成了企業興衰的關鍵。微軟公司（Microsoft Corp.）的人事招募總監大衛．普力爵說：「企業隨便找人，等於幫了競爭對手一個大忙，因爲不適用的人找進來容易，請出去難，平白拉垮績效。」如何找到人、找對人，不僅是所有企業的共同難題，也是一大挑戰（**圖5-1**）。

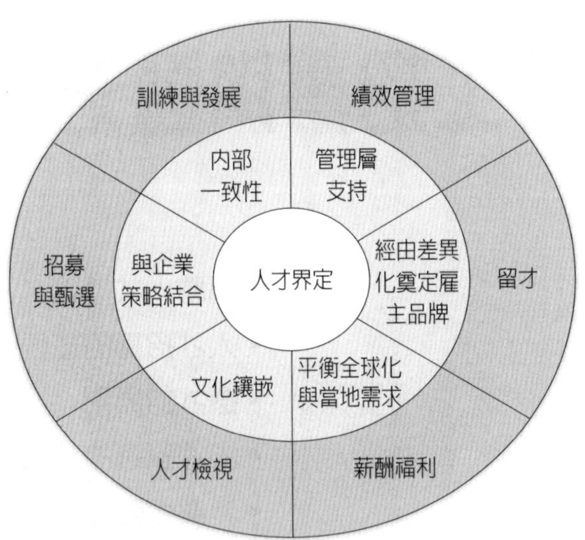

圖5-1　六大全球化人才管理原則

資料來源：Stahl, Günter. K. et al. (2011). Six Principles of Effective Global Talent Management. http://sloanreview.mit.edu/the-magazine/2012-winter/53212/six-principles-of-effective-global-talent-management/；引自：黃同圳（2012），〈包容差異混搭管理Hold住全球人才〉，《能力雜誌》，總號第673期（2012/3），頁30。

第一節　招聘人才概論

招聘（recruitment）是企業面臨人力需求，透過不同的徵才管道，以吸引有專業能力又有興趣的求職者前來應徵的活動。負責招聘的人員必須先知道人才需求的數量和職位，瞭解用何種（多種）方法可以找到企業所需要的人才，而整個招聘週期的範圍，從人才招募、選才、用才、育才到養才的規劃，逐級而上，形成人才的供應鏈（**圖5-2**）。

一、就業市場的人力供需變遷

台灣地區就業市場的人力需求，主要是受產業結構及經濟情勢變化之影響，可分為七個階段來說明：

(一)第一階段

1950年代，台灣地區經濟以農業為主體，工業處在萌芽階段，所能創造的就業機會極為有限，而服務業亦多屬效率低的傳統性的商業活動，人力需求難於開展，屬於進口替代時期；1953年，政府開始實施「經濟建設四年計畫」，大幅修改各種法規，訂定各種投資獎勵辦法，為我國產

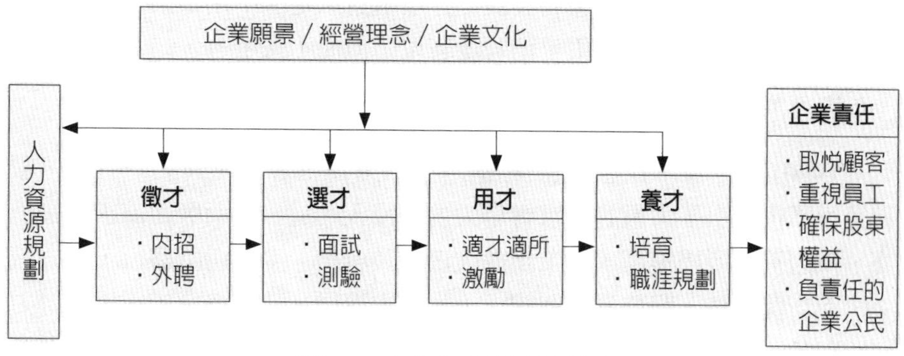

圖5-2　企業人才管理體系圖

資料來源：丁志達（2012），《企業人才管理暨人事成本分析》，財團法人中華工商研究院編印。

業從「進口替代」到「出口擴張」創造一個有利的環境。1960年9月，政府公布了對經濟發展影響重大的《獎勵投資條例》，促進了民間投資的高漲，對台灣經濟發展的貢獻甚大，活絡了整個就業市場。

(二)第二階段

1960年代，台灣地區經濟以輕工業為主體，政府大力發展勞力密集產業及拓展海外市場。1965年設立加工出口區，屬於出口擴張時期，工資低廉，因而創造了大量就業市場，並吸引了眾多農村閒置人力的外移。就業市場在人力需求興旺下，呈現一片熱絡景象，紓解了以前勞力過剩的壓力。

1960年代初期，政府開放私人興辦「五專」，掀起青少年就讀五專之熱潮；1968年政府更將義務教育由國小延長至國中的九年制國民教育，學齡延長，使青少年進入勞動市場之年齡相應延後。國民教育與職業教育提供了優秀的產業人力資源，奠定了台灣勞力密集產業立足於全球的競爭力。

(三)第三階段

1970年代，台灣地區經濟結構已由輕工業轉為重工業為主體。1973年及1979年發生兩次石油危機，勞力密集產業遭受衝擊，屬於能源危機時期。在這一階段，國家適時推動十大建設，勞動力市場需要大量的人力，再加上因紡織與電子業的蓬勃發展下，需求對象是國中剛畢業未婚女性，因而，勞力的供需短缺現象，已若隱若現，但尚不嚴重。

(四)第四階段

1980年代，台灣地區經濟結構以重工業為主，而新興的高科技、服務等行業也吸引了大量的優質青年人力的投入。這一時期勞力需求成長仍高，但因國民所得提高，就業年齡人口成長減緩，金錢遊戲盛行，人力流失，而新興科技、服務業又興起，人力需求驟增，致使就業市場出現勞力短缺現象。經濟自由化、貿易國際化、政治民主化、社會多元化、環保意識抬頭等經濟與非經濟因素的影響，大幅降低進口關稅率，減少貿易管制，致使產業結構面臨轉型期，勞動密集的產業，特別是重體力、高危

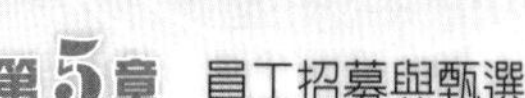

險、高汙染的工作，顯現人力不足，致使勞力密集產業開始外移，基層勞力透過引進大量外籍勞工來遞補。台灣地區就業市場因《勞動基準法》在1984年開始實施，在1987年7月政府宣布解嚴後，勞工抗爭浮出檯面，再加上中國大陸改革開放的影響，勞動密集的傳統行業的雇主，爲了尋找商機與有利於投資的環境的開發而外移，就業市場基層勞力的「人才荒」才逐漸紓解。

(五)第五階段

1990年代，台灣地區經濟結構已由發展策略性工業轉爲發展高科技工業爲主體。1991年推動之國家建設六年計畫中，除了加速傳統勞力密集產業升級，以維持國際競爭力之外，並選擇通訊、資訊、消費性電子、半導體、精密機械與自動化、航太、高級材料、特用化學及製藥、醫藥保健及汙染防治等高科技產業，作爲發展的重點，以期作爲未來工業發展的主力。

在1980年代，台灣面臨諸多工業先進國市場封殺，使台灣經濟體系由出口導向的工業發展往內需型服務業轉進，因內需型服務狹小，國內資源的移動極易飽和，服務業的發展於1998年後，幾呈停滯狀態，更因教育發展專業資格的門檻不斷提高，造成高教育者往低教育者所做的工作推擠，終使教育程度最低層的勞力退出就業市場，而處在失業的狀態，也使台灣經濟進入低成長與高失業率的年代（**表5-1**）。

(六)第六階段

2002年台灣地區加入了世界貿易組織（World Trade Organization, WTO），國內市場正式對外開放，國內外人才的相互流動就業、遷徙蔚爲風氣。這一階段，台灣地區的人力需求上，以國際化之產銷服務人員、科技人才和具國際觀的管理人才爲主流。

(七)第七階段

2011年1月，兩岸（台灣與大陸）簽訂「經濟合作架構協議」（Economic Cooperation Framework Agreement, ECFA）正式施行，經貿關係邁入重要的里程碑，兩岸產業合作、服務（觀光）業大交流的利多，大

表5-1　失業類型

類別	說明
摩擦性失業（frictional unemployment）	要使正在找工作的勞工和未填埔的職位空缺相配合是需要時間的。因此，這種初次要找工作或換工作卻未找到工作的暫時現象稱為「摩擦性失業」。
結構性失業（structural unemployment）	這類失業者或者因沒有適當技能，或居住偏遠地區，因此無法找到合適工作。要消弭這種失業現象，只能透過勞工職業訓練或改變工作場所或改變失業者的居住地點來改善。當生產技術更新愈快或先進科技產業快速興盛的同時，原先就業勞工因無法迅速加強技能，便會產生大量此類失業人口。
季節性失業（seasonal unemployment）	某些行業在特定季節，會因工作負擔降低而減少人員的聘僱，例如，農業、建築業與旅遊業等。
需求不足型失業（demand-deficient unemployment）	由於產業對勞工的需求量不高，以致於部分願意接受現行實際工資而工作的人卻沒有就業機會。基本上，這個原因是由於在強力的工會把持下，工資一時有拒絕往下調整的現象，以致於市場機能無法運作，這在經濟學上稱為「工資僵固性」。
技術性失業（technological unemployment）	隨著經濟成長及生產技術不斷更新，產業大量運用機器設備取代生產，使得對勞工需求減少，失業率自然增加。這種因技術進步而釋出勞工造成失業的現象稱為「技術性失業」。
循環性失業（cyclical unemployment）	隨著整體經濟環境的榮衰所造成的失業現象稱為「循環性失業」。因此，當經濟不景氣時，產業大量解聘員工以維持營運，便會產生大量失業人口。

資料來源：丁志達（2012），「企業問題發掘、分析及診斷班」講義，財團法人中華民國勞資關係協進會編印。

幅降低兩岸貿易的風險，讓嫻熟兩岸經貿與導遊的人才需求機率倍增。而2012年5月就職的第十三任總統，提出「黃金十年國家願景」的經建計畫，也爲台灣地區打造一流的軟硬體建設藍圖，讓高科技長才能一展抱負。

由於上述台灣地區人力需求的變化下，企業必須朝資本密集、技術密集等高附加價值的產業發展，整體產業所需的人力，部分屬操作性的體力工作仍須仰賴外籍勞工，但新興的科技產業及專業性服務業，對高等教育人力的需求逐漸增加，爲因應就業市場的趨勢，部分工時制、彈性工時制、非企業核心業務的外包等的推廣，亦有助於吸引潛在的婦女、退休人員的投入就業市場。

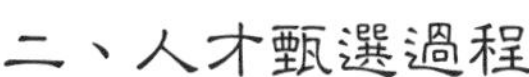

二、人才甄選過程

在人力資源管理理論與實務中，員工招募時之決定因素是要符合組織的用人標準，而標準之建立其先決條件是要先做工作分析。有了工作分析的結果之後，便根據這些結果所訂的標準與評量因子來找尋所需要的人才。這些評量因子，包括：知識、技能、能力、體能、特殊的環境條件、興趣、決策、溝通、資訊處理、操作機械等的能力，以及人格特質（諸如誠信、可靠度）等。

當評量因子確定之後，便可選取適當的甄選方法來進行人員的甄選作業。常用的甄選方法包括：面談與測驗、參考資料與人事背景資料的查證等，其中測驗被認為是較為客觀的方法。一般針對工作能力方面的測驗方法，包含認知能力測驗、操作與體能測驗等，而在人格特質的常用測驗，包括測謊器與誠實測驗、筆跡測驗與墨漬測驗、個性或興趣測驗，另外還有情境測驗等心理測驗方法。其中所謂的情境測驗法，即主試者在某種情況下，觀察、記錄受測者的行為，從而瞭解其人格特質。（陳海鳴、萬同軒，1999）

找人時，很多企業都是挑高學歷、有經歷的人，這種擁有豐富學歷、經歷的人很多，但重點在於他是否願意去做，而不是會不會做。不同的企業選人的特質，往往不同。舉例來說，在台灣國際商業機器公司（IBM）只做行銷業務，因此需要如「獅子」般特性的人去衝鋒陷陣；台塑企業做的是傳統的生產物件，變化不大，其所需要的人，是像「牛」般的特質，能做到滴水不漏，耐勞耐操的人才；奇摩（Yahoo）的競爭力就是經常要改變其網路技巧，其所需要的人，就要像「猴子」般反應靈敏的人才。（李港生，2004）

綜合上述，人才甄選是組織透過一種或多種評量方法來測評候選人，將所得到的評量結果與工作所需的各種評量因子及各評量因子的標準相比較，以決定人員任用與否的過程。

第二節　人才招募的途徑

人資部門依照人力資源策略規劃所擬定的短、中、長期進用人員的羅致計畫，往往會因不可預測的市場變化與業務的需求、員工離職的突發原因，必須「即刻的」、「隨時的」進行招募工作，「適時」的提供有關用人單位的「適合」人才。就企業的人力資源策略的角度而言，招募人才來源必須裡（內部人力盤點）、外（就業市場）兼顧，才能確保人力資源招募的效率與品質（**圖5-3**）。

一、內部招募

由企業內部員工來遞補其職缺，是最經濟、最省成本的方法，甚至還可以由現有的在職員工來兼做此一職務，使該員工作豐富化。

企業內部求才訊息，除了鼓勵員工申請調動外，更可透過員工介紹自己認識的同學、朋友、親戚來應徵工作，是最經濟、最低成本的招募方式，也是在職員工認同企業，對企業具有向心力的一項證明。一般企業錄用員工介紹的人選，在到職後通常會給介紹人介紹獎金或一份禮物酬謝。

二、外部招募

相對於內部招聘而言，外部招募成本比較高，也存在著較大的風險，但是外部招募的特點也是很顯著的。從外部招募來的員工，對現有的組織文化有一種嶄新的、大膽的視角，而較少有感情的依戀，無形中給組織原有員工施加壓力、激發鬥志，從而產生「鯰魚效應」。同時，外部招募的人員來源廣，選擇餘地很大，能招聘到許多優秀人才，尤其是一些稀缺的複合型人才，帶來新思想和新方法（**表5-2**）。

圖5-3 聘僱作業流程

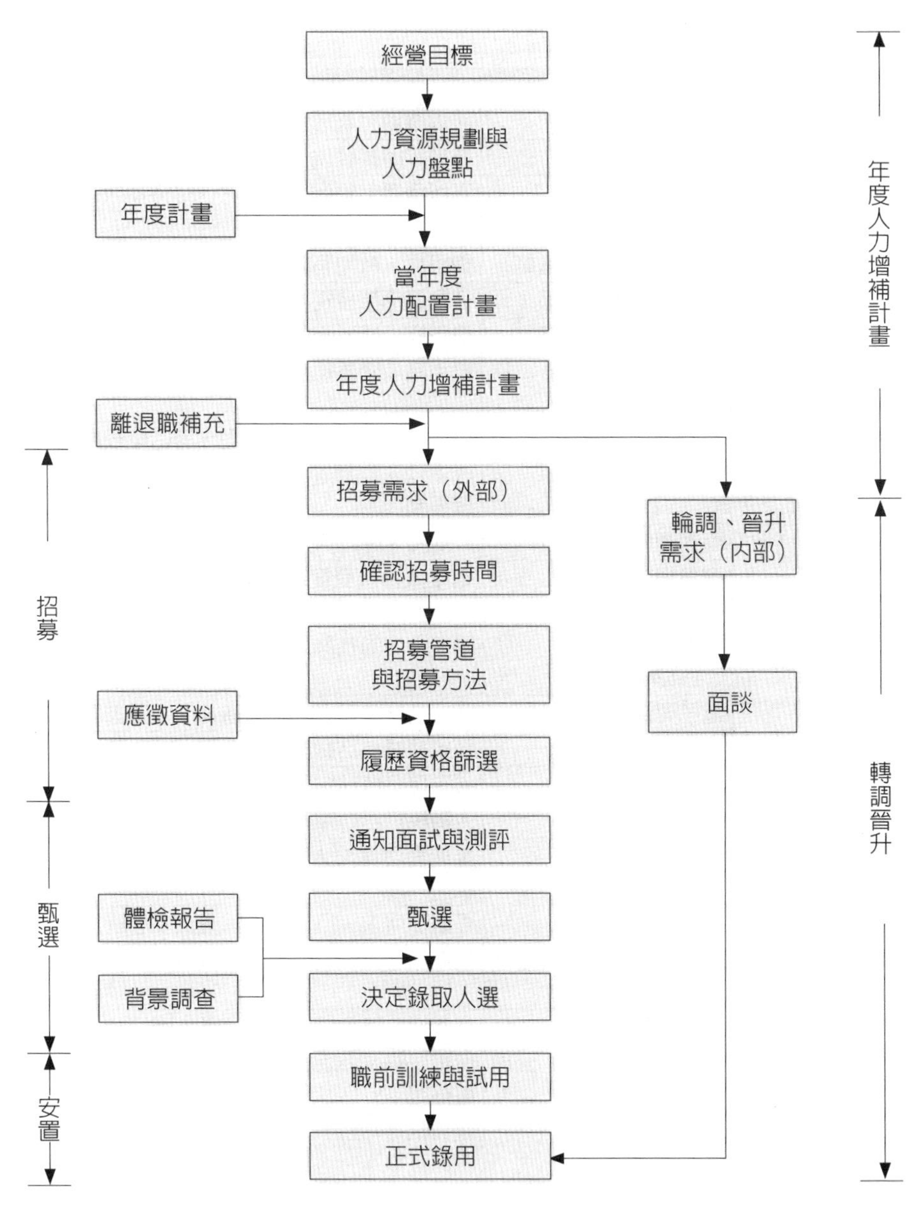

資料來源：丁志達（2011），「人才招募與面談技巧實務」講義，慶鴻機電工業公司編印。

表5-2　常見的招募方法與管道

		方法與管道	特性
招募信息傳播	組織內	公文、備忘錄	可以傳遞完整信息，立即有效
		公告、海報	被動等待被發現，傳播成效較不理想
		組織的官方網站	可以傳播完整信息，被動、等待期較長
		電子郵件	特定對象，立即傳遞
	組織外	平面媒體（報章雜誌）	費用高、時間有限、有市場區隔、影響效果
		海報、傳單、夾報	被動等待被發現，容易被當成垃圾
		影、視、廣播媒體	費用高、涵蓋範圍廣，時間有限、影響效果
		活動媒體（公車、捷運）	費用高、涵蓋範圍廣，被動等待被發現
		組織的官方網站	可以傳遞完整信息，被動、等待期較長
		人力銀行網站	成本低、回應速度快、涵蓋範圍廣、跨越地理限制
		專業團體網站	針對特定專業人力效果佳
		搜尋網站廣告	年輕人力接受度高、回應速度快、限於特定的人力
		社群網站（Blog、Facebook等）	限於特定的社群人力
		電子郵件	必須選好特定對象，傳遞快、但易被忽視
		簡訊	必須選好特定對象，傳遞快、但易被忽視
		錄音電話傳送	必須選好特定對象，傳遞快、但易被忽視
應徵者來源	推介	員工推薦	人員穩定且存活率高，但易造成近親繁殖
		師長推薦	推薦者可保證人員素質，但不合適時不易處理
		毛遂自薦	可遇不可求，且不易瞭解應徵者意圖
		公立就業服務機構推介	成本低、配合好，較適合招募基層或技術人力
		專業協會推薦	成本低、適合招募特定專業人員
		人力顧問（獵才）公司推介	費用較高、配合度高、專業服務好、人力品質穩定
	活動中獲取	校園徵才活動	適合招募年輕人力，可提高企業知名度，但易流於形式
		軍中徵才活動	人力具一定知能／素質，長年服役者心態調適問題多
		海外徵才活動	成本高、耗時、品質高，多元文化／生活調適問題多
		政府舉辦之就業博覽會	可提升企業知名度，不易網羅所需之人才類型

（續）表5-2　常見的招募方法與管道

		方法與管道	特性
		相關技能競賽活動	可發掘優秀人才，亦可能遭競爭對手挖角
	媒體	平面媒體（報紙、雜誌、海報、傳單、夾報……）	數量大、接受度高，費用高、時間有限、有市場區隔、影響效果
		廣電媒體（影、視、廣播）	費用高、涵蓋範圍廣，時間有限、影響效果
		通訊媒體（網路、電話）	必須選好特定對象，傳遞快、但易被忽視
	長期儲備	建教合作	時間較長、成效可能偏低、較適合大批同性質人力
		產學合作	常限於特定專業的人力、可及早發覺優秀人才
		捐助獎學金	可及早綁住優秀人才，但也可能血本無歸
		國防役	及早發覺、綁住優秀人才，但競爭越來越激烈

資料來源：林燦螢（2011），〈4項評估準則有效選材〉，《能力雜誌》，總號第661期（2011/3），頁70-71。

第三節　選才的原則

系統化的人力資源管理，大致可分爲「選、訓、留、用」四大要項，其中「選才」是人資管理的第一步，也是最重要的一環。清代名將胡林翼以善用人才聞名於世，他曾說：「古今成大事業的人，必以人才爲根本。」優秀的人才是企業最寶貴的資產，也是創造企業營業績效、永續經營的最大保障。

企業甄選人才，不是在找到「最好」的人才，而是在找到「最適用」的人才。清代名臣曾國藩曾說：「雖有良藥，苟不當於病，不逮下品；雖有賢才，苟不適於用，不逮庸流。（略）千金之劍，以之析薪，則不如斧；三代之鼎，以之墾田，則不如耜，（略），故世不患無才，患用才者不能器使而適宜也。」由此可知，對於選才，除了要注意到其才能、品德、知識是否適合其職位外，還必須留意是否適才適所。

選才的原則，有下列幾項值得留意：

一、可塑性

俗話說：「朽木不可雕」。因此，選才要考慮到其可塑性，有多方面的才能來配合企業的發展，成爲企業的棟樑。

二、適用性

判斷應徵人員的適用性，可從個人的學歷、經歷資料、適職測驗（智力測驗、性向測驗、語文測驗等）到面談之過程中，瞭解其家庭背景、成長過程、求職心態、工作意願、個性、抱負及人生觀等，找到具有穩定性、合群性，能夠適才、適所、適性、適用，配合企業的目標同步成長的人選。

三、才能

選才首要之事需要找到具備專業素養的人，也就是在本職上能發揮專長，有創意，並兼具必備的語言能力，會操作電腦，能與人溝通、表達及應變的能力，對新事務不排斥，肯學習，有潛力，才能有助於完成工作的基本任務，以及工作效率的提升。

四、品德

人品、操守是選才時必須愼重考慮的課題。人才是可以後天訓練的，但人才若缺乏人品，才華再高，寧可不要，闖的禍反而比庸才更大。

五、異質性

爲企業徵才，是爲企業的未來發展求才與留才，在組織內如果「同質性」（homogeneous）的員工太多，雖然在管理上有其方便之處，但也可能因思想太過於相近，和諧有餘，創新不足，一旦企業面臨經營逆境，

應變能力可能會大打折扣。異質性（heterogeneous），應變的彈性與創造力，可協助企業成長。

企業選才的過程，細節繁雜，必須經由事先妥善規劃，按部就班進行，才能收到事半功倍的效果。同時，也必須配合公司整體完善的薪資福利、教育訓練、輪調、升遷等人事管理制度，以減少人員的流動率，增加人員的穩定，提高生產力，維持高昂的工作士氣，塑造良好的企業形象，促使企業營運績效與競爭力能隨之提高。

第四節　人才甄選的技巧

人才甄選工作是一項十分困難而複雜的過程，它需要有耐心、細心與恆心。當企業內部各單位遇有職位出缺而提出人力「採買」時，人資部門在盤點內部人力資源後，認爲無法以調職、加班、工作流程簡化、外包等其他人力替代方案來解決時，才能決定由外部招募適當的人選遞補。人資部門在經過內部職缺類別與外部環境的評估後，透過不同的求才管道，有效發出求才訊息，廣徵求職者來應徵。應徵者須經過企業的愼重遴選，而正式爲公司所錄用（**圖5-4**）。

一、篩選應徵者的資歷

篩選應徵者的資歷，通常由人資部門主其事，依照用人單位的要求對應徵者資格條件（如學歷、專長、性別、年齡、證照等），逐一過濾，從寬篩選，剔除明顯不合乎要求應徵資格條件者。應徵者通過資格條件審查後，必須將擬通知面試的應徵者個人履歷彙總給用人單位徵詢意見後，並與用人單位共同敲定面試時間，再通知應徵者在指定的時間前來面試（**表5-3**）。

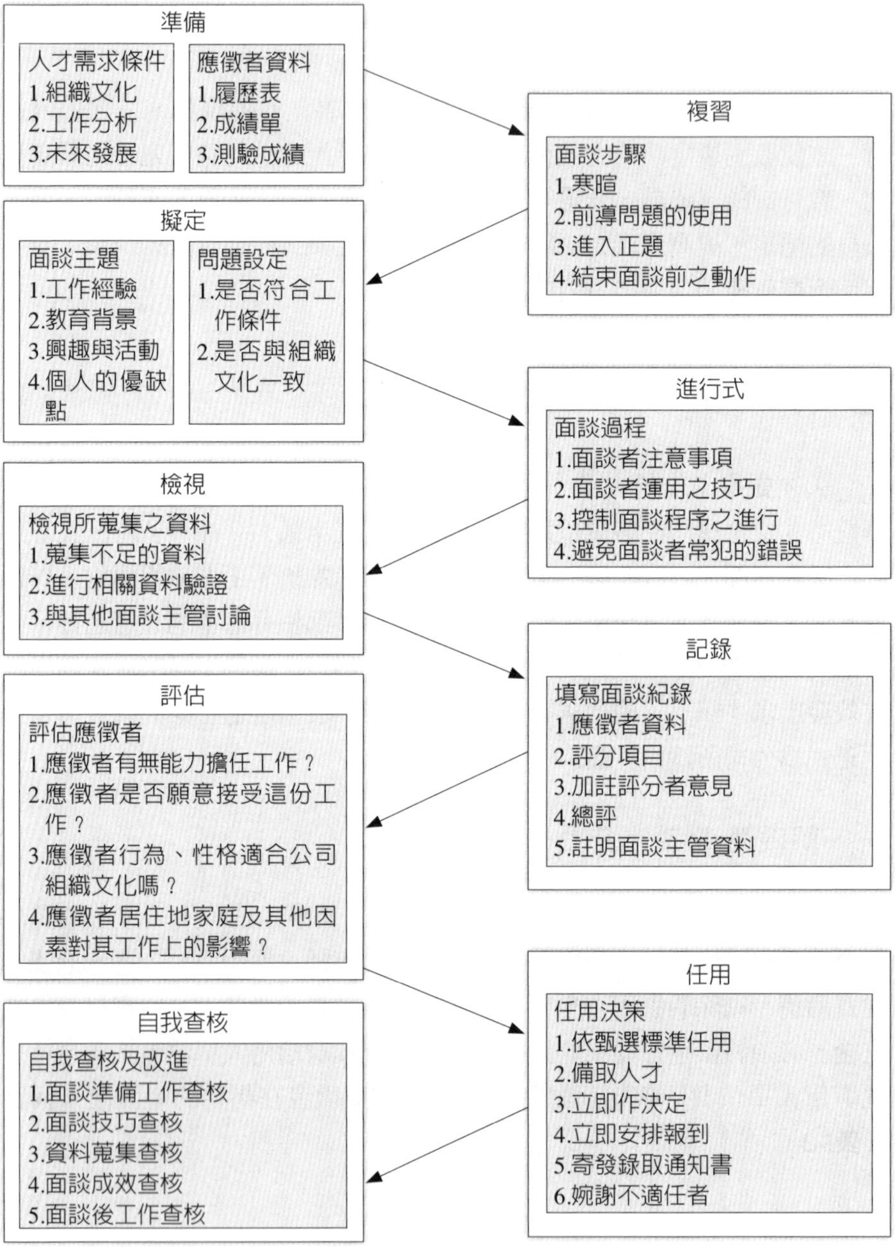

準備

人才需求條件
1.組織文化
2.工作分析
3.未來發展

應徵者資料
1.履歷表
2.成績單
3.測驗成績

複習

面談步驟
1.寒暄
2.前導問題的使用
3.進入正題
4.結束面談前之動作

擬定

面談主題
1.工作經驗
2.教育背景
3.興趣與活動
4.個人的優缺點

問題設定
1.是否符合工作條件
2.是否與組織文化一致

進行式

面談過程
1.面談者注意事項
2.面談者運用之技巧
3.控制面談程序之進行
4.避免面談者常犯的錯誤

檢視

檢視所蒐集之資料
1.蒐集不足的資料
2.進行相關資料驗證
3.與其他面談主管討論

記錄

填寫面談紀錄
1.應徵者資料
2.評分項目
3.加註評分者意見
4.總評
5.註明面談主管資料

評估

評估應徵者
1.應徵者有無能力擔任工作？
2.應徵者是否願意接受這份工作？
3.應徵者行為、性格適合公司組織文化嗎？
4.應徵者居住地家庭及其他因素對其工作上的影響？

任用

任用決策
1.依甄選標準任用
2.備取人才
3.立即作決定
4.立即安排報到
5.寄發錄取通知書
6.婉謝不適任者

自我查核

自我查核及改進
1.面談準備工作查核
2.面談技巧查核
3.資料蒐集查核
4.面談成效查核
5.面談後工作查核

圖5-4　甄選面試流程

資料來源：鄭瀛川（1998），〈選才方法與用人技巧〉，《87年度企業人力資源管理系列演講專輯》，行政院勞委會職訓局編印，頁177。

表5-3 審查履歷表的技巧

・表格是否完全填寫而無遺漏？
・字體是否整齊而看得懂？
・應徵者的工作經歷是否連續？有無不明職業「空窗期」？
・應徵者的收入是否持續穩定及合理的增長？
・應徵者是否一直從事簡單的工作？還是逐漸朝向富有挑戰性的工作進展？
・應徵者在以前工作中所習得的技巧是否適用於應徵的職位？
・應徵者的工作穩定性如何？他是否喜歡經常更換工作？
・應徵者每次離職的原因為何？

資料來源：李田樹譯（1988），James F. Evered著，《課長學：基層經理人的用人技巧》，長河出版。

二、甄試流程

甄試流程，一般包括筆試與面試兩種方式。筆試測驗，分爲專業測驗、性向測驗、語言能力測驗等。「專業測驗」是測度某項工作領域的知識能力，實作測驗亦是可行的方式，如電腦操作、車床操作；「性向測驗」是測量一個人在學習與職業訓練上的潛在能力，瞭解應徵者在應徵此一職位的未來發展的可能性；「語言能力測驗」則依據職缺上的需要，而對某種語言的要求，如應徵電話接線生（總機人員），必須略懂簡單英語（日語）會話能力。

甄試選才的最高原則，是選擇「適才適所」的員工，並淘汰不適合的應徵者。人資部門在甄選面談過程中，是決定人選的關鍵。人資人員面談所側重的重點，在瞭解應徵者的過去經歷（譬如工作內容、職務、離職原因等）、家庭狀況、居所與工作地點的距離，瞭解前來應徵的動機、薪酬資料等。如果面談的結果，認爲與寄來的履歷資料不符合，或專業測驗結果相當不理想（答非所問），或無法解決其每日上下班的通勤問題，或個人的人格特質顯然不能適應現行的企業文化，人資人員以專業的眼光判斷後，就要很委婉的終止面談，不需要再帶給用人單位面談，以避免用人單位要錄用而造成兩難。

用人單位主管的面談，依據工作的需求，挑選一位個性、志趣與能力最適合從事該項工作的人。除了要著重在對應徵者專業領域的瞭解與現有成員專長的互補性外，更應該考慮應徵者未來潛力發展，三年、五年甚至十年後，此一應徵者所能勝任的工作。

除挑選適合的人選外，給應徵人員良好企業形象，也是蠻重要的一環。不論是否錄用此一應徵者，給應徵人員好的印象，有助於社會大衆對企業的瞭解。

在面談結束後，明確告知應徵人，何時給他是否錄用訊息，或再安排第二次面談的時間。對於不錄用的人選，應用婉轉感性的語氣表達，千萬不能傷害應徵者的自尊心。

人選的決定，要注意時效性，如應徵者是一位「炙手可熱」的人才，遲遲未接到錄取通知，可能爲其他企業所「捷足先登」而「痛失英才」。

三、面談問題的分類

甄選面談是從多位應徵者中挑選最合適擔任此一職缺的人才。在比較各個應徵者的優、劣點後，才能決定錄用人選及備取者。因此，在主持面談時，向每位應徵者發問的題目，必須有其一致性，面談後才能有比較客觀的評斷，找到一位稱職的人員，來替主管「擔憂分勞」，創造高附加價值的人（**表5-4**）。

四、個人背景查核技巧

俗話說：「請神容易送神難」，僱用一位不稱職的員工，要處理其離職所付出的有形、無形的成本是難以估計的。

俗話說：「知人知面不知心」，一位深諳求職技巧的高手，精心製作一份令人「愛不釋手」的履歷表，再加上面談時所僞裝的良好個人形象下，在講求僱用時效的人才爭奪戰中，雇主就冒然錄用，必然要承擔一些不可預測的僱用風險。爲了避免選用專業不對口、品格操守有問題、錄用後可能造成在職場上犯下暴力、詐欺、偷竊、挪用公款、性侵害等犯罪行爲的員工起見，用人單位除在面談時，採用謹慎的態度，透過面談技巧及

表5-4 招募面談探尋問題與所要瞭解的方向

問題	探尋問題	所要瞭解的方向
儀容與談吐	衣著整齊、說話清楚、體格、健康	儀表、態度、語言表達能力
工作經驗	談一談你過去和現在的工作經驗？你現在負有多少職責？	工作與職缺的對照
	你能否描述一下自己一整天大致做些什麼工作？	工作安排
	在工作中，你到底喜歡做什麼？不喜歡做什麼？	瞭解工作的興趣
	什麼工作做得最滿意？什麼工作最不滿意？	工作的成就感
	你過去有沒有面對過很難下決定的狀況？能不能告訴我當時的狀況？你當時做了什麼決定？	克服困難的方法
	什麼原因使你決定想要離開目前的工作？	瞭解離職的原因
	為什麼你對這職位發生興趣？未來希望從工作中追求什麼？	自我成長突破的動機
	如果公司聘用你，你未來短期與長期的工作目標是什麼？	志向與抱負
	你最富有創造性的工作成果是什麼？	創造力
	如果把你當作一件「產品」，你如何自我推銷出去？	自信力
專業技能與知識	你認為一個人應具備哪些條件才能在這個專業職位上勝任工作？	對專業知識的瞭解
	你在上一個職位是因為具有哪些長處，才使你的工作有成果？	長處對工作的影響

資料來源：丁志達（2004），〈選對人，才能做對事〉，《管理雜誌》，第359期（2004/5），頁72-75。

各種性向測驗等工具，來幫助篩選不適任的人選外，在決定錄用前最好做應徵者個人背景查核（background investigations & reference check），經由應徵者提供的歷次就業工作單位的主管資料中，詢問這些主管對該名應徵者其過去的工作表現、個人人格特質、人際關係，以及眞正的離職原因，以印證其履歷表上所塡寫資訊的正確性，多一分謹愼，少一分誤失。

在人求事的就業市場下，是企業主在面談求職者，可千挑細選，百中選一；在事求人的就業市場下，是求職者在面談企業主，良禽擇木而棲；人力供需面的變化，必須拿捏得準，一成不變的面談方式，只能找到「二流」的人才。

第五節　非典型勞動類型

在傳統勞動關係中，勞工爲單一雇主提供勞務並服從其指揮監督，且由雇主給付工資作爲對價。隨著全球化、國際化的來臨，無論是工業先進國家、新興工業國家，甚至是開發中的國家，均面臨勞動成本再評估的難題。一方面，國家法令對於勞工的保護，係該國被視爲進步或落後的指標之一，不容忽視；另一方面卻也必須兼顧企業對外的競爭能力與生存的權益，不宜過度地加重勞動條件的負擔，因此，「非典型勞務」乃應運而生。對雇主而言，勞動派遣可達到節約企業經營成本與增加經營彈性之目的；對勞工而言，勞動派遣可達到兼顧家庭生活與彈性工作的目的。但勞動派遣也有其負面之點，如雇主責任不明、派遣勞工被剝削、僱用不安定與差別待遇（**圖5-5**）。

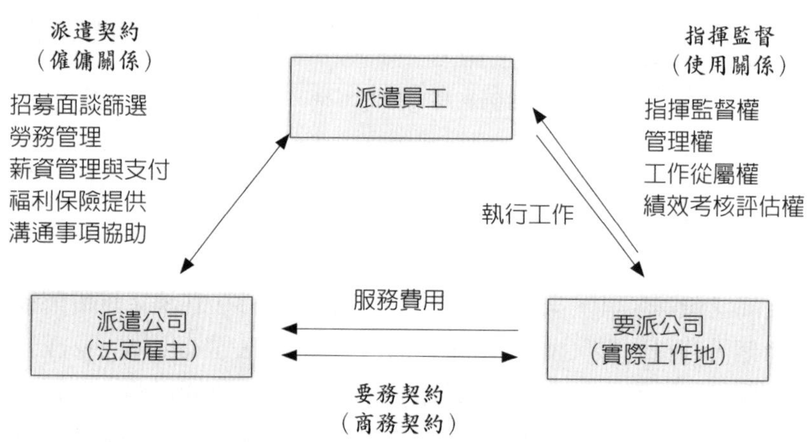

圖5-5　勞務派遣三方關係圖

資料來源：104人力銀行；引自：洪敏蓉（2010），《派遣管理之研究——以派遣公司觀點》，國立高雄應用科技大學人力資源發展暨研究所碩士論文，頁10-11。

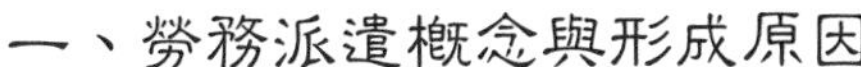

一、勞務派遣概念與形成原因

(一)勞物派遣概念

勞務派遣係指派遣機構（雇主）與派遣勞工訂定派遣契約，於得到派遣勞工同意後，使其在要派機構（使用單位）指揮監督下，提供勞務勞動的型態。勞務派遣最主要特徵是「僱用」與「使用」的分離。

派遣機構僱用派遣勞工雙方簽訂派遣契約，使派遣勞工前往與派遣勞工無契約關係的要派機構提供勞務；派遣機構與要派機構之間訂定要派契約，派遣勞工給付勞務之利益直接歸於要派機構，要派機構則將使用派遣勞工之對價交付於派遣機構。常見的例子如醫院看護工、保全警衛、口譯人員及電腦程式人員等。

(二)勞務派遣形成原因

勞務派遣的形成，與時代的變遷、企業對技術及經濟條件改變的反應有密不可分的關係。總體而言，勞務派遣形成的原因，從資方與勞方的角度來看都有其利基點（**表5-5**）。

二、勞務外包

非典型勞動包括部分工時勞動、勞務派遣、租賃勞動（承租公司與租賃公司之間約定對租賃勞工共同負擔雇主責任）、電傳勞動、家內勞動、外包等工作型態。

1990年Gary Hamel和C. K. Prahalad爲《哈佛商業評論》寫了一篇文章，題爲〈企業的核心競爭力〉（The Core Competence of the Corporation），提出了外包（out-sourcing）這個名詞，至此，外包成爲一門顯學，開始撞擊職場用人的傳統。

一個組織內，開始有「外來兵團」在組織內工作，但他們不是我們的「員工」；一些工作在進行，但是在組織內看不到一個人影，只是偶爾承包公司人員來「串串門」，聽一聽對外包工作服務的「改善」建議而

表5-5　勞務派遣形成的原因

對象	原因
雇主	·降低勞動成本，可節省甄選、教育訓練的成本支出。 ·具有人力運用上的彈性。當企業組織的業務擴展時，可大量向產業的人力派遣組織徵用人力，而在業務緊縮時，則可退回全部或部分的人力。若又有需要人力時，可招回所有人力。 ·減少福利支出，不需負擔福利、保險、資遣及退休金等人事費用，可規避勞動法令課以雇主的義務。 ·以派遣勞工取代請病假或休假的經常性僱用勞工。 ·使用派遣勞工在旺季補充短缺的勞動力。 ·薪資支付較合理。企業可根據受僱者的能力與績效表現的貢獻度與市場上人力供需的情勢支付合理薪資。 ·僱用臨時人力不但能為組織增添新血，為組織帶來蓬勃的朝氣，有利於組織內部的改革與創新。 ·節省徵才與試用的成本，雇主可先使用派遣勞工，若該派遣勞工的表現符合要求，雇主可在派遣契約終止後再自行僱用該派遣勞工。
勞工	·以派遣作為無法獲得經常性僱用工作時的跳板。 ·工作流動的自由性高。 ·工作環境的轉換性高。 ·工作時間的選擇性比較有彈性。 ·獲取更多的工作經驗。 ·更多與人互動的機會。 ·工作責任較少，壓力輕。

資料來源：鄭津津（2002），〈我國勞動派遣草案與美國勞動派遣法制之比較〉，勞動派遣法制化研討會會議紀錄（2002/9/20），頁22。

已。所以當代美國的管理學大師彼得·杜拉克說：「在十年至十五年之內，任何企業中僅做後台支援而不創造營業額的工作都會外包出去。任何不提供向高層次發展的機會的業務活動也會採用外包形式。企業的最終目的不外乎最優化地利用已有的生產、管理和財務資源。」例如，耐吉（Nike）產品製造的外包，而專注市場行銷與設計方面的核心業務。

外包也就是企業將本身非核心價值的業務交由專業人員或仲介派遣公司的人來處理，而企業將自己所有的心力放在能產生高附加價值的活動上。例如，印刷行業的印刷師傅、製版廠的電腦系統工程師，這種職務不是臨時外包人員可勝任的工作，因爲其工作所掌握的是工廠生產線的命脈，由外包從業人員來擔任的風險過大。（鄭銀榮，2004）

三、勞務外包各取所需

「人力派遣」並不等同「勞務外包」，最大的差別在於指揮權、人事權、薪獎福利上的差異。企業採用外包的人力需求方式，主要考量到企業的營運成本、精簡人事、控制管銷費用，更專注於核心業務上，以及可藉由委外廠商取得最新的技術與能力等，以取得競爭上的優勢，而外包人員的薪資收入與工作的彈性，各取所需，也是吸引一批從事外包業務從業人員願意投入有關。例如：

1.外包人員工作量超過正職員工之產能，則短期工作期間的工作收入頗豐。
2.外包人員工作性質常態性，奉獻專長，工作上較少有壓力。
3.企業列爲常態性工作的外包項目，可節省勞保、健保、退休金、資遣費、福利金提撥等管銷費用，沒有資遣員工與淡旺季人力調配的困難。
4.企業外包員額的多寡、時間的長短，均可依人力需求季節性彈性調配。
5.生產投資的設備可維持正常運作與定期保養（**圖5-6**）。

四、人資管理作業的外包

隨著電子商務時代的來臨，人力資源已從一般性的行政管理職能轉變爲戰略性的經營規劃職能。人力資源管理流程包括：職位需求分析、工作分析、招聘、甄選、培訓、績效考評、員工意見調查、薪酬管理、員工關係等幾個方面的內容，而工作分析、工作評價、薪資調查、薪資發放、員工福利、員工滿意度調查等業務，都可外包出去，人資部門得留下核心的企業文化塑造、人力資源規劃、員工關係的協調、激勵員工等核心策略的工作。

外包前的成本，包括：員工的工資、獎金、福利、保險、人員招聘、考勤管理、獎懲等方面的費用；外包後的成本，包括：給付外包公司

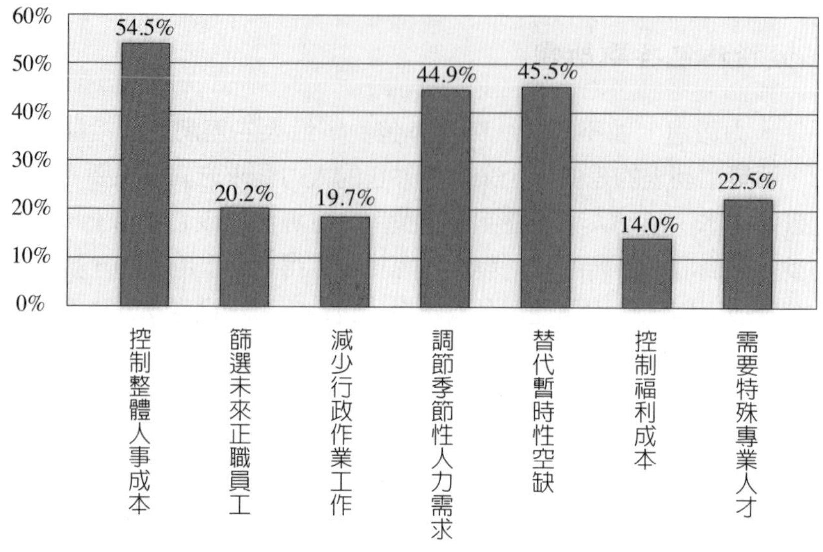

圖5-6　企業考量人力派遣因素

資料來源：洪敏蓉（2010），《派遣管理之研究——以派遣公司觀點》，國立高雄應用科技大學人力資源發展暨研究所碩士論文，頁13。

的費用、監督合同執行的費用，再減去外包後生產率提高，人資部門對戰略的參與而得到的收益等，後者優於前者，則外包成本就合算。事實上，目前許多企管顧問公司都有提供人力資源管理的服務，其中以訓練的外包最爲盛行。

非典型勞務用工型態，似乎已成爲未來人力資源管理的趨勢，以避免招募短期的大量人力而成爲長期僱用所增加的人事費用（**表5-6**）。

表5-6　派遣勞動契約應約定及不得約定事項

壹、依勞動基準法等有關規定應約定下列事項：
一、工作場所及應從事之工作有關事項。 二、工作開始及終止之時間、休息時間、休假、例假、請假及輪班制之換班有關事項。 三、工資之議定、調整、計算、結算及給付之日期與方法有關事項。 四、有關勞動契約之訂定、終止及退休有關事項。 五、資遣費、退休金及其他津貼、獎金有關事項。

（續）表5-6 派遣勞動契約應約定及不得約定事項

六、勞工應負擔之膳宿費、工作用具費有關事項。 七、安全衛生有關事項。 八、勞工教育、訓練有關事項。 九、福利有關事項。 十、災害補償及一般傷病補助有關事項。 十一、應遵守之紀律有關事項。 十二、獎懲有關事項。 十三、其他勞資權利義務有關事項。 **貳、不得約定事項：** 一、與派遣勞工簽訂定期契約。 二、要求勞工離職預告期間超過勞動基準法第16條規定期間。 三、雇主有權單方決定調降或不利變更薪資。 四、約定限制勞工請（休）假權益、請（休）假未依法給薪或懲罰性扣薪。 五、延長工作時間未依規定加給工資。 六、預扣薪資作為違約金或賠償費用。 七、約定女性勞工於懷孕期間仍須輪值夜班。 八、未依規定提繳勞工退休金或將應提繳6%金額內含於工資。 九、約定雇主得不依規定記載勞工出勤情形。 十、勞工保險、全民健康保險、就業保險、職業災害保險未依相關規定辦理。 十一、約定雇主得扣留勞工身分證明等文件、證書或收取保證金，於離職時方能領回。 十二、約定勞工有結婚、懷孕、分娩或育兒情事，應離職、留職停薪或同意終止勞動契約。

資料來源：行政院勞工委員會中華民國101年6月26日勞資二字第1010125521號函發布。

第六節　外籍勞工管理

台灣地區在1980年代中葉，由於勞動供需失衡，復因國內社會快速變遷，勞工工作價值觀的改變，對於職業的選擇也較偏重於工作環境較佳且較為輕鬆的服務業，對於工作較為艱苦（difficulty）、骯髒（dirty）、危險（dangerous）之行業（三D行業），難以招募到所需之勞力，使得缺工情況難以改善。政府為紓解此一缺工之困境，故在1989年10月首次正式同意自泰國、菲律賓、印尼、馬來西亞等四個國家開放引進外籍勞工來台從事十四項重大工程的工作。到了1992年5月《就業服務法》公布後，

在第四十六條中規定外國人可在台從事之工作的類別，其中第十款規定：「為因應國家重要建設工程或經濟社會發展需要，經中央主管機關指定之工作。」得申請聘僱外籍勞工，給予企業引進外勞的法源，以填補部分產業勞動人口的缺口。

外籍勞工的管理

政府開放引進外籍勞工的基本政策，係依據《就業服務法》第四十二條規定：「為保障國民工作權，聘僱外國人工作，不得妨礙本國人之就業機會、勞動條件、國民經濟發展及社會安定。」採取限業、限量方式引進外勞。

任何開放引進外籍勞工的地區，為預防其可能衍生之負面影響，對於外籍勞工的管理均採取審慎且嚴格的管理措施。依據《就業服務法》及相關法令規定，政府對外籍勞工的管理，採取下列具體措施。

(一)政府具體的管理措施

1.以限業、限量方式開放引進。

2.限制外籍勞工工作的年限。

3.採取優先保護國人就業權益規定。

4.外籍勞工定期健康檢查。

5.對違反《就業服務法》及有關法令者依法究辦。

(二)雇主應負之管理責任

1.通報責任：雇主對聘僱的外籍勞工，如有連續曠工三日失去聯繫、僱用關係消滅或聘僱許可證期滿等情事者，應於三日內以書面通知當地主管機關或目的事業主管機關及警察機關，並由警察機關處理。

2.生活管理：雇主於申請聘僱外籍勞工時，必須提報其所聘僱外籍勞工之住宿安排及生活管理計畫書，以妥當安排及管理外籍勞工之生活作息。

3.繳交就業安定費：爲防範因外籍勞工的引進而影響國內的工資水準，並分攤引進外籍勞工所增加的社會成本，以維持工商經營的公平性，故規定凡僱用外籍勞工者，每月均須繳交就業安定費。（林聰明，2000）

範例5-1

外籍員工生活管理辦法

一、總則

第一條：本公司外籍員工之生活管理除本公司章程、管理規章另有規定外，依本規則之規定辦理。

第二條：本辦法適用對象：依就業服務法第四十三條規定所引進之外籍員工。

二、宿舍管理

第三條：由工廠提供外籍員工宿舍，並嚴禁外人留宿。

第四條：宿舍每間住四人，且在同一部門工作者，盡可能安排住同一寢舍，以免因作息、時間不同，互相干擾生活秩序。

第五條：個人生活用品首次由公司供應，爾後由個人自理（牙刷、牙膏、毛巾、肥皂、肥皂盒、洗髮精、拖鞋、洗衣粉）。

第六條：宿舍設熱水設備以供沐浴，飲水機以供飲用，曬衣場及脫水機以供洗濯衣物。

第七條：宿舍內各項公用設備應愛惜使用，若有故意損壞情事，須照價賠償並追究責任。

第八條：宿舍內嚴禁賭博、酗酒，並不得影響他人安寧。

第九條：宿舍內清潔由外籍員工自理，且需隨時維護居住環境之清潔。主管單位應派人做不定期之檢查並辦理獎懲。

第十條：宿舍內嚴禁存放違禁物品，並不得私接電線，使用電爐等電熱設備，以維住宿者及公共安全。

第十一條：宿舍內嚴禁飼養家禽、家畜及動物。

第十二條：會客時須在會客室及指定之位置會客，不得進入宿舍會客。

第十三條：下班後宿舍內員工外出須向管理員登記，並註明外出事由，往返時間及去處，經核可後始能外出，當日晚上十時前歸營點名。

第十四條：星期例假日除由公司統籌辦理活動外，所有人員應於晚上十點前返回宿舍向管理員報到，但獲管理員許可者，不在此限。

第十五條：平時應聽從外勞管理員之指示，遇有緊急、意外事故時應即通知外勞管理員並聽從其指揮。

第十六條：其他有關事項，依相關管理規章辦理。

三、膳食管理

第十七條：本公司免費提供每日三餐膳食，包括假例、固定假日及病假在內。

第十八條：本公司如因其他因素無法提供膳食時，可以代金方式提供：早餐三十元，午、晚餐各六十元。每月伙食代金由外勞管理員計算，以加扣款方式報人事單位審核。

第十九條：餐廳應隨時保持乾燥、清潔，殘渣垃圾須依指定地點放置，以維公共衛生。

四、衣著、交通、育樂管理

第二十條：工作服、制服由公司統一發給，夏、秋各二套，外籍員工應珍惜使用，倘非因故意毀損時，可向外勞管理員登記，統一向公司申請。

第二十一條：外籍員工外出訪友時須攜帶護照、工作證、居留證影本以備警察查驗。

第二十二條：外出乘機車時應戴安全帽。

第二十三條：外出發生重大事故時，應立即尋找警方處理並設法聯絡工廠之外勞管理員協同處理。

第二十四條：星期例假日為自由活動時間，公司如另有安排須事先通知外籍員工。

第二十五條：公司設置文康室，內設撞球檯、乒乓球檯、電視、音響、錄放影機、第四台、泰文報紙、雜誌。另於室外適當場地設置藤球場，以供外籍員工娛樂使用，惟須妥善使用。

第二十六條：於宿舍內設備參拜室，內設泰皇、泰后及釋迦牟尼佛像，以供頂禮膜拜之用。

第二十七條：逢外籍員工母國重大慶典時，得以補助費用或主辦方式於活動中心舉行慶祝晚會，活動當日就寢時間可酌情延長一至二小時，惟仍須以不妨礙隔日工作及安全、安靜為原則。

第二十八條：每年至少舉辦一次國內旅遊。

五、獎懲管理

第二十九條：凡符合本公司獎勵規定，可由相關主管簽報，經由人事單位審核後，予以嘉獎，酌發當月薪資（本薪）百分之十以資獎勵。

第三十條：違反本生活管理規則及公司各項章程、通告、情節輕微者，予以警告函通知，凡被警告函通知者，第一次扣當月薪資（本薪）百分之十，第二次扣百分之二十，第三次則以免職論。

第三十一條：凡違反公司規定，情節嚴重者，逕以免職論，並與仲介商聯繫遣送出境。

六、生活教育訓練與管理

第三十二條：本公司為提高外籍員工生活素質與工作品質，增進其工作意識，謀求人力之有效運用，得於適當時機舉辦各種教育訓練，指定有關人員參加。

第三十三條：教育訓練分為職前訓練及在職訓練二種，職前訓練包括一般及專業訓練，由人事單位視適當時機辦理；在職訓練則由各單位個別辦理。

第三十四條：各項教育訓練結束後，得指定受訓人發表心得，以收教育相乘效果。

七、附則

第三十五條：本「生活管理規則」如有未盡事宜，依照政府有關法令之規定辦理。

第三十六條：本規則經呈准後公布施行，修訂時亦同。

資料來源：經濟部中小企業處（1994），《中小企業僱用外勞Q&A手冊》，經濟部中小企業處編印，頁152-154。

結　語

千軍易得，一將難求。如何做好徵才、選才、育才、用才及留才，實爲企業經營成敗的最大挑戰。在變化快速的年代，誰擁有越多人才，誰就能夠擁有越多的影響力；誰能夠擁有培養人才的環境，誰就能吸引與塑造源源不絕的人才，創造永續的競爭力，這也就是鋼鐵大王卡內基（Andrew Carnegie）說的：「如果把我的廠房設備、材料全部燒毀，但只要保住我的全班人馬，幾年以後，我仍將是一個鋼鐵大王。」所以，人才的優勢，是企業的優勢，更是產業的優勢。

箚　記

- 採石者破石拔玉，選士者棄惡取善。事物有長短，人才有高下，用人貴在用其長。
- 識人，貴在善於在一個人未「鋒芒畢露」時，識別其潛在的才能，換言之，在未擔當重任之前，就能看出這個人是人才，將來必定大有可為，這才稱得上是「慧眼識英才」。
- 企業最大的資產是人才，一旦用人不當，人才也會成為企業最大的負債。
- 我們往往要找最好的人，但最好的不一定是最合適的。高才低就、低才高就，對主管和員工而言，兩相辛苦。
- 求才不可捨近求遠，任何高職位出缺，應由現有的人員優先考慮，除了可節省訓練費外，也可以激勵員工求上進表現的願望，對生產力的提升與員工士氣的激勵都有積極的鼓舞作用。
- 企業用人時，要避免將應徵者互相比較。僱用並不是要從應徵者裡面找出最優秀的人，而是要找出最適合這份工作的人。
- 請記住「請神容易送神難」的諺語，在甄選員工時，不要為了「交差」，敷衍了事，其後患無窮。
- 你的客户最瞭解競爭對手的情況，問他們，誰是令他們印象最深刻的人才，「禮賢下士」並聘請過來。
- 招考新人，首重合群；提拔幹部，著重表現。
- 招聘面談應視為「偶爾」而不是「經常」工作，否者，就要檢討自己的領導風格，為什麼會選到「流動人口」而不是「定居户」。
- 態度是教不來的，技能是可以透過訓練改善。態度差的應徵者，不能「冒然錄用」的道理也在此。
- 評定面談的有效性，最直接的方法就是觀察新進人員的工作表現與統計其離職率。

- 面談除了安排用人單位主談外，委託業務相關的單位代為面談，聽聽其他部門的建議，不失為一種慎重遴選員工的方法。
- 面談時，發現應徵者的一些「怪異行為」，千萬不可勉強錄用，「行為」是很難用訓練來糾正的。所謂「本性難移」，不符合企業文化的「行為」少用為妙。
- 面對激烈的競爭，企業需研判該企業之核心事業及核心價值，專心從事核心事業，至於其他的非核心業務可以外包，如此能提供更專業的服務。
- 外包並不表示管理者就能「脫掉」其應負的責任，反而是工作外包後更要費神的監督外包商工作人員的工作流程與品質，否則，會對企業的信譽造成更大傷害。

第6章 培訓管理

- 人力培訓的基本概念
- 培訓需求與規劃
- 培訓執行作業
- 講師延聘與評估
- 培訓評鑑與改善
- 結　語

不要走父母的路；不要走長輩的路；不要走師長的路；不要走朋友的路；寧可走自己的路。

——法國・紀德（Andre Gide）・《地糧》

日本松下電器株式會社創辦人松下幸之助說：「製造產品之前，必先製造人。」優秀的人力是企業永續經營最寶貴的資產，而培訓員工是人力資源發展的重點。培訓員工不僅可增進在職員工工作技能，使其適應技術變動，提升工作績效，改善產品品質，並能強化企業經營績效與競爭力。企業透過培訓與職涯管理的搭配，給員工在工作上有磨練與成長的機會，能隨著整個組織持續的發展，逐步培育出高素質人才，使員工的職涯發展與企業經營發展相輔相成。

 第一節　人力培訓的基本概念

單方面要求員工不斷付出的時代已經過去。一家經營管理上軌道的企業，通常會強調具備有完整之培訓，提供員工成長的機會與運用，如此一來，不但可有效加強員工生產技能，更有助於員工向心力的提升。

一、教育、訓練與發展

教育是教授員工有關觀念及知識，以增進員工求知、解析、推理、計畫與決策的能力；訓練是教導員工執行職務所需的知識與技術、原則、方法及程序。「教育」是屬於個人能力開發，長期的潛移默化，養兵千日用於一時，其效益遞延，因果難測，「訓練」較爲特定，鎖定組織目標，是爲解決今天的困難，屬短期的即學即用，效益立竿見影，譬如：要增廣員工知識領域，則需長期教育，而增強員工的工作技能，即屬於馬上學、馬上用的及時訓練。因此，兩者的運作內容與期望各有不同，但一般企業並未嚴格區分，也常常雙管並行，總稱爲「教育訓練」。至於發展，則較著重與個人未來能力的培養與提升，以獲得新的視野、科技和觀點，以作

為儲備幹部及接班人的養成手段。

二、員工培訓原則

員工的培訓是一項長期而專業性的工作，為滿足需求各異的員工，必須針對員工學養、個人潛力、專業技能、管理層級和組織機能，透過長期而有系統的培訓計畫，施以不同層次的在職教育或外派委託培訓。

為使培訓的效果彰顯，負責訓練的專業人員要注意下列幾項原則：

1.尋求高階主管的支持，特別是經營者的承諾。企業主持人與高級主管積極參與、支持與關懷訓練活動，能與員工一同接受培訓，不僅可以顯示彼此同步互動，力爭向上的決心，亦可從中瞭解員工的心理與培訓的成效，培訓工作才易展開。

2.針對組織未來的發展與員工的成長需求，擬定短、中、長期培訓計畫。

3.建立基本的員工培訓體系，讓員工瞭解職位的分類與晉升的途徑，以及各職等的資格，包括學歷、年資及訓練等。如此組織才能有計畫的培訓人才，個人也知道該如何安排其職涯。

4.培訓亦應讓外聘講師瞭解組織性質與背景，以便授課內容符合實際需要，期使理論與實務的差距縮短。

5.培訓時應儘量讓學員與講師有雙向溝通的機會，以討論所屬單位的問題及解決之方法。

6.設法考核培訓成果，譬如：師資、授課內容與方式、學員心得與成績，均需要施以滿意度調查；受訓人員未來的工作表現與升遷也必須與培訓成果掛鉤，以避免形成為訓練而訓練的弊病。

7.每位員工應受什麼訓練，應有系統的規劃，避免學而不用或學非所用。

8.訓練地點最好遠離工作場所，以免受例行工作的打擾而使學習效果降低。

企業對人才的培訓若能秉持輔助員工的成長，將其視為資產而非工具來看待，在互蒙其利的情況下，技術才能生根，企業才能具競爭力，員工也才能發揮其職能，並樂在工作。

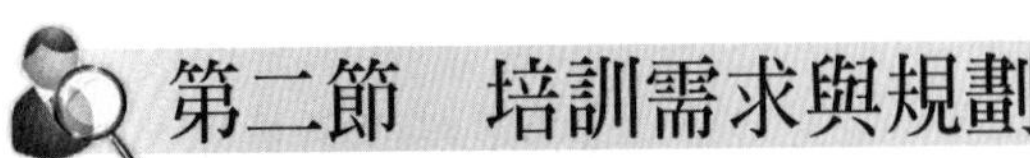

第二節　培訓需求與規劃

培訓管理體系可協助員工改善工作流程、提高工作效率、落實訓練計畫、強化員工核心技能，進而增進人力資源品質，提升企業競爭力。

一、培訓需求

如何透過訓練提高生產力，最主要的關鍵在於是否視「實際需要」來辦理訓練。培訓需求之確立，必須考慮下列幾項因素：

(一)組織分析

組織分析（organization analysis）是就整個企業培訓的目的（確認企業存在之技術、管理上的問題，以訓練來解決最經濟有效）、計畫、資源予以分析，以決定培訓的重點由何處先行著手。

(二)工作分析

工作分析（operation analysis）是就工作人員應如何才能有效執行其所必須做的工作，進而確定培訓內容。

(三)人員分析

人員分析（person analysis）是就一個人的工作職責，分析其現有的知識、技術與態度，再決定培訓發展方向。

以上三點確定後，進一步就要確定受訓的人選及聘請最適當的訓練講師來授課（**圖6-1**）。

二、培訓規劃方向

企業培訓規劃要有效，必須掌握下列方向：

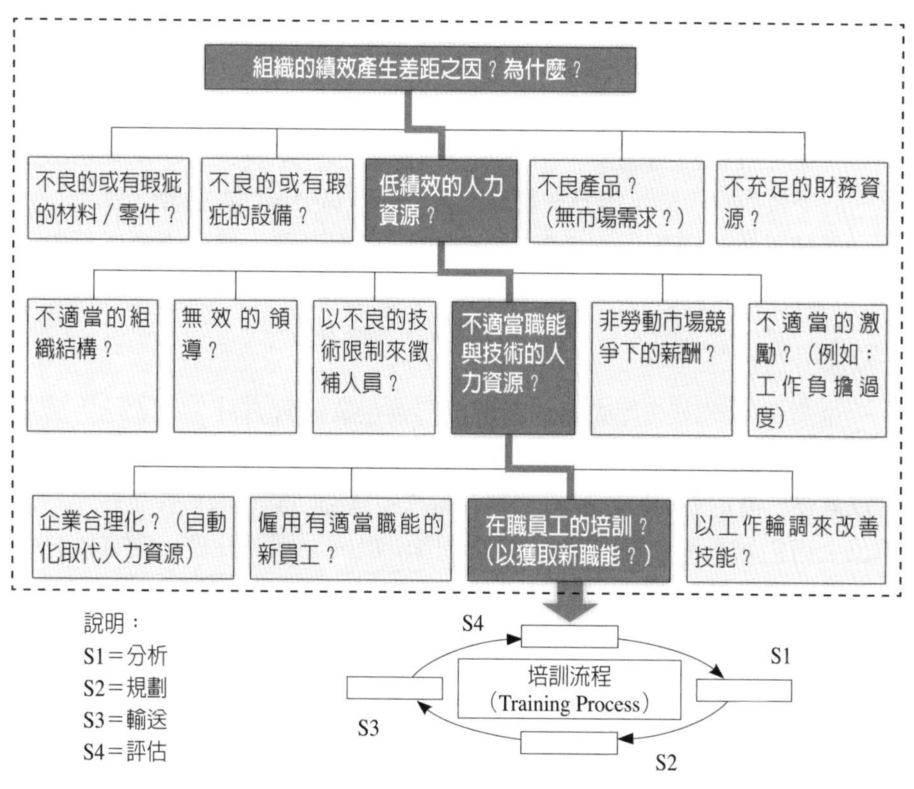

圖6-1　連結訓練與組織績效

資料來源：行政院勞工委員會職業訓練局。

(一)企業經營的策略方針

掌握企業經營的策略方針，是舉辦員工培訓的最大前提。員工培訓是爲了企業的策略目標的達成，當然員工培訓的規劃就必須依據企業經營的策略方針擬定。

(二)企業經營的年度計畫

企業經營的年度計畫，包括：營業額的成長、市場占有率的增加、獲利力的提升、成本的降低、不良率的減少、消除客戶對產品的抱怨等。任何一家企業都會訂出具體的數據化目標，目標的達成少不了對目標的宣

導、認同，達成目標的能力強化與激勵。

(三)企業經營的改善重點

企業在經營的過程中，不可能沒有弱點。一家成長型的企業也必然是一個學習型的組織，透過經營研討會或外聘專業顧問的診斷，都可以找出企業體質改善與強化的重點。企業不能諱疾忌醫，還要讓員工面對現實，改善強化其工作能力。

(四)培訓擬定的作法

企業在每年十一月底前，由各部門視企業經營方針、人才培育計畫與各職級的任用、晉升應具備之條件及提升員工工作能力項目，配合實際訓練需要，擬定下年度之在職培訓計畫書，經部門經理簽核後彙總至培訓單位，再由培訓單位將蒐集到的各部門所提供之訓練計畫，經審核分類後，提出下年度之培訓計畫書及預算呈核定案後，於次年度依計畫實施。

三、培訓體系的建立

訓練體系的建立，就是要避免傳統無目的的訓練、無規劃的訓練、無方法的訓練，以及不計成本的訓練。它要配合企業的人力發展策略，提供各項專業訓練，以配合企業目前及預期的人力需求及員工的發展。

(一)職前訓練

職前訓練（orientation）所安排之訓練課程旨在使新進人員瞭解公司沿革、現行組織概況（部門介紹）、法律概念（智慧財產權保護）、規章制度、福利措施、產品種類及客戶、品質觀念、安全衛生（消防設施）說明、參觀工廠（工作環境）、工作職場禮儀及公司重大推行政策等，使新進人員能在最短時間內瞭解公司的經營文化，適應工作環境，並感受到公司對新進人員的重視與照顧。

一般而言，職前訓練的時間，以一至三日為宜。訓練的規劃與設計，以下列的方式來達到傳遞企業文化，瞭解新進員工的需求與受訓學員彼此之間的認識。

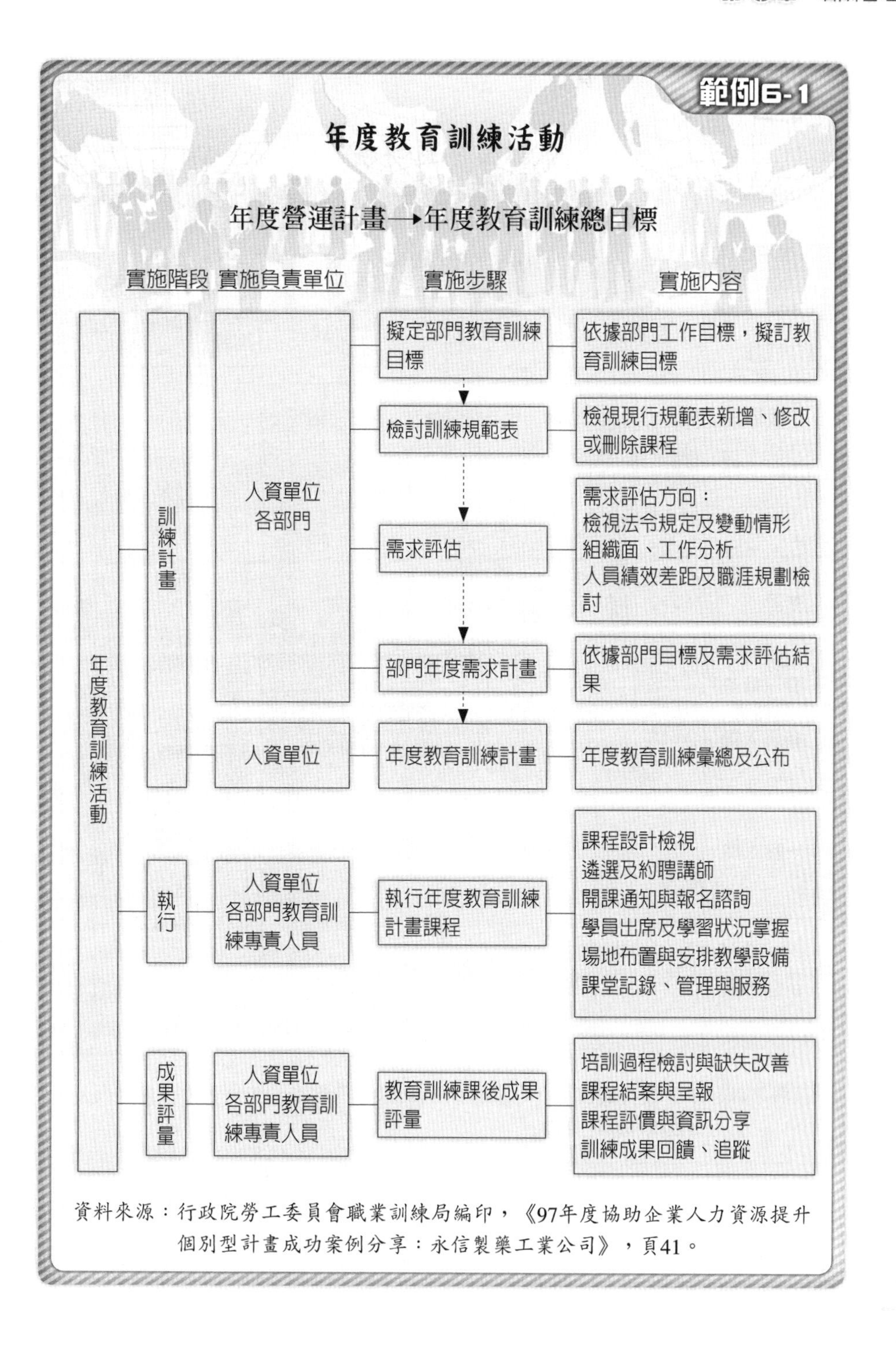

範例6-1

年度教育訓練活動

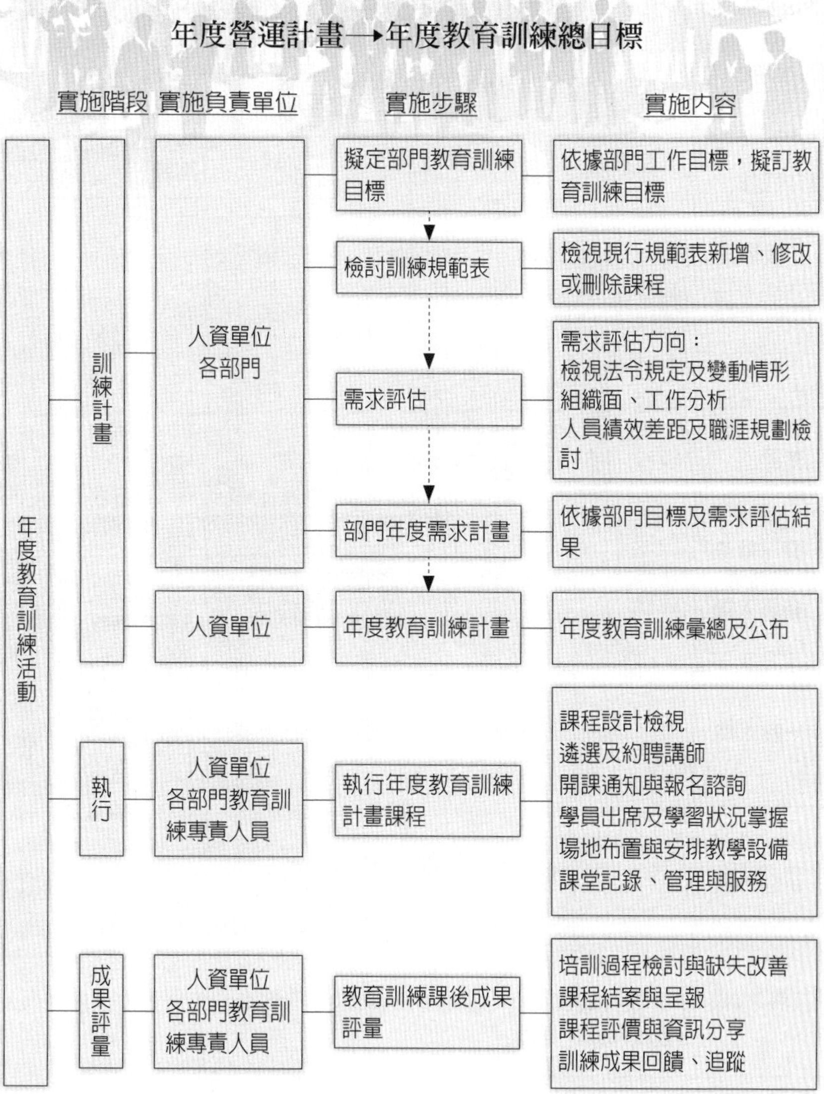
年度營運計畫→年度教育訓練總目標
實施階段
實施負責單位
實施步驟
實施內容
年度教育訓練活動
訓練計畫
人資單位
各部門
擬定部門教育訓練目標
依據部門工作目標，擬訂教育訓練目標
檢討訓練規範表
檢視現行規範表新增、修改或刪除課程
需求評估
需求評估方向：
檢視法令規定及變動情形
組織面、工作分析
人員績效差距及職涯規劃檢討
部門年度需求計畫
依據部門目標及需求評估結果
人資單位
年度教育訓練計畫
年度教育訓練彙總及公布
執行
人資單位
各部門教育訓練專責人員
執行年度教育訓練計畫課程
課程設計檢視
遴選及約聘講師
開課通知與報名諮詢
學員出席及學習狀況掌握
場地布置與安排教學設備
課堂記錄、管理與服務
成果評量
人資單位
各部門教育訓練專責人員
教育訓練課後成果評量
培訓過程檢討與缺失改善
課程結案與呈報
課程評價與資訊分享
訓練成果回饋、追蹤

資料來源：行政院勞工委員會職業訓練局編印，《97年度協助企業人力資源提升個別型計畫成功案例分享：永信製藥工業公司》，頁41。

範例6-2

訓練發展體系

<table>
<tr><th rowspan="2">訓練類別
訓練對象</th><th colspan="13">OFF-JT集中訓練</th><th>OJT</th><th colspan="2">SD</th></tr>
<tr><th colspan="2">管理訓練</th><th colspan="4">一般訓練</th><th colspan="6">專業訓練</th><th>外派訓練</th><th>工作崗位訓練</th><th colspan="2">自我發展</th></tr>
<tr><td>一級單位（含）以上正副主管</td><td>管理高級課程</td><td rowspan="3">管理單元課程</td><td rowspan="3">通識課程</td><td rowspan="3">工作技能講習</td><td rowspan="3">個人電腦課程</td><td rowspan="3">專案相關訓練課程</td><td rowspan="5">航務訓練課程</td><td rowspan="5">空服訓練課程</td><td rowspan="5">機務訓練課程</td><td rowspan="5">商務訓練課程</td><td rowspan="5">地服訓練課程</td><td rowspan="5">其他專業訓練課程</td><td rowspan="5">管理/專業外訓課程</td><td rowspan="5">工作分配
工作教導
任務提示
課後實作
培育計畫
日常輔導</td><td rowspan="5">自我發展專題講座</td><td rowspan="5">管理/一般進修課程</td></tr>
<tr><td>二、三級單位正副主管</td><td>管理中級課程</td></tr>
<tr><td>資深幕僚及督導層級人員</td><td>管理初級課程</td></tr>
<tr><td>一般人員</td><td></td><td></td><td colspan="4"></td></tr>
<tr><td>新進人員</td><td></td><td></td><td colspan="4">華航與我課程</td></tr>
</table>

資料來源：張淑芳（2000），〈簡析華航訓練發展體系〉，《人力培訓專刊》（2000/6），頁21。

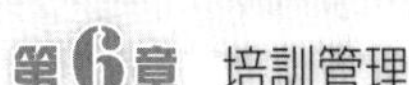
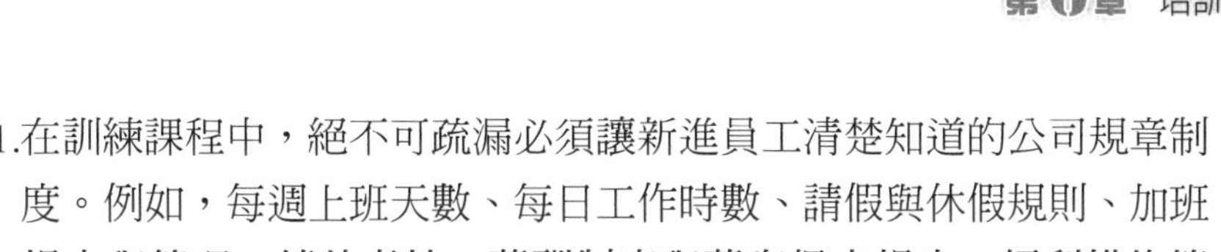

1.在訓練課程中，絕不可疏漏必須讓新進員工清楚知道的公司規章制度。例如，每週上班天數、每日工作時數、請假與休假規則、加班規定與管理、績效考核、薪酬制度與薪資保密規定、福利措施等項。
2.在訓練前，訓練單位要掌握參加職前訓練學員的背景資料，例如，大專應屆（或剛退役）畢業生，比較關心個人的未來發展空間（晉升機會），在安排職前訓練時，要能對這些特定對象，提出答案。
3.勾勒出企業文化的精髓，讓新進員工認同企業。
4.重視安全衛生宣導，使新進員工確實遵守工安規定，預防職業災害的發生。

職前訓練所安排的講師，以在企業內負責各工作職責的專業人員來授課，才能對新進人員隨堂提出的問題，能立即答覆，並給予正確的資訊。

在職前訓練後，也要安排用人單位指定專人協助新進人員認識服務單位內的人與事，以獲得同事之間的友誼，消除對工作上的恐懼感，並讓新進人員早日融入企業文化中，產生認同感，以降低新進人員的流動率，讓人事穩定，協助企業發展。

(二)在職訓練

在職訓練（On-the-Job Training, OJT），是指訓練員工熟悉其工作之技術、專業知識，以維持一定的工作水準及品質，進而增進工作效率的提升（**表6-1**）。

(三)員工自我發展訓練

人才雖是企業最大的資產，縱然公司有良好的教育訓練，若員工沒有上進之心，則平白浪費企業寶貴資源。因此，員工的自我啓發與鑽研，就顯得特別重要，其成果除了可能獲得職位晉升、遷調或薪資提高的回饋外，且能使工作豐富化，進而產生更高的附加價值與經營績效（**表6-2**）。

表6-1　在職訓練種類

種類	說明
共通性訓練	它是在訓練員工一般性的知識與技能，培養員工的共識，使員工對公司有共同的價值觀與認同感。
專業（技術）性訓練	它是依據企業不同產品的專業技術領域給予員工特殊的技能訓練，旨在培養各功能單位人員的專業技術能力，使員工能直接運用於工作崗位上，現學現用，提升工作績效。
階層別訓練	它是依每一階層別不同的工作任務、責任及所需具備的管理才能，各施以不同的訓練。目的在培養各階層主管的管理能力，讓員工具備在職等發展所需的知識與技能，以培養組織未來的管理人才及職位接班人。
高階主管訓練	它是為提升高階主管之專業知識、領導能力與技巧。以經營管理、決策能力、分析能力之培養與危機管理為主。
中階主管訓練	它是在培養獨立分析、解決問題、執行能力及人際溝通為主的養成訓練。
基層主管訓練	它是在培養基層主管的工作教導與輔導，以增加瞭解公司經營理念、個人領導能力及人際溝通的技巧為主。
儲備幹部養成訓練	它是為安排具有潛力之人員參與幹部儲備訓練，以增強專業知識、專業技術，及奠定管理基礎所規劃之訓練。
職能別訓練	它是在針對各職能別人員，施以不同階段的訓練課程，提升其專業知識與技能，以增進其在專業工作上的績效。
客戶（經銷商）訓練	它是為提高公司產品的優良形象，取得客戶（經銷商）的高度信賴所安排的訓練課程。
海外研修	它是遴選企業內有關工作人員到國外接受、學習更先進、更專精的新技術、管理新知，以協助員工擴大工作領域與視野，促使企業更進一步的發展與突破。
內部講師訓練	它是在培育企業內有實務經驗之主管與專業人才為優良講師，以作為企業內教育訓練主幹而提升訓練品質。
政府提供的訓練資源	它是指派專人參加政府機構為企業界不定期舉辦的法令宣導，新技術引進等各項的免費研討會、觀摩活動。
線上學習	它是運用遠距教學科技，或是透過多媒體科技與虛擬實境，可使教材豐富化且促進教學效果。透過線上學習（e-learning）軟體，使分散於全球各地的員工均能獲得企業內部知識與新知的傳遞。

資料來源：丁志達（2012），「經營管理顧問師訓練：教育訓練規劃與員工職涯發展」講義，中國生產力中心中區服務處編印。

表6-2 員工自我發展學習計畫

類別	說明
外國語文訓練	為提升及加強員工外語能力，以適應國際化的需要設計的課程，幫助員工自我成長。
電腦應用訓練	員工熟悉並有效運用工作時所需的各項電腦軟、硬體設備操作及使用。
在職進修	利用業餘時間（下班後、休假日）至各大專院校系所學分班選讀或參加在職碩士班（EMBA）課程。
證照制度	員工參加與工作性質有關之證照考試（例如勞委會職訓局的技術士證照），以激勵員工自我進修。
圖書資料	運用企業內現成的圖書雜誌、光碟片等的借閱自修。
讀書會	參加讀書會，定期研讀指定的書籍，會員間相互交換閱讀心得，以獲取新知。

資料來源：丁志達（2012），「經營管理顧問師訓練：教育訓練規劃與員工職涯發展」講義，中國生產力中心中區服務處編印。

(四)外派訓練

凡企業訓練需求無法由內訓達成，或需求人數未達自行開班經濟規模時，得經由主管推薦參加企業外部訓練管理機構所舉辦之訓練課程。外派訓練費用由各部門訓練預算中支出，但受訓後須繳交心得報告，必要時也可以安排向內部員工講授受訓心得。

(五)企業大學

企業大學（corporate university）是近年來逐漸流行的名稱，它意味著組織內部的人才開發系統，以訓練中心或大學的形式來呈現。根據美國管理協會對企業大學所下的定義是說：「企業大學實際上是一個教育實體，也是一項策略性的工具。設計目的是協助母體組織完成企業任務，並且帶領三項企業活動：培養個人與組織的學習、知識與智慧。」

國內較著名的企業，如中華電信、和信集團、遠東企業集團等，均在企業內設置企業大學，長期有計畫的培植具有潛力的員工，給予一系列的培訓，為企業儲備人才，它有助於員工第二專長的培養，使員工能在工作中求取更高深的學問。

範例6-3

台灣IBM知識大學架構圖

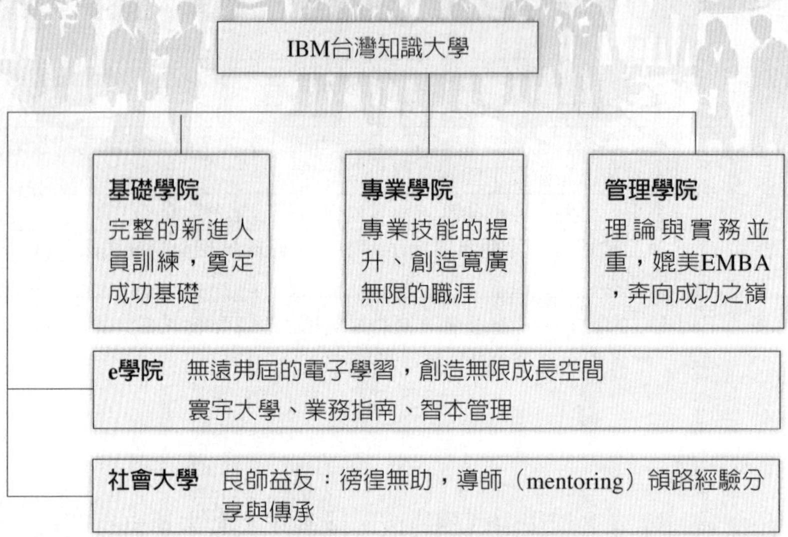

IBM台灣知識大學

- **基礎學院**：完整的新進人員訓練，奠定成功基礎
- **專業學院**：專業技能的提升、創造寬廣無限的職涯
- **管理學院**：理論與實務並重，媲美EMBA，奔向成功之嶺
- **e學院**：無遠弗屆的電子學習，創造無限成長空間；寰宇大學、業務指南、智本管理
- **社會大學**：良師益友：徬徨無助，導師（mentoring）領路經驗分享與傳承

資料來源：余政紘（2003），《企業教育訓練分類與制度比較之研究》，國立台灣科技大學碩士學位論文，頁51。

四、培訓規劃流程

培訓規劃須配合公司經營理念、年度方針、部門訓練需求、顧客反應、現場觀察、員工問卷調查、個別訪談、績效考核結果等途徑，以達成培訓目標（**圖6-2**）。

一般的培訓規劃流程爲：

1.決定需求（針對訓練需求，設計訓練目標）。

2.決定教材大綱。

3.選定受訓人員。

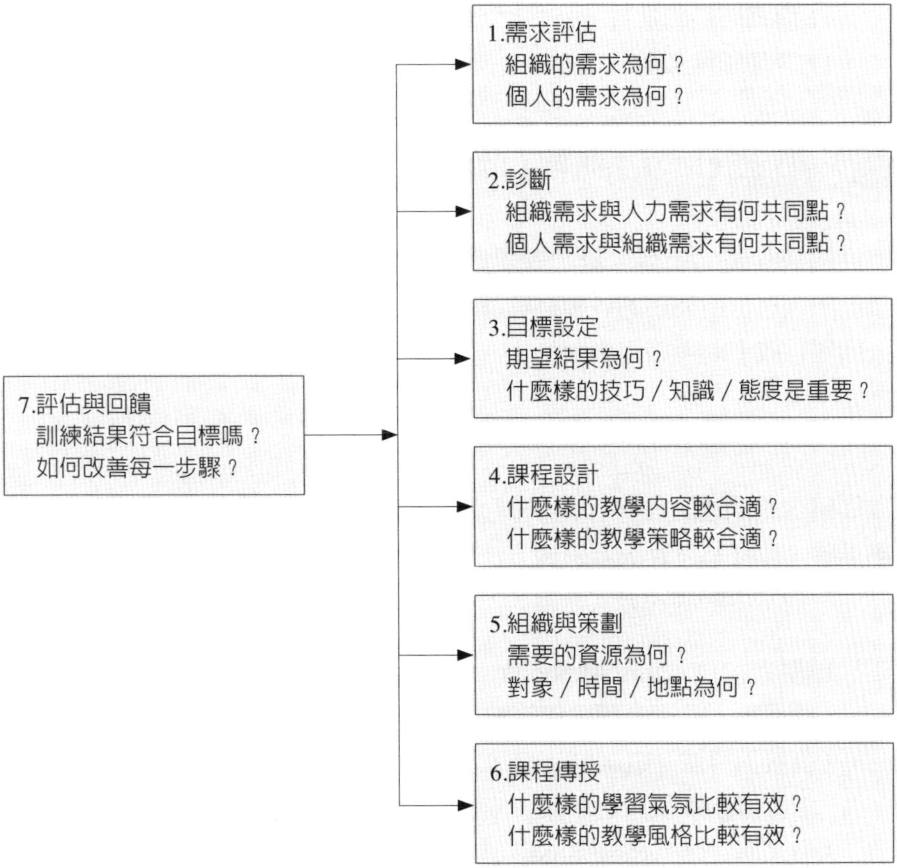

1.需求評估
組織的需求為何？
個人的需求為何？

2.診斷
組織需求與人力需求有何共同點？
個人需求與組織需求有何共同點？

3.目標設定
期望結果為何？
什麼樣的技巧／知識／態度是重要？

4.課程設計
什麼樣的教學內容較合適？
什麼樣的教學策略較合適？

5.組織與策劃
需要的資源為何？
對象／時間／地點為何？

6.課程傳授
什麼樣的學習氣氛比較有效？
什麼樣的教學風格比較有效？

7.評估與回饋
訓練結果符合目標嗎？
如何改善每一步驟？

圖6-2　美國管理協會訓練系統模式

資料來源：美國管理協會（American Management Association, AMA）。

4.邀請授課講師。

5.將課程輸入電腦（或公告），提供部門主管遴選部屬參加。

6.確認訓練進行方式。

7.安排訓練課程時間表。

8.編撰訓練課程教材。

9.製作及準備相關教學器材及教具。

10.提供授課講師參加學員之背景資料。

11.協調活動的進行。

12.評鑑訓練活動。

第三節　培訓執行作業

培訓計畫的執行，是訓練規劃的重點之一。培訓執行作業繁雜，所以，訓練單位所開辦的各種訓練課程，必須有系統、有規劃的按部就班的去處理行政上的一些作業流程。

一、多樣化的訓練方式

研習應講求方法，因爲訓練方法直接影響培訓成效。縱使培訓目標都正確、教材都充實，若訓練方法不當，培訓成效必大打折扣。

一般常用的訓練方式包括：

1.講授法（Lecture Method）：它是指講師以演講方法單向式傳達訓練內容，受訓者聽講作筆記，適合一般傳統課程的教導方式。

2.直接指導法（Coaching Method）：它是指由受過教育訓練之資深員工直接指導工作之步驟、流程及追蹤，屬於一種個別教導法。

3.個案研究法（Case Study）：它是指利用學者專家所編寫的過去發生或虛擬的經營個案，由學員針對該案例之狀況與發生因素提出一些解決方法並加以討論。

4.角色扮演法（Role Playing Method）：它是指讓學員運用戲劇扮演的方式，各自扮演一個角色，期使在扮演的角色中，更能使學員體會到別人的感受，增進個人之人際敏感度。

5.視聽法（Audiovisual Techniques）：它是指利用影片、光碟片、電腦等電子設備提供的學習教材，來傳達訓練的內容。

6.實例演練法（Practice Method）：它是指利用一些遊戲或作業，使學員對某些課程有所體驗或感受。

7.會議指導法（Meeting Method）：它是指針對一個問題，學員一起

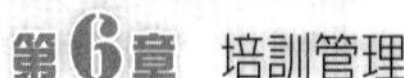

充分交換意見，綜合整理出解決對策的方法。簡單而言，這一方法可以集合衆人智慧得到正確結論的同時，也可以訓練要解決問題時必須的思考方法。

8.討論教學法（Discussion Method）：它是指由學員針對各式各樣的問題進行討論，並得到一個團體性的結論，而藉此使學員獲得知識與能力的提升。

9.公文籃研習法（In-basket Exercise）：它是指訓練主管人員的決策能力及組織與計畫能力。受訓者在一假設情況下，個別就手邊公文籃內僅有的備忘錄、公文、資料、信件等來做決策。

10.編序教學法（Programmed Instruction）：它是指以教材分配成一連串細目，編成一連串簡答或測驗題，然後提示學員自學，學員回答問題後即可自行校對正誤，然後學習下一個問題，如此循序漸進，學員可依自己之速度而進行學習，以增強學習效果而學會全部教材。

11.在職訓練法（On-the-Job Training）：由於訓練愈接近實際工作其效果愈大，尤其是管理方面的訓練，如能在工作中進行比較有應用性和持久性。

12.敏感性訓練法（Sensitivity Training）：它是行爲科學與人際關係的應用訓練，又稱T組訓練法（T-Group Method），是一項親歷其境、不斷反應的研習，故又稱爲實驗室訓練法（Laboratory Training）。

13.其他（others）：例如觀摩（vision）、辯論（discussion）、商業遊戲（game）等。（趙天一，2000）

運用多樣化的培訓方式時，可依訓練性質、學員背景、教材內容、訓練時間長短、訓練場所與設施等做不同組合，它不一定限制一種訓練方法，以業務人員的銷售技巧訓練爲例，如果訓練的目標在提升銷售能力，則訓練時應以演示法、角色扮演爲主，並要求學員如法泡製，給予立即回饋，以改變舊有的銷售行爲，而非以講授「如何成爲一個傑出銷售人員」爲訓練方法。

二、安排行政工作事宜

行政工作通常以檢核表之形式，針對學員、講師、視聽器材、教室及其他方面之羅列項目作一檢查，以確保在職訓練課程正式執行時不會有任何一項疏失。

1.訓練場地、食宿安排。
2.相關教學器材及教具準備。
3.講師接待。
4.訓練執行。
　(1)邀請主管開訓。
　(2)訓練期間督訓。
　(3)蒐集、記錄上課學員的反應。
5.會場收拾（**表6-3**）。

表6-3　自辦教育訓練檢核表

階段	工作項目	日期	完成	階段	工作項目	日期	完成
訓練課程	需求調查			訓練實施必備用品	壁報紙／白紙		
	確定訓練場地				簽到單／座位表		
	課程規劃				原子筆／簽字筆		
	擬訓練企劃案				牛皮紙袋／信封		
	確定講師人選				紙杯／湯匙		
訓練前行政行業	簽呈				螢光筆		
	與講師討論內容				錄音機／光碟片		
	確定借用場地各項細節				照相機		
	發通知單				延長線		
	發講師邀請函				上、下課鈴		
	請預備金				結業證書		
	紅布條製作				學員手冊、資料		
	學員名單製作				意見調查表		
	座位表製作				茶點、禮品		
	講義打字、整理				投影機／電腦		

（續）表6-3 自辦教育訓練檢核表

階段	工作項目	日期	完成	階段	工作項目	日期	完成
	學員手冊裝訂			訓練後工作	海報		
	講師費收據				講師收據、名片		
	買訓練必備用品				訓練經費		
	寫證書				訓練用品歸位		
	打簽到單				意見調查表分析		
	桌牌製作				訓練費結算		
	評估表設計				評估討論		
	海報製作				總結報告、送簽		
	工作分配				訓練記錄輸入		

資料來源：丁志達（2012），「經營管理顧問師訓練：教育訓練規劃與員工職涯發展」講義，中國生產力中心中區服務處編印。

第四節　講師延聘與評估

企業延聘講師教學，可分爲企業內自行培育的內部講師和外聘講師兩類（**表6-4**）。

表6-4 講師評鑑標準

序號	評鑑標準	說明
1	引導學習	這一原則是講師能否完成學習轉化任務的成功關鍵，並貫穿於其他七項標準的實施中
2	關注績效	設定培訓目標，並在培訓開始之前確保符合目標
3	關注學習	重視成人學習及企業學習的特點，確保培訓盡可能促進學員學習
4	做充分準備	開發需要的材料，按最有效的順序整合，確保一切就緒
5	有效授課	學習成功呈現培訓課程所需的溝通技巧
6	激發學員動機	學習如何最有效地培養所有學員及實施培訓的不同方法
7	獲取反饋	開發釐定培訓成功的方法
8	持續改進	講師工具包持續更新並不斷提升講師技巧

資料來源：侯敬喜（2011），〈如何將學習轉化爲績效〉，《人力資源》，總第335期（2011/9），頁41。

一、內部講師

爲了傳承企業本身相關技術及節省外部訓練成本，許多企業皆以內部員工擔任授課者。藉由內部講師的培訓，使外部的課程內化成更適應企業文化與經營現況，並鼓勵經驗相傳，達成技術生根、培育後進，使講師與學員能教學相長。

(一)內部師資的來源

內部講師的來源主要由下列管道，經由遴選、面談、培訓、試教後予以延聘：

1.高層經營、管理階層。
2.主管推薦在專業領域上表現傑出的部屬。
3.公開甄選多年具有工作實務經驗的績優同仁。
4.經外派接受專業受訓後指定擔任。

(二)內部師資培訓方式

內部師資培訓方式，一般分爲內訓與外訓兩種：

1.內訓：
(1)辦理內部講師培訓班，培訓講授技巧、教材編撰、教具準備等。
(2)不定期舉辦內部講師相關知能研習與座談。
(3)將學員評估與反應提供講師參考並予輔導。
2.外訓：
(1)派員參加顧問公司開辦的企業內講師培訓研習班（營）。
(2)派員參加專業機構或學術團體開辦的新技術、新管理知識的課程後，引入企業內推展。

(三)內部講師激勵措施

鑑於內部講師較能有效掌握公司眞正問題所在，爲獎勵內部講師認

範例6-4

課程滿意度問卷

課程名稱：＿＿＿＿＿＿＿＿
講師：＿＿＿＿＿＿＿＿　受訓日期：＿＿＿＿＿＿＿＿
姓名：＿＿＿＿＿＿　部門：＿＿＿＿＿＿　員工號碼：＿＿＿＿＿＿
評比：5：很好 4：好 3：尚可 2：差 1：很差
Rating Scale (pls tick in appropriate box) 5：Very Satisfactory 4：Satisfactory 3：No Opinion 2：Unsatisfactory 1：Very Unsatisfactory

	5	4	3	2	1
一、對課程內容安排方面的滿意程度（How you rate the course content）					
＊教材內容與架構（The content and structure of material）	□	□	□	□	□
＊實務例證與應用（Case study and application）	□	□	□	□	□
＊與實際工作之關聯性（Relevance to your job）	□	□	□	□	□
＊實際課程與原先期望之比較（Course satisfaction vs. expectation）	□	□	□	□	□
＊時數安排（Course length）	□	□	□	□	□
二、講師授課表現方面（How you rate the instructor）					
＊授課技巧與表達能力（Delivery skills and communication skills）	□	□	□	□	□
＊專業知識（Knowledge of the subject matter）	□	□	□	□	□
＊教學態度（Teaching attitude）	□	□	□	□	□
三、對行政支援及服務方面（How you rate the administration service）					
＊地點安排（Location）	□	□	□	□	□
＊上課日期安排（Course date arrangement）	□	□	□	□	□
＊教學設施安排（Equipment and other logistic arrangement）	□	□	□	□	□

四、本課程中讓您印象最深刻的地方是什麼？（不論好壞）
（What impress you most during the course?）
＿＿＿＿＿＿＿＿＿＿＿＿＿＿＿＿

五、本課程的什麼地方最可能讓您實際發揮在工作上？
（What do you learn from this course and how will you apply to your job?）
＿＿＿＿＿＿＿＿＿＿＿＿＿＿＿＿

六、您是否會推薦其他同事來上此課？
（Will you recommend other colleagues to attend this class?）
□是（Yes）　□否（No）　□不知道（No Opinion）

七、您對本課程的其他意見
（Other feedback which can improve the effectiveness of this course）
＿＿＿＿＿＿＿＿＿＿＿＿＿＿＿＿

填完後請交還給訓練部，謝謝您！
（Please return to Training Department after you fill out this form）

資料來源：德記洋行；王冠軍，〈教育訓練規劃、執行與評估〉，88年企業訓練聯絡網竹苗分區活動系列一，頁31。

眞教學，企業必須訂定一些激勵講師認眞教學的獎勵措施。例如：

1.講師鐘點費：依上班或下班後講課時段，給予不同等級之講師鐘點費。一般而言，講師鐘點費可參考大專院校講師級每小時鐘點費爲標準，上班時段講課給三分之一之講師鐘點費，下班後講課則給二分之一之講師鐘點費。
2.教案設計費：凡提供教材資料或編寫教案，經審核合格後，給予不同等級之編寫費。
3.外派訓練：優先接受外部專業訓練之機會及增加外訓的訓練費的額度支用。
4.講師證書：擔任之內部講師，頒發講師證書，給予榮譽。

二、外聘講師

外聘講師的來源可透過政府職訓機構、財團法人、企業管理顧問公司、學術團體等提供的師資群名單，並分別建立外部講師個人資料檔案，再依據講師教學背景資料（熱忱與耐心）、實務經驗、經費預算、諮詢別家對此講師教學之評語等來選擇適合的講師上課；並在課前先與講師溝通此次課程舉辦單位欲達成之目標及進行方式或特殊要求，並給予講師有關公司的組織圖、經營理念、經營使命、產品及相關策略的資料，使講師能事先瞭解企業文化背景，確實掌握課程目標，以求課程能眞正達成培訓的需求及企業文化。

國內刊物《管理雜誌》在每年六月份月刊上，定期會刊載國內企業管理講師名錄，提供企業在遴選外聘講師之參考。至於外聘講師的鐘點費，一般依市場行情或個別講師自訂的鐘點費支給。

第五節　培訓評鑑與改善

培訓所花費的代價不低，評鑑（評估）是瞭解培訓成效的方法，它是訓練過程的一部分，也是最重要的一環。企業依培訓辦理方式、規模大

小、項目內容等教學實務差異，採取下列不同之評鑑方式，以確認研習效果。同時，培訓也是企業投資的一部分，回收多少，自必須予以評鑑。

一、訓練前分析之評鑑

1.訓練需求之提出、歸納、分析、鑑定是否適當。
2.對經由訓練可達成績效標準之分析是否合理。
3.訓練目標及參與員工之設定及計畫是否合乎組織經營策略。
4.擬定課程是否完整。

二、訓練計畫實施中之評鑑

1.課程安排是否配合訓練需求及達到目標。
2.訓練時數及時間是否適當。
3.講師是否配合教育訓練課程。
4.訓練計畫是否爲年度訓練計畫相結合，如有差異，原因何在？
5.訓練計畫與訓練實施相比較，有何更動，如有，原因何在？
6.訓練經費與實際分配是否合理。
7.測驗與訓練及教學目標是否相符（**表6-5**）。

三、訓練計畫實施後之評鑑

1959年，美國威斯康辛大學（University of Wisconsin）教授柯克柏翠克（Donald Kirkpatrick）提出「四個階段評估模型」，爲各訓練主管提供了一個完整的思考架構，並廣爲業界所採用。

(一)四個階段評估模型

柯克柏翠克認爲，一個訓練辦得是否有成效，一般可以從四個層面來判定：學員的反應如何？學員是否學到該學的東西？學員的所學是否能應用到工作上？訓練的成果是否對企業產生正面的效益（**圖6-3**）。

表6-5　評估培訓效果的計算方法

評估名稱	評估類別	計算方法
培訓經費占人事費比例	培訓活動	全部培訓費用 / 全部人事費
每一員工培訓費用	培訓活動	全部培訓費用 / 全部在職員工
每一員工平均受訓時數	培訓活動	全部受訓時數（受訓時數×受訓人數） / 全部在職員工
每年受訓員工比例	培訓活動	受訓員工總人數 / 全部員工總人數
每1,000名員工辦理培訓人力的比率	培訓活動	培訓人力 / 全部員工總人數 ×1000
節省成本占培訓費用的比例	培訓活動	節省成本或浪費的費用 / 培訓投資金額
每一員工每年的利潤	培訓活動	全年毛利 / 全部員工人數
每一受訓時數的培訓成本	培訓活動	培訓總成本 / 培訓總時數

資料來源：李嵩賢（2001），《人力資源的訓練與發展》，商鼎文化出版社，頁206。

圖6-3　柯克柏翠克（Kirkpatrick）的訓練評估模式

資料來源：美國訓練與發展協會；引自：李思萱（2012），〈員工投入度，是企業衡量訓練新指標〉，《管理雜誌》，第451期（2012/1），頁37。

從實務面而言，這套方法的確反映出學員在受訓後的具體表現成績，如生產效率是否提高、工作完成品質是否提升等，也就是所謂的具體數據（hard data）。但是所謂的軟性數據（soft data），如員工的滿意度、忠誠度或創意的提升等特質，就很難評估了。另外，在第四階段的組織改善評估，一般訓練主管普遍認為很難執行，這主要原因是因為影響企業績效的因素實在非常廣泛且複雜，很難全部歸因於「教育訓練的功勞」。

(二)五層級評估模式

績效研究專家傑克．菲利普斯（Jack J. Phillips）將柯克柏翠克所提出的「四個階段評估模式」改為「五層級評估模式」（Five-level ROI Evaluation Model）。

◆反應與行動計畫評估（reaction & planned action）

學員對訓練課程的反應，係在評估員工對整體教育訓練活動的參與、興趣及滿意度，以及學員在受完訓練後，其計畫運用所學的情形。評估的方式有：

1.問卷調查。
2.與員工面談。
3.教育訓練行政人員觀察。
4.綜合座談。

◆學習評估（learning）

學習成效係在瞭解員工在學習過程中對理念、技術、作法之瞭解及吸收程度。其評估的方式有：

1.學前測驗、學後測驗並比較。
2.技能測驗。
3.問卷調查。
4.模擬練習。
5.座談會。

6.訓練講師之評語。

◆**行為評估（job application）**

員工工作行爲改善係在瞭解員工於受訓後返回工作崗位，其個人行爲、績效、能力是否能有所提高。其評估的方式有：

1.員工之問卷與訪問。
2.對員工主管的問卷、訪問及調查。
3.對員工之同事、部屬之訪問及調查。
4.個人與組織之績效、成本、目標達成率相比較。

◆**業務績效評估（business results）**

組織績效增加係從企業整體績效的提升、獲利的上升、成本下降、品質的提高、誤失率減少、流動率及缺席率來衡量。例如：

1.產出：單位產量、表單處理量、任務完成量、銷售數量、利潤成長。
2.品質：報廢率、瑕疵率、作業時間降低，精確度提高。
3.時間：停機時間、加班時數、作業週期。
4.成本：人工成本、變動成本、銷售費用、意外成本。
5.服務：客戶及員工滿意度提升、團隊合作的提升、人際溝通、禮節的改善。

◆**投資報酬率評估（return on investment）**

1.蒐集上述的評估資料，找出足可衡量的成果。
2.排除非訓練的成果。
3.將訓練成果轉換成可用幣值來衡量。
4.將成果與成本作出比較，算出投資報酬率（**圖6-4**）。

四、落實訓練績效的建議

企業要落實訓練績效，根據前美國摩托羅拉企業大學訓練長威吉洪（Bill Wiggenhorn）的二十多年企業培訓實務經驗，提出了下列五點建

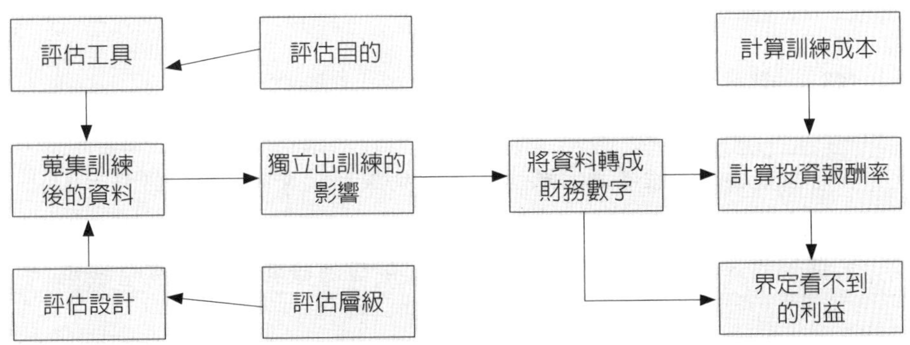

圖6-4 投資報酬率（ROI）的計算模式

資料來源：Phillips, J. J. (1996). ROI: The Search for Best Practices, *Training & Development, 50*(2), 42-47.

議，供業界參考採用：

1.全公司由上到下都要有一致的信念和參與，不論雇主或員工都明瞭培訓的重要性。

2.培訓的目標與課程實際與公司的目標和策略要相結合。

3.既定訓練的策略與目標能確切實施，並明確列入年度的預算比例中。

4.參與訓練者皆具備應有的基本或專業的知識、技能。換句話說，適當的員工遴選是企業培訓成功的先決條件。

5.訓練課程能有系統的整合，使學員的學習相連貫。換言之，課程應有統合性與連續性，而不是漫無目標的進行訓練。（李聲吼，1996）

結 語

一個全方面的培訓評估，不僅要包括對課程、師資、時間、環境等訓練方案的評價，也包括對訓練需求、訓練的短期和長期效果，以及後續追蹤情況等的考察，這是一項系統工程，需要利用多種評估工具，從訓練的各個方面細緻考慮，使克有成。

箚　記

- 培訓是為了追求企業目標，不是為訓練而訓練，它的最終目的，在改變組織行為，增加企業的競爭力，創造更具優勢的明日。
- 選、訓、用、留之結合，仰賴培訓威權的確立，以達成組織與個人目標。
- 要做好企業培訓工作，經營者與高階主管的熱心支持與竭誠參與，才能事半功倍。
- 派員接受訓練，但主管的觀念始終不改，則培訓成效幾乎為零。
- 如果訓練人員無法提出有效證明，來證明訓練投資是有效的，那麼將面臨無法說服高階主管繼續提供對培訓計畫的支持，包括人力、金錢、時間等資源。
- 訓練工作者應有成本、效益的觀念，追求訓練的實效。
- 提升人力素質就是提高人力品質，就是提高生產力，就是提高競爭力，而提高人力素質最直接、最有效而成本最低的方法，就是落實培訓。
- 人是企業基本資產，任何企業不能一日無人。但對於企業組織而言，其所擁有的人，應是指可用之人，而非濫竽充數者。因此，培訓的執行就顯得非常重要。
- 培訓是一種投資，不可視為一種費用的支出。
- 教育訓練的內容，必須適合受訓學員的程度，不可曲高和寡。
- 教育訓練應納入工作實務，使教育訓練與實務成果連接，學以致用。
- 好的訓練要能改變員工的態度與行為，而改變員工的態度與行為的方法就是重複、持續不斷的訓練。
- 傳統的訓練流程強調訓練課程的活動本身，著重員工個人學習

的需求，而忽略了提升員工績效的需求，培訓部門應該超越課程活動本身，而成為提升組織績效的內部顧問。

- 培訓要能滿足企業的需求、學員的需求、主管的需求，達到提升組織績效，落實人力資源的有效運用。
- 企業畢竟賺錢不易，必須掌握培訓目的，應有產出，才不致造成訓練的浪費。
- 人力資源無法儲存，必須透過不斷的學習，才能確保其優勢與價值。不重視培訓，企業就失去了競爭優勢，也就無法永續經營。
- 如果訓練的方法有創意，員工所學的會更有興趣；如果員工對學習有興趣，訓練的成效會更令人滿意。
- 員工接受訓練後，各主管應告訴受訓者提交訓練期間所取得之講義、書籍、教材及結業證書或執照（如電器、安全衛生、災害急救、堆高機等）等有關資料，彙總於人資部門存入個人檔案（如結業證書或執照）及提供其他員工借閱（如講義、書籍、教材）。
- 培訓不是萬靈丹，光靠訓練不能提升企業經營績效或解決問題，它還需要靠制度等多方面配合，才能維持企業的永續經營。

第7章

人力資源發展

- 人力資源發展概論
- 人力資本
- 輪調制度
- 晉升制度
- 職涯管理
- 學習型組織
- 結　語

學習像幼鳥學飛，要不斷的練習，直到成為潛意識般熟練。
——彼得・聖吉（Peter M. Senge）

近十年來，企業界逐漸將「人」視爲組織最重要的資源。而職涯概念生根萌芽於20世紀的前半葉，企業重視員工職涯發展則晚至20世紀後半葉。初期單純地用於協助員工認識自己的興趣與特長，進而順利達成他們在企業內部的發展目標。後來才演變成顧及企業整體性需求，又尊重員工個別的意願，亦即職涯發展結合企業願景，共同發揮動能，達到勞資雙贏的理想。

範例7-1

企業願景圖

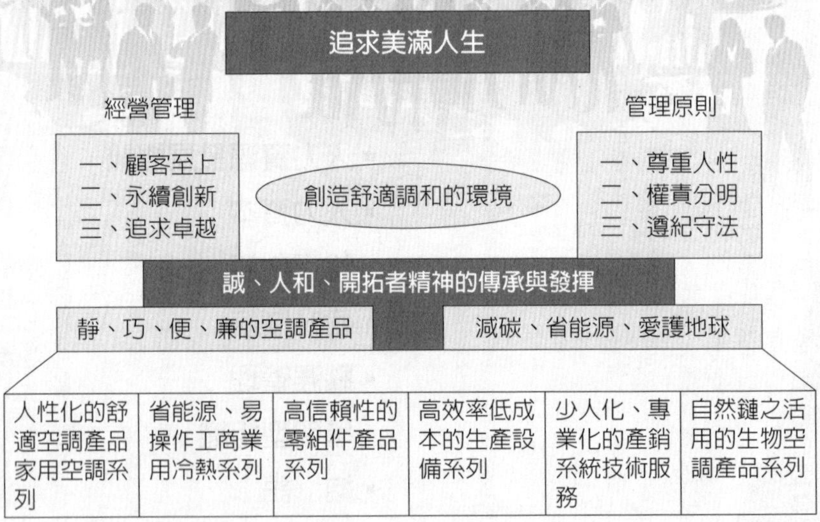

追求美滿人生

經營管理

一、顧客至上
二、永續創新
三、追求卓越

創造舒適調和的環境

管理原則

一、尊重人性
二、權責分明
三、遵紀守法

誠、人和、開拓者精神的傳承與發揮

靜、巧、便、廉的空調產品 | 減碳、省能源、愛護地球

人性化的舒適空調產品家用空調系列	省能源、易操作工商業用冷熱系列	高信賴性的零組件產品系列	高效率低成本的生產設備系列	少人化、專業化的產銷系統技術服務	自然鏈之活用的生物空調產品系列

資料來源：台灣日立公司；引自：行政院勞工委員會職業訓練局編印（2008），《97年度協助企業人力資源提升個別型計畫成功案例分享：台灣日立公司》，頁62。

第一節 人力資源發展概論

美國學者聶德勒（L. Nadler），於1969年在美國邁阿密（Miami）召開的「美國訓練與發展協會」（American Society for Training & Development）上首次正式提出人力資源發展（Human Resource Development, HRD）的概念。

一、人力資源發展要義

人力資源發展，係指一種策略方法來系統化地發展與人和工作有關的能力，並且強調成爲組織和個人的目標。一般而言，人力資源發展比較重視個人的發展，是從個人內在配合組織外在發展。而人力資源管理比較強調外在組織的需要，配合人力的提升與運用。更進一步地說，組織的成長是配合個人能力的發展。使人適其所，盡其才；物暢其流，盡其用，就是人力資源發展的要義。（洪榮昭，1988）

聶德勒認爲，人力資源發展具有短程績效取向（performance-oriented）和長程策略取向（strategy-oriented）的學習活動。績效取向以員工個人和企業整體績效的提升爲著眼；策略取向則是以企業長期發展爲重心，易言之，人力資源發展的本質就是學習，使學習的員工達到組織的目標。

一家企業的生產力繫於人力資源的規劃與運用，而人力資源之運用與管理，是指企業對員工之招募、甄選、培訓、進修、輪調、考核及溝通、領導、組織等措施，促進員工技術與人力的充分運用，以提高生產力。

二、人力資源發展目標

人力資源發展是一種規劃性活動，它涉及需求評估、目標設定、行動規劃、執行、效果評定等等，其主要目標有下列幾項：

1.配合組織目標，吸收最適才適所的人才。

2.建立良好的人際關係，蔚成合作的企業文化。
3.有效的激勵、運用人力，發揮工作生產力。
4.促使員工得到最大發展空間，貢獻才能。
5.確保員工與企業同步成長，共享經營成果。

爲達到上述的目標，企業必須有永續經營的抱負，並落實做好人力資源管理，使選才、用才、育才、晉才及留才等工作落實（**圖7-1**）。

人力資源發展
訓練與發展
組織發展
生涯發展
組織／工作設計
人力資源規劃
績效管理系統
員工選拔與錄用
薪資與福利
員工諮商輔導
工會／勞資關係
人力資源研究與資訊系統

人力資源發展成果
1.提高生活素質
2.增加生產力
3.提升產品（服務）之品質
4.提供「人」的自我實現與滿足感
5.激發創造力
6.人力資源（質與量）的發展
7.強化對變革的應變能力

圖7-1　人力資源發展輪

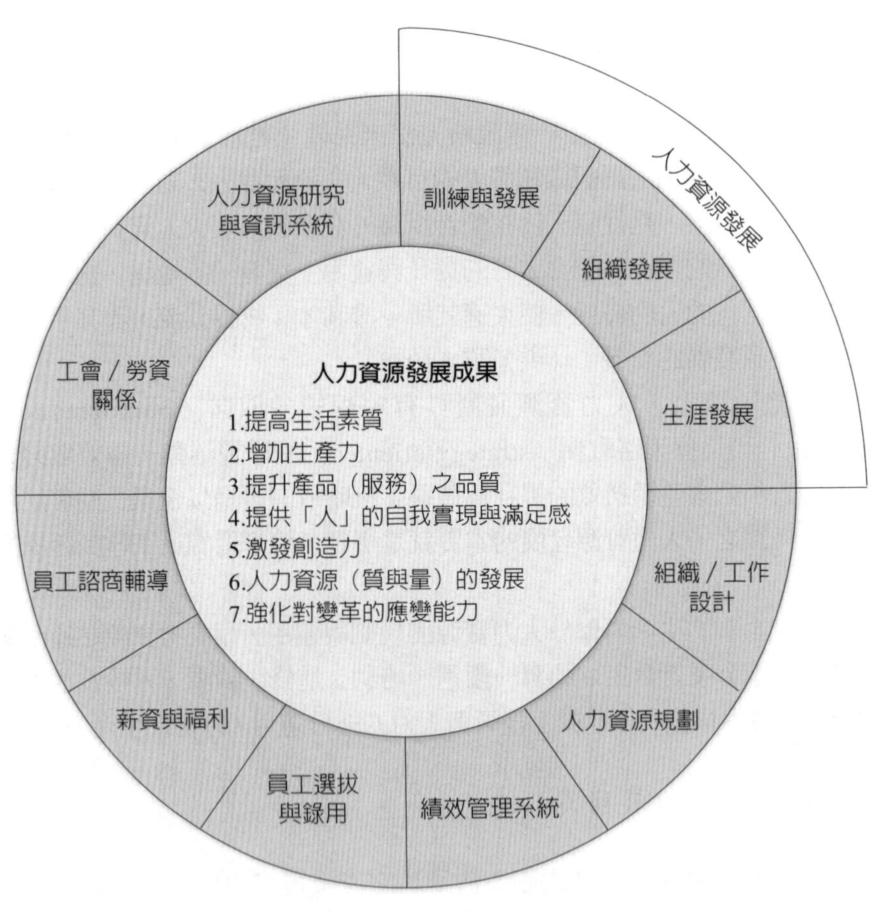

資料來源：P. A. McLagan (1989). "Models for HRD Practices," *Training and Development Journal*, 41, 53.

第二節　人力資本

全球經濟快速起飛，資金、人才與技術不斷地在各地區流竄，企業競爭環境比往昔更加激烈與嚴峻。企業為避免在這股競爭的洪流之中被吞噬，必須利用人力資源管理來開發「人力資本」（human capital）。愈重視人力資源管理的企業，資本報酬率會愈高，且經由有系統的投資開發與累積、持續不斷地學習和成長，才能蓄積高品質的人力資本。（李宏暉、吳瓊治，2002）

一、人力資本管理

人力資本，係指一個人帶到工作場所的知識和經驗，是知識經濟時代的活水泉源。人力資本管理分為兩種情況：個人的人力資本管理與企業（組織）的人力資本管理。

(一)個人的人力資本管理

它是指每個人對自己人力資源的投資、收益（包括物質收益與非物質收益）組合的選擇與決策。具體的說，就是每個人根據自己的經驗、經濟條件和其他方面的因素，決定自己在累積人力方面投入的貨幣成本、時間和心理成本大小，決定投資的專業方向，決定自己工作的時機、地點、產業以及工作職位，決定個人休閒的時間及其長短等。

(二)企業的人力資本管理

它係指企業（組織）對其有用的人力資本的合理配置和有效利用，既包含對員工知識、技能和體能的管理，也包括對擁有這些知識、技能和體能的人的管理，因為人力資本與其承載者不可分離。

人力資本管理不只簡單地培養和吸引人才，最關鍵的還是在於恰當地用對人和創造良好的、有利於人才成就事業的條件，這樣才能穩定眞正的人才和發揮人才的巨大作用。（段興民、張生太，2003）

二、人力資本的配置與利用

在企業組織裡，人力資本主要包括人力資本的配置與利用兩大項。

(一)人力資本的配置

它係指給合適的工作職位找到合適的人才（適才適所），包括研究組織競爭策略、競爭優勢、核心競爭力以及組織績效與人力資本之間的關係。根據組織發展的策略目標，確定人力資本的發展規劃；確定組織工作職位設置；確定每個工作職位需要的人力資本的價值量大小和專業方向的標準，以及員工應該具備的知識、技能和體能；如何獲得這些人力資本，是在市場上獲得，還是在組織內部配置；要獲得這些人力資本就需要對其是否具備一定的條件或者擁有要求的知識、技能和體能進行價值計量；對於那些不能完全滿足職位要求的人，爲了使其能夠勝任工作，要對人力資本者進行職前訓練等。

(二)人力資本的利用

它係指讓每個人力資本擁有者，將其對組織有價值的人力資本最大限度地貢獻給組織，包括對人力資本的知識和能力的整合，合理分工與合作、激勵與約束、績效評價、收入分配、人員流動、在職訓練、價值計量等（**圖7-2**）。

三、核心職能

人力資源管理工作者最核心的工作內容，是爲職位找到最合適、最具核心職能的人。在職訓練、個人天賦、儀表、語言能力等，均能影響一個人人力資本的多寡，因此，經濟學家將這些變量因素列出如下的方程式：

HC＝〔(K, S, Ta)＋B〕×E×T

HC：人力資本的總量

K：員工的智識

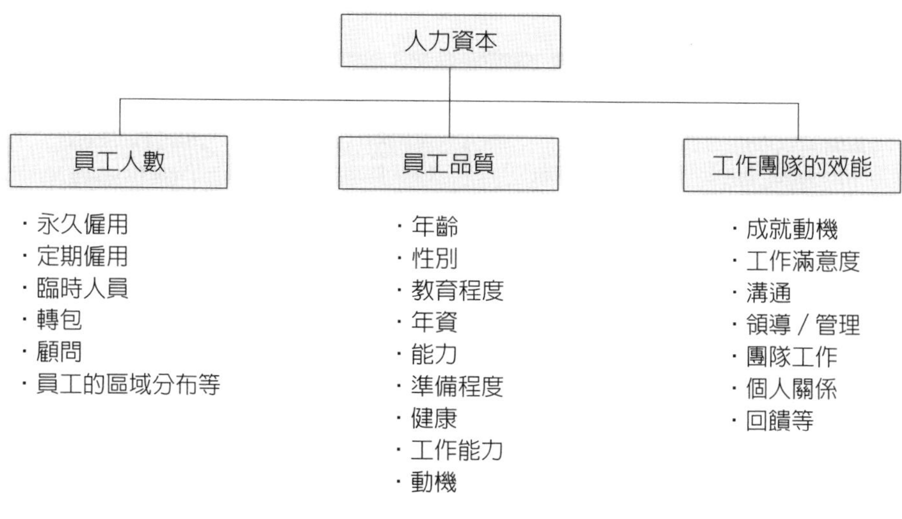

圖7-2　人力資本的結構因素

資料來源：余佑蘭譯（2002），Pentti Sydänmaanlakka著，《建構智慧型組織》，中國生產力中心，頁210。

S：員工的技術

Ta：員工從事某項工作的天賦才能

B：員工從事某項工作所需要的行為

E：員工從事某項工作的努力程度

T：員工投入某項工作的時間

由上述方程式可以得知，一個員工人力資本的多寡，是受本身的知識、技術程度、工作天賦來決定。同時，正確的行爲、工作的投入與努力也是人力資本的一項決定性因素，因爲一個員工就是具有最新的知識與技術、最適當的行爲、最具該職務的天賦才能，但是如果他沒有努力去使用這些智識、技術與才能，他與沒有這些智識、技術和才能的員工沒有差別，不具人力資本（**表7-1**）。

表7-1　人力資本量化指標參考

財務指標	員工招募	人力資源管理功能	員工關係
・平均每約當全職營業收入（Revenue Per FTE） ・平均每約當全職營業成本（Cost Per FTE） ・平均每約當全職稅前淨利（Profit Per FTE）	・外部招募率（External Recruitment Rate） ・聘書被接受比例（Acceptance Rate） ・平均招募成本（Cost Per Hire）	・平均約當全職之人資成本（HR Dept. Cost Per FTE） ・人資管理與專業人員占人資部門總約當全職之比例（% HR Mgrs & Professional） ・人力資源部門約當全職比（FTEs Per Total HR FTEs）	・申訴案件處理時數（Lost Time Relating to Disputes） ・申訴案件數（Number of Disputes）
生產力	**學習與發展**	**升遷**	**員工承諾**
・薪資福利成本占營業收入之比例（Remuneration / Revenue） ・薪資福利成本占總成本之比例（Remuneration / Total Cost） ・人力資本投資報酬率（Human Capital ROI）	・平均每約當全職參與學習發展的時數（L & D Hours Per FTE） ・平均每約當全職學習發展成本（L & D Investment Per FTE） ・訓練滲透率（Learning Penetration）	・接班人深度（Back-up Succession） ・由內部人員填補職缺的比例（Internal Vacancy Fulfillment）	・缺席率（Absence Rate） ・久任人員離職率（Resignation Rate by Length of Service）

資料來源：資誠企業管理顧問公司；引自：張書瑋（2010），〈人力資本，衡量才能管理〉，《會計研究月刊》，總第297期（2010/8），頁63。

由此可知，一個人的人力資本可以隨時因其投入程度的改變或能力、智識、技術的改變而改變。所以，如何為職位找到合適的人，並使該員的人力資本最大化，就成為人力資源管理者的重要工作。（胡宏峻、陳依敏，2002）

第三節　輪調制度

工作輪調（job rotation），係指透過職能部門內或職能部門之間的工作異動，將員工職位變更而派任到職等相同、薪資相同、職稱相同、工作相適合的新職位，以提高、增加職務能力的措施。

一、實施職務輪調計畫的要件

一項有意義的職務輪調計畫，必須注意下列各項要件：

1.職務輪調計畫必須能拔擢眞正具有向上進取之適當人才。
2.職務輪調計畫必須具備有鼓舞員工士氣之效果，使被輪調者感到受益而專心努力工作。
3.職務輪調計畫必須取得被輪調者部門主管的合作，以完成此輪調計畫。
4.職務輪調計畫必須符合組織之程序與公正、平等的信念，以培養員工對輪調之信心。

二、職務輪調計畫之限制

一項職務輪調計畫也應注意下列各項限制：

1.職務輪調計畫必須在組織擁有足夠職缺的情況下進行，組織規模不大，人員異動少的企業，不易擬定輪調計畫。
2.職務輪調計畫必須公正合理，不宜徇私不公。
3.職務輪調計畫必須依據人力資源規劃或配合組織之工作需求。
4.職務輪調計畫必須考量輪調前後之工作關係，使輪調者得以適應新職（**表7-2**）。

表7-2　輪調制度的規範

《勞動基準法施行細則》第七條第一款規定，工作場所及應從事之工作有關事項，應於勞動契約中由勞資雙方自行約定，故其變更亦應由雙方自行商議決定。如雇主確有調動勞工工作必要，應依下列原則辦理： 1.基於企業經營上所必需。 2.不得違反勞動契約。 3.對勞工薪資及其他勞動條件，未作不利之變更。 4.調動後工作與原有工作性質為其體能及技術所可勝任。 5.調動工作地點過遠，雇主應予以必要之協助。

資料來源：內政部（74）台內勞字第328433號函。

俗話說：「食之無味，棄之可惜」。員工從事的工作周而復始，重複太多次就會覺得倦怠，而職務輪調正是培養多能工的重要措施，用職務輪調來增加員工的工作豐富化，避免職業倦怠症。職務輪調就如同汽車要有「備胎」，行駛中就不怕突然「爆胎」而束手無策。有實施職務輪調制度的企業，在員工突然離職他去時，就不會在離職者離職後所留下來的工作無人會做的「空窗期」出現。

第四節　晉升制度

晉升（promotion），係指員工達到擁有較高薪資和負責較多職責的一種職務變動，獎賞那些致力於工作和傑出表現的員工。它也作爲一種激勵員工的方式，提供給那些想要追求較大個人成長和挑戰的員工的一個承諾，而員工通常藉由展現較優的績效並超越預期成果的表現來獲得升遷。

一、晉升部屬正當與不正當的理由

晉升員工的目的是肯定員工的工作績效及拔擢人才，強化人力資源的運用，激發員工潛能。在員工晉升的決策依據上，需要注意的是不能過分依賴員工過去的工作業績。著名的彼德原理（The Peter Principle）說：「在每個層級裡，每位員工都將晉升到自己不能勝任的階層。」所以，不適當的晉升依據，會使員工晉升到自己無法勝任工作爲止。（陳美容譯，1992）

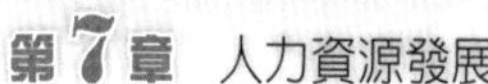

(一)晉升部屬正當理由

1.該員工有能力承擔更多的職責，使其主管能集中精神處理其他的工作。

2.該員工得以發展其特有的技能，而為公司創造更高的生產力。

3.該員工已在一連串任務與計畫中表現出色，他的才華應該進一步的發揮。

4.該部門的責任與工作即將加重，有需要遴選優秀員工升任主管，以領導新進員工。

(二)晉升部屬不正當理由

1.如果不晉升他，他會離職。

2.甲部門的組長人數比我們部門多，所以本部門也應該增加幾位組長。

3.他已經做了很久，也該給他升了。

4.如果他獲得晉升，一定不會改變現狀，我們比較放心。

5.他在做任何決定之前，都會先請示我們。

6.晉升他為主管，就可以阻止他積極參加工會活動。

7.他將是一位很好的管理者，因為他從來與世無爭。

二、雙梯職涯發展路徑

雙梯職涯發展路徑（A Dual Career Ladder Path），係指為解決專業技術人員的職業發展困境提供一個有效的方法，是為管理（經理）人員和專業技術人員設計一個平行的晉升體系。

管理人員使用管理人員的晉升路徑，專業技術人員使用專業技術人員的晉升路線。在管理人員的晉升路徑上的提升，意味著員工有更多的制定決策的權力，同時要承擔更多的責任。在專業技術人員的晉升路徑上的提升，意味著員工具有更強的獨立性，同時擁有更多的從事專業活動的資源。（**圖7-3**）

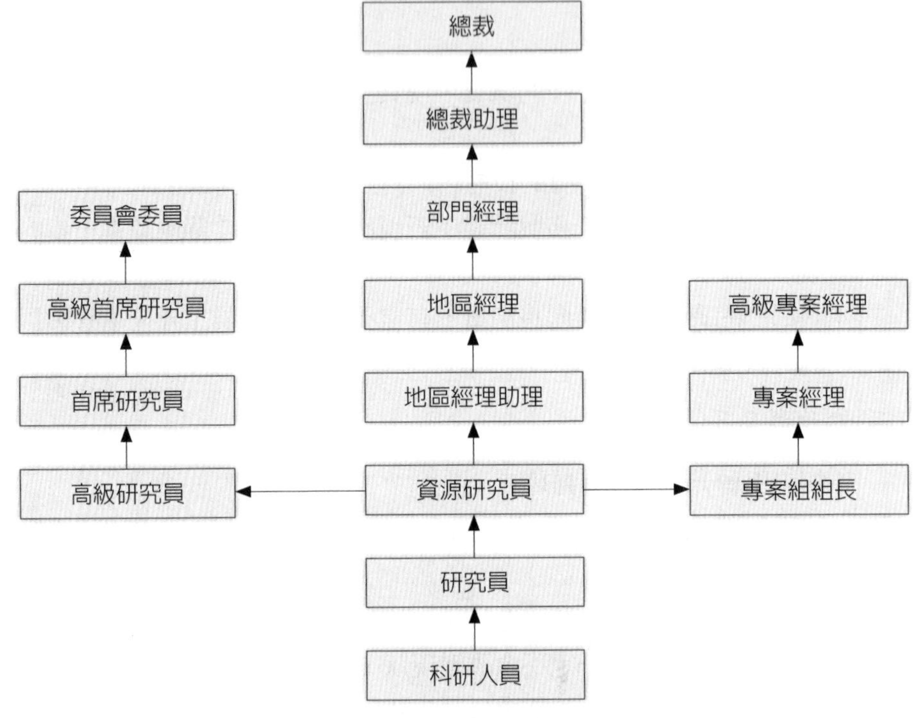

圖7-3　雙梯職涯發展路徑

資料來源：徐芳譯（2001），Raymond A. Noe著，《雇員培訓與開發》（*Employee Training & Development*），中國人民大學出版社，頁257。

隨著組織結構從金字塔式的科層化向扁平化和網路化的轉換，員工在企業中的晉升路徑，往往是水平形式的，這表現爲職位資格的累積，而不再是地位的變化。因此，工作團隊的負責人、網路聯繫人和專案協調人等職位，比監工和主管更可能成爲員工謀求的職業目標。（張一弛，1999）

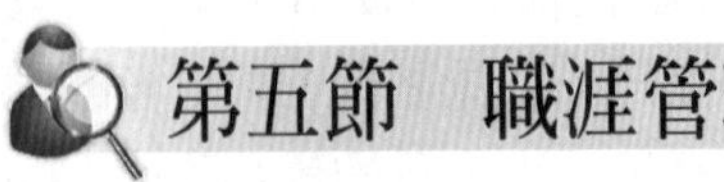

第五節　職涯管理

職涯管理（career management），係在強調企業如何建立職涯制度，協助員工做職涯規劃，並提供員工與職涯有關的資訊；職涯規劃（career planning），係指個人如何依據自己的興趣、性向、技能專長等做自我規

劃；職涯發展（career development），則是依據個人的職涯規劃，經過企業職涯管理的撮合而達到企業與個人同步成長與發展的結果（**表7-3**）。

一、職涯發展的建立

職涯發展包含兩大部分：一是個人的職涯規劃，一是組織的職涯規劃。員工職涯前程發展成功與否，必須靠員工個人、員工所屬主管、人資人員三方面共同配合。

(一)員工個人方面

員工個人必須負起個人自我成長與發展的主要責任。除了尋找和獲得有關自我與前程發展的眞實資訊外，還必須評估個人的興趣和優劣點，並與主管討論自己的興趣、優劣點和發展的需求，訂定發展計畫。

(二)主管方面

員工所屬主管有責任認清員工的優劣點，並且協助員工訂定實際的目標，擬定合理可行的計畫訓練，提供眞實的回饋與資訊，鼓勵和支持員工發展。

表7-3　職涯管理的專有名詞

類別	說明
職涯路徑（career path）	它係指在職涯中有順序性向前邁進的方向或途徑，包括員工在內晉升所需從事的相似的工作和擁有的相關技能。
職涯目標（career goals）	它可視為職涯管道運作中的標竿，使員工本人有更明確的追尋目標。
職涯規劃（career planning）	它係指個人在擇定職涯目標的過程，往往必須輔助以較具體的實施計畫。
職涯發展（career development）	它係指個人完成其職涯規劃所做的一切努力及改進活動。
職業生涯（career）	它係指一個人在生命中所占的與工作有關的各種職位按順序排成的序列。

資料來源：丁志達（2012），「人力資源管理實務研習班」講義，中國生產力中心編印。

(三)人資人員方面

人資人員有責任設計員工職涯前程發展制度與方案，協助主管實施職涯發展方案，對主管和員工本人提出諮詢，提供主管和員工職涯前程路徑、職位空缺等訊息。

綜合而言，職涯發展系統乃是結合個人需求及組織發展目標而設計的人力資源管理系統。員工必須體認個人在職涯前程發展應負的責任，自動自發的參與；主管必須認知培育部屬，就等於增加自己的升遷機會，如此，員工職涯前程發展才能配合公司的人力資源管理的功能，在甄選、任用、績效考核以及管理人才接班人的規劃方面，提供最有效、最經濟且是最可行的重要途徑（**圖7-4**）。

二、職涯規劃

職涯規劃，係指每一個體透過對自己各方面的瞭解，在人生發展的各個階段中，為自己所鋪陳出成長與發展的路徑，並扮演好應扮演的角色。因此，員工必須仔細的分析個人的能力、專長、經驗、興趣、價值觀、人格特質與限制，訂定實際可行的目標，擬定出計畫，有系統、有組織的達到個人前程發展的目標。

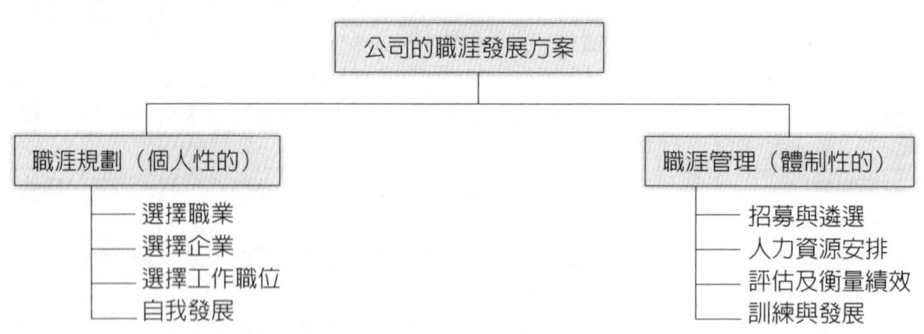

圖7-4　職涯發展的基本架構

資料來源：朱承平、段秀玲（2001），《職涯規劃》，行政院勞工委員會職業訓練局編印。

三、職涯發展

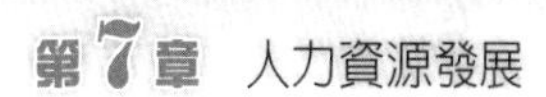

職涯發展，係指企業對內部人力資源有系統且長期適當的規劃與運用，以達到企業成長和發展目標，並滿足員工成長的需求。員工職涯發展設計的目的，在於爲員工在企業中的職業發展指明方向和道路，並且提供長期而有系統的培訓計畫與方案。員工未必能夠按照設計的晉升路徑發展，但它爲員工提供了清晰的方向感，並且提供相應的資源和計畫，促進員工不斷挑戰和提升自己。所以，員工職涯前程發展需整合個人生涯規劃與員工職涯前程管理兩方面，才能達到最好的效果。

四、職涯管理

職涯管理，係指企業有系統的輔導員工在公司內發展，並兼顧員工發展的目標與公司的任用標準，使員工有升遷、平行輪調等可能，而且員工得以發揮所長，進而掌握與規劃公司內部人力資源。同時，也可以及早發現有潛力的管理人才，加以訓練培育，爲部門的人力與管理人才接班人的規劃（successor planning）作準備。

五、職涯發展的效能

企業推動職涯管理的過程，包括個人生涯規劃及企業職涯管理系統兩部分。企業在推動職涯規劃活動時，對員工及企業將有以下的影響：

1.透過職涯規劃發展員工，使其適合短期或長期工作的調動。
2.發展及協助員工實現其潛能。
3.激勵員工訂定自己的職涯目標、事業目標並使之實現。
4.增進管理階層瞭解公司中的可用之才。
5.幫助員工滿足升遷、賞識及成就感等需求，提升工作動機與士氣，並增強對組織的認同與工作滿意度。
6.吸引員工留任，降低缺勤率及流動率。
7.幫助企業做長期的規劃準備，追求策略成功和機會，並避免威脅。

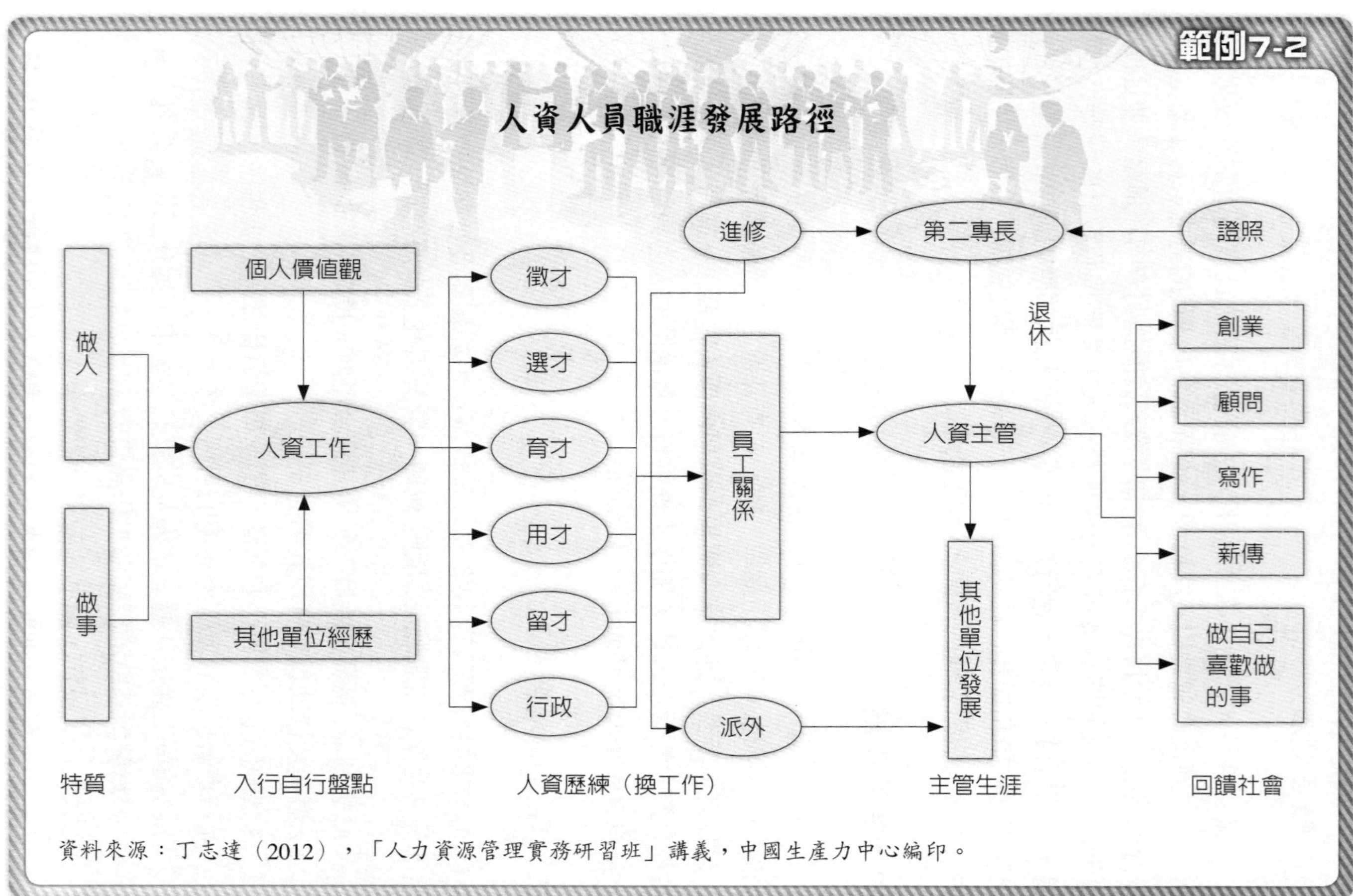

資料來源：丁志達（2012），「人力資源管理實務研習班」講義，中國生產力中心編印。

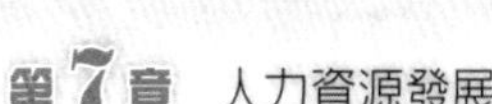

8.將個人目標、興趣、利益和組織目標、工作相結合，由協助個人成長發展中，來推動組織的成長和發展。

9.整合人力資源規劃與績效評估辦法等，提升人力效能（effectiveness）。

10.維繫並創造和諧的勞資關係。

六、職涯管理系統的實務作法

爲了使職涯管理發展能在企業組織中落實，企業（組織）在推動此一系統時，應考量以下幾項關鍵因素：

1.職涯管理系統應該與組織的人力資源相結合。尊重個人興趣、價值觀、職業選擇和職業發展。

2.提供員工有關生涯發展的各項資訊服務與諮詢，幫助員工瞭解自己的能力特點、職業興趣與價值觀。

3.幫助員工瞭解公司的期望和未來崗位的要求。公告內部職缺，開放給所有員工來應徵，促進各部門人力資源的交流。

4.規劃設計雙梯職涯發展路徑，幫助員工制定職業發展路徑和計畫。

5.確實執行員工工作評核。

6.提供職務輪調、在職輔導等發展機會，讓員工累積及發展相關工作經驗的歷練。

7.提供教育訓練的計畫與服務。透過教育訓練產生共同語言、信念、共同協調。

8.建立人力資源資訊系統（human resource information system），依據個人興趣，建立人才庫定期檢討。

9.在外部提供員工再教育和有針對性的職業發展培訓機會，提供各種物質和精神上的支持和幫助，包括獎勵那些不斷自我深造、專業上繼續發展並對企業做出高貢獻的員工。

10.主管扮演顧問諮詢、支持性的角色。

11.配合員工的需求，調整生涯發展的人事政策與措施，提供彈性的人事政策，如兼職或彈性工作時間等。（陳家聲，1995）

第六節　學習型組織

學習型組織（learning organization），創始於被美國《商業週刊》尊稱爲新一代管理大師的彼得．聖吉（Peter M. Senge）教授在《第五項修練——學習型組織的藝術與實務》（*The Fifth Discipline: The Art and Practice of the Learning Organization*）一書中所提出的概念，強調透過學習，使心靈與意念產生根本的改變，進而培養積極、創造發揮的特性，它可協助企業組織與個人在快速變遷的環境裡立於不敗之地（**圖7-5**）。

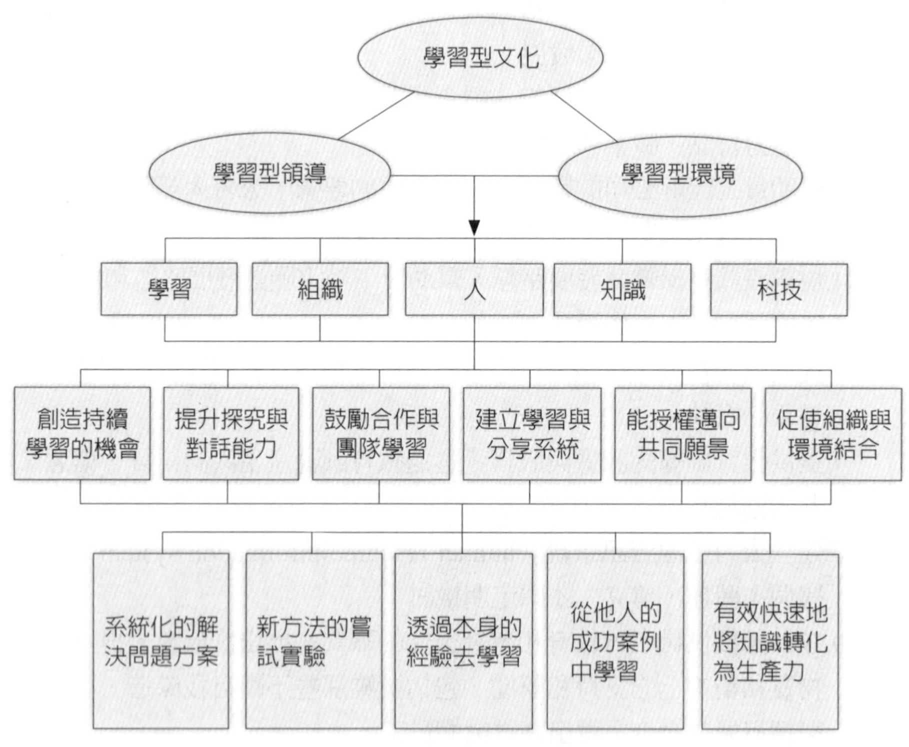

圖7-5　學習型組織的建構

資料來源：林益昌、周談輝（2004），《知識管理——學習型組織建構與案例》，全華科技圖書公司，頁75。

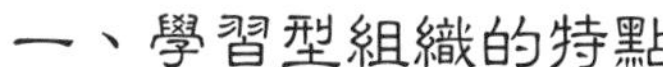

一、學習型組織的特點

學習型組織理論認爲，企業持續發展的泉源是提高企業的整體競爭優勢，提高整體競爭能力。未來眞正出色的企業是使全體員工全心投入，並善於學習、持續學習的組織。透過釀造學習型組織的工作氛圍和企業文化，引領員工不斷學習、不斷進步、不斷調整觀念，從而使組織更具有長盛不衰的生命力。

學習型組織的特點是：

1.組織內的每位成員都願意實現組織的願景。
2.在解決問題方面，組織成員會揚棄舊的思考模式，以及其所使用的標準化作業程序。
3.組織成員將環境因素視爲唯一與組織程序活動功能等息息相關的變數。
4.組織成員會打破垂直的、水平的疆界，以開放的胸襟與其他成員溝通。
5.組織成員會揚棄一己之私與本位主義，共同爲達成組織願景而努力。

二、構建學習型組織的步驟

構建學習型組織的步驟爲：

(一)擬定策略（組織變革策略）

管理當局必須對變革、創新及持續的進步做公開而明確的承諾。

(二)重新設計組織結構

正式的組織結構可能是學習的一大障礙，透過部門的剔除或合併，並增加跨功能團隊，使得組織結構扁平化，如此才能增加人與人之間的互信，打破人與人之間的隔閡。

(三)重新塑造組織文化

學習型組織具有冒險、開放及成長的組織文化特色。管理當局可透過「所言（策略）」及「所行（行為）」來塑造組織文化的風格。管理者本身應勇於冒險，並允許部屬的錯誤或失敗；管理者應鼓勵功能性的衝突，不要培養一群唯唯諾諾，不敢提出異議或新觀念的應聲蟲。（榮泰生，2002）

三、五項修練的內容

彼得・聖吉所提出的五項修練是自我超越（personal mastery）、改善心智模式（improving mental models）、建立共同願景（building shared vision）、團隊學習（team learning）與系統思考（systems thinking）。

(一)第一項修練：自我超越

學習如何擴展個人的能力，創造出我們想要的結果，並且塑造出一種組織環境，鼓勵所有的成員自我發展，實現自己選擇的目標和願景。

(二)第二項修練：改善心智模式

持續不斷的釐清、反省以改進我們內在的世界圖像，並且檢視內在圖像如何影響我們的行動及決策。

(三)第三項修練：建立共同願景

針對我們想創造的未來，以及我們希望據以達成目標的原則和實踐方法，發展出共同願景，並且激起大家對共同願景的承諾和奉獻精神。

(四)第四項修練：團隊學習

轉換對話及集體思考的技巧，讓群體發展出超乎個人才華總合的偉大知識和能力。

(五)第五項修練：系統思考

思考及形容、瞭解行為系統之間相互關係的方式。這項修練能幫助

我們看清如何才能更有效的改變系統，以及如何與自然及經濟世界中更大的流程相調和。

結　語

面對知識經濟時代的來臨，所有的組織都應該成爲學習型組織，且須具備學習與知識管理的能力。因而，只有透過個人學習，組織才有學習，因爲企業最重要的活力來源於人力資本，而學習的過程也將由個人擴散至團隊與整個組織，這時組織成員才得以被激勵去挑戰成長目標，成就組織的成長、生產力的提升和產業技術的發展。

箚　記

- 21世紀是人力資本的世紀，競爭的關鍵不是資本家握在手中擁有的資本、土地、設備，而是資本家掌握不住的知識與技能。知識與技能在員工身上，下班後由員工帶回家的而不是放在公司內的。
- 人力資本有個相當獨特的架構，年輕時學習得到的技術愈多，年老時所能獲得的報酬也愈高。因此，人們必須趁年輕時多學幾項專長。
- 在人力資本方面，管理者不能對知識工作者採取威權式的領導、嚴密的監控，反之，要採取人性化管理方式，重視管理的心理面及行為面。
- 定期實施職務輪調制度，不但可使組織成員瞭解各部門的工作內容及困難所在，以及組織內互相依賴的關係，進而可以體認自己與團體榮辱與共的情懷，可避免工作倦怠，並刺激個人工

作生涯的成長。

・員工往往因表現傑出而被提升，卻未考慮其能否勝任新的工作，特別是「管人」的工作。

・人生的工作價值在於盡心盡力的奉獻，未必要有職務的晉升來作為衡量是否有成就的基準。

・員工職涯規劃要依據個人的興趣與能力，並配合公司的經營使命來發展，使個人的成長與公司的成長相輔相成。

・當主管的人，在負責的工作上感覺已駕輕就熟時，就要將此項工作交給部屬去執行與負責；否則，倚老賣老，不求上進，則「一顆」當年是企業「明星」的重要幹部，會變成「一顆」企業的「冥星」而終日鬱悶寡歡。

・沒有功勞也有苦勞的傳統做事觀念一定要摒除，企業要的是有功勞的人，如果只有苦勞，則此一工作可外包，以降低人事成本。

・最成功的企業是「學習型組織」。透過不斷學習，將使員工的行為、觀念都會改變，觀念能改變，就能接受許多新的技能，就有持久的能力，就會比對手學習得更快而成為企業唯一的優勢。

・「學習的七個盲點」是指：本位主義、歸罪別人、缺乏整體思考的行動、專注於個別事件、對緩慢而來的致命威脅視而不見、經驗學習的局限性、高估管理團隊的效率。

第8章 績效管理

- 績效管理概論
- 績效考評衡量的方法
- 目標管理
- 關鍵績效指標
- 平衡計分卡
- 結　語

試玉要燒三日滿，辨材須待七年期。

——白居易．《放言五首》

由於環境的變遷、管理上的需求及方法的開發與改進，過去的種種績效評估方法，已經演進成爲績效管理。若說「績效考核（考評）」是一個評估的工具，相對來說，「績效管理」就是一個管理的輔助工具。被《華盛頓郵報》（*The Washington Post*）譽爲20世紀最好的企管書——《呆伯特法則》（*The Dilbert Principle*）說：「員工畢生最害怕、最屈辱的經驗，莫過於一年一度的打考績時間。」所以，管理大師麥格雷戈（Douglas M. McGregor）就指出，健全的績效考核，必須破除兩大障礙：主管都不願意批評部屬，更不願意因之引起爭議（衝突），以及主管普遍缺乏必要的溝通技巧，不能瞭解部屬的反應。

第一節　績效管理概論

績效管理（performance management），對企業而言，是要改進員工的素質與工作效率，提高生產力以及人力資源的開發與有效的運用，這些標的，就是要靠績效管理來逐步完成。績效管理不只是針對過去員工工作結果的評估，更重點的是強調主管如何幫助部屬找出工作上的瓶頸並改善缺點，只有這樣，才是有價值的、有意義的績效管理。

一、績效管理的作用

績效管理工作不是孤立的，它是人力資源管理的重要組成部分。因此，企業在做績效考評時，一定要把它放在整個的人力資源的管理體系中來思考。從工作評估、培訓開發、目標責任制，一直到薪酬和激勵管理的各方面都要考慮到。

(一)工作分析

透過工作分析，確定每個員工的工作說明書，形成績效管理的基礎性文件，作為未來績效管理實施的有效工具。

(二)工作評價

透過工作評價，對職位價值進行有效排序，確定每個職位的價值，作為以後的薪酬變動提供可衡量的價值參考。

(三)職務變動

員工的職務晉升、降職、輪調或解僱等管理活動，要透過員工的績效評估獲得，是績效管理的目的之一。

(四)培訓與發展

績效考核是確認員工訓練發展需求的一項重要工具。透過績效考核可以確定培訓的需要，制訂培訓計畫。例如，一位祕書在檔案管理、人際關係方面表現優異，但在電腦操作方面卻表現欠佳，此時主管即可以替他安排加強電腦使用技巧的訓練課程。

(五)薪酬管理

員工加薪或獎賞時，是以員工對公司的貢獻度為考慮基準，並不以年資為標準。績效考核的結果，依考績等級作為調整薪資及績效獎金發放的重要參考，分別判定其不同的調幅及給付金額。假如績效考核結果和員工薪資不掛鉤，將使績效考核功能失效。

(六)達成公司的目標

公司的政策與計畫的評估也涉及員工績效考核。績效考核可以瞭解員工服務部門的工作目標達成狀況，以瞭解整體企業目標達成率，所以，績效考核對企業政策的擬訂、修正是有絕對必要的。

(七)員工關係管理

員工關係管理是人力資源管理的一個重點。績效管理所倡導的是給

予員工在工作表現上的回饋，持續不斷的溝通，讓員工與主管間，員工與員工間更加合作，更加齊心協力，以激勵員工把現在的工作表現得更好。

(八)管理者的管理方式

績效管理所倡導的管理方式與以往的管理方式有著很大的不同，更多地強調溝通，強調合作，這種管理方式在不斷地改變著管理者的行爲，不斷地引導管理者向科學化、規範化發展，以改善員工與直屬主管之間的溝通互動。

(九)員工的工作方式

在績效管理中，員工是績效管理的當事人，這給了員工更大的工作自主權，讓員工參與他本人的工作規劃，提高了員工的地位，不斷激勵員工盡可能地達到自己的績效目標。在這個過程中，員工的自我管理意識和能力都能不同程度地得到提高。員工在這種觀念的薰陶下，經過適當的指導，工作的方式逐漸地改變，從被動到主動，從完全依賴到自我的完善發展。

(十)激勵

員工績效考核做得理想，不但組織內呈現朝氣蓬勃的景象，員工也個個奮發努力，激發員工的潛能，對企業成長發展有絕對正面的意義；反之，如果績效考核不公，員工個個怨聲載道，不但人才流失殆盡，組織內部人事傾軋不斷，永無安寧之日，自然而然的，企業成員的活力逐漸消失而步入衰敗之途。

(十一)員工發展

績效考核可作爲個人確定自己發展計畫的依據。透過績效考核的回饋，個人可以瞭解到自己的長處和現有的弱點，增加對自我的體認，從而制定自己的最佳發展計畫。

(十二)裁員

企業如遭遇營運瓶頸需要裁員時，或淘汰不適任的冗員時，歷年績

效考核的結果就可以扮演著相當重要且有參考價值的佐證，提供裁員名單的重要參考依據（**圖8-1**）。

績效管理最主要的目的不是去批判員工表現的好壞，而是讓員工找到繼續改進的方向。

二、績效管理的過程

企業在做績效考核，先要制訂完善的管理制度。規範考評工作，也就是要把企業的績效考核工作置於一定的規則下來進行，進行全面的策劃。

績效管理的過程可歸納爲下列的六個步驟：

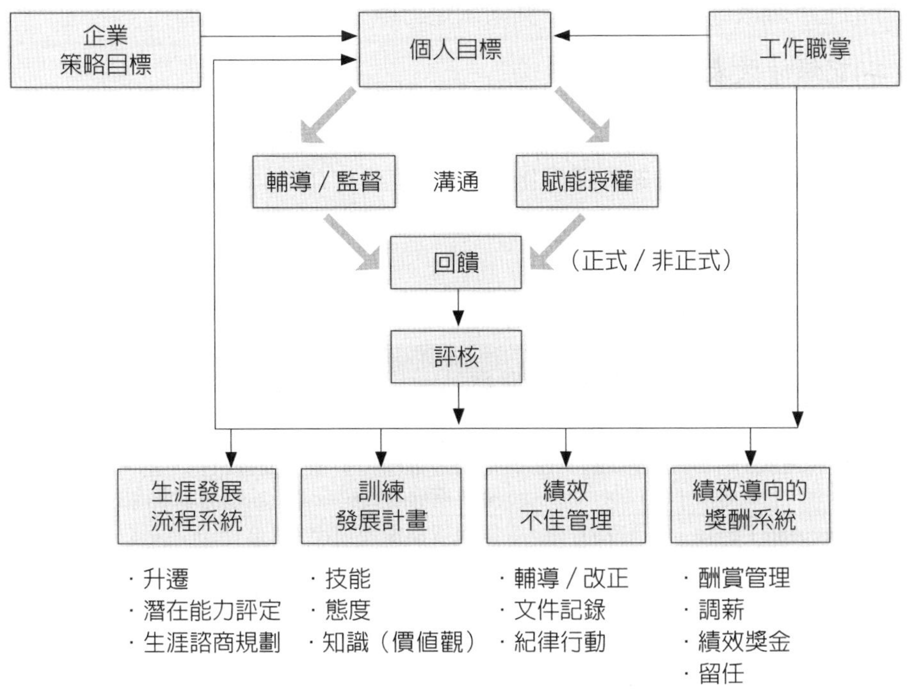

圖8-1　以績效為導向的人才管理

資料來源：丁志達（2007），「績效面談與公道考核班」講義，中華電信公司編印。

(一)設立績效目標

設立績效目標著重貫徹三個原則：

◆導向原則

依據企業總體目標，延伸到部門目標與個人目標。

◆SMART原則

即目標設定要符合具體的（Specific）、可衡量的（Measurable）、可達成的（Attainable）、實際的（Realistic）、時效性（Time-limited）五項標準（**表8-1**）。

◆承諾原則

上下層級（主管與部屬）共同制定目標，並形成承諾。

(二)記錄績效表現

這是一個容易被忽視的環節，其實，管理者和員工都需要花時間記錄工作成果，並儘量做到圖表化和量化。它一方面爲爾後的輔導和考評環節提供依據；另一方面，績效表現紀錄本身對工作是一種有力的驅策力。

表8-1　關鍵績效指標的SMART原則

英文	中文	內容
S（Specific）	具體的	指績效考核要切中特定的工作指標，不能籠統。
M（Measurable）	可衡量的	指績效指標是數量化或者行為化的，驗證這些績效指標的資料或者資訊是可以獲得的。
A（Attainable）	可達成的	指績效指標在付出努力的情況下可以實現，避免設立過高或過低的目標。
R（Realistic）	實際的	指績效指標是實實在在的，可以證明和觀察。
T（Time-limited）	時效性	注重完成績效指標的特定期限。

資料來源：丁志達（2012），「目標管理與績效考核技巧」講義，台灣寶橋工業公司編印。

(三)輔導及回饋

輔導及回饋就是主管觀察部屬的行爲，並對其結果進行回饋（表揚和指導）。值得注意的是，對於部屬行爲好壞的評判標準，事先需要與部屬溝通。當觀察到部屬好的表現時，應及時予以表揚；同樣，當部屬有不好的表現時，應及時予以糾正。

(四)績效考核

在績效管理過程中，評價是一個連續的過程，而績效考核是在考評過程中，依據設定的考評方法和標準進行的正式評價。鑑於績效結果一般需要較長時間才能體現出來，以及績效考核等級的敏感性，愈來愈多的企業傾向於半年評估一次（**圖8-2**）。

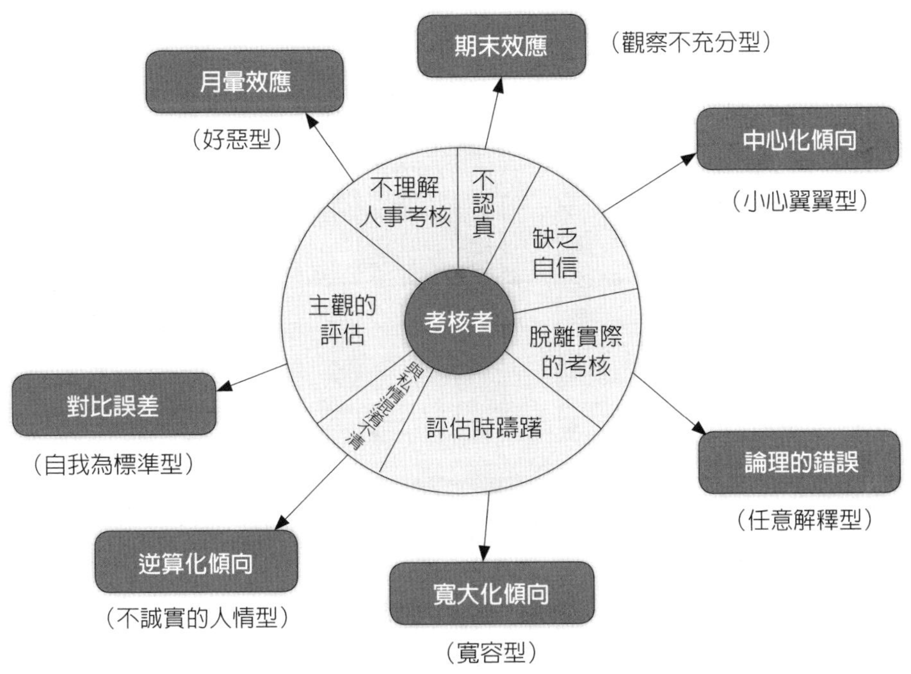

圖8-2　考核者易犯的錯誤

資料來源：蘇德華、張貴芳譯（2000），松田憲二著，《發現好員工——正確評估員工績效》，漢湘文化事業出版，頁221。

(五)績效面談

在整個考核工作中，績效面談處在一個很重要的地位。首先，績效面談是一個主管和部屬很好的溝通機會。其次，可以共同探討在上一個考評年度中工作的成功和不足之處；再次，可以共同的探討未來的發展規劃和目標。所以有必要對績效面談做出進一步的規定。這些規定包括：績效面談的目的、績效面談的方式、績效面談的時間和地點安排、績效面談內容的整理，以及如何做好績效面談的紀錄。

(六)制定行動計畫

根據績效面談達成的改進方向，制定績效改進目標、個人發展目標和相應的行動計畫，並落實在下一階段的績效目標中，從而進入下一輪的績效管理循環（**圖8-3**）。

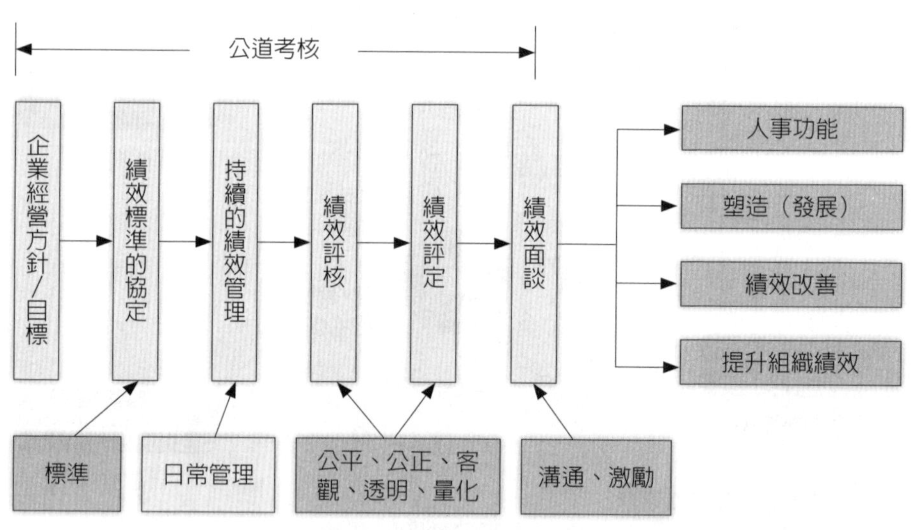

圖8-3　績效管理流程

資料來源：丁志達（2007），「績效面談與公道考核班」講義，中華電信公司編印。

第二節　績效考評衡量的方法

工具設計是員工績效考核與管理方案中最爲關鍵的技術問題，包括：分解企業策略目標及建立績效契約、提煉關鍵績效指標（Key Performance Indicator, KPI）、編制業績考評標準、選擇考評方法、確定考評等第及管理流程等。

一、考核類型的選擇

考核類型的選擇有三類：主觀裁決法、行爲法及目標達成法。

(一)主觀裁決法

主觀裁決法的考核標準，係主管用主觀、抽象的個人特質來評估員工的工作績效，但這容易造成員工的反彈。

(二)行爲法

行爲法的考核標準，係以每個不同職位所需具備的不同行爲來特別

範例8-1

考核評等級別與常態分配

等級	定義	常態分配（員工人數）
1	非常好。不僅達成工作目標，還遠超過當初承諾的業績。	15～20%
2	很好。在既定的時間內努力達到自己的業績承諾。	50～60%
3	預設目標大部分達到，但仍有些需要改建或加強的地方。	20～30%

資料來源：王碧霞（1999），〈IBM創造高績效文化的考績制度〉，《能力雜誌》（1999/5），頁42。

設計。行爲法考核適合於那些績效難以量化或需要某一種規範行爲來完成工作任務的員工。

(三)目標達成法

它係績效考核與目標管理結合的一種制度。員工在一個績效年度伊始，主管及部屬雙方依個別職位共同設定當期所應達到的工作目標，當作一年中執行的依據。年度終了再進行總評核。此方法普遍用於對專業人員和管理人員的評價，被世界上一些大型的企業集團如奇異電器（GE）所採用。

企業無論採用哪一種類型的考核，都無法全面對員工進行考評。因此在具體操作過程中，企業應對上述三種考核類型進行有效的組合及精心的設計。

二、考核方法

工作表現可以用許多方法來考核，但評估也容易造成偏差，所以採用適當的方法可以減少此種偏差，並對其他偏差予以調整。

(一)圖形評分尺度法（Graphic Rating Scales）

它係將許多有關人員素質和工作項目分成幾個測量尺度，根據人員所具有的程度，在適當的圖尺上打上標記，依此可得到員工的績效分數（**表8-2**）。

(二)錨式評分法（Behaviorally Anchored Rating Scales, BARS）

它係合併了關鍵性事件方法和圖形評分尺度法的特點來設計。首先由主管提供足以影響工作表現的特殊事件，然後分類編成量度表。這項技術主要是著眼於行爲的考評而非特性考核。

(三)文字敘述評價法（Essay Appraisal）

它係由考評者寫一篇短文，以文字敘述的形式描述員工的績效、優缺點、潛力和改善發展的建議。此一方法通常與其他評估方法合併使用。

表8-2　銀行櫃員的圖形評分尺度

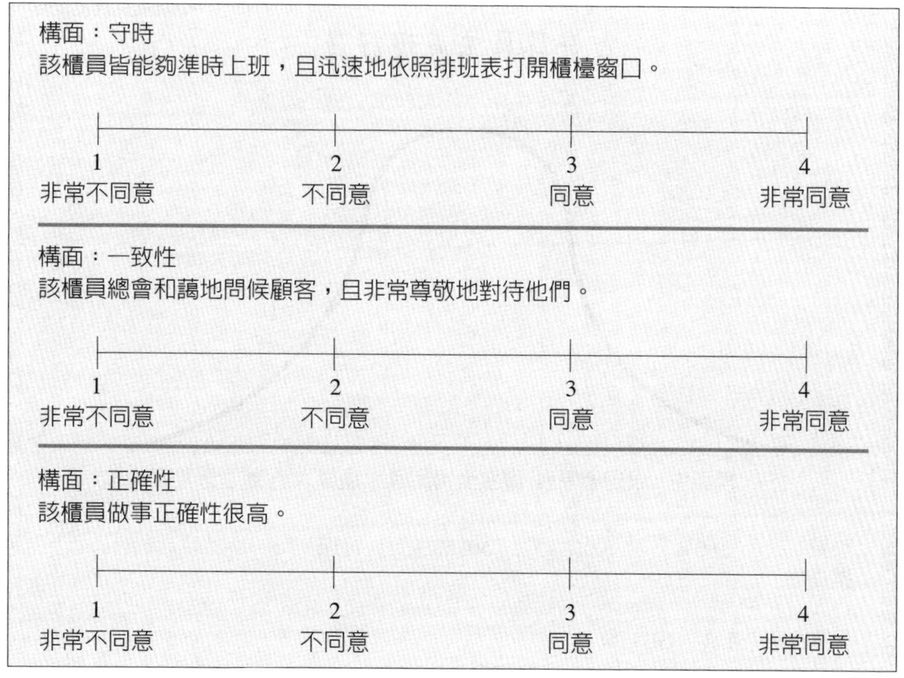

構面：守時
該櫃員皆能夠準時上班，且迅速地依照排班表打開櫃檯窗口。

1	2	3	4
非常不同意	不同意	同意	非常同意

構面：一致性
該櫃員總會和藹地問候顧客，且非常尊敬地對待他們。

1	2	3	4
非常不同意	不同意	同意	非常同意

構面：正確性
該櫃員做事正確性很高。

1	2	3	4
非常不同意	不同意	同意	非常同意

資料來源：方世榮譯（1999），Ricky W. Griffin著，《基礎管理學》，東華書局，頁205。

(四)排列法（Ranking Method）

它係指主管從員工表現的結果，按優劣次序，從最好到最差的，自上而下地排列出所有的員工等第。

(五)強迫分配法（Forced Distribution Method）

強迫分配法又稱爲鐘型曲線分布法，它有一個特點，就是在一定的樣本量裡面按比例分配，比如百分之十優秀，百分之二十良好，百分之五十一般，百分之十五較差，百分之五最差。不過這要在單位比較大，人數比較多的組織才可以將員工的表現套入常態分配（normal distribution）中，如果人數不多，就沒辦法實施等級的強迫分配。

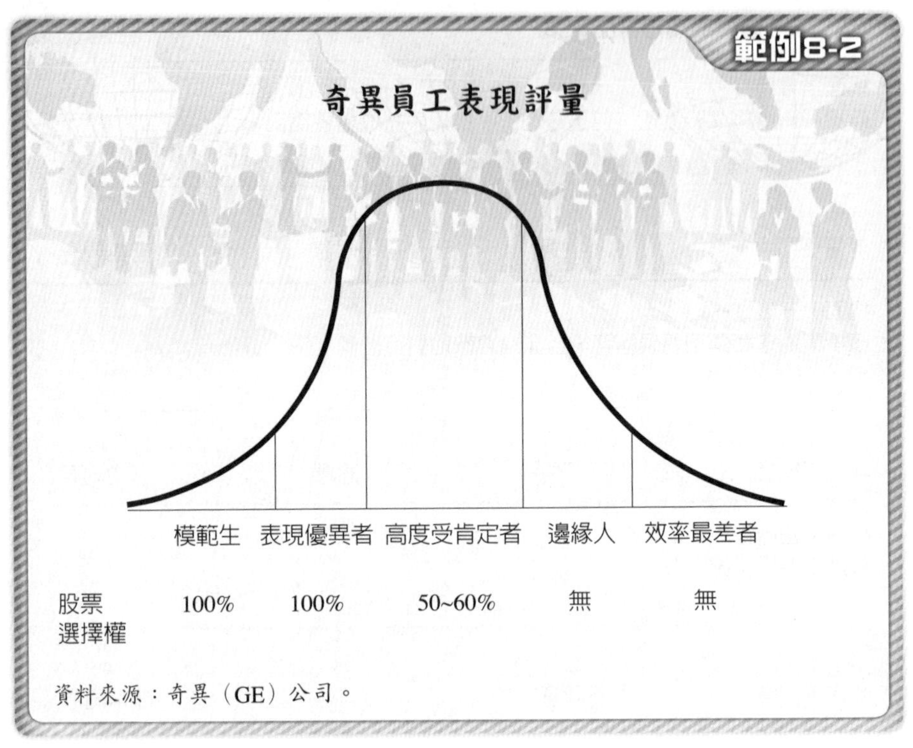

(六)對比法（Paired Comparison Method）

它係將員工輪流編成兩人一組，然後比較每對員工的優劣，表現優勝者得一分，表現較差者得不到分數，再按照員工的得分總數的高低排列次序。這方法只適用於較少員工的企業或部門。

(七)關鍵性事件法（Critical Incident Method）

它就是一種書面考核資料。按照關鍵性事件考核方法，主管應對員工表現中最令人讚許和最令人難以承受的行爲進行書面記錄。當一個員工與工作有關的關鍵性事件發生時，主管便將其記載下來。每個員工的關鍵性事件清單在整個考核期限內始終予於保留，當關鍵性事件和其他一些方法同時使用時，就可以更充分地說明爲什麼一個員工被給予一個特定的考核評定。

關鍵性事件法因係用來記錄發生在某個特定員工身上的重要事件，希望該名員工能夠將工作做得更好，而不是要抓住該名員工的小辮子。如果某件事已經重要到必須記錄下來，那麼也一定重要到須花點時間跟員工面對面的溝通討論那件事。

(八)評鑑中心（Assessment Center）

評鑑中心是讓員工參加各種不同的測試，如管理遊戲、敏感性訓練、模擬實際工作等，從而評估員工的能力和潛力。這種評估法比較公平和客觀，成本卻較爲昂貴，所以較適合用來評估高層管理人員的發展機會。

(九)職級考核

職級考核就是在公司分若干個職級，比如M級代表的是管理者（manager）、S級代表的是祕書（secretary）、W級代表的是職工（worker），然後把相同的職級放在一起考核，比如說，所有祕書的薪酬都處於同一個等級，這樣就可以避免集中的某一考核等第趨勢。

(十)目標管理（Management by Objectives, MBO）

它係首先要求員工清楚瞭解組織的目標，然後與所屬部門的主管訂定個人可以達到的工作目標。訂下目標後，主管每隔一段時間和員工檢討目標的進度與績效。

(十一)360度回饋法（360-degree Feedback）

360度回饋法又稱爲多元性的回饋法，它是一種全方位的評價方法，讓管理人員、供應商、客戶、同事及被評價員工自我塡寫有關的問卷表。360度回饋法克服了傳統評價的單軌制，它更能客觀反應被考核者的績效、品質與潛力。它主要目的是針對員工的發展指導而不是對員工進行人事管理（如晉升、獎懲、加薪、減薪等）。如果企業進行考核的主要目的是對員工過去績效的鑑定，並強調考核結果和獎金、加薪直接掛鉤的話，在考評中最好採用傳統的以直接上司評價爲主的考核方法，因爲直屬主管是對部屬的業績負責的；如果進行考核的目的是爲員工發展和業績的提

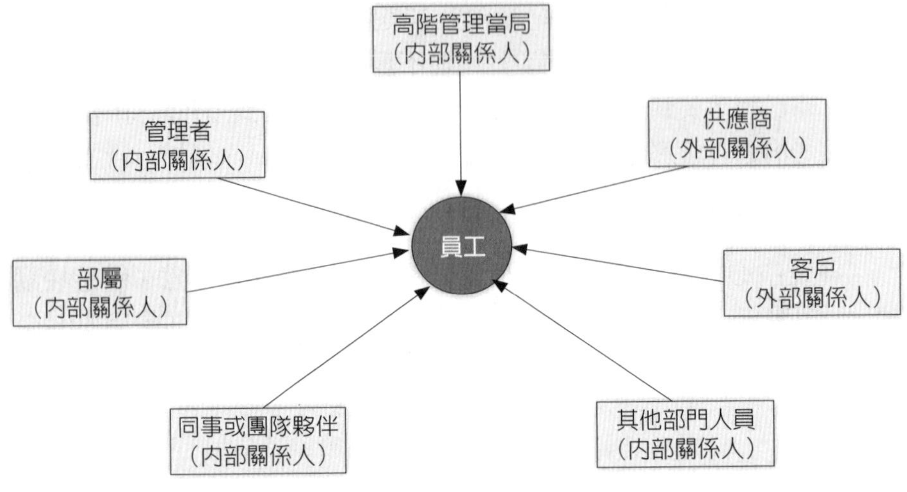

圖8-4　360度回饋法

資料來源：*Personnel Journal*, November 1994, p. 100.

高，則可採用360度回饋法，多聽取周圍人的意見。

由於360度回饋法涉及較多的層面，程序多、週期長，小企業應謹慎採用（**圖8-4**）。

到目前爲止，沒有一套績效考核制度可以適用於所有的企業內的員工。績效考核必須隨著企業所處的產業環境，企業在產業中的地位，企業的規模而有所不同的考核標準及項目。譬如360度回饋法比較適合用於主管級層面的考核，而傳統的考核方法比較適合用於行政性、程序性的操作人員等。總而言之，有效的就是合適的，對企業來說就是好的。

第三節　目標管理

美國蓋洛普調查公司透過調查研究，找到了影響員工效率的十二個因素，排在前兩名的分別是，我知道公司對我的工作要求；我擁有做好我的工作所需要的資料和設備。可見優秀員工最關心的依然是目標和目標支持手段的問題，也正是這些因素促使他們獲得好的業績。

清晰的目標能夠激勵員工努力找尋實現目標的路徑，能夠激發人的恆心和毅力（**圖8-5**）。

一、設定目標原則

彼得·杜拉克曾指出：「管理是一項崇高的使命，也是一種實務，因爲唯有透過實踐的工夫，才能獲得預期的成果，若要使一群平凡的人做不平

管理系統展開	定義	涵蓋時間
經營理念（philosophy）	經營的哲學、價值觀	基本的、百年不變
↓ 使命（mission）	企業存在的目的、任務範圍、客戶、產品	三年、五年、十年、三十年……
↓ 範圍（domain）	現在及未來將跨入的領域	三、五、十年
↓ 願景（vision）	未來企業想達到的境界 創新事業	三、五、十年
↓ 成功關鍵因素（K. S. F）	考慮整體，個體因素後，企業在競爭時需掌握的重要關鍵因素	
↓ 中長期策略 中長期目標 中長期計畫	達到願景的方法 創造環境或競爭優勢	三、五、十年
↓ 年度方針、目標、計畫	以企業願景為目的，突破改善，以期達成公司遠景	一年

圖8-5 優良企業經營體系

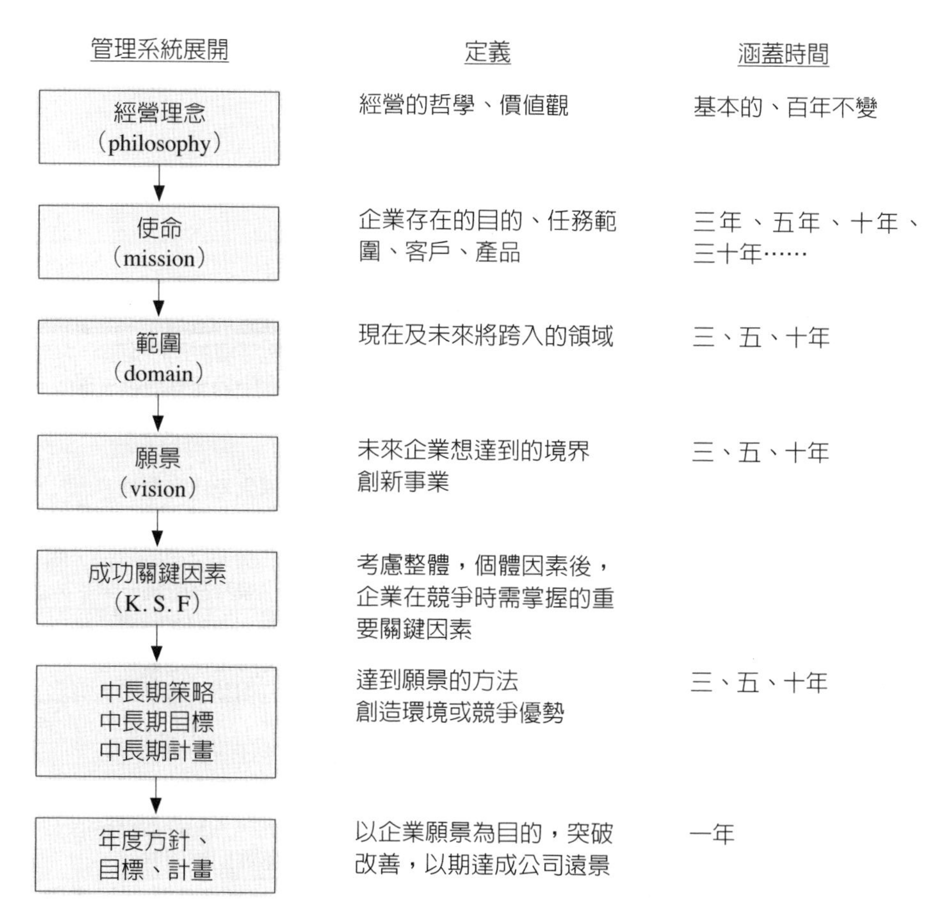

資料來源：王文信（2011），「主管如何運用KPI達成管理目標」講義，中國生產力中心編印。

凡的事，也唯有透過『目標管理』與『自我控制』才可實現。」（**表8-3**）

設定目標應遵守的原則有：

1.各層級之個體目標需能支持共同之總目標。
2.目標須考慮長期與短期的配合。
3.目標須按其重要性，賦予重要程度之等級。
4.目標項目不應過多，致超出能力限度。
5.目標範圍不宜太小或太大。
6.目標內容應求具體，最好能以數量表示。
7.目標內容應是重要工作項目。
8.目標高度需具挑戰作用。
9.目標必須書面化。

表8-3　傳統的管理方法與目標管理／自我控制的方法比較

類別	傳統的管理方法	目標管理／自我控制的方法
設置目標的方法	·目標一般由上級領導部門制定並做任務下達。下級沒有自主權。	·目標是由上下級共同制定的。 ·下級在制定中有充分的自主權。
員工參與程度	·部門和員工作為執行者，沒有多少發言權。	·企業各部門和員工充分參與並發表意見。 ·這些意見得到充分的考慮。
個人目標與企業目標間的關係	·部門與個人利益容易與企業整體利益發生衝突。	·強調個人目標。 ·團隊目標和企業目標的統一，個人利益與企業利益的統一。
管理方式	·往往採用命令方式，下級只有責任卻沒有完成任務所需的權力。在採用承包的方式時，實行的是放任管理。	·採用員工自我管理的方式。員工可以自己確定工作方法。 ·上級有責任幫助下級掃清完成目標的障礙。
管理導向	·注重過程。 ·不要求部門和員工瞭解自己做的工作對整體目標的意義。	·結果導向。 ·用管理控制工作的結果而不是過程。部門和員工知道自己做的工作和企業整體目標的關係。
績效評估方式	·根據上級制定的評價標準，由考核部門評價成果，並提出改進，容易摻雜主觀原因。	·根據上下級結合制定的評價標準，由員工自我評價工作成果，並做出相應改進。

資料來源：黃建東（2006），〈目標管理的精髓〉，《中外管理》（2006/9），頁45。

10.應有測定目標工作的具體標準。（李南賢，2000）

二、個人目標的設定

彼得・杜拉克說：「所有的目標都該列出每個員工的所屬單位應該要達到何種績效。這些目標也應該列出員工和其所屬單位應該要做出何種貢獻，以協助其他的單位達成目標。最後，這些目標還應該詳細的說明，在付諸實現時，管理者希望其他的單位應該做出何種貢獻。」所以，個人目標設定要遵守下列原則：

1.個人目標必須以達成單位目標為前提。

範例8-3

微軟公司目標管理的作法

微軟公司在每一財務年度工作伊始，經理會和員工總結上年度的工作得失，指出改進的地方，訂出新一年的目標。

一般目標都是以報表的形式列出，員工工作職能和工作目的，經雙方共同討論後確定下來，大概過半年時間，經理會拿出這張表來和員工的實際工作對照，做一次年中評價。到年底時，經理還會和員工共同進行衡量，最後得出這個員工的工作表現等級，依此來決定員工的年度獎金和配股數量。

這個辦法的好處在於，它使得公司的發展目標和員工的業務目標融合在一起，也使員工有了努力的方向。另外，員工也可以提出，要實現目標希望公司給予什麼樣的發展機會和培訓機會。這種形式就不是一個簡單的目標就能制訂出來的，而是需要雙向溝通，更體現公司尊重員工、發揮員工主動性的一面。

資料來源：郭明濤編著（2007），《微軟 戴爾 甲骨文：邁向成功之路》，大利文化出版，頁55-56。

2.個人目標要具有挑戰性但並非不可能達成。
3.個人目標選定項目最多以五項爲準，以免目標過多無法全力以赴。
4.個人目標之訂定必須明確、具體，予以量化。如要用文字敘述，亦力求簡單、扼要。
5.個人目標之訂定，可先由工作人員自選自訂，然後與主管共同商討決定。

績效與目標是一體之兩面。計畫執行前必須確定目標，執行時則測量執行的成果，而將績效評量的結果作爲檢討及改善的依據。

第四節　關鍵績效指標

績效考核一直以來被認爲是困擾企業發展的第一大難題，要解決這個難題，最好的辦法莫過於將考核指標量化。

一、關鍵績效指標法

它是指在確定部門目標和分析職位的基礎上，對職位工作職責、任務進行分析、歸納、提煉，能有效評價職位關鍵業績的一種結果。關鍵績效指標的方法主要有績效指標圖示法、問卷調查法、個案研究法、訪談法、經驗總結法和多元分析法等，是透過對組織內部流程的輸入端（input）、輸出端（output）的關鍵參數進行設置、取樣、計算、分析，衡量流程績效的一種目標式量化管理指標，是把企業的戰略目標分解爲可操作的工作目標的工具，是企業績效管理的基礎。

關鍵績效指標法，可以使部門主管明確部門的主要責任，並以此爲基礎，明確部門人員的績效衡量指標。建立明確確實可行的關鍵績效指標體系，是做好績效管理的關鍵（**圖8-6**）。

二、推行關鍵績效指標的意義

績效管理是管理者與員工雙方就目標及如何實現目標達成共識的過

KPI六階段循環圖

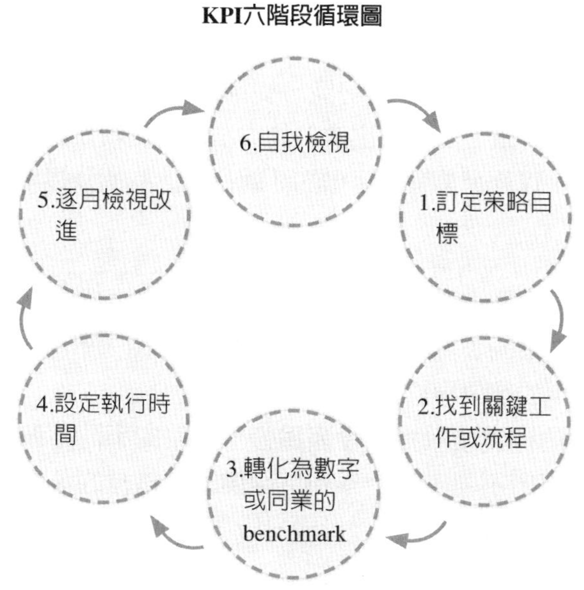

1.檢討企業或部門個人現況，並決定未來方向或目標（策略思考）。例如：成為全公司最佳銷售人員。
2.找出達成此方向（目標）的關鍵工作或流程。例如：年度業績冠軍。
3.轉化此關鍵工作或流程，成為具體可以管理或檢討的目標數字。例如：全年業績總額、全年業績預算、每月增加新客戶數、每日拜訪次數等等。
4.訂定此KPI的執行時間表。例如：在2005年與2006年兩年之間完成。
5.逐月檢討，改進KPI的執行。例如：針對業績不良加以檢討後，擬出增加拜訪次數、調整客戶選擇方向、加強說服技巧等改進措施。
6.階段目標完成後，重新檢討所處情境，持續或訂定新的KPI。

圖8-6　關鍵績效指標（KPI）要如何執行？

資料來源：鄭君仲（2005）。〈輕鬆搞懂KPI：7組條列重點帶你上路〉，《經理人月刊》，第4號（2005/3），頁68。

程，以及增強員工成功地達到目標的管理方法。管理者給部屬訂立工作目標的依據來自部門的關鍵績效指標，部門的關鍵績效指標來自上級部門的關鍵績效指標，上級部門的關鍵績效指標來自企業上級關鍵績效指標。只有這樣，才能保證每個職位都是按照企業要求的方向去努力。企業推行關鍵績效指標的意義爲：

(一)企業內部

關鍵績效指標要有改善的功能，從部門到個人的表現、主管到員工的表現，都要能衡量，並且找出改善的方法。關鍵績效指標也是企業願景的「達成度」，以及企業策略目標的「執行力」的衡量標準。

(二)企業外部

關鍵績效指標能衡量企業整體的表現，找出企業成功的關鍵，並且衡量在這方面企業的表現好不好。投資人會基於個人對產業的瞭解，來選擇衡量企業表現的績效指標。

每家企業的關鍵績效指標會因爲經營策略的不同，競爭環境與產業趨勢的變化而有所不同。但企業利用關鍵績效指標的落實，釐清工作目標，凝聚組織成員的認知，可以形成一股很大的力量。

三、關鍵績效指標的重點管理

企業要將焦點集中在重要的績效指標，才能「打蛇打在七寸上」，抓到經營的重點。

(一)建立關鍵績效指標體系遵循的原則

1.目標導向。即關鍵績效指標必須依據企業目標、部門目標、職務目標等來進行確定。

2.注重工作質量。因工作質量是企業競爭力的核心，但又難以衡量，因此，對工作質量建立指標進行控制特別重要。

3.可操作性。關鍵績效指標必須從技術上保證指標的可操作性，對每一指標都必須給予明確的定義，建立完善的資訊蒐集渠道。

4.強調輸入和輸出過程的控制。設立關鍵績效指標，要優先考慮流程的輸入和輸出狀況，將兩者之間的過程視爲一個整體，進行端點控制。

(二)確立關鍵績效指標應把握的要點

1.把個人和部門的目標與公司的整體戰略目標聯繫起來。以全局的觀念來思考問題。

2.指標一般應當比較穩定，即如果業務流程基本未變，則關鍵績效指標的專案也不應有較大的變動。

3.關鍵績效指標應該可控制，可以達到。

4.關鍵績效指標應當簡單明瞭，容易被執行、接受和理解。

5.對關鍵績效指標要進行規範定義，可以對每一關鍵績效指標建立「關鍵績效指標定義指標表」。

組織若對於目標的設定不清楚，則難以選擇出關鍵績效指標，尤其是後勤支援單位。同時，關鍵績效指標不是訂出來就奉為圭臬，而是要定期檢討，適時改變調整。

第五節　平衡計分卡

近年來，企業歷經了一波又一波的產業競爭與衝擊，企業經營已意識到回歸原始基本面的重要性，促使許多管理層面的方法論重新被提及，包括六個標準差（6 Sigma）、平衡計分卡（Balance Scorecard, BSC）、作業成本計算法（Activity-Based Costing, ABC）等。根據美國《財星》雜誌（*Fortune*）報導，美國一千大企業排行中，高達百分之四十的企業都實行「平衡計分卡」，而《哈佛商業評論》更推崇「平衡計分卡」為七十五年來最具影響力的策略管理工具。

哈佛大學商學院（Harvard Business School）領導力開發課程教授羅伯・柯普朗（Robert Kaplan）與諾頓研究所（Nolan Norton Institute）最高執行長大衛・諾頓（David Norton）與美國知名企業自1992年起，集合來自製造業、服務業、重工業、高科技業等經理人，以實作方式開始展開嶄新的研究，稱為「未來企業的績效衡量方法」，將「財務、客戶、作業流程、組織學習」等四個構面，列入企業評量績效的指標，即為平衡計分卡之發展源起。平衡計分卡的優點是，它強調了績效管理與企業策略之間的緊密關係（**圖8-7**）。

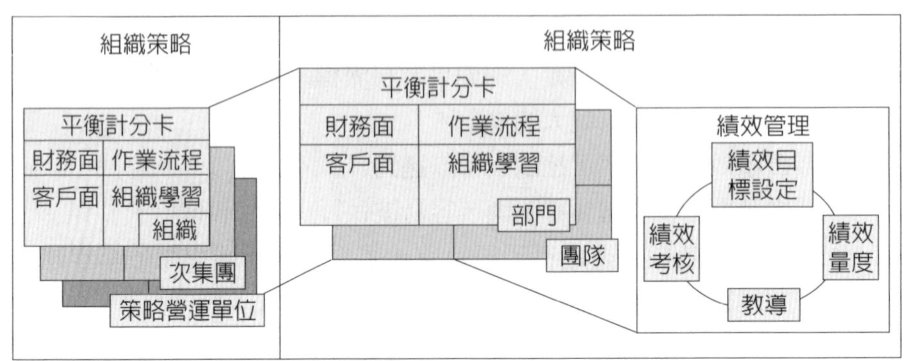

圖8-7　績效管理與平衡計分卡結合

資料來源：安侯企業管理公司。

一、平衡計分卡的指標

平衡計分卡說明了兩個重要問題，一是它強調指標的確定必須包含財務性和非財務性的（因此有「平衡計分」之說）；其二是強調了對非財務性指標的管理，其深層原因是財務性指標是結果性指標（result indicator），而那些非財務性指標是決定結果性指標的驅動指標（driver indicator）。

平衡計分卡的框架體系，包括下列四個部分（或稱爲四個指標類別）：

1.從財務角度（我們的財務營運表現如何？）說明公司是如何滿足股東要求的。該部分從傳統的財務績效評價體系中轉化而來。透過設置一系列財務指標來顯示公司的策略及其執行是否有助於公司利潤的增加，公司的財務目標是否實現。典型的財務目標包括盈利、成長和股東價值。如用現金流量、權益報酬率來衡量股東價值的提高，用銷售收入和經營收入的增長來衡量公司成長性。

2.從顧客角度（客戶是如何看待我們公司？）說明公司是如何滿足顧客要求的。該部分運用各種方式，包括自己組織或委託第三者進行顧客調查，從交貨時間、新產品上市時間、產品質量性能和服務等

範例8-4

平衡計分卡：La Casa Di Poggi餐廳

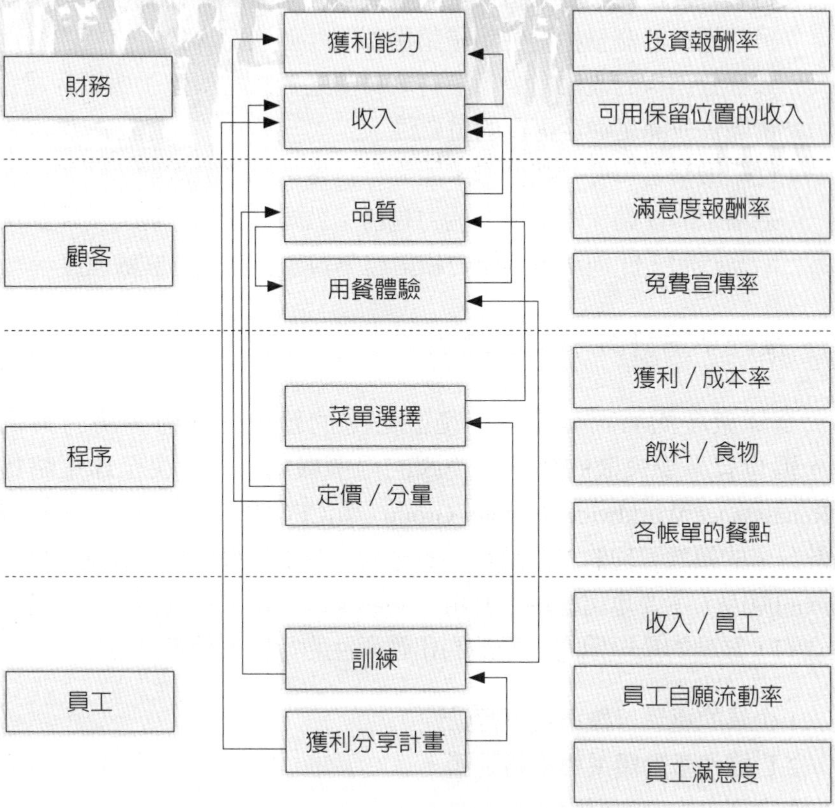

構面	目標	衡量指標
財務	獲利能力 收入	投資報酬率 可用保留位置的收入
顧客	品質 用餐體驗	滿意度報酬率 免費宣傳率
程序	菜單選擇 定價／分量	獲利／成本率 飲料／食物 各帳單的餐點
員工	訓練 獲利分享計畫	收入／員工 員工自願流動率 員工滿意度

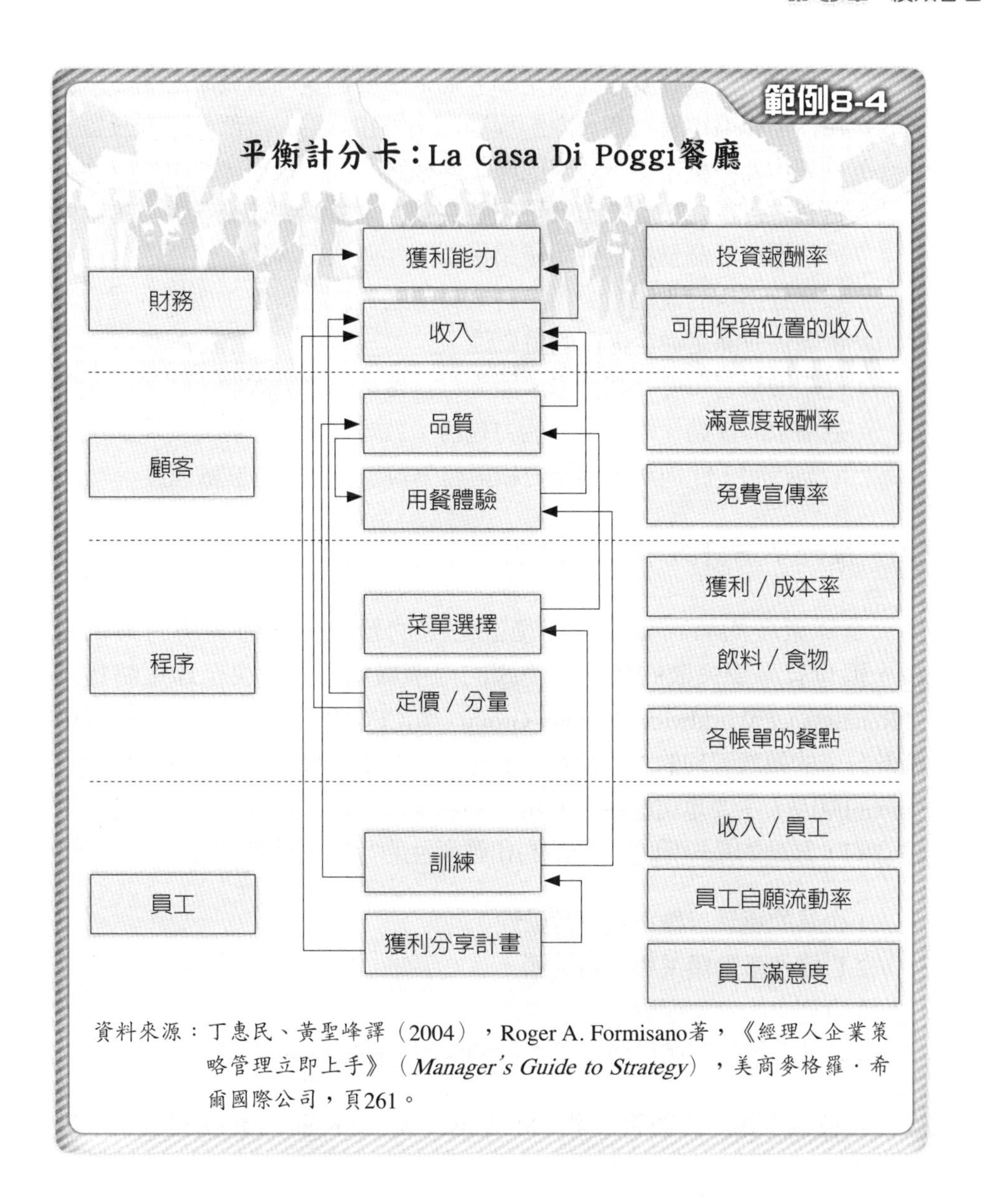

資料來源：丁惠民、黃聖峰譯（2004），Roger A. Formisano著，《經理人企業策略管理立即上手》（*Manager's Guide to Strategy*），美商麥格羅．希爾國際公司，頁261。

方面瞭解顧客對公司的評價，並將此評價與其他競爭者進行比較。這樣使公司與顧客建立直接的聯繫，實現較高的市場回饋水平，有助於市場占有率的提高。

3.從內部作業流程角度（我們必須在哪些領域中有傑出專長？）說明

公司必須擅長什麼才能滿足顧客要求。要滿足顧客要求必須要求公司內部組織中有一套有效的程序、決策和行為。該部分透過設置一系列內部測量指標，及時回饋影響顧客評價的程序、決策和行為是否有效。例如，若主管發現按時交貨的總體測評結果較差，馬上就可透過內部測量指標確定是銷售部門哪個環節導致了交貨的推遲。該部分指標的設置向公司所有成員清楚無誤地傳達了與顧客建立緊密關係並滿足顧客需要的重要性。

4.從組織學習角度（我們未來能夠維持優勢嗎？）說明公司提高並創造價值的後勁。組織學習能力包括：公司技術領先能力、產品成熟所需時間、開創新市場能力和對競爭對手新產品的靈敏程度。

二、推行平衡計分卡失敗原因

全球眾多的公司實施以平衡計分卡的績效管理而成功的案例很多，但也有不少失敗的例子。美國的兩個機構——再生全球策略集團（Renaissance Worldwide Strategy Group）和CFO期刊曾對數百家實施以平衡計分卡的績效管理的企業進行調查分析，分析結果表明，實施績效管理失敗的原因，主要是這些企業的績效測評是圍繞企業年度預算和運營計畫建立的，鼓勵的是短期的、局部的和戰術性的行為，具體表現是：

1.企業的遠景目標不具可行動性。
2.目標和激勵體系與策略脫節。
3.實施中的資源配置與策略脫節。
4.績效評核的回饋僅僅是戰術性的而不是戰略性的。

根據麥肯錫諮詢顧問公司（McKinsey & Company）的調查分析，確實說明了一個問題，即以平衡計分卡為主的績效管理，確實是一個複雜、細緻的工作，既與企業策略的制定相關聯，又涉及到企業每一位員工的具體工作，同時與企業的文化、人員素質等有著密切的關係，操作不當，很可能影響企業員工的情緒。

結　語

從《A到A⁺》（*Good to Great*）這本書中提到，企業要從優秀進步到卓越，領導者（主管）不僅要具備專業知識，更要具備強而有力的執行力，以堅強意志與決心落實推動企業的策略，該做的事，絕不推諉，展現不屈不撓的毅力，盡一切的努力，推動公司邁向卓越，而落實「績效管理」，正是顯現企業內各領導者（主管）的「魄力」、「公正」、「無私」、「是非分明」、「獎懲得當」的執行力如何的自我定位。如果「部屬有錯，還怕得罪部屬不敢糾正」、如果「部屬有功，還不懂得及時獎勵」，則企業經營要追求A（good）都很難，還敢冀望爬升到A⁺（great）嗎？

箚　記

- 工廠時代的績效管理，強調一個指令，一個動作，所有變數都已設定好，追求的是效率的提升，因此只需要事後的考核，看員工有沒有照著做就可以了；但在知識經濟時代，績效管理必須有計畫、有前瞻性，要和市場結合，從顧客導向著墨，如何透過績效管理來提高顧客滿意度。
- 一般而言，企業會先訂出願景，然後才有使命，再由使命延伸出企業的策略和目標，接著才能明確訂出各部門的目標，有了各部門的目標後再展開到個人的目標，最後才可用關鍵性績效指標來衡量個人的目標，這一整套流程就是職能發展體系的架構。
- 定期考核為主，平時考核為輔，使績效考核更能掌握時效發揮功能。

・在績效考核中，部屬的直屬主管與人資人員，分別擔任不同的角色功能。直屬主管扮演主角，以公正而客觀地評估員工的表現；人資部門則為績效管理提供諮商角色，幫助直屬主管選擇最適當的工具及指導面談的技巧。

・考核是在幫助部屬解決工作上的問題，而不是在挑剔、批評部屬。由於員工的參與，在解決問題時可以發現許多創意。

・工作績效的評估，在用客觀的方式或工具，找出員工對公司的貢獻。

・糾正部屬的目的是「指正」而非「責罵」，在部屬的「行為」上，而不是指出他有哪些「特性」，如人格特質等。

・績效管理制度所需數量化的資料愈少，被評估的人就愈容易產生抗拒現象。某些管理人員因害怕「得罪部屬」，儘量將衡量用語抽象化，解決之道要對負責打考評的管理人員進行績效考核培訓。

・太重視「結果導向」，容易引起員工的本位主義，為達目標不擇手段，破壞團隊合作，忽略企業的政策，只看眼前不看遠景的短視作為。

・考核評分前應儘量蒐集員工相關表現的資料，評分的參數應該是有多少佐證，就說多少話，這是避免考核不公的良方。除了直屬上司之外，員工自評，同儕、顧客或其他的上司的考核資料，也可以使考核結果更周延、正確與公平。

・績效管理的本質其實就是心理學最常提到的刺激（stimulus）與反應（response）理論：給予薪酬，增強員工的行為，持續增強之後，就可以擴張原有的效應。因此，在規劃績效考核制度的時候，心理因素是不可或缺的一環。

・在考核主管時，對凡事都留一手，不傳承給部屬的作為，應給予導正，才不會有接班人斷層的危機出現。

・對人的評價要時時刻刻檢討修正，因為人是會改變的。

第9章 薪資制度

- 薪酬管理概念
- 工作評價
- 薪資政策
- 薪資調查
- 薪資體系設計
- 薪資報酬委員會
- 結　語

> 金錢是在天下流轉的，非個人所能占有。
>
> ——日本諺語

薪資爲員工工作報酬之所得，爲其生活費用之主要來源。從員工上班第一天起到屆齡退休，薪資始終是工作者追求的重點之一；另一方面，薪資爲企業的用人成本，人事成本關係著企業的收益，甚至影響投資意願。所以，無論以員工的所得或企業費用支出的觀點，薪資管理就顯得非常重要。一個規劃良好的薪資制度除了要能兼顧內部（工作評價）與外部（薪資調查）公平性，也須激勵員工的工作及學習動機。

第一節　薪酬管理概念

薪酬管理的目的是發展和維持一套薪資政策和作業流程，讓組織可以吸收、留住和激勵所要的人才，並控制人事成本。

一、公平理論

公平理論（Equity Theory）又稱社會比較理論，它是美國行爲科學家亞當斯（John S. Adams）在《工人關於工資不公平的內心衝突同其生產率的關係》（1962年與羅森・鮑姆合寫）、《工資不公平對工作質量的影響》（1964年與雅各・布森合寫）、《社會交換中的不公平》等著作中提出來的一種激勵理論。

根據調查和實驗的結果表明，薪資不公平感的產生，絕大多數是由於經過比較，認爲自己目前的報酬過低而產生的。爲了避免員工產生薪資不公平的感覺，企業往往採取各種手段，在企業中造成一種公平合理的氣氛，使員工產生一種主觀上的公平感。例如有的企業採用保密薪資的辦法，使員工相互之間不瞭解彼此的收支比率，以免員工互相比較而產生不公平感（**表9-1**）。

表9-1　薪資給付考慮的三大公平

類別	說明
外部公平	它是指企業員工所獲得的報酬比得上其他公司（競爭的同行業）完成類似工作的員工的報酬。
內部公平	它是指在組織內部依照員工所從事工作的相對價值來支付報酬。
員工公平	它是指依據員工的業績水平和資歷等個人因素，對同一家企業完成類似工作的員工進行支付。

資料來源：張芸、邵華（2003），〈企業薪酬管理體系的分析與設計〉，《管理科學文摘》（2003/4），頁47。

二、薪酬策略

「策略」（strategy）一詞，最早是由希臘文strategos而來，意爲「統帥的藝術」，用於企業上，策略定義爲：「一個企業組織對長期使命與目標的決定，以及配合此決定所必須採取的行動與資源分配。」企業的薪酬策略，非但關係著企業的經營理念及營運效益，更涉及產製過程中，資方對於勞動力的買賣和剩餘價值的占有與分配。

在資本主義市場運作邏輯下，薪酬策略形成的管理制度，是控制勞動過程的管理系統，也是塑造企業組織文化，提高勞動力再生產的有力工具。薪酬策略予以概念化，並將薪酬組合、市場定位與薪酬給付策略的選擇，作爲將薪酬策略概念化的三個構面：

1.第一個構面：說明基本薪資、獎金和福利在薪酬組合中的相對重要性。
2.第二個構面：表示其薪酬在市場定位的高低。
3.第三個構面：包括給付的行政管理架構、標準與程序。

企業薪酬組合的分配，通常會依企業主要產品的生命週期、員工生活規劃而形成不同的比重分配（**表9-2**）。

表9-2　薪酬策略與企業發展階段的關係

組織特徵	企業發展階段			
	初創階段	成長階段	成熟階段	衰退階段
人力資源管理重點	創新、吸引關鍵人才、刺激創業	招聘、培訓	保持、一致性、獎勵管理技巧	裁員、強調成本控制
經營戰略	以投資促進發展	以投資促進發展	保持利潤與保護市場	收穫利潤並開展新領域投資
風險水平	高	中	低	中—高
薪酬策略	個人激勵	個人—集體激勵	個人—集體激勵	獎勵成本控制
短期激勵	股票獎勵	現金獎勵	利潤分享 現金獎勵	不可能
長期激勵	股票選擇權（全面參與）	股票選擇權（有限參與）	股票購買	不可能
基本工資	低於市場水平	等於市場水平	大於／等於市場水平	低於／等於市場水平
福利	低於市場水平	低於市場水平	大於／等於市場水平	低於／等於市場水平

資料來源：Randall S. Schuler & Vandra L. Huber (1993). *Personnel and Human Resource Management.* West Publishing Co., p. 377; Wayne F. Cascio (1995). *Managing Human Resource.* McGraw-Hill, p. 352；張一弛編著（1999），《人力資源管理教程》，頁261。

三、薪酬體系架構

員工的薪酬（compensation），係指因員工之受僱而創造的所有有形之薪資或報酬。

員工的報酬有二項主要構成要素：(1)直接的財務支付，如工資、薪資、獎金、佣金（commission）、紅利等；(2)間接的財務給付，如勞保、健保、團體商業綜合保險等（**圖9-1**）。

有兩種方式來決定直接支付的多寡，即工作時數與工作績效。第一種方式是大多數的員工還是依工作時數來決定他們的薪資，例如賣場的服務人員，是按出勤工時領取時薪或日薪（wage），而有些員工（管理人員、專業人員、行政人員等）則是以較長的時間來支領薪資（salary），例如週薪、月薪、年薪而非日薪或時薪。第二種方式是依績效來支薪，論

圖9-1　整體報酬的結構

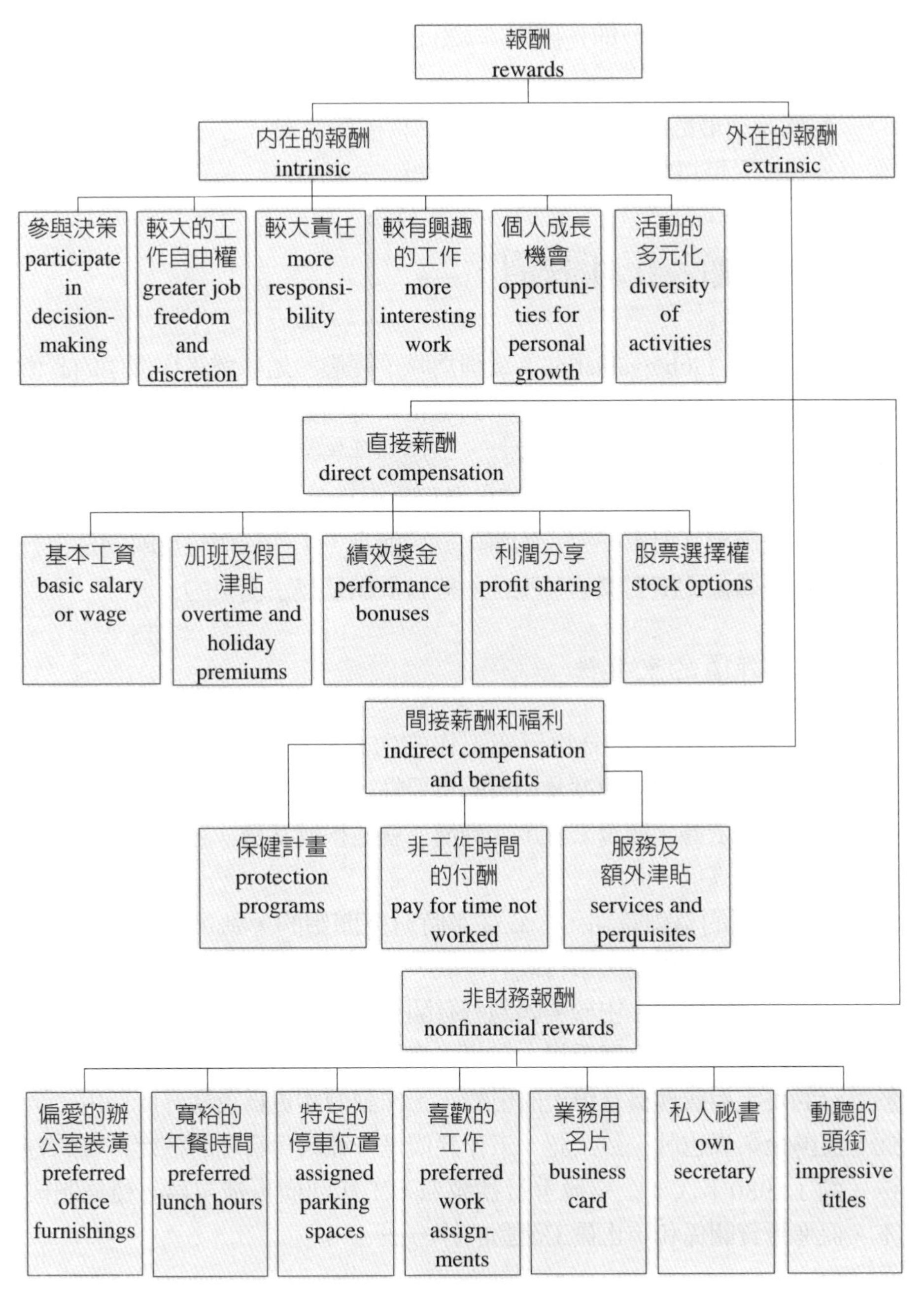

資料來源：張德主編（2001），《人力資源開發與管理》，清華大學出版社，頁217。

件計酬（計件工資制）即是個例子。計件的薪資與產量有直接的關係，且盛行獎金制。

薪酬管理最終的目的就是在吸引、留置和激勵人才，讓每一塊錢的薪資福利投入可以創造最大的收入。

第二節　工作評價

工作評價（job evaluation）或稱爲職位評價，是一種工作價值的評價方法。它是在工作描述的基礎上，對職位本身所具有的特性（例如工作對企業的影響、職責範圍、任職條件、環境條件等）進行評價，以確定一個工作相對於其他工作價值的系統化過程。很顯然的，它的評價對象是職位，而非任職者（對事不對人的原則）。而且，工作評價也反映的是相對價值而不是職位的絕對價值（職位的絕對價值是無法衡量的）。

一、工作評價的重要性

工作評價，主要是分析研究工作的內容與作用，以獲得工作的特徵，並根據工作的難易程度及相對的重要性，同時根據工作的價值，以作爲獎酬的重要依據。簡單來說，「評價」就是根據某種「客觀標準」來評定事務價位的高低。

工作評價的草創時期，大致從工時研究開始的，到了第一次世界大戰，因人才恐慌，促使人事行政的發展，用工時評價以決定工資，開始受到注意。在1930年代，由於美國制訂有關勞工法案以保障勞工權益，工作評價才受到學者的研究與重視。在第二次世界大戰期間，由於工作評價對於工資的安定與管理具有很大的影響，工作評價才更爲企業界所採用。至此，美國企業界也就一致公認，工作評價是一種較爲合理的核定薪資的方法。到了1980年代，企業競爭日益激烈，工作評價更被視爲一種控制成本、促進勞資關係和防止員工流動的好方法。

二、工作評價的具體作用

企業在進行工作評價時，其具體作用有下列幾項：

(一)確定職位級別的手段

職位等級常常被企業作爲劃分工資級別（pay grade）、福利標準、出差待遇、行政權限等的依據，甚至被作爲內部股權分配的依據。而工作評價則是確定職位等級的最佳手段。

(二)薪資架構與分配的基礎

在薪資結構中，很多企業都有職位工資這個項目。在透過工作評價得出職位等級之後，就便於確定職位工資的差異了。根據這套工作價值體系，可以進行對外薪資調查，以測試企業內部薪資平均值的可信度與實用性。

(三)確定員工職業發展和晉升路徑的參考

員工在企業內部跨部門輪調或晉升時，也需要參考各職位等級。透明化的工作評價標準，便於員工理解企業的價值標準是什麼，以及員工該怎樣努力才能獲得更高的職位？（黃勳敬，2002）

三、工作評價的方法

一般而言，工作評價的方法大致分爲兩類，共四種方法。第一類是以工作與工作比較，分爲主觀非量化的排列法（Ranking Method）與客觀而數量化的因素比較法（Factor Comparison Method）；第二類則由工作與預定標準比較，分爲主觀非數量的分類法（Classification Method）及客觀而數量化的因素計點法（Point-factor Method）。

(一)非量化法

非量化法是對整個職位進行評估，並不考量工作的可酬因素（compensable factor），故又稱爲整體職位評估法，較通用的方法有排列法與分類法兩種，因爲它們沒有將工作價值之間的區別予以量化。

◆排列法

在工作評價上，排列法是比較傳統的方法，它係依工作特徵（職位）的相似點做比較，按其重要性的大小或價值的高低依次排列其相對價值。

通常排列法適用於職位不多的小型事業單位，因爲小型公司無力花費更多時間和支出去開發或採用比較複雜但相對精確的其他評價體系。

◆分類法

它是美國公務人員所採用的（十八個職位類型），也是我國公務人員所採用的職位分類法（十四個職位類型）（**表9-3**）。

表9-3　分類職位評價因素表

因素名稱	因素定義	各程度中點分數				
		第一程度	第二程度	第三程度	第四程度	第五程度
1.工作複雜性	它指辦理工作時所需知識、技術、能力之廣度與深度	7	27	65	96	
2.所受監督	它指上級對於本職位工作監督之性質及程度，包括工作之指派、工作方法之指導，以及工作成果之考核	5	27	60	93	
3.所循例規	它指處理工作與決定事項時引用法令、規章、成規、事例或其他規例所需判斷力之難度	4	18	44	73	95
4.言行之效力與影響	它指所為建議所作決定之效力及其性質與影響	8	27	50	78	96
5.所需創造力	它指達成工作目標或解決工作問題，所需創造、思考與革新能力之程度	3	24	64	95	
6.與人接觸	它指為促進工作與人接觸之性質、目的、方法及對象	4	19	53	77	97
7.所予監督	它指對所屬員工監督之性質及程度，包括指派工作、指示方法、考核工作成果所轄屬員多少	3 （屬員人數按所屬人數另定分數）	10	21	33	45

註：分類職位可按職責程度在程度中點或程度間任何一點予以定分。

資料來源：陳明漢（1992），「薪資制度研討會」講義，中華企管中心編印，頁2-4。

(二)量化法

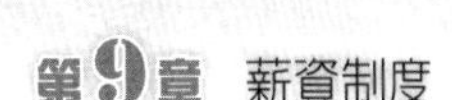

它是對工作中之可酬因素進行評估，故又稱爲因素法。較通用的方法有因素計點法和因素比較法兩種。

◆因素計點法

因素計點法又稱因素評分法或點值法，是在目前所有職位評價法中最被普遍採用的方法。國際知名的人力資源管理顧問公司，如海氏（HAY）、美世（William Mercer）、韜睿惠悅（Towers Watson）諮詢顧問公司等，都是採用此類方法。

◆因素比較法

因素比較法實際上是一種綜合性的工作評估方法，它既包括部分工作排列法的內容，又包括評分的一些方面。在工作比較上，它與排列法很相似，而在職位與一系列可酬因素相比較方面，它又與因素計點法很相似，它是最複雜的職位評價方法。評估人員只有受過充分的訓練之後才能有效的運用該方法。

因素比較法常用的五個可酬因素是：心理要求、身體要求、技能、責任和工作條件。由於一般職位中均包括這些要素，因此，因素比較法並不要求對不同的職位制定不同方案。

因素比較法的制定，有下列六大步驟：

1.定義可酬因素。
2.選擇關鍵職位。
3.根據要素將職位排序。
4.根據各因素確定關鍵職位的薪資水平。
5.比較關鍵職位的要素和薪資排序。
6.在因素比較尺度上標註關鍵職位（**表9-4**）。

表9-4　工作評價評定分數與職等換算表

職等	分數
14	509分以上
13	481～508分
12	453～480分
11	425～452分
10	397～424分
9	369～396分
8	341～368分
7	313～340分
6	285～312分
5	257～284分
4	229～256分
3	201～228分
2	173～200分
1	172分以下

資料來源：陳明漢主編（1992）。《企業人力資源管理實務手冊》，中華企管中心編印，頁493。

四、工作評價委員會

不管選擇何種方法的工作評價方式，在實施工作評估過程中，都要成立一個工作評估委員會，目的是全面瞭解工作內容、審核工作評估方案、實施評估並負責向員工解釋。委員會的成員代表各個工作領域，包括公司的主要管理層人員、人力資源專業人員、外聘顧問等，以保證評估的客觀公正性。

1.成立工作評估小組。

2.評估小組選出幾個具有代表性、並且容易評估的職位。

3.將選出的工作訂爲標準職位。

4.評估小組根據標準職位的工作職責和任職資格要求等信息，將類似的其他職位歸類到這些標準職位中來。

5.將每一組中所有職位的工作價值設置爲本組標準職位價值。

6.在每組中，根據每個職位與標準職位的工作差異，對這些職位的工作價值進行調整。

7.最終確定所有職位的工作價值。

五、評估人員需掌握的原則

工作評價是評估一個職位相對於另一個職位的重要性大小，因此，不可能做出絕對精確的測定。爲確保職位間比較的基礎公平、合理，評估人員需掌握以下原則：

1.評價職位而非評價在職的人。

2.評價的職位可能產生的結果應是一般績效水平。

3.評價的職位是現有的職位內容，而非過去的或將來的職位內容。

4.評價職位時，不必考慮該職位現有的工資水平、職位名稱和大小。

5.集體的判斷是工作評價的最好方法。由多位工作評估成員對職位予以評價，最終職位大小排序的評價，應是多數人一致的意見。

六、可酬因素

以工作所需的知識、技術、責任及困難之層次、工作的性質及資歷、工作者的工作狀況等，以作爲區別工作之要素稱爲可酬因素。舉例而言，該職位對企業的影響、職責大小、工作難度（包括解決問題的複雜性、創造性）、對任職人的要求技能（包括專業技術要求、能力要求、生理要求等）、工作條件（勞動難度與勞動條件）、工作滿足程度等均可列入可酬因素來考量職位評價的重要衡量指標。

工作評價解決的是薪酬的內部公平性問題，它使員工相信，每個職位的價值（可酬因素）反映了其對公司的貢獻。它是人力資源管理中操作難度比較大，同時又非常重要的一項基礎工作。

由於工作評價代表了一個企業對勞動價值的衡量標準，所以在實施時應非常愼重。如果選用諮詢顧問公司成熟的職位評估體系，實施效果、權威性、通用性比較好，但花費較大，對一個中小型企業來說，版權費加上培訓費和評估費，就要花上一筆可觀的費用，是一般中小型企業難以承受的。如果企業自己設定工作評價標準和評價辦法，會比較簡便並且節約，但權威性會受到挑戰。

工作評價不是一成不變的。當公司感覺到內部薪酬分配失衡時，或是經過一段時期的迅速發展及新的工作產生以後，或是在經歷了大範圍的工作職能重組之後，或是在職位職責發生較大程度調整時，就應該進行工作評價。同時，企業也應注意修改過時的工作評價機制（**圖9-2**）。

近年來有些管理專家認爲，企業的變化愈來愈快，內部的組織結構、職位構成很難固定化，所以工作評估就不合時宜了，應該用其他的價值評價辦法代替它，比如以技能爲基礎的付酬（skill-based pay）辦法，以能力爲基礎的付酬（competencies-based pay）辦法，或以績效爲基礎的付酬（performance-based pay）辦法等。但從實務面來看，目前最常見的薪酬形式仍然是結構工資制（職位工資制）。（朱瑞寶、顧雪春，2003）

第三節　薪資政策

企業規模無論大小，都會有各自的薪資政策（salary policy），即使有些企業的薪資政策沒有明文化，但它本身也是一種政策（**表9-5**）。

表9-5　薪資政策的目標

1.保證組織可以聘僱（吸引）到所需要的人才。
2.留住有績效（優秀）的員工。
3.激勵員工使其更有生產力。
4.以工作對組織價值為取向，釐定各工作之間的合理差距，並維持薪資給付的全面均衡。
5.具有隨市場及組織變動、機動調整之彈性空間。
6.便於解說、理解有關的薪資行政管理作業及控管事務。
7.薪資制度運作講求成本效益而不耗時、耗費。
8.員工覺得獲得的待遇是合理及公平。
9.遵守政府對工資管制的法規（最低工資、加班費的計算等）。
10.有效控制人事成本，以保持企業的競爭力。

資料來源：丁志達（2012），「薪資管理與設計實務講座班」講義，財團法人中華工商研究院編印。

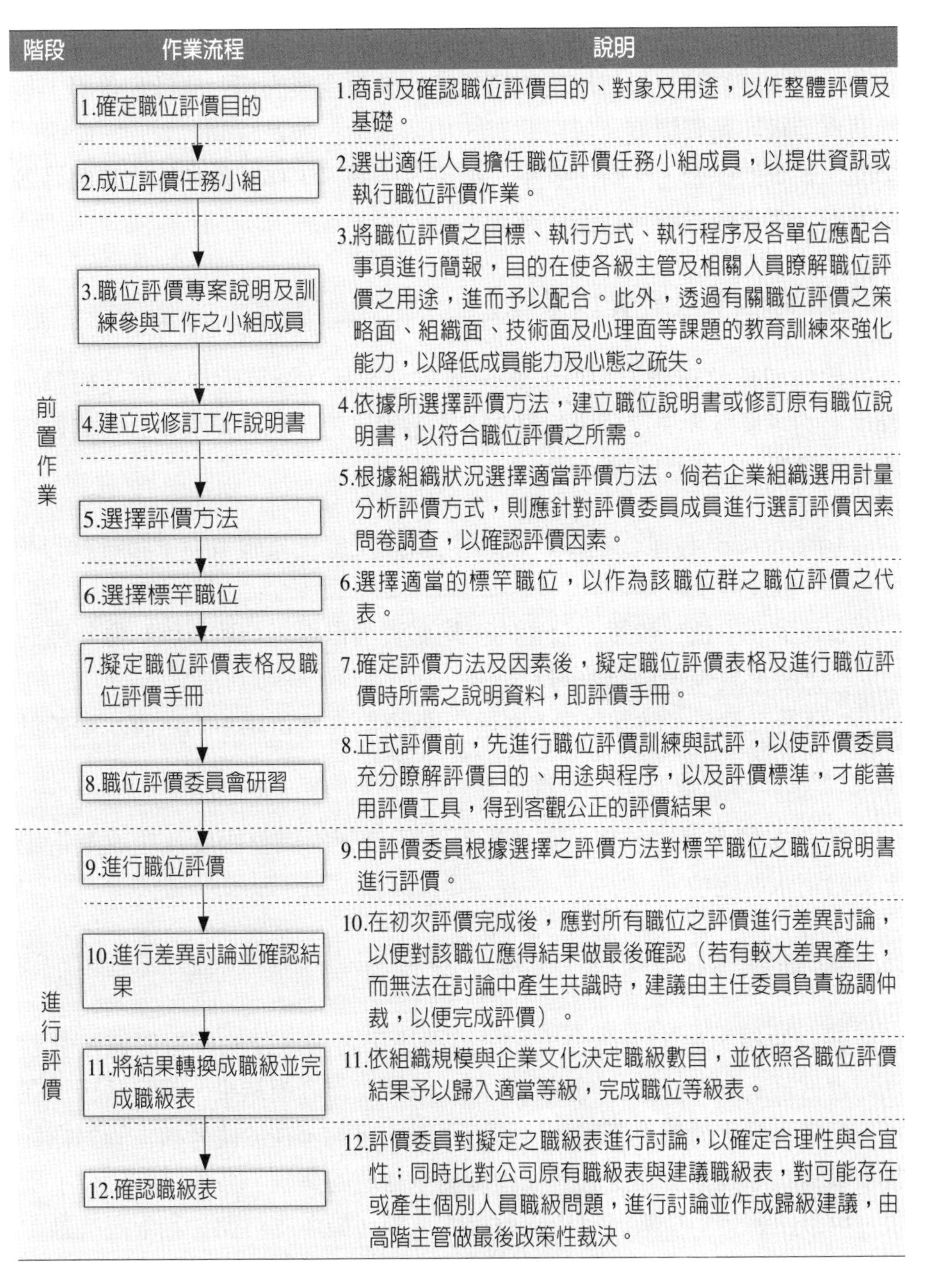

階段	作業流程	說明
前置作業	1.確定職位評價目的	1.商討及確認職位評價目的、對象及用途，以作整體評價及基礎。
	2.成立評價任務小組	2.選出適任人員擔任職位評價任務小組成員，以提供資訊或執行職位評價作業。
	3.職位評價專案說明及訓練參與工作之小組成員	3.將職位評價之目標、執行方式、執行程序及各單位應配合事項進行簡報，目的在使各級主管及相關人員瞭解職位評價之用途，進而予以配合。此外，透過有關職位評價之策略面、組織面、技術面及心理面等課題的教育訓練來強化能力，以降低成員能力及心態之疏失。
	4.建立或修訂工作說明書	4.依據所選擇評價方法，建立職位說明書或修訂原有職位說明書，以符合職位評價之所需。
	5.選擇評價方法	5.根據組織狀況選擇適當評價方法。倘若企業組織選用計量分析評價方式，則應針對評價委員成員進行選訂評價因素問卷調查，以確認評價因素。
	6.選擇標竿職位	6.選擇適當的標竿職位，以作為該職位群之職位評價之代表。
	7.擬定職位評價表格及職位評價手冊	7.確定評價方法及因素後，擬定職位評價表格及進行職位評價時所需之說明資料，即評價手冊。
	8.職位評價委員會研習	8.正式評價前，先進行職位評價訓練與試評，以使評價委員充分瞭解評價目的、用途與程序，以及評價標準，才能善用評價工具，得到客觀公正的評價結果。
進行評價	9.進行職位評價	9.由評價委員根據選擇之評價方法對標竿職位之職位說明書進行評價。
	10.進行差異討論並確認結果	10.在初次評價完成後，應對所有職位之評價進行差異討論，以便對該職位應得結果做最後確認（若有較大差異產生，而無法在討論中產生共識時，建議由主任委員負責協調仲裁，以便完成評價）。
	11.將結果轉換成職級並完成職級表	11.依組織規模與企業文化決定職級數目，並依照各職位評價結果予以歸入適當等級，完成職位等級表。
	12.確認職級表	12.評價委員對擬定之職級表進行討論，以確定合理性與合宜性；同時比對公司原有職級表與建議職級表，對可能存在或產生個別人員職級問題，進行討論並作成歸級建議，由高階主管做最後政策性裁決。

圖9-2　工作評價作業流程圖

資料來源：常昭鳴、共好博頡知識編輯群編著（2005），《PHR人資基礎工程：創新與變革時代的職位說明書與職位評價》，博頡策略顧問公司出版，頁140。

企業薪資政策，通常是由人資部門按照企業經營策略、經營方針擬定的。它強調的是支付標準與規模相當的競爭企業的相對高低和差異，包括薪資等級和薪資幅度、僱用薪資、加薪基礎、調薪時間、晉升、降級、調職、薪資的保密、小時工資率、加班、休假、工作時數和工作時間等各個方面。薪資政策所包括的內容有：

一、薪資水準（薪資政策線）

比較與彙整市場上相似地區、產業、產品功能等因素，以及經營與管理上的考量後，決定公司薪資在市場上的定位，也就是決定公司的薪資政策在就業市場上的薪資水準。

1.領先（主位）政策：公司的平均薪資定位在高於市場平均薪資的某一個位置上。
2.競爭（中位）政策：公司的平均薪資與市場平均薪資就一個年度的總額來說幾乎是一致的。
3.落後（隨位）政策：公司的平均薪資訂在比市場平均薪資水準較低的位置上。

薪資支付水準定位後，它會影響到薪資架構調整幅度及在就業市場上的給薪水準定位。

二、薪資結構

薪資結構，是指一個企業的組織機構中各項職位的相對價值及其對應的實付薪資間保持著什麼樣的關係。依據工作評價結果，設定薪級，在每一薪級內設定給薪上下限。給薪上下限的目的，在於使考核主管對擔任該項職務的部屬在工作上的勝任程度給予合理的薪酬。各薪等的給付上下限，可以由薪資中位數計算出該薪級的上限（最多支付點）和下限（最少支付點）金額。

三、給薪的基準

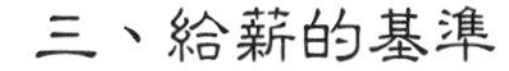

給薪的基準要考慮到以績效爲主，還是以本薪爲主？前者，會影響到薪資結構中本薪與獎金的比例，以及各項年終績效紅利的發放；後者，極有可能走向單一薪俸制，以簡化薪資作業。

四、薪資異動

調薪的基準和晉升的政策是以績效或年資，或者二者並重，都會影響到獎勵年資的各種表示方法。至於純粹以年資論薪，則又有可能造成不重視績效，並加重各項直接與年資相關聯的福利負荷，諸如退休金、資遣費及各項保險保費的支付等。

五、薪資控制

薪資控制與管理作風的集權和分權有關。集權是儘量將薪資行政作業由中央層級定奪，而分權是指下授給部門的一些薪資行政作業管轄的權限而言。例如，僱用敘薪、績效調薪、晉升加薪等的運作。（羅業勤，1992）

六、薪資溝通

調整報酬制度是一件棘手的事，一不小心，不但沒有達到激勵的功效，反而會因此流失核心成員。大多數的人都不習慣改變，尤其是影響到自身利益時，更容易引起員工反彈。因此，企業應該不斷溝通，讓員工瞭解公司長期的策略和目標是什麼，現在的薪資制度在哪方面不再合宜，爲什麼要進行這些調整等。

企業薪資政策一經建立，如何投入正常運作，使其發揮應有的功能，是一個相當複雜的問題，也是一項長期的工作。

第四節　薪資調查

薪資調查的目的，即在瞭解人力市場薪資給付的一般行情，作爲企業內設計或調整薪酬管理制度的重要參考依據。雖然，各企業對薪資方面的資料列爲高度機密，但只要調查的單位取得對方的薪資資料有相當程度的保密措施，多數的企業都會樂意參與薪資調查作業。

一、薪資調查的對象及家數

選擇薪資調查的對象牽涉到兩個關鍵的問題，即應選擇哪一類的企業（選樣）及應調查幾家公司（家數）。一般而言，選擇適合做薪資調查的公司，應具備以下的標準：

1.具有互相競爭性，特別是專業性技術人員可互相流動的企業。
2.勞動條件、經營規模、企業的知名度相當的企業。
3.具有代表性的其他行業，各選擇一家作爲比較共通職務薪資行情的參考。例如資訊人才是銀行業、保險業、電子業、化工業等各行各業所需的人才，瞭解這些行業的某些職位的薪資行情，有助於薪資制度設計的準確度。
4.調查的企業會據實提供正確資料者。
5.薪資制度上軌道而非雜亂無章的企業。

至於調查的家數，則受人力、財力、物力及時間的限制，通常以十二至十五家作爲指標，如果調查家數太少，可信度不足；調查家數太多，則相類似的條件不易蒐集，若取樣發生偏差，則調查統計的資料就失眞，更何況，邀請參加的企業，必須平日經常往來關係不錯的人資主管才願意協助，平日很少交往的企業是絕不會答應交換薪資給付訊息的。

範例9-1

IBM的薪資調查項目

IBM公司決定薪資水準的最大因素，就是薪資調查。以特定的企業為對象，定期實施澈底調查。這調查工作非常重要，至於企業的選擇則根據下列標準，慎重地實行：

1.這企業必須是薪資水準、福利保健優越的一流企業。
2.由於要將這企業中和IBM從事相同工作的待遇作一比較，因此，這企業必須具備技術、製造、營業及服務等部門。
3.這企業在未來必須要有很高的成長度。

IBM公司的薪資水準，主要是根據這基本薪資調查的結果，經過檢討而決定的。其他還要做一些必要的配合性調查，甚至在生活費的變動、生活水準、勞動力的供需關係等方面，也要有充分的考慮，這是自不待言的。在這薪資調查中，為了和各公司祕密交換情報，根據君子協定，絕對不可透露各公司的名稱。

資料來源：許曉華譯（1986），龜岡大郎著，《IBM的人事管理》，卓越文化事業，頁72。

二、選擇代表性的職位（標竿職位）

它是指在本質上其工作職責可明確區分而且界限明顯，穩定而無重大變動，能代表工作價值，且該職位存在於競爭性的行業中。

一般而言，所選擇調查職位，必須多至足以使每一參加薪資調查的企業於其查核薪資表時，有足夠提供的資料。例如，某一公司的職位有十五等級，則從每一職等中，各選一或二種確能顯示工作難易程度與職責大小的關鍵性或代表性的職位（標竿職位），其任務與職責在一段期間內不會變更，而此一職位的工作人數較多，且在薪資費用上占著重要的分

量，以此職位作爲薪資比較的基礎。

三、薪資調查的項目

工資通常是論時計酬；薪資係於某一段期間爲單位計酬，例如週薪、月薪、年薪等；獎金與津貼，是爲鼓勵員工超過正常努力或表現所給予的報酬，例如紅利、績效獎金、生產獎金等；至於福利，只考慮是否爲組織的成員，不考慮工作績效全體正職員工都能享有，例如，商業性的團體住院醫療險等。

由於有些企業給付員工的本薪高，而另一些企業給付員工的福利多，「本薪」、「福利」都是人事成本，故薪資調查時，不能只比較各職位的基本薪資，還必須深入調查其他與人事成本有關的資料（**表9-6**）。

四、蒐集薪資資料的方法

由於各企業對工作所使用的職稱（職位）並無一定的標準，也許工作職位名稱相同（類似），但工作內容或人員管控幅度差別很大，因此，不能僅以職稱作爲比較的基礎，而必須事先設計薪資調查表。

表9-6　薪資調查的項目

類別	說明
給付方法	計件、計時、日薪、週薪、月薪、年薪等。
調薪幅度	最近三年的薪資調幅（百分比或固定金額調整方式）。
調薪次數	年度調薪、半年調薪或依績效考核等第分不同月數調薪。
調薪計畫	最近一次的調薪是何時？下次的調薪在何時？調薪預算是多少？
薪資架構	年度薪資架構各職等調整多少百分比（固定金額）。
勞動條件	每週工作天數及工作小時、各類帶薪假期等。
津貼獎金	伙食津貼、交通津貼、輪班津貼、房屋津貼、危險工作津貼、年終獎金、全勤獎金、績效獎金、分紅等。
福利措施	股票選擇權、年節補助金、團體保險、退職金、上下班交通車、伙食提供（補貼）、宿舍、健康檢查及福利委員會推動的各項員工福利措施等。
其他項目	瞭解某些正在或規劃中的人資制度，以為借鏡。

資料來源：丁志達（2012），「薪資管理與設計實務講座班」講義，財團法人中華工商研究院編印。

薪資調查表的內容應包括如下項目：

1.工作職位（應以對方的職位名稱來設計，回收問卷後，再自行整理歸類）。
2.職位說明（組織表與職責）。
3.必須具備的學、經歷條件。
4.此一職位在公司服務的年資（是否包括在以前工作的年資，要說明清楚）。
5.目前擔任此項職位的人數。
6.最高薪資、最低薪資、平均薪資的金額。

五、資料回收與整理

薪資調查的結果，是根據調查資料繪製的薪資曲線。在職位等級—薪資等級座標圖上，首先標出所有被調查公司的員工所處的點，然後整理出各公司的薪資曲線。從這個圖上可以直接地反映某家公司的薪資水平與同行業相比處於什麼位置（**圖9-3**）。

薪資調查後，資料的分享，是參加的公司願意花時間塡寫問卷的原因之一。在薪資調查彙總表上，要將參加企業的名稱用代號表示，以達到薪資保密不外洩。

通常薪資彙總表，可分爲下列三大項資料來說明：

1.一般人事概況、福利資料的敘述（例如各公司的員工人數、產品別、工作時間、員工的流動率、各項津貼等）。
2.一般薪資概況（例如新進人員的起薪、年度調薪預算百分比等）。
3.各標竿調查職稱（職位）彙總統計（包括各職位的人數、最高薪資、最低薪資、平均薪資等）（**表9-7**）。

從薪資調查資料分析的結果，可作爲本企業薪資架構是否調整的依據、年度調薪幅度預算的參考、明年度新進人員的起薪金額，以及與薪資掛鉤的各項人事規章制度的修改參考依據。（丁志達，1983）

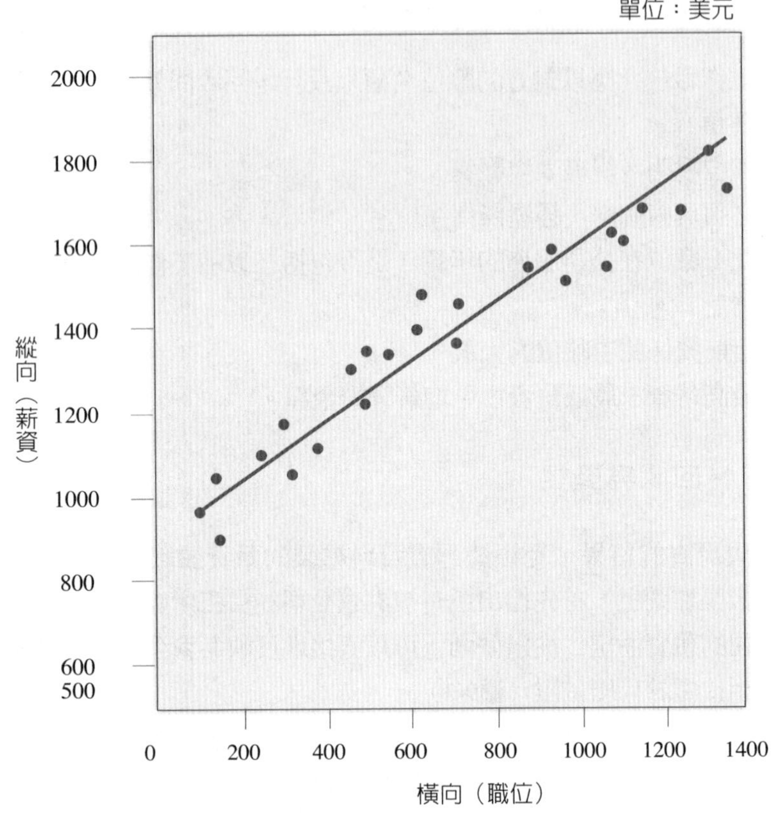

圖9-3　薪資趨勢線——市場薪資

資料來源：高成男（2000），《西方銀行薪酬管理》，企業管理出版社，頁129。

表9-7　薪資調查統計專有名詞

- 最低（Minimum）：所有樣本資料中的最小值。
- 十分位數（Low Decile）：百分之十的樣本資料低於此值。
- 二十五分位數（Lower Quartile）：百分之二十五的樣本資料低於此值。
- 中位數（Median）：百分之五十的樣本資料低於此值。
- 七十五分位數（Upper Quartile）：百分之七十五的樣本資料低於此值。
- 九十分位數（Upper Decile）：百分之九十的樣本低於此值。
- 最高（Maximum）：所有樣本資料中的最大值。
- 平均數（Average）：依所有樣本資料的總數除（÷）以樣本數所得之平均數。

資料來源：美商惠悅企管公司，2003年台灣地區薪資福利調查報告。

第五節 薪資體系設計

薪資體系設計，在於對內具有公平性，對外具有競爭力。要設計出合理科學的薪資體系和薪酬制度，一般要透過以下幾個步驟：

一、第一步：制定薪資策略

薪資分配的策略和政策線的問題，這跟企業經營理念有關。包括薪資等級間差異的大小、職級的多寡、薪資收入組合（薪資、獎金與福利費用）的分配比例等。例如確定職位工資，需要對職位作評估；確定技能工資，需要對人員資歷作評估；確定績效工資，需要對工作表現作評估；確定公司的整體薪酬水平，需要對公司盈利能力、支付能力做評估。每一種評估都需要一套程序和辦法。所以說，薪資體系設計是一個系統工程。

二、第二步：工作分析

工作（職位）分析是確定薪資的基礎。結合公司經營目標，公司管理層要在業務分析和人員分析的基礎上，明確部門職能和職位關係，透過職務調查和職務分析，把職務本身的內容、特點以及履行職務時所必須的知識、能力條件等各項要素明確的確定下來，寫入工作（職務）說明書。

三、第三步：工作評價

工作評價（職位評估）著重在解決薪資的對內公平性問題。它是工作分析的自然結果，同時又以工作說明書爲依據。大型企業的職位等級有的多達二十五級，中小企業多採用十一至十五級。國際上的一些大型企業的薪資結構設計有一種趨勢是扁平寬幅薪資結構（broadbanding pay structure），即企業內的職位等級正逐漸減少，而工資級差變得更大（**圖9-4**）。

FUNCTIONAL STRATEGY

BAND 層級	TASKS 協助他人 1	SKILLS 專業知識／技能 2	EXPERTISE 專業能力 3	LEADERSHIP 領導他人 4	功能策略 5FS	BUSINESS STRATEGY 營運策略 5BS	CEO 總裁

GRADE 職等: 1 2 3 4 5 6 7 8 9 10 11 12 13 14 15 16 17 18 19 20 21 22 23 24 25

MANAGEMENT CAREER 管理職

- Top Management 第一線高階主管
- Senior Management 第二線高階主管
- Middle Management 中階主管
- Supervisor 基層主管

PROFESSIONAL CAREER 專業職

1 2 3T 4T

GRADE: 1 2 3 4 5 6 7 8 9 10 11 12 13 14 15 16 17 18 19 20 21 22 23 24 25

- Subject Matter Expert 專家及專業人員
- Professional 資深專業人員
- Technician 專業人員
- Snr, Clerical/Admin 資深行政／技術人員
- Clerical/Admin 行政／技術人員
- Ancillary 庶務服務人員

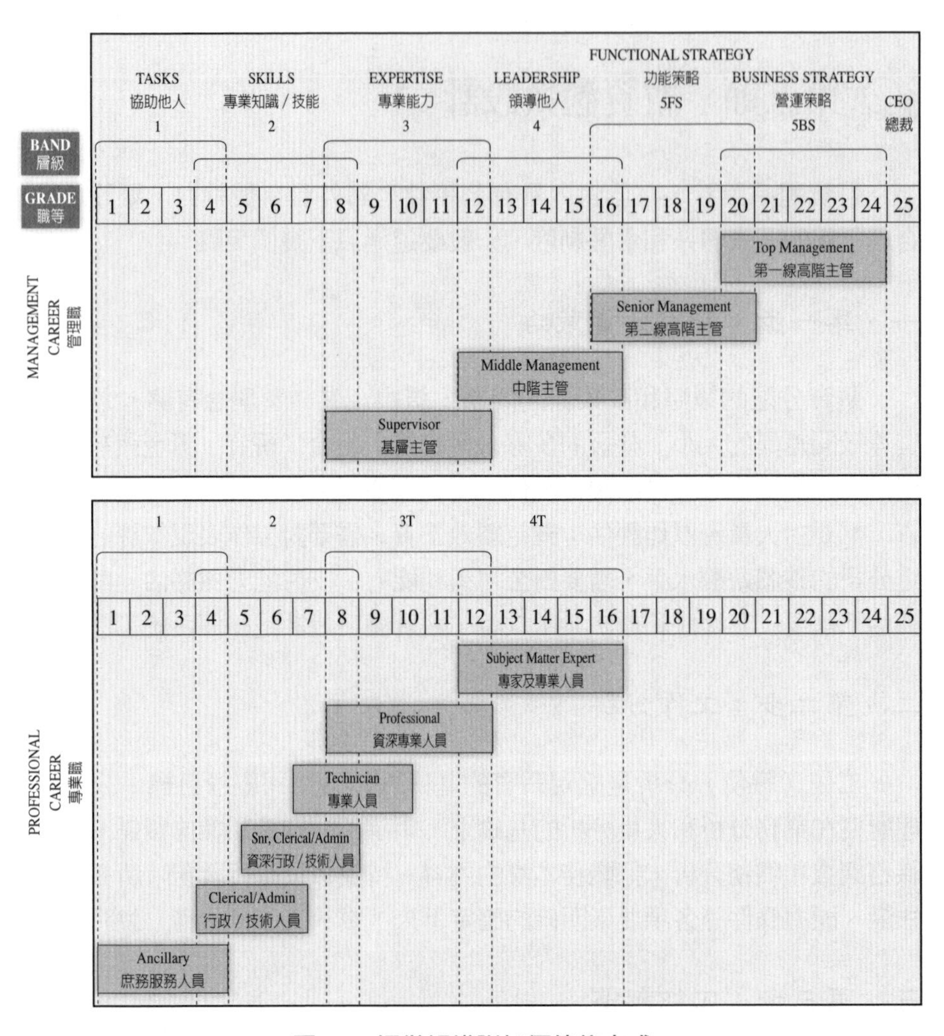

圖9-4 提供組織附加價值的方式

資料來源：《2007年台灣地區薪資福利調查報告》，惠悅諮詢顧問公司，頁11。

四、第四步：薪資調查

薪資調查重在解決薪資的對外競爭力問題。企業在確定工資水平時，需要參考勞動力市場的工資水平，畫出市場平均薪資線；透過企業平

均線與市場平均線的比較，可瞭解目前企業薪資制度與市場水準的差異狀況，以利企業薪資架構的設立。

五、第五步：薪資定位

在分析同行業的薪資資料後，需要做的是根據企業狀況選用不同的薪資水平。

影響公司薪資水平的因素有很多種，從公司外部看，政府的宏觀經濟政策、通貨膨脹、行業特點和行業競爭、就業市場的人力供應狀況，甚至外幣匯率的變化，都對薪資定位和工資增長水平有不同程度的影響。在公司內部，盈利能力和支付能力、人員的素質要求是決定薪資水平的關鍵因素。企業發展階段、人才稀有度、招聘難度、公司的市場品牌和綜合實力，也是重要影響因素。

在薪資設計時有個專用術語，如P25、P50、P75、P90，意思是說，假如有一百家公司（或職位）參與薪資調查的話，薪資水平按照由低到高排名，它們分別代表著落在第二十五分位的排名（低位值）、第五十分位的排名（中位值）、第七十五分位的排名（高位值）。一家採用P75策略的公司，需要雄厚的財力、完善的管理、有暢銷的產品相支撐。因爲薪資是剛性的，降薪幾乎不可能，一旦企業的市場前景不妙，將會使企業的留人措施變得困難。

六、第六步：薪資結構之建立

一般而言，通常規模達到一定水準以上的企業，爲了維護本薪制度的有效運用，會設定一明確的薪資結構圖，將要支付給所有員工的薪資納入此一系統中。

企業在完成工作評價之後，仍需決定薪資曲線之斜率、薪等數目（pay grades）、薪資全距（salary range），以及各薪等間的重疊（overlap）部分問題，以建立一完整的薪資結構圖。

(一)薪資曲線

在設計薪資結構時，首先要決定的是薪資率的折算比率，亦即工作評價所得到的評點分數，應該以多少的比率換算成實際的薪資數額。而此折算率將直接影響薪資曲線之斜率。折算率愈高，薪資曲線斜率愈大，折算率愈低，薪資曲線斜率愈小。由薪資政策曲線的斜率，可以看出企業中職等的薪資差距狀況。職等間的薪資差距愈大，則斜率愈陡峭。實際運用上，爲了拉大高階工作與基層工作之間的薪資距離，企業或市場的平均薪資線大多呈現往右向上彎曲的現象，以達到吸引及留任激勵高階人才的目的。（諸承明，1999）

(二)薪等數目

爲了便於有效管理員工薪資，企業通常會根據工作評價的結果，將評點相近的工作劃分爲同一等級，使所有的評點分數區分爲數個薪等。薪等數目不僅與組織規模（員工人數）有關，對於員工職涯發展亦有重要的影響。倘若薪等的數目較多，員工往上晉升的機會將會較大，而薪等數目太少，員工晉升的機會相對就會減少許多。一般而言，薪等數目視企業組織規模而定，一般分爲九至十五個職等居多。

(三)薪資全距

當薪等劃分完成後，接下來要決定的是薪資全距，亦即一個薪等應涵蓋多寬的薪資數額，其最高薪（maximum）與最低薪（minimum）之間的差距應有多少。薪資全距是一個區間，而不是一個點，企業可以從薪資調查中選擇一些資料作爲這個區間的中位數（median），然後根據這個中位數確定每一職位等級的最高薪（上限）和最低薪（下限）。例如，在某一職位等級中，上限可以高於中位數百分之二十，下限可以低於中位數百分之二十。相同職位上不同的任職者由於在技能、經驗、工作效率、年資等方面存有差異，導致各職位上的員工對公司的貢獻並不相同，因此，同一等級內的任職者，基本工資未必相同。如上所述，在同一職位等級內，根據職位工資的中位數設置一個上下的工資變化區間，就是用來體現工資給付的差異，增加了工資變動的靈活性，使員工在不變動職位的情況下，

隨著技能的提升、經驗的增加、績效的提升而在同一職位等級內逐步提升工資等級（**表9-8**）。

(四)薪等間的重疊

薪等間之重疊，係指相鄰的兩薪等間其薪資全距之間的重疊部分。由於各薪等並非一個薪資數額而是一個區間，所以當各薪等的中位數間距小、薪資全距大時，兩個薪等之間就會出現重疊部分。一般原則是重疊部分不宜超過百分之六十，而跨薪等以不超過三個職等的重疊為原則。至於影響薪等間重疊之因素，除了薪等劃分數目外，薪等間距及薪資全距也與其有密切關係（**圖9-5**）。（諸承明，2001）

表9-8　薪資結構表　　單位：新台幣／元

職等	薪資（月薪）			
	1Q（第一分位）	2Q（第二分位）	3Q（第三分位）	4Q（第四分位）
1	20,167～22,183	22,184～24,200	24,201～26,217	26,218～28,233
2	22,131～24,620	24,621～27,110	27,111～29,560	29,561～32,089
3	24,784～27,571	27,572～30,360	30,361～33,148	33,149～35,936
4	27,688～31,148	31,149～34,610	34,611～38,071	38,072～41,532
5	31,568～35,513	35,514～39,460	39,461～43,406	43,407～47,352
6	36,304～40,841	40,842～45,380	45,381～49,918	49,919～54,456
7	40,933～46,561	46,562～52,190	52,191～57,819	57,820～63,447
8	47,482～54,010	54,011～60,540	60,541～67,069	67,070～73,598
9	55,082～62,655	62,656～70,230	70,231～77,804	77,805～85,378
10	63,208～72,688	72,689～82,170	82,171～91,651	91,652～101,132
11	73,954～85,046	85,047～96,140	96,141～107,233	107,234～118,326
12	87,270～100,359	100,360～113,450	113,451～126,541	126,542～139,631
13	102,985～118,432	118,433～133,880	133,881～151,828	151,829～164,775

資料來源：丁志達（2012），「薪資管理與設計實務講座班」講義，財團法人中華工商研究院編印。

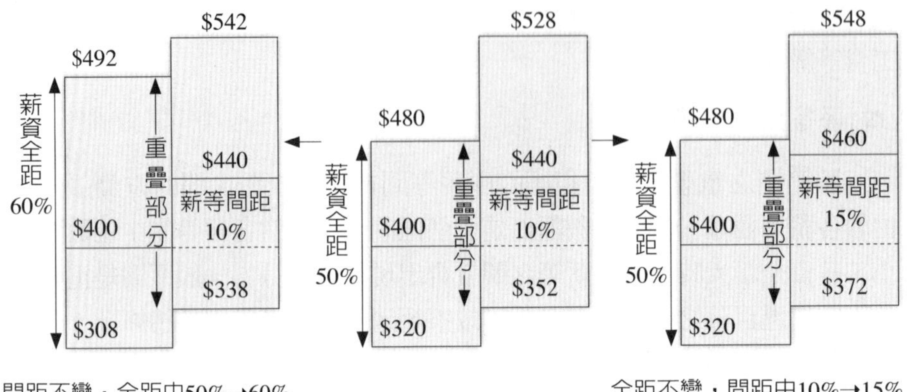

圖9-5　薪資間距、薪資全距與薪等間重疊部分之關係圖

資料來源：諸承明（2003），《薪酬管理論文與個案選集：台灣企業實證研究》，華泰文化事業出版，頁61。

七、第七步：薪資體系的實施和修正

在確定薪資調整比例時，要對總體薪資水平做出準確的預算。目前，大多數企業是財務部門在做此預算。在制定和實施薪資體系過程中，及時的溝通、必要的宣傳或培訓是保證薪資變革成功的因素之一。從本質意義上講，勞動報酬是對人力資源成本與員工需求之間進行權衡的結果。

依照上述步驟和原則設計薪資體系，雖然顯得有些繁瑣，但卻可以收到良好的效果。員工對薪資向來是既患寡又患不均，儘管有些企業的薪資水平較高，但如果缺少合理的分配制度，將會適得其反。

企業薪資制度一經建立，如何投入正常運作並對之實行適當的控制與管理，使其發揮應有的功能，是一個相當複雜的問題，也是一項長期的工作。企業界不存在絕對公平的薪資方式，只存在員工是否滿意的薪資制度。人資部門可以利用薪資制度問答（Q & A）、員工座談會、滿意度調查、內部刊物等形式，充分介紹公司的薪資制定依據。

第六節　薪資報酬委員會

行政院金融監督管理委員會在2011年3月18日公布實施的《股票上市或於證券商營業處所買賣公司薪資報酬委員會設置及行使職權辦法》（簡稱《本辦法》），全文共有十四條。其主要內容有：

一、薪資報酬委員會組織規程內容

1.薪資報酬委員會之成員組成、人數及任期。
2.薪資報酬委員會之職權。
3.薪資報酬委員會之議事規則。
4.薪資報酬委員會行使職權時，公司應提供之資源。（第三條）

二、薪資報酬委員會之組成

薪資報酬委員會成員由董事會決議委任之，其人數不得少於三人，其中一人爲召集人。（第四條第一項）

三、薪資報酬委員會職權範圍

《本辦法》第七條規定，薪資報酬委員會應以善良管理人之注意，忠實履行下列職權，並將所提建議提交董事會討論。但有關監察人薪資報酬建議提交董事會討論，以監察人薪資報酬經公司章程訂明或股東會決議授權董事會辦理者爲限：

1.訂定並定期檢討董事、監察人及經理人績效評估與薪資報酬之政策、制度、標準與結構。
2.定期評估並訂定董事、監察人及經理人之薪資報酬。（第一項）

薪資報酬委員會履行前項職權時，應依下列原則爲之：

1.董事、監察人及經理人之績效評估及薪資報酬應參考同業通常水準支給情形，並考量與個人表現、公司經營績效及未來風險之關連合理性。
2.不應引導董事及經理人爲追求薪資報酬而從事逾越公司風險胃納之行爲。
3.針對董事及高階經理人短期績效發放紅利之比例及部分變動薪資報酬支付時間應考量行業特性及公司業務性質予以決定。（第二項）

前二項所稱之薪資報酬，包括現金報酬、認股權、分紅入股、退休福利或離職給付、各項津貼及其他具有實質獎勵之措施；其範疇應與公開發行公司年報應行記載事項準則中有關董事、監察人及經理人酬金一致。（第三項）

董事會討論薪資報酬委員會之建議時，應綜合考量薪資報酬之數額、支付方式及公司未來風險等事項。（第四項）

董事會不採納或修正薪資報酬委員會之建議，應由全體董事三分之二以上出席，及出席董事過半數之同意行之，並於決議中依前項綜合考量及具體說明通過之薪資報酬有無優於薪資報酬委員會之建議。（第五項）

董事會通過之薪資報酬如優於薪資報酬委員會之建議，除應就差異情形及原因於董事會議事錄載明外，並應於董事會通過之即日起算二日內於主管機關指定之資訊申報網站辦理公告申報。（第六項）

子公司之董事及經理人薪資報酬事項如依子公司分層負責決行事項須經母公司董事會核定者，應先請母公司之薪資報酬委員會提出建議後，再提交董事會討論。（第七項）

三、薪資報酬委員會之召集及開會次數

薪資報酬委員會應至少每年召開二次，並於薪資報酬委員會組織規程中訂明之。

薪資報酬委員會之召集，應載明召集事由，於七日前通知委員會成

員。但有緊急情事者，不在此限。（第八條）

公司治理的目的是兼顧利害關係人前提下，追求公司利益極大化，確保股東投資利益。執行長、主要經理人都是公司決策的重要決定者與執行者，適當的報酬制度設計以誘發其行爲符合股東權益。因而，薪酬委員會的主要任務、義務以及獨立性的規範，乃期望薪酬委員會符合公司治理的精神，在重要的經理人的薪酬設計扮演積極角色，以助於達成改善經營結構，加強經營績效；增加程序公平性，促進市場效率；保障股東權益，揭露攸關資訊和董事會策略性指導下，提供權責相符的獎酬制度。（李佳玲、李懿洋，2008）

結 語

企業爲了吸引並留住員工，許多企業的薪資方案非常重視現金報酬，但現金只是其中的一個重要因素，員工希望得到更多的東西，如深造培訓、晉升機會、精神獎勵及舒適的工作環境，這些都是卓越有遠見的企業吸引高素質員工的手段。

箚 記

- 吸引人才，薪資是一個重要因素，但決定員工最後選擇的往往是公司整體的環境。
- 公司的薪資政策是在就業市場上有「競爭力」，而不是要當「領頭羊」。
- 參加地區性的人資主管聯誼會（組織），以取得相關的薪酬資料。
- 企業每年必須做薪資調查，以瞭解各標竿職位的市場行情。

・每年度調薪預算編列，必須考慮長期薪資政策的走向與企業的財務負擔能力。

・參考無工作經驗的大專畢業生（男性役畢）的市場起薪價，來推算在職員工薪資給付的合理化。

・對於個人薪資已達到該職位的最高給付薪時，年度一次性的給付激勵（依工作表現）是可行的方法之一，但澈底解決的方式，是加強第二專長的訓練，加重工作責任，才不致增加人事成本的負擔。

・企業給員工的「高薪」比競爭同業的給付為高時，卻買到了比競爭同業相等或低的貢獻度勞動人力，則企業所支付的「高薪」，就是偏高的人事成本，會影響企業的競爭優勢。

・薪資成本的控制，是經年累月要做的。否則，企業經營一旦遭受困境，就先想到薪資的削減，但因目前企業在經營上已不順遂，減薪又讓員工心生不滿，豈不是火上加火，企業要浴火重生，困難重重。所以，薪資管理惟有前瞻性的規劃與執行，不能在經營順境時，「暴飲暴食」，在經營不順時，要員工與企業「肝膽相照」。

・對於知識型員工的薪資管理，應以工作而非級別為基礎。在知識型的企業工作的員工，知識的創新和業績的取得，往往不取決於資歷深淺和級別高低，而取決於個人工作的投入和創造能力的強弱。因此，知識型員工很少願意接受傳統的不以「貢獻」為基礎的資歷、權威和特權的付薪制度。因此，「薪資」與「權力」要分開，應該是知識型員工薪資管理的基本原則。

・人事成本支付的多寡會影響產品的訂價，但在「合理、有效的」控制下，能使薪資成本維持在一個合理的負擔上。

・工資對勞動者而言，是收入，但對雇主而言，是成本、對勞工來說，收入愈高愈好，對雇主來說，成本愈低愈好。政府制定基本工資，係以政府的公權力干預勞動條件的手段，以保障勞

動者的基本權益。

- 不論薪資結構設計得多麼完美，一般總會有少數人的工資低於該職等的最低限或高於最高限。對此，企業可以在年度薪資調整時進行調整，比如對前者加大提薪比例，而對後者則少調薪甚至不調薪。
- 主管的減薪，未必能降低多少人事成本，但主要目的是希望所有員工都能夠瞭解經營階層重整公司的決心。
- 有形薪水再多也抵擋不了青春歲月流逝，工作真正的價值在經驗累積的實力，讓人生發散出光與熱，讓人生不虛此生。
- 薪資電腦化，有一件事是要「手工」與「輸入電腦」一併作業，就是員工每一次調薪的個人薪資資料的書面登記。因為，「電腦」會「當機」、會「中毒」、薪資管理人員會「離職」，而員工的薪資卻不容許「打馬虎眼」，不容許有任何閃失，事後補救是一大費力、費時的工程。
- 遴選薪資管理員的條件，要選用做事品質要「細膩」（數字的核對）、對薪資資料會「守口如瓶」、對自己要「看到別人調薪，自己不會心動」的人，才能勝任此職。

第10章

績效獎勵制度

- 激勵理論
- 獎工制度
- 自助式薪酬方案
- 員工分紅制度
- 結　語

一個沒有受激勵的人，僅能發揮其能力的20～30%，而當他受到激勵時，其能力可以發揮至80～90%。

——哈佛大學心理學家威廉・詹姆士（William James）

激勵（motivation），係指組織透過設計適當的外部獎酬形式和工作環境，以一定的行為規範，營造出一個適當的工作環境，使能激發、引導員工的工作意願，進而求得組織和員工個人目標的實現。而獎工制度，旨在肯定員工能力、鼓勵員工成就，以及承擔風險的精神。

第一節　激勵理論

知識經濟時代的來臨，企業主愈加感受到聘僱合適人才的壓力。員工一旦被僱用，雇主總是期望員工能繼續維持工作的高效率，而又儘量抑制用人成本的增加；但是員工則希望所從事的工作有趣，能夠學到新技術，而且提供各項福利，來提升個人的生活品味，不再認為有義務長久為同一位雇主工作。

研究經營管理激勵機制的理論基礎是行為科學理論。行為科學理論認為，推動人的行為發生的動力因素有：行為者的需要、行為動機和既定的任務（目標）（**表10-1**）。

一、早期激勵理論

早期主要的激勵理論有：馬斯洛的需求層級理論、赫茨伯格的激勵—保健因素理論、麥克萊蘭的成就需求理論和道格拉斯・麥格雷戈的X理論與Y理論。這些理論是當代激勵理論的基礎，在實務上，管理者常用以解釋員工的激勵作用。

(一)需求層級理論

需求層級理論（Hierarchy of Needs Theory）係馬斯洛（Abraham H.

表10-1　主要的激勵理論

類別	主要理論	學者	理論變數	理論特質	管理實例
內容（需求）理論	需求層級理論	Maslow	生理、安全、歸屬與愛、受人尊重、自我實現	主要在探討引起、產生或激發激勵行為的因素為何	以滿足員工的金錢、地位、成就動機來激勵部屬
	雙因子理論	Herzberg	保健因子、激勵因子		
	ERG理論	Alderfer	生存、人際關係、成長		
程序（工具）理論	期望理論	Vroom & Lawler	期望值、期望媒介	不僅注意引發行為的要素，同時也注意到行為方式的程序方向或選擇	由明瞭員工對工作的投入、績效標準與報償的知覺來激勵
	公平理論	Adams	投入、成果、比較人或參考人、公平與不公平		
強化理論	強化理論	Skinner	前件控制、後果	注意到能增加期望行為，重複與減少非期望行為重複的可能性因素	藉著獎勵期望行為或懲罰不期望行為來激勵

資料來源：Ivancevich, J. M. & Szilagyi, A. D. & Wallace, M. J. (1977). *Organizational Behavior and Performance.* California Santa Monica: Goodyear, p. 101.

Maslow）在其「需求層級序論」和「調動人的積極性」的理論中指出，人的需求是產生行爲動機，也是引起激勵作用的基本激勵因素。因此要使人受到激勵，必先使人產生需求。

1.生理的需求（survival needs）：食物、睡覺等偏重物質上的需求，獲得相當程度的滿足後，便提升需求層級。
2.安全的需求（security needs）：身體不受到傷害；經濟、財物上的需求（保險、退休金）、對未來的確定感、工作的保障。
3.歸屬與愛的需求（belonging needs）：獲得別人的肯定。
4.受人尊重的需求（prestige needs）：在團體中受到別人的尊重。
5.自我實現的需求（self-fulfillment needs）：成就感、做自己興趣的工作（**圖10-1**）。

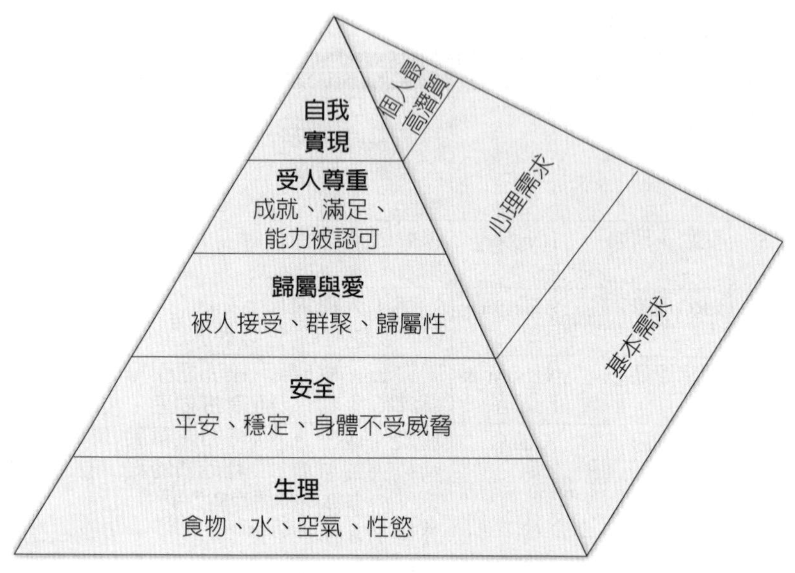

圖10-1　馬斯洛的需求層級金字塔

資料來源：高尚仁（1998），《心理學新論》，揚智文化，頁118。

(二)激勵—保健因素理論

激勵—保健因素理論（Motivation-Hygiene Theory）是美國的行爲科學家赫茨伯格（Fredrick Herzberg）所提出來的，又稱雙因子理論。20世紀50年代末期，赫茨伯格和他的助手們在美國匹茲堡（Pittsburg）地區對二百名工程師、會計師進行了調查訪問，結果發現，使員工感到滿意的都是屬於工作本身或工作內容方面的；使員工感到不滿的，都是屬於工作環境或工作關係方面的。他把前者稱爲「激勵因素」，後者稱爲「保健因素」（**圖10-2**）。

赫茨伯格的雙因素理論和馬斯洛的需求層級理論有相似之處。赫茨伯格提出的保健因素相當於馬斯洛提出的生理需求、安全需求、歸屬與愛需求等較低級的需要；激勵因素則相當於受人尊重的需求、自我實現的需求等較高級的需要。當然，兩位學者的具體分析和解釋是不同的。但是，這兩種理論都沒有把「個人需要的滿足」和「組織目標的達到」這兩點聯繫

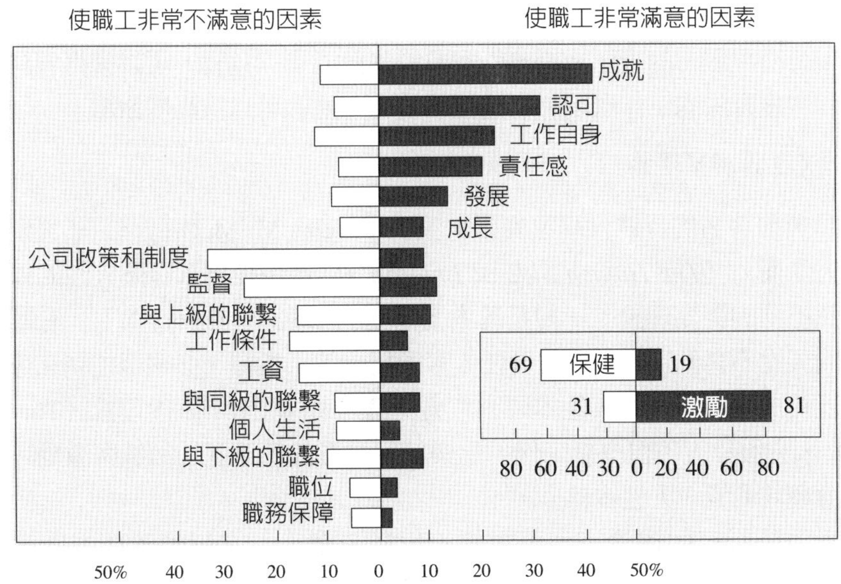

圖10-2 滿意因素和不滿意因素的比較

資料來源：徐成德、陳達（2001），《員工激勵手冊》，中信出版社，頁216。

起來。

(三)成就需求理論

成就需求理論（Need for Achievement Theory）是美國學者麥克萊蘭（David McClelland）及其學生於50年代提出的。成就需求理論中指出，個體在工作情境中有三種主要的動機或需要：

1.成就需要（Need for Achievement）：達到標準、追求卓越、爭取成功的需要。

2.權力需要（Need for Power）：影響或控制他人且不受他人控制的欲望。

3.歸屬需要（Need for Affiliation）：建立友好親密的人際關係的願望。

在大量研究的基礎上，麥克萊蘭對成就需要與工作績效的關係進行了十分有說服力的推斷。高成就需要者喜歡能獨立負責、可以獲得資訊反饋和中度冒險的工作環境。在這種環境中，他們可以被高度激勵。

(四)X理論與Y理論

美國著名的行爲科學家麥格雷戈（Douglas M. McGregor）在《企業的人性面》（*The Human Side of Enterprise*）書中提出了有關人性的兩種截然不同的觀點理論：一種是基本上消極的X理論（Theory X），它認爲人的天性不喜歡工作，規避責任，寧願接受他人指揮，必須用控制和懲罰才能達成組織目標（人性本惡）；另一種是基本上積極的Y理論（Theory Y），它假設人不但樂於工作，也樂於承擔責任，適度的領導與激勵，則可激發其潛能（人性本善）。

由於採用的理論不同，會直接影響企業人力資源的管理方向和制度，故不可不審慎處理（**表10-2**）。

二、近代激勵理論

近代激勵理論有ERG理論、期望激勵模型、期望理論、公平理論、強化理論、目標設定理論和Z理論等。

(一)ERG理論

美國耶魯大學（Yale University）教授奧爾德弗（Clayton Alderfer）在馬斯洛提出的需求層級理論的基礎上，進行了更接近實際經驗的研究，

表10-2　X理論vs.Y理論

理論	說明	管理方法
X理論	·人的本性不喜歡工作，是為了金錢報酬才工作的。 ·若無從上而來的命令或指示，是不會勞動的。	紀律管理（賞罰）
Y理論	·人之所以工作，是希望最好同時滿足娛樂與發揮自己能力，並渴望由努力而完成自我實現。 ·若不受到強制，則對自己設定的目標會努力達成。	目標管理

資料來源：洪榮昭（1987），〈成功的自我經營：設定目標的常識〉，《生涯雜誌》（1987/2），頁40。

提出了一種新的人本主義需要理論。奧爾德弗認爲，人們共存在三種核心的需要，即生存（existence）的需要、相互關係（relatedness）的需要和成長發展（growth）的需要，因而這一理論被稱爲「ERG理論」。

生存的需要與人們基本的物質生存需要有關。它包括馬斯洛提出的生理和安全需求；第二種需要是相互關係的需要，即指人們對於保持重要的人際關係的要求，這種社會和地位的需要的滿足是在與其他需要相互作用中達成的，它們與馬斯洛的歸屬與愛的需求和受人尊重的需求分類中的外在部分是相對應的。最後，奧爾德弗把成長發展的需要獨立出來，它表示個人謀求發展的內在願望，包括馬斯洛的受人尊重的需求分類中的內在部分和自我實現的需求層級中所包含的特徵。

(二)期望激勵模型

美國行爲科學家波特（Lyman Porter）和勞勒（Edward E. Lawler）兩位學者在1968年的《管理態度和成績》一書中提出來的一種激勵理論的模型。這個模型的特點是：

1.激勵導致一個人是否努力及其努力的程度。

2.工作的實際績效取決於能力的大小、努力程度以及對所需完成任務理解的深度。具體地講，角色概念就是一個人對自己扮演的角色認識是否明確，是否將自己的努力指向正確的方向，抓住了自己的主要職責或任務。

3.獎勵要以績效爲前提，不是先有獎勵後有績效，而是必須先完成組織任務才能導致精神的、物質的獎勵。當員工看到他們的獎勵與成績關聯性很差時，獎勵將不能成爲提高績效的刺激物。

4.獎懲措施是否會產生滿意，取決於被激勵者認爲獲得的報償是否公正。如果他認爲符合公平原則，當然會感到滿意，否則就會感到不滿。衆所周知的事實是，滿意將導致進一步的努力（**圖10-3**）。

(三)期望理論

美國心理學家佛洛姆（Victor H. Vroom）根據早期學者的研究，他於1964年提出一種工作激勵的過程理論，稱之爲「工具或期望理論」

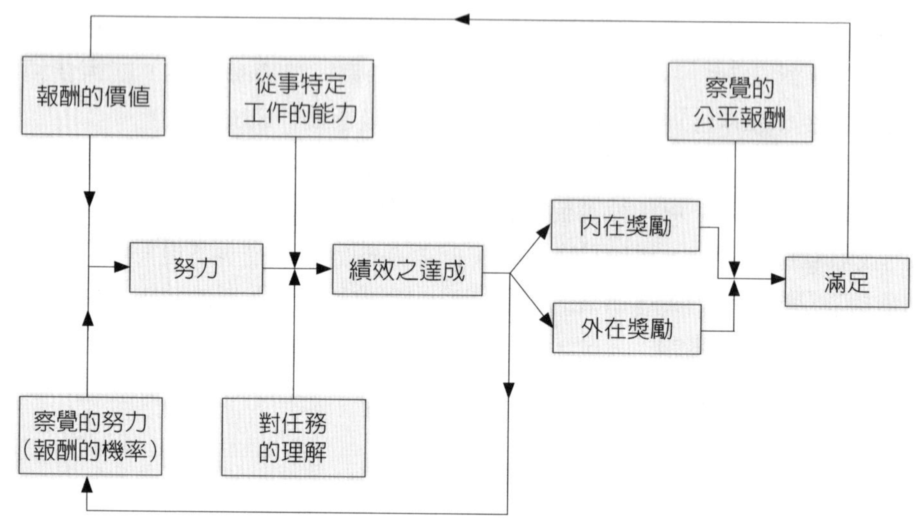

圖10-3　波特和勞勒的期望激勵模型

資料來源：王象生、吳守璞合譯（1992），Harold Koontz & Cyril O'Donnell著，《管理學精義》（*Essentials of Management*, 2nd Edition），中華企管發展中心編印，頁490。

（Instrumentality or Expectancy Theory）。佛洛姆期望理論的基本概念，可用以下的公式表示之：

激勵＝Σ效價×期望值（激發的力量來自效價與期望值的乘積）

換言之，推動人們去實現目標的力量，是兩個變數的乘積，如果其中有一個變數為零，激發力量就等於零，所以某些非常有吸引力的目標，因無實現可能就無人問津。效價是企業目標達到後，對個人有何價值及其大小的主觀估計。期望值是關於達到企業目標的可能性大小，以及企業目標達到後兌現個人要求可能性大小的主觀估計。這兩種估計在實踐過程中會不斷修正和變化，發生所謂「感情調整」。管理者的任務就是要使這種調整有利於達到最大的激發力量。因此，期望理論是過程型激勵理論。

(四)公平理論

公平理論係美國心理學家亞當斯於1956年提出「報酬公平理論」而來。他認爲只有公平的報酬，才能使員工感到滿意和起到激勵作用。而報酬是否公平，員工不是只看絕對值，而是進行社會比較和他人比較，或與自己的過去比較。報酬過高或過低，都會使員工心理上緊張不安。報酬過高時，實行計時工資制的員工，會以提高產量，改進品質來消除自身的不公平感；實行計件工資制的員工，則將產量降低而把品質弄得好一些。報酬過低時，計時制員工便同時用降低產量和質量的辦法來消除不公平感；計件制員工則以降低品質、增加產量的辦法來維持收入。

(五)強化理論

強化理論（Reinforcement Theory）係美國心理學家斯金納（Burrhus F. Skinner）所提出的，凡須經過學習而發生的操作性行爲，均可透過控制「強化物」來加以控制和改造。增強方式有正強化和負強化兩種。

正強化，即用獎金、讚賞、提升等吸引員工在類似條件下重複產生某一行爲；負強化，即預先告知某種不符合要求的行爲可能引起的後果，來避免該行爲；自然消退，即對某種行爲不予理睬，使之逐漸消失；懲罰，即用批評、降薪、開除（discharge）等手段來消除某種不符合要求的行爲（**圖10-4**）。

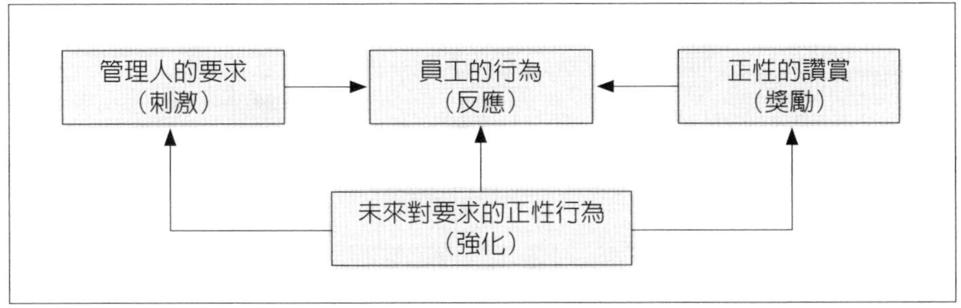

圖10-4 強化理論模型

資料來源：許是祥譯（1990），Warren R. Plunkett & Raymond F. Attner著，《企業管理》，中興管理顧問公司，頁303。

(六)目標設定理論

根據美國馬里蘭大學管理學兼心理學教授洛克（Edwin A. Locke）的目標設定理論（Goal-Setting Theory），對於具有一定難度的具體的目標，一旦被接受，將會比容易的目標更能激發高水準的工作績效（**圖10-5**）。

(七)Z理論

美國日裔學者威廉・大內（William Ouchi）在比較了日本企業和美國企業不同的管理特點之後，參照X理論和Y理論，提出了所謂Z理論，將日本的企業文化管理加以歸納。Z理論強調管理中的文化特性，主要由信任、微妙性和親密性所組成。

根據Z理論，管理者要對員工表示信任，而信任可以激勵員工以眞誠的態度對待企業、對待同事，爲企業而忠心耿耿地工作；微妙性是指企業對員工的不同個性的瞭解，以便根據各自的個性和特長組成最佳搭檔或團隊，增強勞動率；親密性強調個人感情的作用，提倡在員工之間應建立一種親密和諧的夥伴關係，爲了企業的目標而共同努力。

綜合上述各行爲科學家所提出的激勵理論，可獲得下列激勵員工的方法：

1.承認個人差異。

2.適才適所。

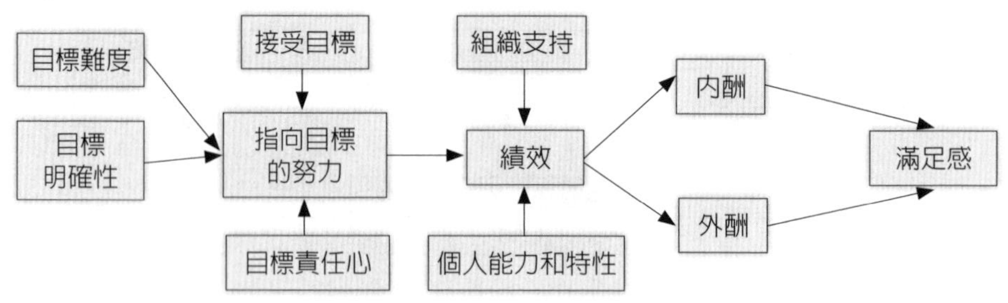

圖10-5　目標設定理論模型

資料來源：徐成德、陳達（2001），《員工激勵手冊》，中信出版社，頁199。

範例10-1

研發部門人員看重的激勵因素

順序	工作因素	順序	工作因素
1	工作興趣	9	工作業績得到認同的培訓
2	工作成就感	10	工作的意義
3	專業技能的培訓	11	薪酬的高低
4	充分發揮個人潛能	12	員工在團隊中的重要性
5	個人能力得到施展的程度	13	福利待遇
6	學習新的知識	14	團隊溝通情況
7	成長的機會	15	工作的責任感
8	自尊需要滿足程度		

調查單位：西門子公司通訊、電子行業。

資料來源：劉揚（2002），〈如何激勵員工——由員工的調查分析制定激勵方案〉，《企業管理》（2002/4）。

3.利用目標。

4.確定員工認爲目標是可以達成的。

5.個人化的報酬。

6.連結報酬與績效。

7.檢視系統的公平性。

8.不要忽視金錢。

三、激勵員工的實務作法

自從行爲科學普遍受到管理界重視以來，企業經營者已意識到，「胡蘿蔔」（獎賞）確實比「皮鞭」（懲罰）更能激發員工的工作意願和提升良好的績效。因此，針對員工的各種表現所設計的獎賞制度，乃紛紛在企業界中加以運用，而各種獎賞制度對員工所產生的激勵效果更普遍受到企業經營者所肯定（**圖10-6**）。

驅動層次	驅動菜單	激勵要點
自我實現	自我實現菜單	根據素質模型，分析員工所長，給予充分授權，目標激勵，讓其去承擔更多的工作；參與決策；擔當員工導師等。
尊重需求	尊重菜單	建立業績評估機制，充分肯定與認可員工；建立多種溝通渠道，去滿足員工的心理需求與工作需求。
歸屬需求	感情菜單	成立員工協助方案（EAP）組織，實施員工心理援助計畫，發揮文化激勵作用，為了員工找到歸屬感與感受組織的溫馨。
安全需求	安全菜單	簽訂長期勞動合同，做好實驗環境與辦公環境的維護，做好職業病與健康防護，購買商業性保險等。
生理需求	生理菜單	有市場競爭力的薪酬福利待遇、住宿補貼、交通補貼、組織興趣小組、交友聯誼活動等。

圖10-6　研發人員內在驅動與激勵菜單

資料來源：陳仕恭（2011），〈研發團隊激勵如何「到位」〉，《人力資源》，總第334期（2011/8），頁48。

激勵措施，可分爲金錢的激勵和非金錢的激勵兩種，是打動員工工作動機的手段。激勵要有持續性，次數要頻繁，「量」（次數）比「質」（金錢價值）重要。但每位員工的需求、期望值是不一樣的，任何的激勵措施都應該注意員工的個別差異性，細心體察，從宏觀到微觀，施以不同的激勵方法，以達到眞正激勵的效果，讓員工持續努力不懈，保持高昂的工作士氣與鬥志。

範例10-2

員工獎勵辦法

一、總則

本公司對員工個人或團隊由於職責外付出特殊努力而致具有顯著特殊優異貢獻表現，足為全公司員工典範者，給予及時之獎賞，特訂定本辦法。

二、適用對象

本辦法適用於全體員工。

三、獎勵種類及定義

本公司獎勵制度分為下列三項：

1.特殊成就獎

此獎項係表揚團隊或員工個人的特殊成就，此成就表現出極度專業與努力。

2.優異成就獎

此獎項係表揚團隊或員工個人的優異成就，此成就對公司有重大利益，並足為創新、創意、特殊努力方面的楷模。

3.傑出成就獎

此獎項係表揚團隊或員工個人的傑出成就，此成就可對公司造成久遠重大的利益，並具創新、創意和個人奉獻精神。

四、獎勵條件

員工個人或團隊（專案）符合下列條件之一者，應予獎勵：

1.獲得重大訂單、銷售或利潤所作的特殊貢獻。
2.在預算內開發出新產品。
3.提出新技術專利，並獲確認。
4.改進採購、存貨管理、流程或人力控制方法等，而導致成本大幅降低。
5.果斷的行動或適時的報告，避免公司遭受損失。
6.解決公司在技術、工作環境或管理方面的執行效率。
7.增進公司的利益或提升公司形象所作的顯著特殊貢獻。
8.提出重要且具體的公司改進提案，因而對公司有顯著的貢獻。

五、獎勵金額

本公司獎勵金額依照獎勵種類給予不等之獎金：

1.團隊獎金

(1)特殊成就獎

視對公司的貢獻程度而定，受獎團隊可獲得新台幣15,000元以內的獎金。

(2)優異成就獎

視對公司的貢獻程度而定，受獎團隊可獲得新台幣30,000元以內的獎金。

(3)傑出成就獎

視對公司的貢獻程度而定，受獎團隊可獲得新台幣100,000元以內的獎金。

2.個人獎金

(1)特殊成就獎

視對公司的貢獻程度而定，受獎者可獲得新台幣5,000元以內的獎金。

(2)優異成就獎

視對公司的貢獻程度而定，受獎者可獲得新台幣10,000元以內的獎金。

(3)傑出成就獎

視對公司的貢獻程度而定，受獎者可獲得新台幣15,000元以內的獎金。

六、獎勵申請程序

1.員工個人或團隊在完成對公司的特殊貢獻之後，職能負責部門主管應即將該團隊或員工個人予以提名，並填妥提名表，詳述貢獻及成果，擬予獎勵之種類、金額呈總經理核可後，轉行政部辦理。

2.行政部門將負責獎勵金之申請，獎勵金應由總經理頒發予得獎個人或團隊成員。

3.受獎事蹟將公告於公布欄。

4.所有獲獎的員工或團隊成員所領取之獎金，須依稅法規定扣百分之六。

七、附則

本辦法經總經理核准後實施，修正時亦同。

資料來源：新竹科學園區某大科技公司。

第二節　獎工制度

獎工制度是人力資源領域內薪資管理的重要主題，殆無疑義。嚴格地講，任何薪資給付項目中都具有獎勵的精神。調薪亦是激勵員工超越正常績效水平的一種獎工制度，只不過，調薪作業，多年來逐漸發展成固定形式，這其中與生活費水平的逐年上漲有相當密切的關係。爲了滿足組織與個別員工的需求，企業紛紛研發出許多獎工策略及辦法，儘管其中各有不同，但其主旨都在強調績效，著重成果分享，跟傳統調薪辦法重視獎勵，但較少兼顧成本效益觀點，有所不同。

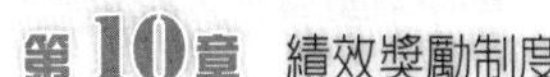

獎工制度的類別

獎工制度設計的重點，在於配合企業的策略和目標。一般企業常採用的獎工制度類型包括：史坎隆計畫（The Scanlon Plan）、盧克計畫、英波歇爾計畫、佣金制、績效薪給制、年終獎金、績效獎金、利潤分享制等。

(一)史坎隆計畫

史坎隆計畫是由史坎隆（Joseph Scanlon）於1930年代所創立。背景是其服務的鋼鐵公司，因爲不克應付外來更具效率的鋼鐵業者的競爭，瀕臨歇業，史坎隆是鋼鐵工聯地方分會之理事，代表勞方與公司管理階層進行協議，進而研發出來一套將工資與生產力直接關聯的獎工辦法。

史坎隆計畫可說是一項創新的管理辦法，它獎勵員工正式組織委員會參與決策過程，並且提倡績效分享。大部分員工參與方式有兩層，第一層是由領班與二至三位員工代表共同組成廠區單位生產委員會，並討論各項提出建議，若經採納則予以施行，否則發回再議。如果建議落在審核權限之外，再轉呈高階管理層以及第一線生產委員會的員工代表或工會幹部所組成的審核委員會進行審核。同時該委員會還提供各項有關生產力的資訊，例如，每月財務或營運報告，並發表分紅金額。

(二)盧克計畫

盧克計畫的主要理論依據，是來自經濟學者盧克（Rucker）於1930年代的研究。他發現不論外在經濟情況如何變動，在他研究的製造業內，約有百分之九十的公司中，勞動成本對於附加價值（也就是公司產品的售價與外購原物料、工具設備，以及勞務成本之間的差異）的比率，不論景氣低迷或者高峰，有其相當固定的比率存在，而這也是盧克計畫後來所採用的生產基準。由於製造業內的勞動成本與附加價值的核計較具制度，所以，盧克計畫也較易推行，至於非製造業，到目前爲止，較少適用。

勞動成本對於附加價值之比率，採自公司過去三至五年之內的財務資料。勞動力效率的提升，舉凡原物料之節省、較少的廢料及重製、較低的退貨率及較高的產量，或是較佳的技術與工具的應用方法等，都可提高

生產力並產生種種結餘，以增加附加價值，而實際勞動成本與附加價值中所認定勞動成本之差額，即是員工所應享有的獎金部分。盧克計畫採用附加價值的好處是比史坎隆計畫更可反映出產品組合成本的變化與差異。

(三)英波歇爾計畫

英波歇爾（Improshare）事實上是改進生產力盈餘的縮寫（Improved Productivity Through Sharing），在1974年經由密契爾．范（Mitchell Fein）依傳統工業工程方法開發出來的。

英波歇爾計畫並不像史坎隆計畫或盧克計畫有成立正式的員工參與架構或途徑，只是強調勞資一體，管理當局能及時回應員工建議即可。員工努力工作，產生盈餘，由雙方分享。

英波歇爾計畫是一項團體獎金計畫，其勞動力基準即是產出一單位產品時所有須投入的直接與間接人工小時，稱爲基準生產力因素（Base Productivity Factor, BPF）。例如，一單位產品需直接人工1小時，間接人工0.8小時，故一個基準生產力因素（BPF）則爲1.8小時。將實際工時與所需投入之基準生產力相比，如果有所結餘，則由員工和公司50／50對分。以結餘中全體員工享有的工作小時對全體員工實際工作小時之百分比作爲基準。每一個員工則依照當期實際工作小時，乘以該項百分比得享有獎金小時，然後再乘以時薪數目，就得現發獎金。這種雙方對分的方式通常都比較容易被員工接受。員工享有工作小時的結餘，而公司享有原物料及工具設備的結餘，各取所需。（羅業勤，1992）

(四)佣金制

佣金制，通常是以銷售量或銷售率爲基礎，也可用前一段時間銷售量的相對增長率，或既定的一段時間內所建立聯繫的新客戶數目爲基礎。佣金制主要用於銷售人員，分爲下列三種型態：

1.單純佣金制（佣金構成銷售人員基本收入，受市場環境影響大，欠穩定），其公式爲：

佣金＝銷售量（或銷售率）×佣金率

2.混合佣金制

銷售人員收入＝佣金＋固定工資

3.超額佣金制

銷售人員收入＝佣金－既定定額

（此定額是銷售人員事先同意要保證完成的銷售額）

(五)績效薪給制

績效薪給制（pay for performance），係指依個人當年度工作績效決定年度調薪幅度的多寡，這是目前高科技產業給薪的走向，以取代傳統的固定調薪制度。除了依績效調薪外，企業也會依據各員工年度的整體績效表現，決定發給額外獎金的比例（**圖10-7**）。

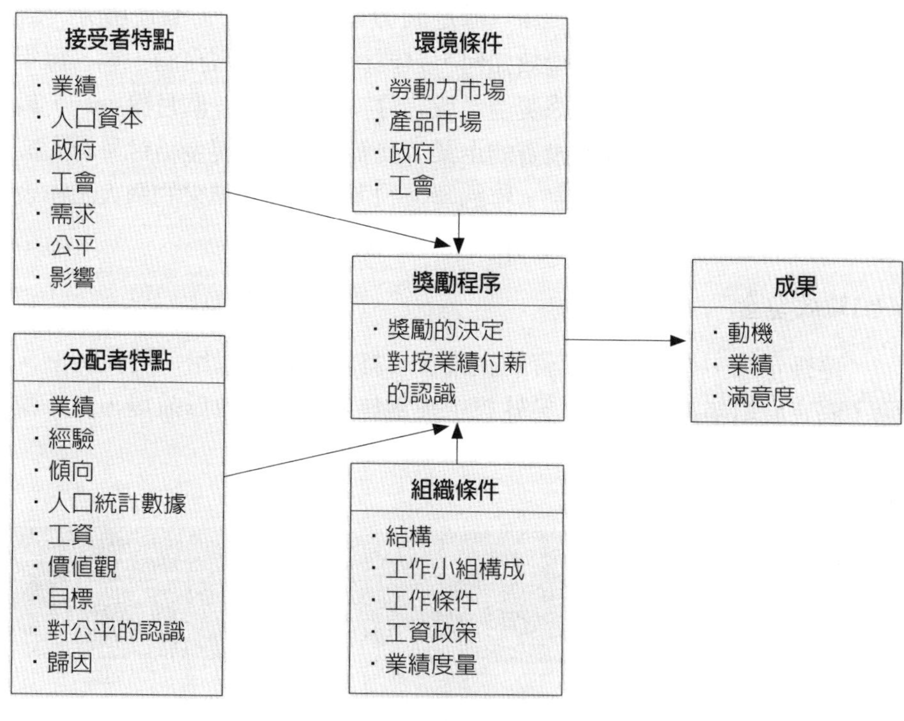

圖10-7　績效薪資結構圖

資料來源：Heneman (1990)；引自：趙正斌、胡蓉譯（2003），Richard S. Williams著，《業績管理》（*Performance Management: Perspectives on Employee Performance*），東北財經大學出版，頁198。

績效薪給制最主要的精神在於，依企業內個人或部門對企業的貢獻訂立支薪標準。有效的績效薪給制，不但可以提高企業生產力，更可提升員工的工作動機和表現（**表10-3**）。

(六)年終獎金

管理者雖然都知道年終獎金的發放並非激勵員工的唯一途徑，但是年終獎金一旦決定發放，它的公正性還是比它的多少更來得重要。任何企業在制定年終獎金的發放政策時，都要考慮同業的發放標準和本身的經營績效，否則不足留住人才，更何況年節一過，就是一年一度各行各業「招兵買馬」的旺季，員工領到的年終獎金不如預期，企業留住人才就很困難。

年終獎金有兩種意義，第一種是酬勞在職的員工（不管功勞、苦勞，統統有獎），無論營運績效如何，只要員工當年度服務滿一年，每年固定給予一個月或二個月年終獎金（或七月、一月各發一個月獎金），最典型的實施行業，就是外商投資的企業，其年終（中）獎金給付月份形成制度化；另一種是論功行賞制，年終獎金的多寡，按一年來的個人工作表現以及營業績效作決定，爲國內中小企業所採用。

(七)績效獎金

這幾年來，外商在台投資的企業，年終獎金紛紛採用「雙軌制」，除了固定發給年終獎金外，另外以企業當年度營業績效爲前提，有「賺

表10-3　年度績效調薪表

薪資幅度／績效調薪／績效考核等級	Q1 第一區隔 0～25%	Q2 第二區隔 26～50%	Q3 第三區隔 51～75%	Q4 第四區隔 76～100%
優	10%	8%	6%	3%
甲	8%	6%	4%	2%
乙	6%	4%	2%	0
丙	4%	2%	1%	0

資料來源：丁志達（2012），「薪酬規劃與管理實務班」講義，台灣科學工業園區同業公會編印。

錢」，提出部分「利潤」按個人績效考核等第，發給不同等級與金額的「績效獎金」（或特別獎金），當年度「無利潤」時，則不發「績效獎金」。

由於經營環境的瞬息萬變，企業每年的利潤難於掌控，有些企業年終獎金的發放，比照「平均股利」的模式，也就是採用平均年終獎金的方式，景氣好、獲利高時，員工年終獎金部分提列保留，留待來年發放，不但可維持每年發放的成數，還可鼓勵員工繼續留在公司努力，不失爲可採用的留人策略。

(八)利潤分享制

利潤分享制（Profit Sharing System）又稱爲「利潤分享計畫」，是團體獎勵制的一種，使全體員工共同分享大家對公司效益增長所做的貢獻。它的優點是培養團隊精神，使每一員工感覺是組織中共同奮鬥的一名合夥人，企業的興衰與自己休戚相關。

第三節　自助式薪酬方案

傳統的薪酬機制，是以企業（雇主）爲導向的制度，主要包括基本工資、激勵工資、獎金、津貼、福利等，其各組成部分是基本固定的，是企業早已設定好的，除企業決策層及人力資源部門外，其他員工基本上沒有參與對薪酬方案的設計，員工僅被告知他們有多少薪酬可領，而企業也沒有試圖瞭解員工想要什麼。

美國密西根大學商學院教授特魯普曼（John E. Tropman）在其著作《薪酬方案》（*The Compensation Solution: How to Develop an Employee-Driven Rewards System*）一書中，提出了一種全新的薪酬思路：自助式薪酬方案（self-assisted compensation solution）。它是一種整體性的系統方案，他把十個主要的薪酬部分分成五大類十種成分，從基本工資到反應員工需求的個人因素一應俱全，體現了靈活性和多樣化，能夠產生比傳統薪資體制更大的激勵效應。

一、整體薪酬等式

最新的薪酬概念，可以透過一個由十種薪酬組成成分組合而成的等式表達出來。（胡零、劉智勇主編，2002）

TC＝（BP＋AP＋IP）＋（WP＋PP）＋（OA＋OG）＋（PI＋QL）＋X

TC：整體薪酬

BP：基本工資

AP：附加工資（一次性薪酬，其發放不定期、不定量，如加班費、工作績效獎金、利潤分享等）

IP：間接工資（福利）

WP：工作用品補貼（企業為員工工作所補貼的資源，如工作服、辦公用品等）

PP：額外津貼（因工作時間過長，或在危險或不理想條件下工作而給付員工的一種補償、購買企業產品的優惠折扣）

OA：晉升機會

OG：發展機會（包括員工在職、在外培訓和學費贊助等）

PI：心理收入（員工從工作本身和公司中得到的精神上的滿足）

QL：生活品質，反映生活中其他方面的重要因素（上下班便利措施、彈性的工作時間、孩子看護等）

X：個人因素，個人獨特的需求（如允許某些員工帶著寵物上班）。

從上面的公式不難看出自助式薪酬方案具有很強的彈性，員工完全可以在企業給定的架框內，根據個人的需求進行相應的調整與組合，以建立起自己的薪酬系統，同時隨著自己興趣愛好和需要的變化，做出相應的變更。例如，對一位剛有小孩的年輕員工來說，他可能希望薪酬組合中的現金收入的比率大一些，養老保險等其收入的比例小一些；而對於一個小孩已經成家或沒有小孩且收入豐富的年老員工來說，他不會太在乎現金收入，但希望退休金要多積蓄一點，以防後患。

二、員工為導向的薪酬體制

自助式薪酬方案是以員工爲導向的薪酬體制，它符合現代企業顧客導向的經營觀念，這是對傳統的以企業（雇主）爲導向的薪酬觀念的重大變革；它關注當今社會企業管理層次減少，管理崗位數量下降所帶來的晉升機會不足的現象，在薪酬中提供了發展機會的激勵；它更加關注員工家庭生活，講求生態和諧。因而，它始終突出了將企業的利益與個人利益協調起來並使之最大化（在這一過程中也使顧客利益最大化）的共贏思想，運用系統的觀念，擴充了薪酬的內容，不僅使企業對人力的投資與激勵更具競爭力，也從某種程度上有效地抑制了薪酬成本。（大連快線，http://www.dlxp.com/new_view.asp?id=7197）

三、推行自助式薪酬方案的原則

自助式薪酬方案是在企業和員工充分溝通的基礎上來確定員工的薪酬形式。企業在推行自助式薪酬方案時，應遵循下列的原則：

1.最終的薪酬目標必須與企業和員工今後的發展方向相一致。企業在照顧員工個性化需求，爲其訂製薪酬方案的同時，也要注意適當約束和引導，創造一種積極向上的企業文化氣氛，不可因此而混亂了企業正常的管理秩序。

2.確立以團隊爲基礎的獎勵概念，鼓勵員工之間的合作與學習。

3.企業必須允許員工積極參與自己薪酬給付的形式和內容的確定，決策人員需要與員工進行充分的溝通、交流，與員工共同商定其一段時期內的薪酬方案，同時還需要一定的透明度，允許員工公平競爭。

4.實施分類管理，按照ABC管理法則，企業內的A類員工（約占企業人數的百分之二十左右），是公司的核心力量，他們的貢獻遠遠超出了僱用他們的成本，所以他們的薪酬方案需要精心設計，支付的薪資也應該高出市場平均水準百分之二十，甚至更多；企業內的B

類員工（約占企業人數的百分之六十左右），是企業的中間分子，他們克盡職守，兢兢業業，對企業忠誠，所以可以按照市場薪資平均水準，或略高於市場平均水準來支付他們的薪資；企業內的C類員工，業績差，效率低，已經成爲公司的累贅，公司需要勸他們離職，所以應該支付給他們低於市場的百分之十至二十的薪資。（鄔金濤、邵丹，2002）

四、推行自助式薪酬方案的作法

隨著組織結構的扁平化，企業管理層級逐漸減少，員工的晉升機會也相對變少，爲了解決由此帶來的激勵問題，企業必須將激勵的重點領域由垂直式的晉升機會轉向水平式的發展機會，由以前的職位提升轉向現在的工作輪換、工作豐富化，由滿足員工的權力需求到更多地滿足員工的成就感需求。同樣，作爲員工，有些人可以職位晉升作爲自己成功的標準，但另一些人則可能只想成爲本領域的專家，在技能上想達到登峰造極。因此，企業可以結合自己的策略與員工的個人需求，讓其在晉升與發展機會中進行平衡，不要強人所難。（王友超、張建賽，2003）

第四節　員工分紅制度

員工分紅入股制度，起源於1842年法國巴黎的福查奈斯油漆裝潢公司（LeFancheur Nestier & Cie 25 Rue Bleue Paris）。由於此項制度對促進勞資關係有極大的幫助，在1887年傳入美國普洛脫．甘貝爾（Proder & Comber）公司之後，隨後即爲企業界所採用。1899年在巴黎舉行的「國際分紅會議」中指出：「分紅是指企業單位提撥一定比例的盈利，分配給該企業單位一般員工的報酬，此種報酬按自由契約的計畫，事先訂定提撥的比率；比例一經決定，即不得由雇主變更。」

1945年，國民政府通過《勞工政策綱領》，在第十三條宣示：「獎勵工人入股，並倡導勞工分紅制」指明了我國分紅入股政策。1946年，台北市大同股份有限公司實施「工者有其股」制度，鼓勵員工認購公司股

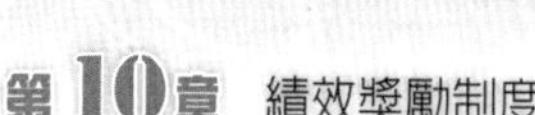

份，並以贈股或無息貸款方式，使員工成爲股東，此爲我國第一家實施員工入股制度的企業。

依現有法令規定，員工分紅入股共有四種方式，分別爲員工分紅配股、員工認股權憑證、庫藏股轉讓員工、員工優先認購權四種方式，各有其不同的適用情境及優缺點，對員工、股東及財務報表亦有不同程度之影響（**表10-4**）。

一、員工分紅配股

員工分紅費用化，係指把公司用紅利名義發給員工的股票，依其市場價值列爲公司的支出，作爲損益表的費用。修正前的《商業會計法》第六十四條規定，商業盈餘之分配，如股息、紅利等不得作爲費用或損失。

表10-4　由企業立場分析股票基礎之酬勞

類別	(1) 員工分紅配股	(2) 員工認股權憑證	(3) 庫藏股轉讓員工	(4) 員工優先認購權
對員工的激勵	著重於獎勵過去的努力	可獎勵過去與未來的努力，但激勵效果較員工分紅小	著重於獎勵過去的努力	獎勵過去與未來的努力
留才效果	無法限制員工轉讓股票，留才效果有限	可限制分年取得，留才時間較長	無法限制員工轉讓股票，留才效果有限	只有在認購價顯著低於市價，方具留才效果
對EPS*之稀釋程度	稀釋程度大，理由： 1.費用需一次認列 2.發行新股票	稀釋程度居中，理由： 1.費用不需一次認列 2.可能發行新股票	稀釋程度小，因為未發行新股	稀釋程度小，因為不會增加酬勞費用
對企業資金影響	對企業現金流量無影響	1.新股：增加企業之現金流入 2.老股：有資金需求	對企業資金需求較大，需先籌資購回庫藏股	增加企業之現金流入
適用之企業	未有虧損企業	1.新創企業 2.高成長產業	資金充沛的成熟產業	即將上市上櫃公司

*Earnings Per Share，每股盈餘

資料來源：李伶珠（2008），〈企業與員工如何因應員工分紅費用化後時代的薪酬制度〉，《會計研究月刊》，總第272期（2008/7），頁61。

但修正後的《商業會計法》第六十四條規定：「商業對業主分配之盈餘，不得作爲費用或損失。但具負債性質之特別股，其股利應認列爲費用。」修法的目的，在於財務報表與國際接軌，以及正確反應員工酬勞成本。

員工分紅費用化自2008年1月1日起實施，對企業與員工的影響如下：

(一)企業方面

1.可供分配之盈餘減少

例如：A企業稅前淨利10億元，分派2千萬元的員工股票紅利（每股面額10元、市價100元、股票發放2百萬股）。

按面額爲盈餘分配項目：稅前淨利10億元－營利事業所得稅費用1.7億元（17%）－員工股票紅利0.2億元＝其餘可供分配盈餘8.1億元。

按市價爲費用項目（現行所得稅法）：稅前淨利10億元－員工股票紅利2億元－所得稅費用1.7億元（17%）＝其餘可供分配盈餘6.3億元。

2.對股價將造成負面之影響，特別是高價高科技電子股。

3.每股盈餘（Earnings Per Share, EPS）下降（說明：《商業會計法》未修法前，分配的盈餘不得作爲費用，A企業稅前淨利10億元，擬分配2,000萬元給員工，並以面額每股10元轉換成特別股，即可得200萬特別股，再發給員工持有，其稅後可供分配盈餘爲8.1億元。《商業會計法》修法後，具負債性質之特別股，其股利應認列爲費用，所以，A企業稅前淨利10億元，如計畫以200萬特別股發給員工，現在每股市價爲100元，則要分配給員工特別股的紅利爲2億元，而不是修法前分配的2,000萬元，其可供分配盈餘降爲6.3億元。）。

4.影響高科技員工之留才及跨國性流動。

(二)員工方面

1.股數計算由面額改爲市價，員工可獲配之股數減少。

2.按市值課稅，無論員工可得股數爲何，稅負都會增加。

(三)因應方法

1.提高員工分紅比率：公司可適度提高員工分紅比率，增加可供分配與員工股數，協助企業留住人才。

2.發行員工認股權憑證：會計處理上分期認列費用，可平均分攤每年的費用。

3.提高非股權酬勞制度福利。（蘇柏屹，http://www.docin.com/p-42091135.html）

員工股票紅利對台灣過去二十多年來高科技產業之發展有著不可磨滅的貢獻，惟員工分紅費用化實施後，員工分紅將是現金重於股票，且是員工認股權憑證與員工股票紅利等方式交互運用的趨勢。

二、員工認股權憑證

員工認股權憑證（executive stock options）是員工入股制度的一種。它通常指公司在指定期間，給予員工在一定期間內購買特定數量公司股票之權利。認購股價通常比照給予當時的市價或稍低於市價，此亦即所謂的員工行使價格，員工通常在取得日後即可行使認股選擇權而逐步擁有公司的股票。例如，甲公司授於某員工在工作二年後有購買五萬股的權利，分五年行使，則此員工自第二年起每滿一年，就有購買一萬股的權利，但若可行使認股選擇權購買時，股價欠佳，則員工可保留該年購入之權利，等到未來股價上揚時再以原指定價購入，再行賣出。

員工分紅和員工認股權憑證哪一種方式比較好？要看公司吸引人才的策略在哪裡。如果員工拿了股票很快就走人，公司就會選擇不發員工分紅入股；如果員工無法拿到股票可能很快走人，此時可能就要選擇員工分紅入股。景氣低迷的時候，使用股票選擇權比較有意義，因為股價低，有上漲空間；景氣好的時候，股價高，分紅入股比較好。

三、庫藏股轉讓員工

庫藏股，係指公司持有自己已發行，但因特別因素由公司收回，且尚未註銷之股票。《證券交易法》第二十八條之二規定：

「股票已在證券交易所上市或於證券商營業處所買賣之公司，有左列情事之一者，得經董事會三分之二以上董事之出席及出席董事超過二分之一同意，於有價證券集中交易市場或證券商營業處所或依第四十三條之一第二項規定買回其股份，不受公司法第一百六十七條第一項規定之限制：

一、轉讓股份予員工。

二、配合附認股權公司債、附認股權特別股、可轉換公司債、可轉換特別股或認股權憑證之發行，作爲股權轉換之用。

三、爲維護公司信用及股東權益所必要而買回，並辦理銷除股份者。」

庫藏股與一般股票不同，不具表決，盈餘分配，認股及剩餘財產分配等權力。

結合庫藏股制度與員工認股權憑證實施，一方面使庫藏股制度發揮本身優點，另一方面解決員工認股權憑證盈餘稀釋不良效果，亦可留住企業人才。

四、員工優先認購權

員工優先認購權，就是在公司發行新股時，員工有優先認購新股的權利，優於一般有意願承購公司股票之社會大衆及公司原有之股東。依《公司法》第二百六十七條規定：「公司發行新股時，除經目的事業中央主管機關專案核定者外，應保留發行新股總數百分之十至十五之股份由公司員工承購。（第一項）」惟入股與否，聽任員工之意願。

五、員工持股信託計畫

員工持股信託計畫（Employee Stock Ownership Plan, ESOP）適用於向財政部申請核准之國內上市上櫃公司。它係指同一企業的員工，爲了取得及管理自己所服務企業購買之股票，共同組成一個員工持股委員會，並與受託銀行簽訂「員工儲蓄信託契約書」，以「指定用途信託」方式，約定每個月自個人薪資及每年年終獎金中，以及配合公司提撥的獎勵金，依照所繳之提存金額，交付受託人（銀行），再由受託人依據信託之目的購買及管理自家的股票，並計算每位員工（即委託人兼受益人）之持股比率，於信託期間屆滿或終止委託時，受託人將所管理的信託財產，以股票或折合現金方式付予委託人的一種信託業務。

結　語

西諺說：「把馬兒牽引到水邊是一回事，有沒有能耐讓馬兒飲水卻是另一回事。」員工是需要被鼓舞的，唯有被鼓舞的員工，才會自動自發的努力做事。在企業組織裡，領薪水的員工可以比喻爲組織內的「馬力」，一個個都有產生卓越成效的潛力，但如何激發員工的潛力，並將之轉變爲實際成果，則要靠精神面的激勵與物質面的獎賞，雙管齊下，才能創造非凡的績效。

箚 記

- 目前的企業薪資管理趨勢已逐漸朝向「低底薪、高獎金」的方式給付。
- 集中力量協助績效高手，少把力氣用在「拯救」表現最差勁的人。有希望的人才值得多花力氣，花功夫在沒有希望的人身上將事倍功半。
- 正面肯定努力不懈及態度正確的員工。
- 企業都應該把握長期激勵的目標，讓員工認識到傳統的薪資結構應該逐漸轉為具有風險性的長期獎酬。職位愈高、責任愈大，激勵報酬也愈多，但是相對風險性也愈高。
- 激勵的誘因是多重的，錢發得多，並不一定能產生最大的誘因，貴不一定等於好，財物性與非財物性激勵誘因交叉使用，才能達成人資管理的目的。留住好人才，激勵員工提高生產力，降低企業營運成本。
- 瞭解企業的特質以及員工的工作狀況，如此才能訂出符合需求的激勵措施。
- 絕大多數的員工是為了取得貨幣性的報償而加入組織的，即使再好的成長機會與榮耀，若沒有貨幣性報償的支持，仍是無法產生激勵作用的。
- 獎賞一定要在公開的場合，最好是舉辦頒獎典禮；同時，如果能讓受獎員工的家眷參加典禮，則獎賞的激勵效果會倍增。
- 揚善於公堂，規過於私室。應該讚美的時候就要讚美，應該責備的時候就要責備，既不讚美又不責備的管理者是無藥可救的。
- 純粹佣金制獎金結構，業務員只注重數量，但卻容易鼓勵銷售人員努力賣那些容易賣出的產品，而忽略了其他種類的產品及開發長期的客户。因此，在銷售獎金設計時，要能賣出多種產品組合時，才能獲得銷售獎金。

- 「沒有功勞也有苦勞」的觀念將被績效付薪的趨勢所取代。如果員工的表現今年也同去年一樣，完成例行的任務，那麼公司很可能不再調整該名員工的薪資，因為該名員工必須做得比去年好，才有調薪的理由。站在企業的立場，如果每年員工的生產力維持不變，而薪資卻逐年調漲，那麼公司如何求得永續經營？
- 對具有發展潛力的員工（接班人）之薪資與訓練必須雙向進行，加薪不是唯一留住人才的方法。
- 在薪資結構設計上，一般來說，長期風險性報酬（浮動工資）占整體薪酬的比例會愈來愈高，這是薪酬結構設計上的趨勢。
- 企業的利潤增長來自於忠誠的顧客，而顧客忠誠又來源於顧客滿意，而顧客滿意度又受感知服務價值的影響，而服務價值是由滿意的員工創造的。員工滿意產生於企業內部的服務品質，如薪資、獎勵、激勵、工作環境、工作設計、授權等。
- 以財務觀點看，傳統的獎工制度較重視成本節省，未來的獎工制度強調盈餘分享。傳統的獎工制度由公司主導，未來的獎工制度規劃將樂見勞方參與。

第11章 員工福利制度

- 職工福利金制度
- 勞工退休制度
- 彈性福利制度
- 員工協助方案
- 員工福利規劃新思潮
- 結　語

倉廩實則知禮節，衣食足則知榮辱。

——管子．《牧民》

員工福利制度，是企業提供給員工的報償，通常與員工績效無關。在人力資源管理上，可產生提高生產力，以增加企業競爭力的功能。薪資與福利是企業求才的重要因素，對企業而言，如同一把刀之兩刃，往往徘徊於「提供福利」與「節省支出」的兩難之間。因此，取得妥善的平衡點，應是規劃員工福利的重要關鍵。

第一節　職工福利金制度

員工福利，係指在員工原有報酬之外，由企業主有計畫、有組織的舉辦各項福利措施及行動，使員工在工作上或生活上獲得更多的改善，以提高生產率的一種作法。實務上，員工福利可分爲兩類：一是法定福利支出，係依法令的規定或要求所提供的給與或服務，譬如勞工保險、全民健康保險、職工福利金提撥、退休準備金提撥、退休金的提繳等。二是非法定福利支出，係企業本身依員工的需求、管理的理念、經營的哲學與財務負擔等額外所提供給全體員工享有的，譬如團體商業人身保險、醫療保險、離職金、在職進修補助等。

一、職工福利金提撥制度

根據《職工福利金條例》第一條的規定：「凡公營、私營之工廠、礦場或其他企業組織，均應提撥職工福利金，辦理職工福利事業。」

法定的職工福利事業，有下列幾項的規範要遵守：

(一)職工福利金的來源

依《職工福利金條例》第二條規定，職工福利金的來源有：

1.創立時就其資本總額提撥百分之一至百分之五。

2.每月營業收入總額內提撥百分之〇・〇五至百分之〇・一五。
3.每月於每個職員工人薪津內各扣百分之〇・五。
4.下腳變價時提撥百分之二十至四十。

無營業收入之機關，得按其規費或其他收入，比例提撥。

(二)成立職工福利委員會

事業單位應依《職工福利金條例》及《職工福利委員會組織準則》之規定，向所在地勞工行政主管機關提出申請設立登記「事業單位職工福利金管理委員會」。

職工福利委員會置委員七人至二十一人。但事業單位人數在一千人以上者，委員人數得增至三十一人。事業單位指定一人爲當然委員外，其餘委員依下列規定辦理：

1.已組織工會者，委員之產生方式由事業單位及工會分別訂定。但工會推選之委員不得少於委員總人數三分之二。
2.未組織工會者，委員之產生方式由事業單位及職工福利委員會定之。但新設職工福利委員會者，委員之產生方式由事業單位定之，勞工代表部分由全體職工選舉之（《職工福利委員會組織準則》第四條）。

(三)職工福利委員會任期

每一任不得超過四年，其任期自就職之日起計算，就職日至遲不得超過上屆委員任期屆滿後十四日（第二項）。委員連選連任者不得超過三分之二。但當然委員任期不受限制（第四項）。職工福利委員會委員均爲無給職（第五項）（《職工福利委員會組織準則》第六條）。

(四)福利金的保管動用

依《職工福利金條例》規定，職工福利金之保管動用，應由依法組織之工會及各工廠礦場或其他企業組織共同設置職工福利委員會負責辦理（第五條）。因保管人之過失致職工福利金受損失時，保管人應負賠償責任（第十條）（**表11-1**）。

表11-1　職工福利金動支範圍、項目及比率　　生效日期：2004年7月22日

職工福利金動支範圍及項目	
福利輔助項目	婚、喪、喜、慶、生育、傷病、急難救助、急難貸款、災害輔助等。
教育獎助項目	勞工進修補助、子女教育獎助等。
休閒育樂項目	文康活動、社團活動、休閒旅遊、育樂設施等。
其他福利事項	年節慰問、團體保險、住宅貸款利息補助、職工儲蓄保險、職工儲蓄購屋、托兒及眷屬照顧補助、退休職工慰問、其他福利等。
職工福利金動支比率	
以上各款動支比率不予限制，惟各款動支比率合計不得超過當年度職工福利金收入總額百分之百。 職工福利金以現金方式發給職工，應以直接普遍為原則，並不得超過當年度職工福利金收入總額百分之四十。	

資料來源：行政院勞工委員會，2004年7月22日勞福一字第0930035514號令。

(五)設置職工福利委員會組織規程

凡公營、私營之工廠、礦場或其他企業均應提撥職工福利金辦理職工福利事業。職工福利金之保管動用，應由依法組織之工會或各工廠、礦場或其他企業組織共同設置職工福利委員會負責辦理。

1.職工福利委員會每三個月應召開會議一次，必要時得召開臨時會（第一項）。委員會議由主任委員召集之（第二項）。臨時會議經全體委員三分之一連署請求者，主任委員應於七日內召集之（第三項）。主任委員無正當理由不召開定期會議或臨時會議者，得經全體委員三分之一連署，報請主管機關指定委員一人召集之（第四項）（《職工福利委員會組織準則》第十條）。

2.職工福利委員會之任務如下：

(1)職工福利事業之審議、促進及督導事項。

(2)職工福利金之籌劃、保管及動用事項。

(3)職工福利事業經費之分配、稽核及收支報告事項。

(4)其他有關職工福利事項（《職工福利委員會組織準則》第十二條）。

第二節 勞工退休制度

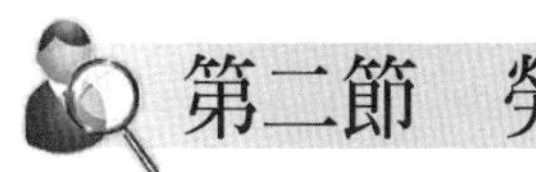

集體勞動法主要是以勞工團體的組織工會爲主軸，規範其應有的權利與義務，並推動與維護集體協商制度，藉由工會與雇主間自治式的互動，制定勞動條件以及處理爭議。個別勞動法主要針對個別勞工保護，《勞動基準法》及《勞工退休金條例》主要是由國家公權力制定勞動條件的基準，責成雇主實施或勞工遵守。

《勞動基準法》在第六章「退休」條文內，規定適用《勞動基準法》行業雇主，必須依法提撥勞工退休準備金，成立監督委員會，在勞工符合申領退休的工作年限或年齡離職時，雇主要從已經提撥的勞工退休準備金中支付退休金給勞工作爲養老之用。

一、勞工退休條件

勞工退休條件，可分爲勞工自請退休與雇主可強制勞工退休兩種。

(一)勞工自請退休

勞工有下列情形之一，得自請退休：

1.工作十五年以上年滿五十五歲者。
2.工作二十五年以上者。
3.工作十年以上年滿六十歲者（《勞動基準法》第五十三條）。

(二)雇主可強制勞工退休

勞工非有下列情形之一，雇主不得強制其退休：

1.年滿六十五歲者。（第一款）
2.心神喪失或身體殘廢不堪勝任工作者。

前項第一款所規定之年齡，對於擔任具有危險、堅強體力等特殊性質之工作者，得由事業單位報請中央主管機關予以調整。但不得少於

五十五歲（《勞動基準法》第五十四條）。

二、勞工退休金給與的標準

勞工退休金給與的標準，依《勞動基準法》的規定有：

1.按其工作年資，每滿一年給與兩個基數。但超過十五年之工作年資，每滿一年給與一個基數，最高總數以四十五個基數爲限。未滿半年者以半年計；滿半年者以一年計（第五十五條第一項第一款）。

2.依第五十四條第一項第二款規定，強制退休之勞工，其心神喪失或身體殘廢係因執行職務所致者，依前款規定加給百分之二十（第五十五條第一項第二款）。

3.退休金基數之標準，係指核准退休時一個月平均工資（第五十五條第二項）。

4.雇主如無法一次發給退休金時，得報經主管機關核定後，分期給付。本法施行前，事業單位原定退休標準優於本法者，從其規定（第五十五條第三項）。

5.勞工工作年資以服務同一事業者爲限。但受同一雇主調動之工作年資，及依第二十條規定應由新雇主繼續予以承認之年資，應予併計（第五十七條）。

6.勞工請領退休金之權利，自退休之次月起，因五年間不行使而消滅（第五十八條）。

7.勞工工作年資自受僱之日起算，適用本法前之工作年資，其資遣費及退休金給與標準，依其當時應適用之法令規定計算；當時無法令可資適用者，依各該事業單位自訂之規定或勞雇雙方之協商計算之。適用本法後之工作年資，其資遣費及退休金給與標準，依第十七條及第五十五條規定計算（第八十四條之二）。

三、勞工退休金準備金提撥

由雇主按月提存的方式，為勞工退休金預作準備，以減輕雇主一次給付勞工退休金之負擔。提撥率與保管之規定如下：

1.雇主應按月提撥勞工退休準備金，專戶存儲，並不得作為讓與、扣押、抵銷或擔保之標的（《勞動基準法》第五十六條第一項）。
2.勞工退休準備金由各事業單位依每月薪資總額百分之二至百分之十五範圍內按月提撥之（《勞工退休準備金提撥及管理辦法》第二條）。

四、《勞工退休金條例》

勞工退休金改制方案，自1990年提出，討論十四年才在2004年6月11日經立法院完成《勞工退休金條例》三讀程序，其內容是以確定提撥為原則的可攜式個人退休金帳戶制，解決現制下，絕大多數的勞工因為離職或是企業倒閉而領不到退休金的問題，並去除現行勞退金制度對中高齡勞工形成的就業障礙。《勞工退休金條例》自2005年7月1日起實施（**表11-2**）。

表11-2　勞退新、舊制比較表

	勞基法規定（舊制）	個人退休金專戶制（新制）	年金保險制（新制）
適用對象	適用《勞基法》的勞工	適用《勞基法》的本國籍勞工	員工數200人以上適用《勞基法》的事業單位，且經工會或1/2以上全體勞工同意參加
制度	確定給付制	確定提撥制	確定提撥制
退休金提繳方式	事業單位（雇主）以員工每月薪資2～15%比率提繳，提繳額度視企業主而定	1.事業單位提繳比率不得低於員工每月薪資6%，屬強制提繳 2.員工可在每月薪資最高6%範圍內自行提繳（具免稅優惠）	事業單位提繳比率不得低於員工每月薪資6%，屬強制提繳

（續）表11-2　勞退新、舊制比較表

	勞基法規定（舊制）	個人退休金專戶制（新制）	年金保險制（新制）
收支保管單位	台灣銀行	勞工保險局	保險公司
年資計算方式	工作年資須在同一事業單位，才可累計工作年資	不須在同一事業單位，便可累計年資	視保險契約而定
請領資格	1.工作15年以上年滿55歲者。 2.工作25年以上者。 3.工作10年以上年滿60歲者。 4.年滿65歲者。	1.年滿六十歲者，無論退休與否皆可申領 2.未滿六十歲死亡者，可由遺屬或指定請領人領取	年滿六十歲者可申請
退休金計算方式	由工作年資換算的基數×退休前6個月的平均工資（基數不得超過45個月）	年資×12個月×每月工資×6%＋投資累積收益（由國庫負投資累積收益不得低於銀行兩年定期存款利率的責任）	視各家保險公司商品契約而定（由保險公司負投資累積收益不得低於銀行兩年定期存款利率的責任）
退休金給與方式	一次給付	1.工作年資滿15年者，只能領月退休金，每季發放一次 2.工作年資未滿15年者，僅能選擇一次給付退休金	視各家保險公司商品契約而定
資遣規定	每滿一年年資者，給付資遣費一個月，且無上限	每滿一年年資者，給付資遣費半個月，最高不得超過六個月	
退休金所有權	雇主	勞工	要保人為雇主 受益人為勞工
雇主未提撥的罰則	未按時提繳，處新台幣二萬元以上三十萬元以下罰鍰	自期限屆滿之次日起至完繳前一日止，每逾一日加徵其應提繳金額3%滯納金至應提繳金額之一倍為止。經限期命令繳納，逾期不繳納者，依法移送強制執行	

資料來源：參考自林芸、唐麒（2005），〈該選新制或舊制：勞退新、舊制度超級比一比〉，《勞動保障雙月刊》，第1期（2005/3），頁29。

第三節　彈性福利制度

管理顧問專家柯爾（Albert Cole）在1983年元月號的《人事學報》上，提出了「自助式福利」（cafeteria benefit）的主張，改變傳統的「套餐式福利」，以促進勞資關係的和諧，滿足員工的個人需求，提升員工工作、生活品質，使人人樂在工作，強化組織的向心力。

一、企業採用彈性福利的原因

彈性（自助式）福利，就是員工有機會選擇福利的項目，而企業則提供多項彈性福利以滿足員工不同的需求，同時控制福利成本。此外，員工在有機會參與自己福利決策制定的情形下，提升滿意度。

1.員工透過彈性福利自選的方式，可以確實照顧到員工眞正的需求，提高福利的價值；此外，如果應用得當，這也將是一個訓練員工自我管理的好機會。

2.讓員工有機會參與福利政策的籌劃和制定，可提高員工的滿足感與成就感。

3.員工常低估了福利的成本，用彈性福利可使員工體認公司提供各項福利背後所付出的金額。

4.透過彈性福利的授權，可提供員工自主的空間，也象徵管理者對員工的信任。（尹德宇，1996）

二、彈性福利措施的種類

企業雖然提供了許多福利，卻不一定切合員工的需求，供需雙方沒有聚焦的結果是，往往企業投注大量的心血卻不是員工所嚮往的福利方式。自助式福利計畫乃因應而生，希望在現有的有限資源下，找出員工可較多選擇、較彈性應用的可能性，務期在不影響公司競爭力前提下，提升員工工作及生活品質，使人人樂於工作，強化組織的向心力。所以，實施彈性福利措施，可分爲下列兩種：

(一)核心自助餐

每一項福利措施中，每位員工均享有相同的基本福利。在這最低標準的核心範圍之外，員工可以選擇他項的福利。核心範圍之外的彈性福利措施，每位員工均有一定的最高總額限制，超過此一限制，員工本人則必須支付所需費用。

(二)自助式福利計畫

每位員工均享有與以前相同的福利總額，但人人可以從中選擇更低額的福利項目，另外自由搭配自己喜愛的福利項目，如果不超過總額時，人人皆可將差額用在參加其他項福利上。

三、彈性福利措施的作法

企業彈性福利制度的實施，其先導作業有下列的幾項重點：

1.透過查閱國內外相關的書籍以作爲規劃彈性福利制度的參考。
2.訪查、求教於同業中已實施彈性福利制度的作法與注意事項。
3.考慮到政府法規所規定保障勞工的基本福利項目，以避免違法。
4.採用問卷方式調查員工眞正需求，並配合公司競爭力的考量，擬定初步福利項目清單。
5.藉由與高階主管的深度訪談，以各主管自身領域爲出發點，瞭解他們對這個新福利制度的期待與考量點，以爲制度規劃時的考量依據。
6.依據企業文化與財務穩健的基礎下，決定企業的福利措施要在同業間居以領先或居中的市場定位。

一家企業可以設計多套價值相同的彈性福利制度，有的專門以未婚員工之需求的福利項目，如國外旅遊；有的專門針對已婚員工之需求的福利計畫，如子女教育費的補助。

福利制度也和產品一樣，需要促銷與宣傳。因此，在規劃彈性福利制度的同時，人資人員也要配合積極的行銷活動，讓員工清楚的知道雇主照顧員工的心意、立場，以及他們可以擁有的福利及如何使用之。

範例11-1

福利互助制度體系

IBM福利互助計畫

機會的提供
- 假日、休假
- 休閒活動
  IBM俱樂部
  生產線休閒活動
- 家屬聚餐會
- 運動、休閒設施
  員工會館
  運動場
- 自己啟發計畫
  志願者教育制度
  教育費補助計畫
  函授教育制度
  海外留學制度
  研究所旁聽生制度
- 獎學金制度

緊急時的援助
- 緊急援助貸款計畫
- 家事助理員制度

一般慣俗
- 慶弔慰問
- 長期服務的表彰
- 四分之一世紀俱樂部

各種補助
- 住宅費補助
- 午餐費補助
- 上下班交通費

置產協助
- 住宅融資計畫
- 互助年金住宅融資制度
- 儲蓄計畫
- 員工持股會
- 住宅協談制度

緊急時的保障
- 團體生命保險
- 出差時的意外保險
- 特別弔慰金、慰問金
- 遺孤育英年金制度

退休後的生活安定
- 退休金制度
- 退職者的團體生命保險

社會保險
- 互助年金保險
- 僱用保險
- 勞災保險

健康管理
- 定期健康診斷
- 特殊檢診
- 需保護者管理
- 健康協談

IBM健保組合
- 醫療給付
- 醫療設備
- 保養休閒設施
- 成人病檢診
- 精密健康檢查
- 家屬健診計畫
- 產前產後保健計畫
- 乳幼兒健診

資料來源：許曉華譯（1986），龜岡大郎著，《IBM的人事管理》，卓越文化出版，頁86。

第四節 員工協助方案

自1994年起，行政院勞工委員會爲配合社會變遷，以因應現實勞工需求，即開始推動員工協助方案（EAPs），這是一項提供勞工與其家屬有保密的、專業的，在勞工生活面、工作面和社會適應問題之協助，並讓企業界逐漸體認到員工協助方案的重要性與迫切性。

一、員工協助方案起源

員工協助方案起始於20世紀50年代，最初是協助第二次世界大戰退役老兵的適應問題。在美國，員工協助方案是從「工業服務計畫」

範例11-2

愛迪生電力公司的研究報告

學者Nadolski與Sandonato（1987）針對底特律愛迪生電力公司六十七名員工接受員工協助方案的諮商服務，六個月諮商結束時，以及結案六個月後的成效，進行研究，結果得到以下的發現：

1.工時損失減少百分之十八，工作日損失減少百分之二十九。
2.申請健康保險給付的件數減少百分之二十六。
3.停職處分的人次減少百分之四十。
4.工作傷害有百分之十一的改善。
5.工作品質增加百分之十四，工作量增加百分之七。

資料來源：林家興，〈員工協助方案與諮商師的角色〉；引自：行政院人事行政局編印（2004），《行政所屬機關學校推動員工心理健康實施計畫參考手冊：參考文章》，頁76。

（Industry Program Service）發展出來的。70年代初期，關注在員工的酒精成癮行爲、賭博、酗酒和藥物濫用的問題，這些問題嚴重影響了員工的生產效率。這些接受行爲糾正的員工，在很大程度上擺脫了自己的不良嗜好，工作效率也明顯改善。後來，發現影響員工工作效率的原因有很多種類，比如家庭關係、職業壓力、健康問題等，於是服務領域就逐漸的拓展開來，到現在員工協助方案的服務範圍，已經發展到關注員工心理和健康的各個方面層級，這些都跟人力資源管理的工作有密切相關（**圖11-1**）。

二、員工協助方案之基本架構

員工協助方案，係依企業人力結構及平均年齡群的不同而有不同的需求、規劃及服務項目（**圖11-2**）。

員工協助方案織組架構，大致分爲三類：

1.在管理部門設立單位或由專人負責，如中華汽車、福特汽車、台灣電力公司、台積電等即是。

圖11-1　員工協助方案在不同時期的形式

資料來源：張西超（2002），〈直擊EAP〉，《財智》，總第210期（2002年12月下半月刊），頁52。

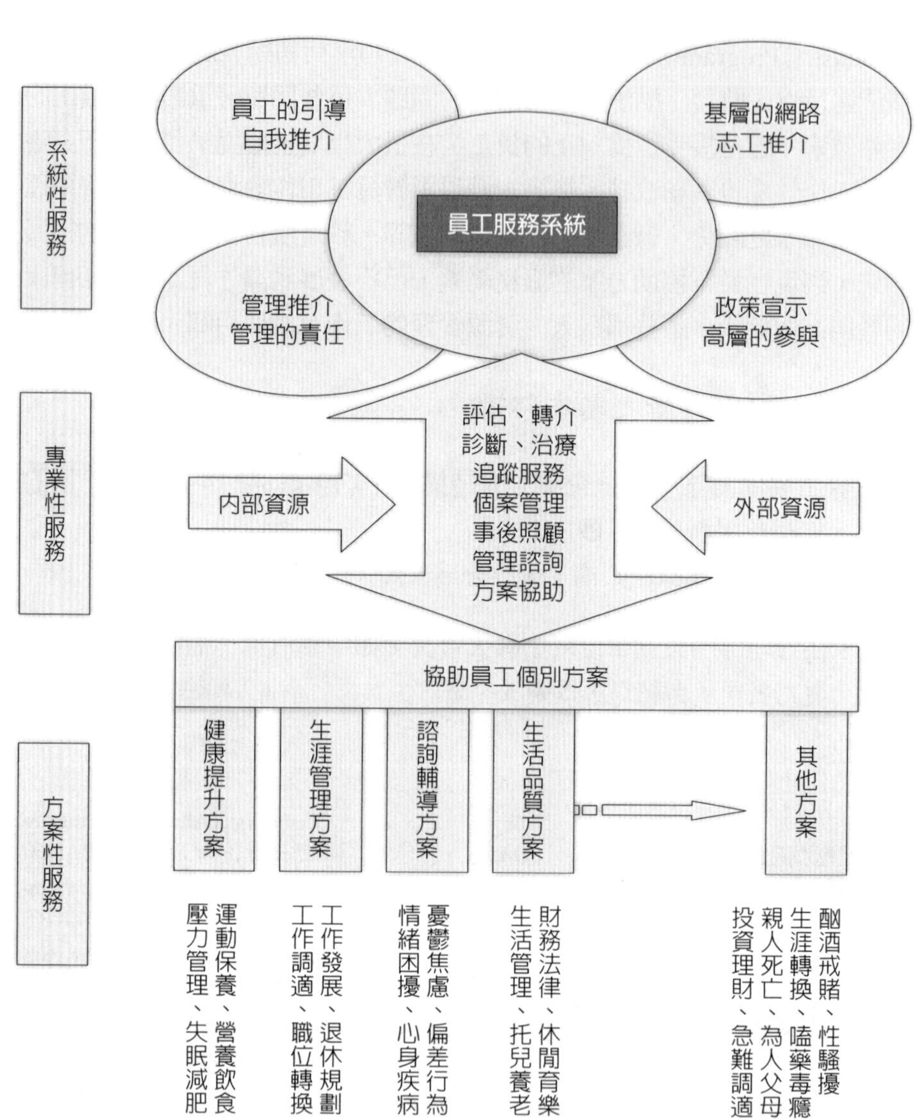

圖11-2　員工協助方案基本架構

資料來源：謝鴻鈞（2000），〈勞工保險與福利〉，《勞工行政》，第150期（2000/10）。

2.設立「員工援助項目」服務中心，由各部門主管共同參與，再由專業人員專辦、非專業人員專辦或兼辦，如統一企業、漢翔工業等。

3.「員工援助項目」服務業務分屬於人資部、公關處、福利會和工會等，並由專業人員專辦、非專業人員專辦或兼辦，如中國石油公司、台灣松下、中美和等企業。

範例11-3

統一企業員工協助方案

方案名稱	對象	方案目的	活動內容
促進親職關係方案	全體員工及眷屬	促進員工家庭和諧，穩定工作情緒，增進認同感、向心力	1.親職講座 2.兒童冬（夏）令營 3.親屬參觀活動 4.專欄（專刊） 5.相關書籍（圖書室）
新進人員協助方案	新進員工	熟悉環境、認同企業文化、留住人才	1.新進人員訓練（職訓課） 2.主管晤談 3.輔導員引導 4.新進人員手冊
協助離職人員方案	即將可能離職同仁	瞭解離職原因供管理者參考、勞資雙方留下好印象	1.主管離職晤談 2.輔導員離職晤談
健康增進方案	全體同仁	預防、處理員工因不良健康所增加的管理負擔	1.醫務室 2.健康講座 3.雜誌（圖書室） 4.一年一度健康檢查 5.特約醫院
非常男女方案	單身同仁	開拓社交生活覓得良緣、正確兩性交往觀念，進而降低因未婚所產生的心理壓力	1.兩性關係講座 2.聯誼活動 3.社團活動 4.外部社團訊息提供 5.月刊（青春日記）
家庭服務方案	全體同仁	協助處理工作以外影響工作的問題，維持生產力	1.法務窗口 2.財務稅務窗口 3.個案輔導窗口 4.車禍（車險）窗口

資料來源：統一企業公司員工協助方案簡介（2000），行政院勞工委員會89年度員工協助方案觀摩研習會講義。

範例11-4

企業實施心理健康輔導機制

機構	辦理單位	服務範圍	輔導方式	備註
台灣積體電路製造公司	人力資源處／健康促進課委託新竹市生命線協會／員工協助服務中心提供員工協助方案。	1.提供生涯工作、人際關係、兩性關係、家庭關係、人生觀、自我探索等個別輔導。每位同仁每年提供五次。每次一小時之免費諮商。 2.提供相關測驗量表。 3.每二至三個月舉辦兩性、家庭或壓力調適、抒壓與睡眠等工作坊課程。 4.不定期協助部門辦理壓力調適等相關講座。	1.專業心理諮商老師，採預約方式，有同仁預約則可於公司內外部諮商。 2.服務時間為星期一至星期五09:00～21:00。	1.使用諮商線上預約系統。 2.每季報表統計分析。 3.諮商內容絕對機密。
台灣應用材料公司	1.人力資源部門委託香港EAPs機構提供員工協助方案。 2.專聘心理諮商師（已在本公司服務五年）提供一對一諮商。	涵蓋全方位之EAPs協助 1.生涯規劃、人際關係、兩性關係等個別輔導。 2.協助紓解壓力，進行身心調適。 3.協助處理婚姻問題及家庭親子關係。 4.提供各項測驗，協助員工瞭解自我成長。 5.員工工作調適及文化適應，職業生涯與工作表現困惑。 6.法律與個人財務意見。	1.外聘專業心理諮商老師定期（每月一次）進駐協助。 2.提供二十四小時免費熱線與緊急服務。 3.提供專業網路個人諮詢服務。	
台北捷運公司	人力資源發展課設置協談室，設置2位專任諮商師、2位兼任諮商師。	1.員工心理測驗：員工招募進用時使用。 2.個別輔導：員工情緒管理處理、心理疾病，轉介相關醫療機構。 3.辦理心理衛生課程講座及團體輔導。 4.心理測驗施測與解釋。 5.心理相關書籍借閱。 6.緊急事故處理。	採預約制度，由員工提出申請即安排晤談協助，一次晤談以六十分鐘為限，一週以一次為原則。	

資料來源：行政院人事行政局編印（2004），《行政所屬機關學校推動員工心理健康實施計畫參考手冊：他山之石》，頁27-28。

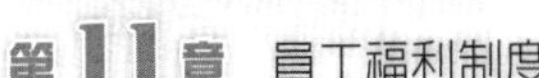

以上三種組織架構中，以第一類型較有系統、有組織地推動員工協助項目的服務業務，但是如果高階主管無意支持，其各項服務工作將不易推行；第二類型是擁有各層主管支持的優勢，但是如果沒有配備專業人員來執行，也將無法有效的推動；第三類型則是因為員工問題的多元化與複雜化，又分屬於各部門或各單位，假如由各部門皆能各其所司發揮功能，理應適得其所，但是若缺乏一個統籌規劃的部門或單位，將會產生資源浪費的問題。（林桂碧，2003）

四、員工協助方案之內容

員工協助方案頗類似學校的輔導室，希望發揮積極、預防的功能，提供企業規劃與員工個人及家庭有關的各種服務方案。依據美國企業實施員工協助方案的經驗，推行員工協助方案可達到增進勞動生產力、降低工作中意外傷害率、減低曠職及離職、減少勞工醫療費支出、促進勞資和諧以及降低企業管理風險等利益。它大致可分為下列範圍：

(一)心理諮商輔導類

健康問題、人際溝通技巧、家庭溝通技巧、家庭與親職教育、經濟問題、壓力與情緒管理、情感困擾、法律問題、欺負與威嚇、焦慮、酗酒藥物成癮及其他相關問題等。

(二)教育成長訓練類

新進人員照顧、組織內生涯規劃與轉換、自我成長、工作適應及發展、技能訓練、不適任員工輔導相關問題等。

(三)醫療保健問題

設置醫療室、健康教育、休閒生活安排、家庭生活／工作平衡等相關問題。

(四)休閒育樂類

工作壓力紓解、社團活動、聯誼會、藝文活動等相關問題。

範例11-5

科技公司給「情緒假」

逸凡科技是惠普科技的台灣經銷代理商，創設「情緒假」已有十年歷史。業者考慮到員工上班時，和同事、客戶互動中難免產生摩擦，或因個人因素心情不佳，無形中影響工作品質，希望讓員工可暫時離開工作崗位，外出走走冷靜一下。

公司很重視服務品質，員工若心情不好，透過面對面或電話溝通，很容易讓客户感受到。因此，上班期間，隨時都能申請「情緒假」，無須透過請假程序，只要和代班同事報備一聲，相當彈性。情緒假每月最多可請四小時，每次還能獲得兩百元補助，消費過後持發票報帳即可；很多人選擇去看場電影、喝下午茶。

情緒假還可換成免費洗頭或按摩。業者和特約髮廊合作，員工每月可上門免費洗頭兩次；也可預約公司聘請的視障按摩師，每月同樣可免費按摩兩次。

資料來源：吳曼寧（2012），〈令人稱羨的福利　科技公司給「情緒假」〉，《聯合報》（2012/2/22 A7版）。

(五)福利服務類

急難救助、托兒養老服務、法律稅務諮詢、投資理財等相關問題。

各企業員工協助項目會因產業特質，所僱用的員工專長、素質而有所差別。上述這些服務內容，各企業也可依不同的階段性而分項實施。例如，德州儀器重視女性作業員健康保健，每年固定提供健檢；中華汽車則重視員工的各項諮詢面談；台灣松下積極推動大哥、大姊的無限關懷活動（**圖11-3**）。

健康面

協助個人維護身體健康
酗酒賭博、嗑藥毒癮
憂鬱焦慮、飲食健康
運動保養、壓力管理
心理衛生

員工協助系統

活動內容
發現個案、管理諮詢
追蹤服務、個案管理
資源運用、諮商轉介
推介評估

工作面

追求永續生涯發展
離職安置、生涯發展
退休規劃、職位轉換
工作設計、工作調適
員工引導

生活面

提升生活品質
保險規劃、人際關係
生活管理、托兒養老
家庭婚姻、休閒娛樂
財務法律

圖11-3　員工協助系統內容

資料來源：行政院勞工委員會（1998），《員工協助方案工作手冊》，行政院勞工委員會編印，頁1-16。

隨著產業競爭之全球化，社會福利國家觀念之普遍化，當「人」不再是生產工具而轉變成生產「資源」時，企業應積極協助員工增強解決問題之能力、提供良好的工作環境，以及充實的職業生涯成就規劃，進而提升健康快樂、有效率的工作氣氛，乃是企業加強員工關係迫切需要重視的課題（**圖11-4**）。

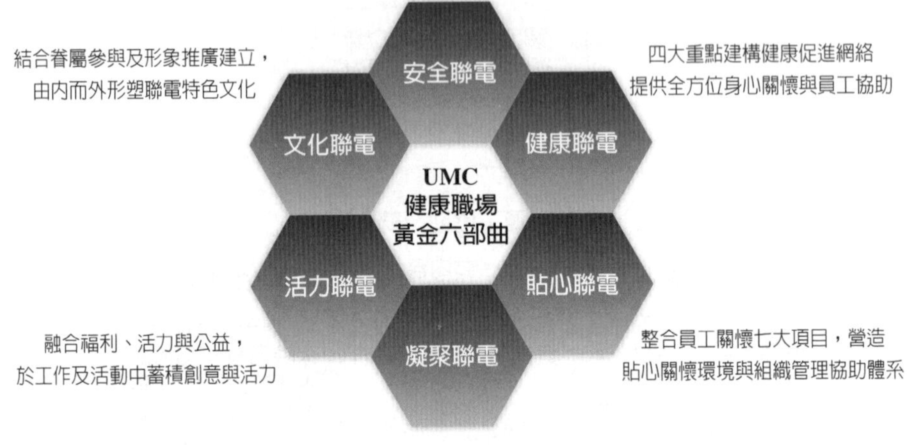

圖11-4　聯電健康職場黃金六部曲

資料來源：聯華電子／引自：楊雅筑（2012），〈聯華電子：用心給員工非常幸福感〉，《能力雜誌》，總號第680期（2012/10），頁71。

第五節　員工福利規劃新思潮

經濟社會快速發展至今，辦理勞工福利的優劣已成爲企業延攬與留任人才不可或缺的條件之一，也是企業激勵人才有高度的工作意願與忠誠意識的必要原動力。根據調查資料，在企業各項員工福利措施中，經濟取向福利最受台灣勞工歡迎，其中年終獎金、分紅入股、退（離）職金、個人給薪假，分別爲員工「最愛」福利措施的前四名，對員工最具激勵效果，且對員工的工作動機與表現也影響最大。

範例11-6

創意性員工福利措施

創意性福利項目	實施企業
員工在職亡故遺族暨在職殘廢退職生活補助辦法	台灣國際標準電子公司
員工在職亡故子女暨在職殘廢退職子女教育補助辦法	台灣國際標準電子公司
免費提供感冒疫苗注射	智捷科技公司
員工餐廳的每一道菜，每一種套餐，都標有卡路里	台灣積體電路公司
每週四晚上在場區演講廳播放下檔的院線電影	台灣積體電路公司
退休員工，從退休日起五年內，每月有三千元車馬費；滿五年後，轉為「萬壽會會員」，終身每年都能收到三節代金一千八百元	國泰人壽保險公司
員工研修，在下班後或休假日舉辦，研休時數以加班計算	高雄日立電子公司
員工可申請英語家教費用，公司補助最高可達五十小時	安捷倫公司
員工看病，門診費用補助，每次三百五十元至五百元，一年最高可申請二十次，總額為七千元至一萬元	台灣優比速（UPS）快遞公司
離職後再聘任，年資從寬認定	旺宏電子公司
提供租屋服務	旺宏電子公司
員工購書補助	鈺創科技公司
職工到職滿一年以上，本人或配偶新居落成，給予賀禮金	耐斯企業公司
免費營養早餐及半價的豐富午餐	台灣應用材料公司
子女結婚日給有薪假一天	台灣摩托羅拉電子公司
員工有70歲以上之直系尊親屬，重陽節由福委會贈送禮品，初次申請者，加贈敬老紀念牌一面	納貝斯克可口公司
每一上班日提供每位員工一盒鮮奶飲用	台灣湯淺電池公司

資料來源：行政院勞工委員會，82、83、84年度勞動條件優良事業單位簡介；劉鳳珍（2003），〈2003年最佳企業雇主〉，《CHEERS快樂工作人月刊》，第32期（2003/5）。

由農業社會邁向工業社會，再經產業升級至高科技工業的歷程，勞工福利規劃辦理的重點也隨著各不同經濟發展階段而有所差異。未來企業辦理員工福利的新趨勢，大致可分爲四個層面演變：

1.由單純給予的福利轉傾向勞動者自助、互助的福利規劃。例如，從年節禮金、慰問金、交通補助、伙食補助轉到重視分紅入股、各類團體保險輔助、儲蓄計畫、員工協助方案等規劃。

2.由一次性給付轉傾向勞動者個人成長的福利規劃。例如，從康樂活動、團體旅遊、藝文活動等一次性的福利措施，到重視終身學習、社團活動、生涯規劃等規劃。

3.由物質面轉傾向勞動者精神生活的福利措施。例如，從年節禮金、生日禮金、交通餐飲補助等物質層次的福利措施，到重視教育進修、生活講座、社會服務等規劃。

4.由勞動者本人轉傾向勞動者及其家庭的福利。例如，從教育補助、旅遊、禮金的福利措施轉到住宅補助、寒暑期舉辦的親子活動等規劃。（楊錫昇，1999）

5.目前先進國家退休人士的「所得替代率」已達七成，但在台灣僅達三至四成（退休金、勞保年金），因而，金管會要壽險公司推「團體年金險」，由企業幫員工投保並負擔保費，可視爲未來員工退休給付的「第三支柱」，以加強退休者的「所得替代率」，在員工退休後，開始進入年金給付階段，員工活到老，就領到老。

6.員工協助方案的未來趨勢，將走向以全人爲服務目標，以系統取向，處理人的心理、情緒與健康問題。

結　語

21世紀是一個科技的世紀；21世紀是一個回歸家庭的世紀；21世紀是一個人文的世紀。企業在規劃福利措施時，也要循著這三大特質來規劃，才能讓員工感動。因爲，知識經濟時代的人類，在科技文明的進步下，將生活在一個物質不會匱乏，但卻生活在欠缺人際互動往來的網路世界裡，心靈的空虛是新世紀、新人類最大的隱憂與危機，個人的需求將轉而對家庭、社團、嗜好、個人福祉上的關注。所以，未來企業員工福利規劃方向是在比「人性」、比「貼心」、比「創意」。

箚 記

- 公司好好經營，讓員工無後顧之憂，乃是最大的福利。
- 福利制度的實施，要看每家的企業文化、經營績效、員工素質、工作環境等因素而有不同的福利政策，但萬變總不離其宗，是隱藏在背後那顆關懷的心。
- 企業對員工的激勵，必須考慮到員工對生活品質提升的要求，在設計、安排各種活動及福利設施來滿足員工在這方面的需要。
- 員工福利方面的更動，需加強與員工溝通說明，以避免誤會爭執。
- 屬於員工半自主的「職工福利委員會」的勞方選舉代表時，企業主不要企圖去控制、影響或左右選情，員工代表產生就由他們去「當家作主」，對爾後資方與勞方的互動會有良性的結果，干預選舉會造成派系，會影響勞資雙方的猜忌。
- 員工福利方案的成本和規定，應該時常清楚地與員工溝通。
- 設計一項新的福利項目時，要清楚瞭解的是將福利給付或項目縮減比事後改善福利項目和內容還難。
- 一項差勁的員工福利計畫會比不設立員工福利計畫產生更多的人事關係糾紛之問題。
- 保險是另一種員工福利，旨在保障工作中發生意外的勞工及其扶養家屬，能得到醫療福利及定期收入維生。大多數的雇主會提供團體人壽保險、團體住院醫療險、意外及傷殘保險。
- 年終晚會要求廠商贊助摸彩品，這是很不好的作法。羊毛出在羊身上，爾後廠商在價格、送貨期、品質等各方面的配合度，多少會受影響。
- 企業應深切的瞭解，在就業市場上與自己企業互相競爭的同業之福利計畫。

第12章 勞動法規與紀律管理

- 勞工立法體系
- 罰則類別
- 《勞動基準法》概論
- 紀律管理
- 結　語

有法度之制者，不可巧以詐偽；有權衡之稱者，不可欺以輕重；有尋丈之數者，不可差以長短。

——管子．《明法》

身處於現代法制之社會，雇主與勞工必須對其周遭相關之法令，有一個概括之認識，方足以保障本身之權益。惟相關之法令牽涉廣泛，上至《憲法》、《民法》、《刑法》、《行政法》，下至《勞動基準法》、《工會法》、《團體協約法》、《勞資爭議處理法》等，皆在勞工權益範疇內，故如何吸取法律知識、注意時事，就顯得格外重要。

第一節　勞工立法體系

法源，係法之淵源，乃實證「法規範」的認識基礎。「法規範」必須經由法源始能成立及表現。因此，法源即「法規範」所由產生及表現之形式。《勞動基準法》屬於勞工法令的法律層次，效力最高，主管機關本於職權所制定的規章及發布之命令位居其次，至於團體協約（collective agreements）所協議之事項應高於工作規則（work rules）。

勞動法法源

勞動法的法源有憲法、法律、命令及解釋令。

(一)憲法

憲法一詞，依照其字面解釋便是「國家組織法」之意，是國家的根本大法。憲法作爲一個國家最根本且最高法的規範，就法之觀點而言，爲最高效力規範，法律及行政命令皆依據憲法而制定，所以，法律規範牴觸憲法者無效。因此，憲法不僅直接作爲法源依據，不需要引據任何其他法律規範而產生。同時，憲法又是一切法秩序的根源，任何國家權利的運作若脫離了憲法的規定，即不具合法性與正當性。

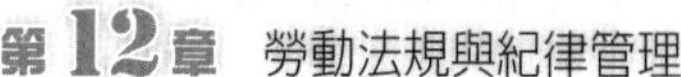
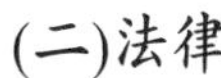

(二)法律

法律之所以能稱爲法律，在於其具有拘束力或規範力。法律關係，就是法律所以產生規範的效果，也就是產生當事人間的權利與義務之關係。依據《憲法》第一百七十條規定：「本憲法所稱之法律，謂經立法院通過，總統公布之法律。」而《中央法規標準法》對法律之名稱，在第二條指出：「法律得定名爲法、律、條例或通則。」《勞動基準法》係採用「法」來命名，《勞工退休金條例》則採用「條例」來命名。

(三)命令

命令是行政機關經由法律授權所訂定的法規。法規命令因爲可以規範人民的權利義務，故必須獲得法律的授權，所以亦可稱爲「授權命令」及「委任命令」。《憲法》第一百七十二條規定：「命令與憲法或法律牴觸者無效。」主要是指命令而言。根據《中央法規標準法》第三條規定：「各機關發布之命令，得依其性質，稱規程、規則、細則、辦法、綱要、標準或準則。」例如，《勞動基準法施行細則》係採用「細則」命名，而《勞資會議實施辦法》則採用「辦法」命名。

(四)解釋令

法律的解釋，是法律於適用時發生疑義探求其眞義，以使法律得以正確使用。

1.行政解釋：行政機關適用法令時所爲關於法令的解釋。
2.司法解釋：司法機關或司法官對於法律所爲的解釋。依我國現行的制度，司法解釋權是屬於司法院大法官會議的職權。

行政法令所爲之「解釋令」，是行政機關的「解釋」，但只下達給下級作業及受監督之機關，且不必像一般行政命令的公布程序，即足以對內部產生拘束力；然而對一般人民應無拘束力。法院亦得否認該「釋令」的見解。

在勞動法法源方面，勞動契約（labor contract）、工作規則、團體協約、雇主指揮權、工會章程等均係當事人間自治的法源。此種自治的法源在勞動法領域特別多，誠爲勞動法之特色（**表12-1**）。

表12-1　勞工法令名稱與制定程序

順位	法令別	法令名稱	制定程序
1	憲法	憲法	國民大會三讀通過並經總統公布施行
2	法律	法	立法院三讀通過並經總統分布施行
		律	
		條例	
		通則	
3	命令	細則	中央主管機關發布（行政院） 中央主管機關或各部會發布
		辦法	
		標準	
		準則	
		規則	
		要點	
		規程	
		公告	
4	團體協約約定	團體協約	勞資團體雙方以書面簽訂
5	工作規則訂定	工作規則	經主管機關核備且公開揭示
6	勞動及僱傭契約	勞動及僱傭契約	勞資雙方明示或默示均可
	承攬及委任契約	承攬及委任契約	當事人雙方明示或默示均可
視情況	法令解釋	行政解釋	行政機關解釋
		司法解釋	法院判例或大法官解釋令
	習慣	習慣	當事人約定成俗
	法理	法理	法律學術上共識
法律依據	·憲法第一百七十條、第一百七十一條、第一百七十二條 ·中央法規標準法第二條、第三條、第四條、第五條、第六條、第七條、第十六條、第十七條、第十八條 ·民法第一條、第七十一條、第七十二條 ·勞動基準法第七十一條		

資料來源：簡文成、林碧玲（2000），《實用勞基法》，永然文化，頁23。

第二節　罰則類別

國家爲行使法律制裁權的主體，受法律制裁者爲違反法律規定的人民，包括自然人及法人，亦稱爲受法律制裁的客體。法律的制裁必須由有權代表國家行使其制裁的機關或公務人員，依法行使制裁權。例如，《勞動基準法》第八十條規定：「拒絕、規避或阻撓勞工檢查員依法執行職務者，處新台幣三萬元以上十五萬元以下罰鍰。」

構成法律制裁的原因，是違反法律的事實，而這種違法的事實有屬於公法者，又有屬於私法者。故法律制裁，可以分爲公法上的制裁與私法上的制裁，而公法上的制裁，又可分爲刑事制裁與行政制裁；私法上的制裁即所謂的民事制裁。

一、刑事制裁

刑事制裁，又稱爲《刑法》上的制裁，乃國家對於違反刑事法律規定者所給予的處罰，又稱爲刑罰。刑分爲主刑與從刑二種（《刑法》第三十二條）。

主刑之種類如下：

1.死刑。
2.無期徒刑。
3.有期徒刑：二月以上十五年以下。但遇有加減時，得減至二月未滿，或加至二十年。
4.拘役：一日以上，六十日未滿。但遇有加重時，得加至一百二十日。
5.罰金：新台幣一千元以上，以百元計算之（《刑法》第三十三條）。

從刑之種類如下：

1.褫奪公權。

2.沒收。

3.追徵、追繳或抵償（《刑法》第三十四條）。

違反國家制定的勞動法規中的刑事制裁，以主刑的「有期徒刑」、「拘役」及「罰金」三種為主。

(一)有期徒刑

有期徒刑為短期的自由刑，《刑法》明定以十五年為最長期，二月為最短期，但得加至二十年，或減至未滿二月。例如：《勞動基準法》第七十五條規定，違反第五條（指雇主不得以強暴、脅迫、拘禁或其他非法之方法，強制勞工從事勞動）規定者，處五年以下有期徒刑、拘役或科或併科新台幣七十五萬元以下罰金。

(二)拘役

拘役乃是於一日以上，未滿二月的期間內，將犯罪人監禁於監獄內，以剝奪犯罪人身體自由的刑罰，遇有加重拘役時，得加至四個月。依《監獄行刑法》之規定，處拘役者，應與處徒刑者分別監禁（第二條第二項）。監禁分為獨居、雜居兩種（第十四條第一項）。

《刑法》第四十七條規定：受徒刑之執行完畢，或一部之執行而赦免後，五年以內故意再犯有期徒刑以上之罪者，為累犯，加重本刑至二分之一。故受拘役之執行者，並不構成累犯之要件。例如：違反《勞動基準法》第四十二條（按：勞工因健康或其他正當理由，不能接受正常工作時間以外之工作者，雇主不得強制其工作）規定者，處六個月以下有期徒刑、拘役或科或併科新台幣三十萬元以下罰金（第七十七條）。

(三)罰金

罰金在中國傳統的法律即有此一刑罰，故有所謂「金作贖刑」之說法，乃命令犯罪人繳納一定金額的刑罰，為主刑之一種刑罰，並規定罰金的最低額為新台幣一千元以上，至於最高額則無明文之規定，但勞動法規中所涉及罰金大部分載明罰金金額。

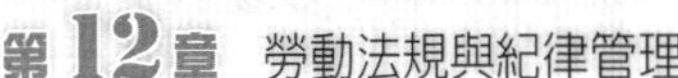

《刑法》科罰金的方法有專科罰金、選科罰金、併科罰金與易科罰金四種：

◆專科罰金

專科罰金，係指對犯罪人只科罰金，不另加他種刑罰，此乃因爲有些輕微的犯罪，只須對犯罪人略施懲罰，以促其改過自新，故只科以罰金。《勞動基準法》並無專科罰金之規定。

◆選科罰金

選科罰金，係法官在量刑科處時，得裁量選擇科處罰金。例如：違反《勞動基準法》第七十七條規定，違反第四十四條第二項（童工不得從事繁重及危險性之工作）規定者，處六個月以下有期徒刑、拘役或科或併科新台幣三十萬元以下罰金。

◆併科罰金

併科罰金，主要乃針對和財產有關之犯罪，故於執行自由刑之外，併科罰金。例如：違反《著作權法》第九十一條第一項「擅自以重製之方法侵害他人之著作財產權者，處三年以下有期徒刑、拘役，或科或併科新台幣七十五萬元以下罰金。」

◆易科罰金

易科罰金，係以對於被判處短期自由刑者，遇有一定情形時，可以不執行自由刑，而改科以罰金。例如：《刑法》第四十一條規定：「犯最重本刑爲五年以下有期徒刑以下之刑之罪，而受六月以下有期徒刑或拘役之宣告者，得以新台幣一千元、二千元或三千元折算一日，易科罰金。但易科罰金，難收矯正之效或難以維持法秩序者，不在此限。（第一項）依前項規定得易科罰金而未聲請易科罰金者，得以提供社會勞動六小時折算一日，易服社會勞動。（第二項）」。

(四)沒收

沒收，乃是剝奪與犯罪有密切關係之物的所有權，或對於犯罪人的財產，強制收歸國庫刑罰。《刑法》將沒收列爲從刑之一種。原則上，若

無從刑之宣告，則不得專科沒收，在勞動法規中沒有專為「沒收」而訂的罰則。

二、行政制裁

行政制裁，又稱為行政法上的制裁，係指國家對於違反行政法規或行政處分所給予的制裁。行政制裁，又可分為對於行政機關的制裁、對於公務人員的制裁及對人民的制裁。

國家對於人民違反行政法規或行政處分時，所給予的制裁，又可分為行政罰與行政秩序罰。

(一)行政罰

行政罰，是行政機關或法院，基於國家的一般統治權，對於違反行政法上的義務時，為達到行政目的所施予的制裁。構成行政法的要件計有：

1.須違反行政上的義務為前提。
2.須對於人民過去違反行政義務之制裁。
3.須針對人民而發。
4.處罰的主體是公行政的主體（例如行政機關或法院科、處）。

行政罰，可分為行政刑罰與行政上的秩序罰。

1.行政刑罰，是對於違反行政法上的義務，科以《刑法》上所規定刑名的制裁。
2.行政上的秩序罰，則是只對於違反行政上義務時，為維護公共秩序，所給予的《刑法》上刑名以外的制裁。

二者最主要的區別，在於行政刑罰的制裁通常較重，而行政秩序罰的制裁較輕。行政刑罰的處罰權，屬於法院，而行政秩序法的處罰權，則屬於行政機關。行政罰與行政刑罰最大的不同處，在於行政罰並不一定以故意為處罰要件。行政罰因行政性質的不同，主要有警察罰、財產罰及軍政罰等。

2009年9月1日起，法務部實施「易服社會勞動」制度，凡獲判六個月以下有期徒刑、拘役宣告、罰金易服勞役等刑罰輕微案件，經過檢察官篩檢、過濾，初犯及犯罪行爲不嚴重的微罪受刑人易服社會勞動，得以社會勞動代替入監執行，讓犯錯的人有機會發揮專長回饋社會。

(二)行政秩序罰

行政秩序罰，係指在人民不履行行政法上的義務時，行政機關以強制手段，使其履行義務，或使其實現和履行義務相同狀況的手段。例如：違反《勞動基準法》第三十五條（按：勞工繼續工作四小時，至少應有三十分鐘之休息。但實行輪班制或其工作有連續性或緊急性者，雇主得在工作時間內，另行調配其休息時間）規定者，處新台幣二萬元以上三十萬元以下罰鍰。

(三)強制執行

直接強制處分，對於人民的身體或財產執行，影響重大。因此，行政上的強制執行以間接強制處分爲原則，直接強制處分爲例外。

直接強制是行政機關達到行政目的最有效且迅速的方法，除有緊急情形外，應該先經由間接強制的方法，待行間接強制仍無法或不能有效達成義務之履行時，行政機關始可行使直接強制。例如：《勞動基準法》第八十二條規定：「本法所定之罰鍰，經主管機關催繳，仍不繳納時，得移送法院強制執行。」

第三節　《勞動基準法》概論

「勞動基準」一詞，最早出現於美國1938年通過的《公平勞動基準法》。英國係以《工廠法》規定勞動條件，但以擴大解釋方式將《工廠法》適用至各行業，其他國家亦均有關於勞動保護立法的制定。

1929年國民政府公布《工廠法》，1931年施行。《工廠法》是後來政府公布實施《勞動基準法》的重要參考藍本。《勞動基準法》於1984年

8月1日正式實施，它除規定了最基本的勞動條件，如勞動契約、工資、工作時間、休息、休假、請假、工作規則外，尚包括了若干保護勞工的措施以及勞工福利事項，例如，童工、女工、技術生、職業災害補償、資遣、退休給付等事項，其範圍之廣泛，遠超過《民法》僱用契約之一般規定。甚者，違反《勞動基準法》相關規定的事業或個人（指雇主或代表其處理勞工事務之人），將被課以民事、刑事及行政罰鍰等責任，即使是勞工因疏忽而觸法，處罰的對象仍可能是雇主。因此，企業經營者不可不對《勞動基準法》多加瞭解，並採取必要措施，以防患於未然。（蘇宜君）

一、立法的意義與目的

《勞動基準法》係規定勞動條件之最低標準。雇主與勞工所訂勞動條件不得低於《勞動基準法》標準，旨在防止不合理之勞動條件出現，藉以保障勞工基本權益，加強勞雇關係，促進社會經濟的發展（**表12-2**）。

表12-2　解讀勞動法規的關鍵用字

關鍵字	說明	範例
應	表示「一定要遵守，不遵守就是違法，要受法律制裁」的意思；具有強制性的字眼。	§雇主「應」按其當月僱用勞工投保薪資總額及規定之費率，繳納一定數額之積欠工資墊償基金，作為墊償前項積欠工資之用。積欠工資墊償基金，累積至規定金額後，「應」降低費率或暫停收繳（《勞動基準法》第二十八條第二項）。 ※違反第二十八條第二項規定者，處二萬元以上三十萬元以下罰鍰（《勞動基準法》第七十九條）。
得	表示「遵行與不遵行都可以，而且不論遵行與否，都不需要承擔法律責任。」具有選擇性的字眼。	§勞工發現事業單位違反本法及其他勞工法令規定時，「得」向雇主、主管機關或檢查機關申訴（《勞動基準法》第七十四條第一項）。 ※勞工不申訴也不會受到任何懲罰。
不得	意思與「應」相反，表示「一定不能觸犯規定，觸犯規定就是違法。」也是具有強制性的字眼。	§雇主「不得」預扣勞工工資作為違約金或賠償費用（《勞動基準法》第二十六條）。 ※違反第二十六條規定者，處新台幣九萬元以上四十五萬元以下罰鍰（《勞動基準法》第七十八條）。

（續）表12-2　解讀勞動法規的關鍵用字

關鍵字	說明	範例
但	表示「但書」的意思，也就是「符合某些條件的情況下，可不受該規定的約束。」具有條件的字眼。	§工資由勞雇雙方議定之。「但」不得低於基本工資（《勞動基準法》第二十一條第一項）。 ※違反上述第二十一條第一項規定者，處新台幣二萬元以上三十萬元以下罰鍰（《勞動基準法》第七十九條）。
以上	刑法規定：「稱以上、以下、以內者，俱連本數或本刑計算。」此係指用以計數時，連同本數計算。本數，指一定範圍內之起點或終點之任何一端數目。 「以上」者，自其說少數言之。以上連本數計算，指該本數乃最低數（下限）。	§十五歲「以上」未滿十六歲之受僱從事工作者，為童工（《勞動基準法》第四十四條第一項）。 ※「十五歲以上」係連十五歲計算。
以下	「以下」者，自其最多數言之。以下連本數計算，指該本數乃最高數（上限）。	§違反第五條（指雇主不得以強暴、脅迫、拘禁或其他非法之方法，強制勞工從事勞動）規定者，處五年以下有期徒刑、拘役或科或併科新台幣七十五萬元以下罰金（《勞動基準法》第七十五條規定）。 ※「五年以下有期徒刑」，係指五年之本刑計算。
以內	「以內」者，即最少數與最多數之間言之。以內連本數計算，指該本數為最大範圍數。	§延長工作時間在二小時「以內」者，按平日每小時工資額加給三分之一以上（《勞動基準法》第二十四條第一款）。 ※「在二小時以內」，即不超過二小時。
滿	滿，依文理解釋，包括「本數」。	§工作十五年以上年「滿」五十五歲者（《勞動基準法》第五十三條第一款）。 ※「滿五十五歲」，即五十五歲以上。
未（不）滿	未（不）滿，係指未及之意，自不包括本數。	§繼續工作三個月以上一年「未滿」者，於十日前預告之（《勞動基準法》第十六條第一款）。 ※「一年未滿」，即指不包括一年。 §技術生人數，不得超過勞工人數四分之一。勞工人數「不滿」四人者，以四人計（《勞動基準法》第六十八條）。 ※「不滿四人」，即指不包括四人。

（續）表12-2　解讀勞動法規的關鍵用字

關鍵字	說明	範例
逾	「逾」，則指超過本數，故不包括本數。	§特定性定期契約期限「逾」三年者，於屆滿三年後，勞工得終止契約，但應於三十日前預告雇主（《勞動基準法》第十五條）。 ※「逾三年」，即不包括三年。
不得超過	超過，亦不包括本數。	§當日正常工時達十小時者，其延長之工作時間「不得超過」二小時（《勞動基準法》第三十條之一第二款）。 ※「不得超過二小時」，係指剛好二小時或二小時以下之時間。
不得少（低）於	不得少（低）於，則指包括本數。	§但「不得少於」五十五歲（《勞動基準法》第五十四條第二項）。 ※「不得少於」五十五歲包括五十五歲。 §工資由勞資雙方議定之。但「不得低於」基本工資（《勞動基準法》第二十一條）。 ※「不得低於基本工資」係指須符合基本工資以上之數目。
小時	小時係計算時間。	§勞工每日正常工作時間不得超過八「小時」，每週工作時數不得超過四十八「小時」（《勞動基準法》第三十條第一項）。
時	「時」則用於表示一日中之某一時刻。	§童工不得於午後八「時」至翌晨六「時」之時間內工作。（《勞動基準法》第四十八條）
日	在法規中少見用「天」，而是用日。	§紀念「日」、勞動節「日」及其他由中央主管機關規定應放假之「日」，均應休假（《勞動基準法》第三十七條）。
星期	依習慣用法或專用名詞，用「星期」而不稱「週」。	§女工分娩前後，應停止工作，給予產假八「星期」；妊娠三個月以上流產者，應停止工作，給予產假四「星期」（《勞動基準法》第五十條第一項）。
日	「星期」固可用來計算單位，但因不夠明確，如有計算之必要，應使用「日」計算。	§一年以上三年未滿者七「日」（《勞動基準法》第三十八條第一款）。 ※一年以上三年未滿者七日，而不用一「週」。
月	「月」表示一年中之月份。	§工資之給付，除當事人有特別約定或按「月」預付者外，每「月」至少定期發給二次，按件計酬者亦同（《勞動基準法》第二十三條）。

（續）表12-2　解讀勞動法規的關鍵用字

關鍵字	說明	範例
幾個月	「幾個月」表示計算期間	§繼續工作「三個月」以上一年未滿者，於十日前預告之（《勞動基準法》第十六條第一款）。
次日、次月、翌年	表示「第二日」或「第二個月」、「第二年」等，有用「次日」、「次月」及「翌年」，視條文之語氣而訂。	§勞工請領退休金之權利，自退休之「次月」起，因五年間不行使而消滅（《勞動基準法》第五十八條）。

資料來源：丁志達（2012），〈人事管理制度規章設計〉，中華民國勞資關係協進會編印。

《勞動基準法》以保護的對象而言，可分為一般保護與特別保護兩類。

(一)一般保護

它係指《勞動基準法》規定對於一般勞工，不論其年齡及性別之特殊性均有所適用者而言。

(二)特別保護

它係指因年齡而特別適用於童工，或因性別而特別適用於女性勞工之規定而言。

二、《勞動基準法》的主要內容

《勞動基準法》在1984年正式實施。不過《勞動基準法》的相關規定，在初期，政府的勞工行政單位並未認眞執行，一直等到1987年，台灣地區解除戒嚴，政治民主化之後，各個候選人及政黨爲爭取勞工選票，競相推出保障勞工權益的措施，勞工政策的方向才開始轉變。此後相關的勞工法令愈來愈多，台灣遂進入以公權力保障勞工權益的時代。

《勞動基準法》共有十二章（總則，勞動契約，工資，工作時間、休息、休假，童工、女工，退休，職業災害補償，技術生，工作規則，監督與檢查，罰則，附則）八十六條。

三、委任經理人適法問題

依《公司法》委任之總經理、副總經理、董事等經理人，與事業單位間爲委任關係，非《勞動基準法》上所稱受雇主僱用之勞工，並無《勞動基準法》之適用。因此，委任之經理人其退休事項，因由其與契約當事人於委任契約中另行約定，其退休金不得自專爲勞工提撥之退休準備金中支應。但依《勞工退休金條例》第七條規定：「實際從事勞動之雇主及經雇主同意爲其提繳退休金之不適用勞動基準法本國籍工作者或委任經理人，得自願提繳，並依本條例之規定提繳及請領退休金。」

四、特別保護對象

《勞動基準法》第五章係針保護童工、女工而定的法條。

(一)童工之特別保護

有關童工之保護之規定，主要有四項：

1.僱用年齡的限制（爲最低年齡之限制，除已國中畢業或經主管機關認定其工作性質及環境無礙身心健康者，雇主不得僱用未滿十五歲者）。
2.繁重及危險工作之禁止（所謂繁重及危險之工作，依《勞工安全衛生法》第二十條規定辦理）（**表12-3**）。
3.延長工作之禁止（每日工作時間不得超過八小時，例假日不得工作）。
4.夜間工作之禁止（午後八時至翌晨六時之時間禁止工作，無例外規定）。

(二)女工之特別保護

有關女工之保護之規定，主要有四項：

1.夜間工作之禁止（午後八時至翌晨六時之時間禁止工作。但雇主經工會同意，如事業單位無工會者，經勞資會議同意後，且符合下列

表12-3 童工工作之限制

雇主不得使童工從事左列危險性或有害性工作：
一、坑內工作。
二、處理爆炸性、引火性等物質之工作。
三、從事鉛、汞、鉻、砷、黃磷、氯氣、氰化氫、苯胺等有害物散布場所之工作。
四、散布有害輻射線場所之工作。
五、有害粉塵散布場所之工作。
六、運轉中機器或動力傳導裝置危險部分之掃除、上油、檢查、修理或上卸皮帶、繩索等工作。
七、超過二百二十伏特電力線之銜接。
八、已熔礦物或礦渣之處理。
九、鍋爐之燒火及操作。
十、鑿岩機及其他有顯著振動之工作。
十一、一定重量以上之重物處理工作。
十二、起重機、人字臂起重桿之運轉工作。
十三、動力捲揚機、動力運搬機及索道之運轉工作。
十四、橡膠化合物及合成樹脂之滾輾工作。
十五、其他經中央主管機關規定之危險性或有害性之工作。
前項危險性或有害性工作之認定標準，由中央主管機關定之。

資料來源：《勞工安全衛生法》第二十條。

各款規定者，不在此限：(1)提供必要之安全衛生設施；(2)無大眾運輸工具可資運用時，提供交通工具或安排女工宿舍）。

2.妊娠期間之特別保護（妊娠期間如有較輕易之工作，得申請改調）。

3.產假及流產假（女工分娩前後，應停止工作，給予產假八星期；妊娠三個月以上流產者，應停止工作，給予產假四星期）。

4.哺乳期間之特別保護（子女未滿一歲須女工親自哺乳者，雇主應每日另給哺乳時間二次，每次以三十分鐘爲度。哺乳時間，視爲工作時間）。

《勞動基準法》公布實施以來，對於勞工權益保障及經濟、社會發展已卓有貢獻，惟各行業均有其行業特性，如端賴《勞動基準法》每次修法來提升勞工之工作條件及生活品質，實非該立法目的，因此，雇主在經營條件許可下，應設法提高法定勞動條件的最低標準，以盡到雇主照顧員

工的職責。

第四節　紀律管理

紀律是培養員工按企業規則作事習慣的一種強制性措施。從本質上說，是預防性質的，其目的是為了提高員工遵守企業政策和規則的自覺性，讓全體員工全面瞭解企業的紀律措施，以杜絕或減少各種違規行為。紀律措施與安全措施一樣，其著重點在於防範。對主管而言，懲戒一直是吃力不討好的工作，但若從組織的觀點而言，懲戒措施是構成整個管理控制不可或缺的一環，管理工作中，不可能迴避或杜絕懲處。

一、懲戒的目的

懲戒的目的，是希望員工在工作時，能夠謹慎，而謹慎的定義，在於能遵守公司的規章與規則。利用懲處的原則，可以對員工或下屬的不合規範的行為進行引導和控制，甚至警告或威脅。美國前總統尼克森（Richard Nixon）曾說：「總統有時必須開除，或者因為不稱職、懶惰、或者因為違抗命令，這總是不愉快的事，但是組織有時就要靠這樣做，使他擺脫懶散之局。」

二、熱爐法則

懲罰員工的原則，可以借重的技巧是管理學家麥格雷戈所主張的「熱爐法則」（Hot Stove Rule）。他將懲戒比喻為觸及燒熱的火爐，用以具體地闡述了懲處的現象：

1.熱爐火紅，不用手去觸摸也知道爐子是熱的，是會灼傷人的。紅色訊號提醒人們的身體要遠離它，以免受到傷害。
2.倘若某人不理會紅色的警訊，以手接觸火爐，肯定會被灼傷。
3.不管誰碰到熱爐，都會立即就被灼傷。
4.一個人之受灼傷係導因於他觸及火爐的行為本身，與他的身分或地

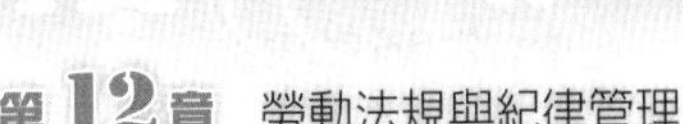

位無關。

三、懲處原則

根據「熱爐法則」，就可以推論出下列四個懲處原則：

1.事前警告：主管要經常對下屬進行規章制度教育，以警告或勸戒不要觸犯規章制度，否則會受到懲處。
2.及時懲戒：員工只要觸犯企業規定的規章制度，就一定會受到懲處，亦即懲處必須在錯誤行爲發生後立即進行，絕不可拖泥帶水，絕不能有時間差，以便達到及時改正錯誤行爲的目的。
3.懲戒的一致性：一致性的懲戒，旨在爲員工之行爲訂定可接受的界線。倘若行爲的界線不分明，員工就無所適從而感到不安。
4.對事不對人：員工之受到懲戒，是因爲他在特定時空之下的特定行爲違反規章所致，這與員工的人格無關。主管應特別注意的是，在懲戒過後，他對待受懲罰的員工之態度應與受懲罰之前完全相同，否則員工會認爲主管懲戒的是他本人而非他在某一時空之下的某種行爲。

四、懲戒程序

適合的員工懲戒程序，應包括下列要件：

1.公司是否將相關之工作規定，詳細地告知每一位員工，尤其是對新進員工更需注意，諸如工作手冊，甚至布告欄上的公告都應包括在內。
2.對員工犯行的控制必須根據事實，如果有見證人在場，那麼見證人的訪談紀錄也必須存檔，確保兩造雙方都能有充分的機會辨白或提供說明。個人的主觀或假設性之認定，應予以排除。
3.是否適當地採用「警告程序」，而這些警告是否以書面形式送達當事人手上；若採用口頭警告，它的內容說詞是否清楚的表達。
4.具有工會組織的企業，可能還需要將員工之警告通知工會備查。除此之外，還可能要告知工會管理者，將採取何種懲戒行動，以減少工會與管理者之間所可能發生摩擦的機會。

5.在決定採取何種懲戒行動之前，也要依員工犯行的輕重程度或初犯、累犯等情形，對員工過去的考核紀錄及服務年資做適當的考慮。但相反的，這並不意謂員工過去若有不良紀錄，就可當作對員工採取懲戒的唯一因素。

6.公司要確保管理者或生產線上主管都能瞭解懲戒的程序與政策。尤其是在對員工採用口頭警告或私底下採取所謂的「非正式責難」時，更是要特別注意。（陳柏蒼譯，1996）

五、累進懲處的措施

累進懲處的措施，就是採用循序漸進的懲處步驟，明確地向員工表明隨著不良行爲的持續發生，矯正不良行爲的措施也將變得更加嚴厲，直到終止勞動契約（開除）爲止（**圖12-1**）。

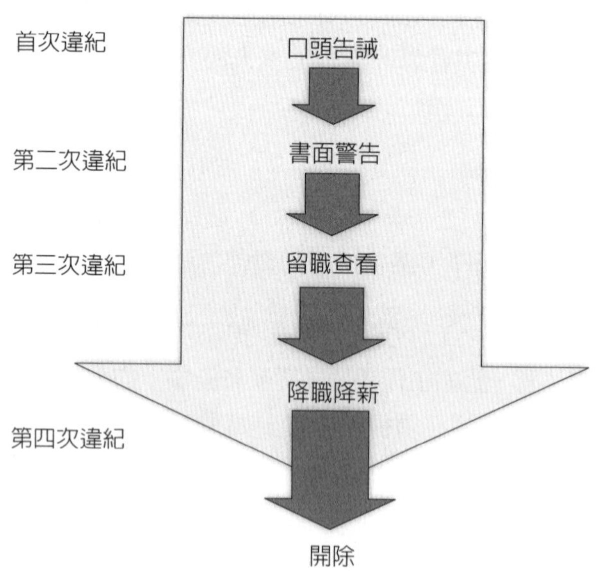

圖12-1　累進紀律懲處程序

資料來源：李小平譯（2000），Robert L. Mathis、John H. Jackson著，《人力資源管理培訓教程》，機械工業出版社，頁263。

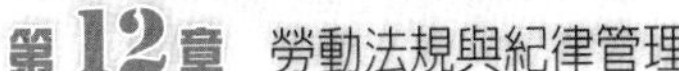

(一)口頭告誡

當員工初犯且其過失情節屬輕微時，管理者以溫和友善的態度勸導其改正，即「規過於私堂」，使其知道錯誤，且能自省改正，不再犯錯。

(二)書面警告

對於尚未達到要處以行政處分的違規行爲，以書面方式發出正式的警告資料。書面警告資料，應納入個人的人事紀錄，以作爲「累犯」時，視爲行政處分前預期警告的佐證。

(三)行政處分

行政處分視員工所犯過失的情節輕重，分爲申誡、記過、記大過三種處分等級。行政處分的輕重，一般企業係依照向經營所在地主管機關（勞工局）所報備的「工作規則」的處罰條款執行。

(四)降級

它係指職位或職等的調降。一則對其不當行爲加以懲處，另一則也反映其績效不足以承擔其現職所負荷的責任。

(五)留職查看

企業對涉及與業務相關之刑事案件，在被逮捕移送、檢察官偵查中、起訴或一審判決確定，但尚未二審定案之前，爲避免對企業造成損害，停止涉案員工工作一定期間，亦即雖在勞動契約關係存續下，於一定期間內禁止該員提供勞務。停止工作期間內不給工資。但留職的長短，法律並無特別規定，一般認爲不宜過長。

(六)降薪

它指調降員工的薪資。由於《勞動基準法》第二十一條規定：「工資由勞雇雙方議定之。」因而，降薪時，資方不可片面決定，必須經過勞資協商始能爲之。

(七)解僱

當員工所犯的過失達到相當嚴重的程度，且雇主認爲已無法以行政懲處或訓誡來促使其改善時，解僱員工成爲雇主最後的手段，是將員工從組織名單上除名，而且甚少有再復職的可能，除非爭訟獲得平反。

解僱牽涉到員工的「工作權」，處理不當，往往成爲勞資糾紛的引爆點，因此，解僱權在行使上必須很謹慎小心。企業發現員工違反規定構成解僱正當理由時，要特別注意《勞動基準法》第十二條規定的處理時效，否則「有理」變「無理」，讓違紀員工逍遙法外。

六、懲戒員工的技巧

積極的懲戒規範的六個步驟，分別爲訓練、諮商輔導、口頭警告、書面警告、最後警告及解僱。主管只要能遵守這六大步驟，就能證明這位主管曾經努力試圖爲員工創造成功的機會。

1.當部屬出錯時，對於違反行爲事實，必須調查清楚，公正客觀，瞭解部屬錯在什麼地方，前因後果掌握情況之後，才給予部屬糾正，不可僅憑傳言或風聲，即予以處分。

2.建立「申訴制度」，以確保員工應有的權利。對於犯錯事實認定可以書面審查，也可讓當事人有公開說明機會，以示公平。

3.處分應與管理者平日對類似案件的處理方式一致，不可因人而異。

4.記住舉證的責任在於公司，員工在被證明犯錯前，都應視爲無辜的。

5.處罰所引用的規則，應是公平且無歧視的。

6.處罰必須合理地反映出個人行爲的錯誤，並以員工個人的紀錄作爲參考。

7.與部屬面談時，要確實知道部屬是否瞭解事情全貌，不要傷害員工的自尊心，並告訴部屬如何彌補錯誤。

除非證明已經告訴過員工工作標準是什麼，否則當他們表現不符合標準時，主管就不能要求員工負起失敗的責任。

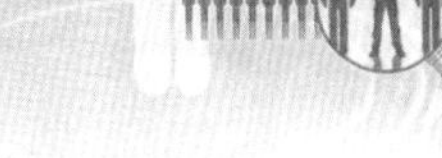

結　語

我國勞工法體系迄今爲止，以個別勞動法爲主，尤其以《勞動基準法》爲中心，此以先進國家之勞工法以集體勞工法爲主之情形不同。惟勞工在爭取自身合法權益時，切莫忘記勞資協調之合作精神。如果從勞資和諧的觀點著眼，紀律懲戒權的行使，本身就帶有一定的殺傷力。企業在處理員工懲戒時，勞資雙方應以誠實、信用原則爲彼此相處的方式。企業對員工行使懲戒權是萬不得已的，最好能備而不用。當然員工也要誠意相待，努力工作，畢竟勞資和諧，共存共榮，才是最高指導原則與目的。

箚　記

- 操作機器較簡單，ON是動，OFF是停；管人就不是那麼簡單。人事問題是防患未然，而非在發生問題之後，才採取「補救」的動作。
- 企業在工作規則中訂定紀律與懲戒之有關規定，乃經營上所必須，而且也是法律所規定的雇主權利。
- 任何一個組織使命的完成不是靠個人，是靠團隊。團隊要能運作執行，則要靠很好的紀律。
- 懲罰原則與管理者的寬容心、包容心並不相悖，但要考慮「度」（臨界點）的問題，即包容也好，寬容也好，一定要有度，超過度，就不得不藉助懲罰的力量。
- 要懲戒部屬時，必須要有書面的資料，有憑有據，一一列出，做到勿枉勿縱。
- 紀律與懲戒有關事項，應明確規定於工作規則或團體協約上，以杜絕糾紛。

- 勞工如違背勞動契約所訂於工作規則之規律，使企業秩序受到危害，當然應受懲罰；但若雇主輕易使用懲戒權或對輕微的過錯加以重大處分，則有可能構成懲戒權濫用的問題。
- 主管面對「問題員工」的態度，將會決定這名員工是能夠努力將問題改正，還是會讓問題惡化下去，甚至到被解僱的命運。
- 如果員工有績效表現不佳的問題，可以建議他去參加相關的會議或研討課程；如果員工違反公司規定的狀況，則可以建議他重新閱讀相關規定，並且在事後不定期抽問，以確定他瞭解這些規定。
- 如果員工犯錯是因為缺乏資訊或是訓練不足的話，這就是主管的責任了。
- 不要懲罰失敗的人，而要歌頌光榮失敗的人，但要懲罰做事草率的人。
- 犯錯的員工有時就像一個被困在屋頂上的人，處境尷尬，既上不去又下不來，此時，主管若採取強硬手段步步相逼，最後會導致這位犯錯的員工一定會橫下心向下跳，結局會是兩敗俱傷的。最適宜的措施方法，就是主動為犯錯的人架一個梯子，給他下台階，使他能夠一步一步的走下來。
- 勞動法律、法規的變動，皆會直接或間接影響人資管理的作業活動。因此，人資專業人員必須經常蒐集相關新的或修訂的勞動法規，以減少興訟；若人資人員不熟悉勞動法規，企業必須付出高額的訴訟成本或罰鍰。

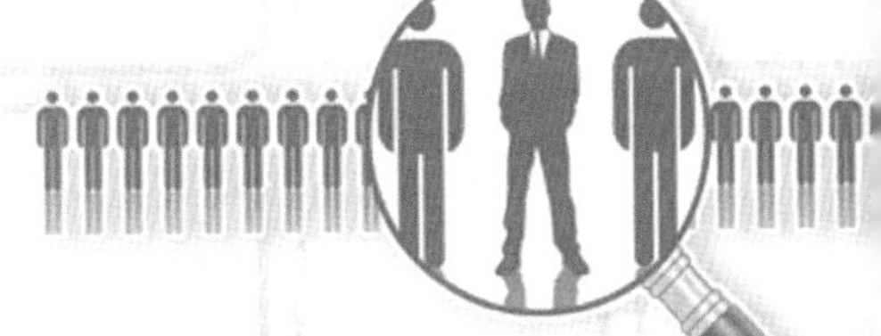

第13章 工作規則與勞動契約

- 企業文化
- 人事制度規章
- 工作規則
- 勞動契約
- 資訊系統安全管理
- 結　語

企業文化取決於員工的態度，員工態度決定了公司賺不賺錢。
——哈佛商學院教授大衛·麥斯特（David H. Maister）

成功的企業無一例外地，都具有強而有力的凝聚力，而失敗的企業也無一例外地，都有不同程度的離心力。沒有自己特色的企業文化，不可能眞正打動員工的心，只有能夠在員工內心產生共鳴的企業文化，才是眞正成功的企業文化。再好的制度，如果失去了道德情感的內在支援，也是無濟於事的。一位眼光遠大、魅力無比的領導者，需要專心一致地爲企業建構一種持久的制度，不是給員工一條大而肥的魚，而是要讓員工人人擁有捕魚的方法與技術，制度才不會「朝令夕改」，企業才不會「提早打烊」。

第一節　企業文化

松下幸之助說：「我只要走進一家公司七秒鐘，就能感受到這一家公司這個月的業績如何。」這位日本經營之神用來測量一家企業成就的工具，既不是財務報表上的數字，也不是吊掛在牆上的曲線圖，而是他在瞬間所補捉的感覺，一種撼動人心的力量，它就是企業文化（corporate culture）。

一、企業文化的內涵

文化，中國歷史上最早是指「以文教化」和「以文化成」的總稱，從字面意思上解釋，文化是一個動詞，無論是「教化」還是「化成」，都體現了一個行爲過程。「文」是指道德、哲學思想、藝術等，引伸到企業文化中就是企業所倡導的企業精神、理念；「化」是指教化，在長期的經營活動中形成的共同持有的理想、信念、價值觀、行爲準則和道德規範的總合。

企業文化是企業在長期生產經營中自覺形成的，並爲全體員工所認可和接受的共同理想、價值觀、經營思想、群體意識和行爲規範的總合（**圖13-1**）。企業文化分爲物質和精神兩個層次，物質層次是表象，由一系列有形的文化因素組成，如企業標示、廠房建築、產品外觀及包裝、廣告宣傳及各種規章制度和行爲規範；而精神層次才是企業文化的實質，由各種無形觀念因素構成，是企業共同擁有的價值觀、經營哲學、企業精神、企業風氣及企業目標等，是企業文化的核心和靈魂。

二、企業價值觀

世界著名的麥肯錫諮詢顧問公司（McKinsey & Company）在概述最佳經營公司所具備的七大要素時，把共同的企業價值觀（enterprise value）列爲七大要素的核心並重點闡述。企業信奉行什麼樣的價值觀，就會產生什麼樣的價值觀，也就會產生什麼樣的經營作風和企業形象。爲了培養這種價值觀，許多企業做了許多有意義的宣導和教育工作，例如，

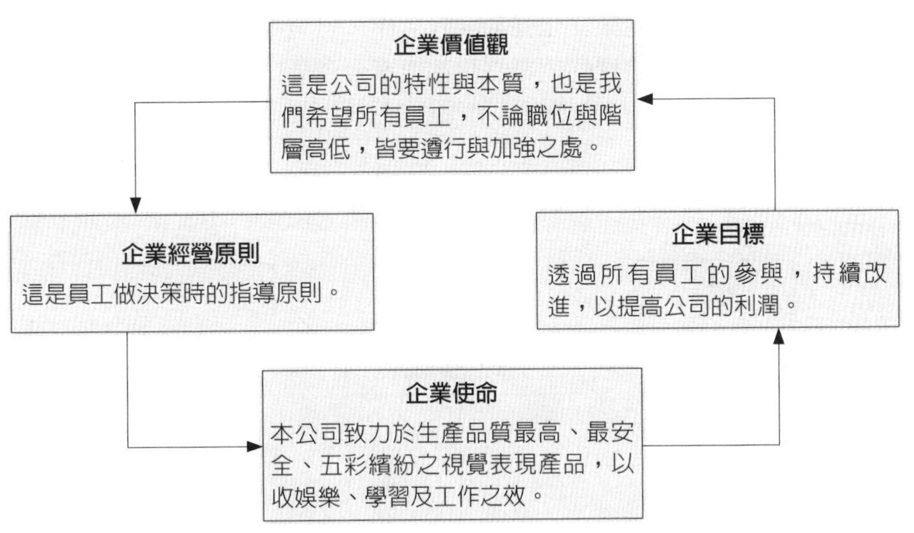

圖13-1 企業價值觀、經營原則、企業使命及企業目標關聯圖

資料來源：蔣希敏、陳娟譯（1999），Patricia Jones、Larry Kahaner著，《企業傳家寶》，智庫文化，頁37。

生產化肥的企業，努力使員工把自己的工作理解爲提高農業生產率，爲飢餓者提供食品的使命感（**圖13-2**）。（楊軍，2003）

企業要建立一個有效的文化架構，首先要擬定願景（清楚描述期望做到的顧客經驗），接著訂定清楚的價值（規範與規則），設定目標（組織希望在關鍵時間內達成的成果），建立目標的關聯性（人員想要達成目標的意願或決心），持續且定期提供完備的回饋資訊（告訴員工成功的成果或績效評量）。具備這些要素後，員工就會採取行動（員工爲達成目標所採取的行動）達成和他們相關的目標。（EMBA世界經理文摘編輯部，2002）

三、企業文化的塑造

企業文化在不同的企業所表現出的外在的理念會有所不同，但企業文化的共通點則是以激勵員工的工作積極性、歸屬感爲核心。中國企業文化受到傳統文化「儒、釋、道」的深刻影響；韓國企業文化崇尚挑戰自己，追求極限；日本企業文化強調團隊合作、忠誠不二；美國文化則鼓勵自由與創新。無論怎麼樣的企業文化都要適合企業自身發展需要，也在不

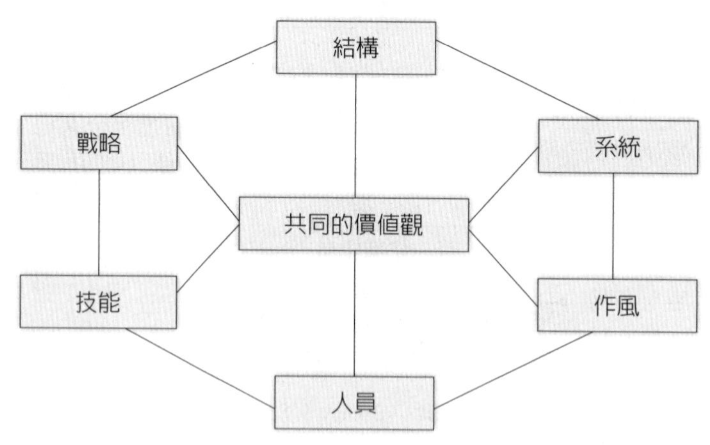

圖13-2　麥肯錫7-S架構

資料來源：楊軍（2003），〈企業文化攸關企業成敗〉，《經濟論壇》（2003/9），頁36。

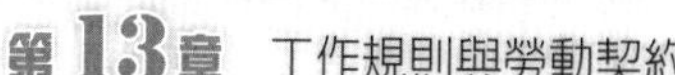

斷更新中沉浸到企業發展的深層中。所以，企業文化是企業在長期的生產經營活動中所形成的共同價値觀念、行爲準則、道德規範，以及體現這些企業精神的人際關係、規章制度、廠房、產品與服務等制度和物質因素的集合。但塑造企業文化絕對不是給企業訂一些響亮而空洞的口號，就算有了自己的企業文化。

國際商用機器公司（IBM）企業文化是尊重別人、追求卓越、深思後再行動；英代爾公司（INTEL）企業文化是成果導向、建設性的矛盾、追求卓越、一律平等和紀律；德州儀器公司（TI）企業文化是誠信及實際成效導向，這些著名企業的文化可以觀摩、學習，但不能全盤抄襲，因爲每家公司的企業文化就像一棵大樹，移植不見得能活下去。（丁志達，2003）

第二節　人事制度規章

對經濟組織而言，應以合理、合法權力爲基礎，才能保障組織連續和持久的經營目標，而規章制度是組織得以良性運作的保證，是組織中合法權力的基礎。人事規章是企業的「法律」，藉此約束員工，憑以獎懲，使員工分工合作，各司其職，以竟全功。企業缺乏人事制度，則「人」、「事」之安置與管理，也將缺乏依循之準則。

一、制定人事制度的原則

制度規章是企業經營管理者意識和經營理念的集中體現，是企業文化的範疇。因此，人力資源專業人員在設計人事制度規章時，要注意下列一些重要的原則：

(一)借鏡原則

參考業界標竿企業相關的人事制度規章的制定作法，通常用訪談方式來瞭解各類人事規章的架構。

(二)企業特色的原則

清楚瞭解經營者的經營哲學及實務需求，依著雇主的經營理念來規劃管理規章。

(三)法、理、情的原則

制度規章必須依法訂定，不能違法或避重就輕，遊走法律的「灰色」邊緣地帶，以避免不必要的勞資糾紛。

(四)整體性原則

在建立人事制度規章時，必須有整體人事管理架構的概念。制度規章相互間，必須是理念一致、精神一貫的，才不會頭痛醫頭，腳痛醫腳，造成各項制度規章相互牴觸，彼此排斥，則企業與員工勢必未蒙其利，先受其害。

(五)參與原則

制度規章制定必須徵詢各單位主管的意見，不可閉門造車，單打獨鬥。制度的執法者是各單位的主管，能讓主管參與和表達意見，除使制度之內容能更周延完整外，亦可使主管有受尊重之感，在制度實施中，必能降低主管的反彈與阻力。

(六)激勵原則

人事制度規章條文的用字遣詞，要使用正面語氣，少用禁止等負面的用語，以維持員工的尊嚴。

(七)特有原則

隔行如隔山，勿將別家的人事制度全盤抄襲引用，應就企業體質、規模、企業文化來設計。

(八)專業原則

人事制度訂定時，要多方蒐集管理制度的資訊，不可以偏概全，例如，外派人員的待遇給付，要參考就業市場的外派薪資行情，才有誘因，

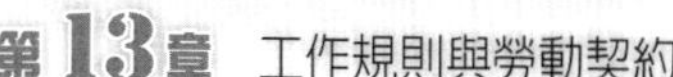

否則，效果恐怕不彰。

(九)實用性原則

制度規章不是快餐，只是一次性消費，它是企業長期戰略的實現，所以在討論和制定時應儘量考慮周全，但也要斟酌程序的易行性，「太完美」的制度是難以執行的。

(十)透明化原則

制度規章要透明化，要宣導，才能引起員工的共識與遵守。

(十一)適時修訂原則

環境在變，經營方式也在變，法律更在變，所以要懂得適時修訂制度規章。

一種制度如果不懂得彈性運用，就不如沒有制度。但彈性可能形成先例，故必須考慮未來相同案例應比照辦理。（李雄，1998）

二、人事制度執行手法

企業應當制定之人事制度規章種類繁多，企業可視本身規模大小，以及制度需要的先後緩急制定。由於各項制度規章息息相關，所以制定時，應通盤考慮，以免將來各項制度的規定先後矛盾。此外，各類表單規格與專用名詞亦應統一，減少將來爭議發生。（陳芳龍，1992）

企業在執行人事制度的手法有：

1.制度的推行須高階主管的支持和授權。
2.有關法規的制度章程，包括工作規則、員工退休辦法等，由於法規已有明定，除非優於法令規章，否則企業不可制定低於法定最低的勞動條件，並要求員工簽約同意。
3.設定制度的基本態度是要解決問題，解決問題的先決條件是要先瞭解問題所在。瞭解實際運作情形，才可針對問題提出制度規章或其他解決方法。
4.透過說服、教育之手段，使員工瞭解制度，接受並遵守制度。

5.制度須具有合理性、需要性、實用性，才能有效可行。

制度規章就形同球場上的遊戲規則，人事制度、辦法的擬定與推行之前，最好先由勞資雙方達成共識。由於制度規章推行後影響勞資兩造的互動，如果只是資方片面決定，制度規章實施時，勢必容易引起員工反彈而得不償失。

第三節　工作規則

雇主為使企業目的得以有效率達成，統一規定多數勞工所必須遵守之工作場所秩序，與統一共通之勞動條件，將有利於企業人事與僱用管理，此種統一之規定即稱之為「工作規則」。工作規則之內容，可包含一切勞動關係事項，例如人事、服務規則、勞動條件、教育訓練、安全衛生、職災補償、懲戒、福利福祉等，凡是與員工勞動生活有關之全部事項都得成為工作規則之內容。

工作規則之訂立，可以明確規範勞工的權利義務，維持生產作業秩序，企業紀律，關係勞資關係之發展與企業之成長。

一、工作規則訂定的作用

工作規則乃事業單位頒定使員工在工作場所應遵守的事項，它具有下列主要作用：

1.工作規則是對企業從業人員之各項勞動條件做劃一的規範，以利全體從業人員一體適用，藉此可建立企業經營秩序並促進全員向心力。

2.工作規則可建立良好的工作場所之紀律與秩序，藉此提高生產力，以促進經營效率。

3.工作規則可明確的規範勞雇之間的權利義務關係，使雙方之行為均有一定程度之可預期性，進而增進勞資和諧。

4.工作規則具有溝通及教育的功能。工作規則一經公告通知並印發各

員工，對全體從業人員，尤其是新進人員，具有迅速、明確的瞭解工作場所之紀律與秩序之功能，可促進勞雇雙方相互瞭解，進而產生合作意識，共同爲企業效力。

5.工作規則具有傳遞經營理念，提升管理成效，避免人力資源管理人員在人事管理立場上的困擾。

6.工作規則具有補充勞動契約及指引團體協約之作用。勞動契約未規定之事項，當以工作規則補充之，自不待言。即在未訂團體協約之企業，工作規則尤其有指引團體協約締結基礎標的之功能。

7.工作規則可便利政府之有效監督。法律明令強制企業須制定工作規則，可使政府主管機關便於監督企業有否遵守《勞動基準法》及其他勞工法令所規定之最低勞動條件。

範例13-1

員工手冊卷首語

我們竭誠歡迎你（妳）加入安達工業公司大家庭的成員之一。在這裡，你（妳）將和許多朋友共同工作，這些朋友的技術與忠誠，使本公司生產的英文打字機銷售於全世界，並獲得極高的信譽。因為你（妳）具備了優良的工作資質，所以被錄用成為本公司的夥伴。

你（妳）將會發現公司管理的作風是開明的，親切而又和諧的。我們以合作的精神和開誠布公的態度，建立了這個愉快的工作環境。你（妳）也將會發現我們有時會遭遇困難，然而，在面對困難的挑戰中，我們將日益成長與發展。

這本員工手冊，它涵蓋了公司各項規章的重點說明，並符合國家政策及法令的規定，祈望你（妳）很快的對公司之各項管理規定有所瞭解，並共同遵守。

身為安達公司的一分子，我們深以為榮，並希望你（妳）與我們共同相處，研究發展，日新又新，為達到新的工作目標而努力。

總經理　白德隆

日期：××年××月

資料來源：安達工業股份有限公司。撰稿者：丁志達。

工作規則既然具有上述作用，所以事業單位於訂立工作規則時，要能熟悉各種勞工法令及相關法令，旁徵博引，儘量將勞工法規未規定的「灰色」部分，容易「爭議」的事項明文告示，說明白、講清楚，以發揮工作規則的功能。

二、工作規則訂定、核備與公開揭示

《勞動基準法》第九章中以第七十、七十一兩條條文就工作規則相關事項加以規定，《勞動基準法施行細則》第九章則以第三十七、三十八、三十九、四十共四條條文規範工作規則相關事項，共同構成我國工作規則之法制。

工作規則之訂定、核備與公開揭示，在勞動法規中有明文規定。

(一)工作規則的訂定

企業訂定工作規則時，有《勞動基準法》、《勞動基準法施行細則》以及《工作規則審核要點》可供參考。

(二)工作規則的核備

基於《勞動基準法》第七十條之授權，企業經營權之衍生，以及締結勞動契約的本質，工作規則成爲權利義務的依據，但總不及法律的規範力，於是，《勞動基準法》規定須經主管機關核備，具有藉以補強工作規則規範的公信力。

(三)工作規則的公開揭示

工作規則之生效，始於公開揭示之時，「開示原則」係維護、平衡締約勞工權益之手段。「公開揭示」（公告）是完成工作規則之最後程序，主要在避免「勞工不知工作規則之內容時，應否受拘束」之爭論。因此，除應在事業場所內公告外，並印發各勞工，以利遵行。（《勞動基準法施行細則》第三十八條）

雇主違反《勞動基準法》第七十條規定，處新台幣二萬元以上三十萬元以下罰鍰。

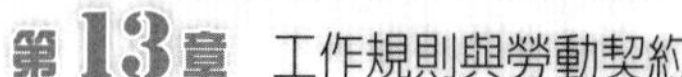

三、工作規則的效力

就「法令、團體協約、工作規則」三者而言，政府在勞資關係領域內，經由法律的制定表現其影響力。《勞動基準法》之強制規定，係最低勞動標準的規定，所以團體協約或勞動契約得爲有利勞工之約定；而勞工經由團體協約表現其團結力量，來確保其合法權益；資方則經由工作規則之單方訂立來表現其管理權，對於勞工明白表示所負公法上勞動條件的義務，勞工接受雇主之監督指揮，擔任所約定之工作，但從《勞動基準法》第七十一條規定：「工作規則，違反法令之強制或禁止規定或其他有關該事業適用之團體協約規定者，無效。」由此可見，工作規則之效力低於團體協約及法令的強制或禁止規定，其中法令之強制或禁止規定之效力又高於團體協約。

四、工作規則訂立注意事項

工作規則是雇主基於其對企業之統制權而單方訂定的，並不需要得到員工同意。但是在制訂工作規則時，須注意下列事項，以免造成勞資關係的惡質化。

1.工作規則，違反法令之強制或禁止規定或其他有關該事業適用之團體協約規定者，無效。（《勞動基準法》第七十一條）
2.工作規則文字應力求淺顯明確，所使用名詞應與《勞動基準法》用語相一致。
3.依勞動條件明示原則，其內容宜依照《勞動基準法》第七十條規定，力求完整，確無必要者得免列入。
4.雇主於僱用勞工人數滿三十人時，應即訂立工作規則，並於三十日內報請當地主管機關核備。（《勞動基準法施行細則》第三十七條第一項）
5.勞工如對工作規則內容提出異議時，應妥爲處理。
6.工作規則範本，可參照各縣市政府勞工單位提供的範本，再視本身

的經營狀況、業務型態以及舊有的人事管理規則等，通盤考量後酌予增減，訂立一份易於施行的工作規則，但其增減內容，不得違反法令規定。

7.僱用童工、女工之事業單位應訂立有關保護條款。

8.工作規則雖由資方直接訂定，但與法令不同又未牴觸的條文，則須附上員工的意見及全體員工簽名同意。例如，《勞動基準法》第二十三條規定：「工資之給付，除當事人有特別約定或按月預付者外，每月至少定期發給二次；按件計酬者亦同。」亦即經勞資雙方協調同意薪資每月發給一次時，工作規則報備時須附上全體勞工簽名同意書。

9.工作規則不得與法令牴觸，否則無效，若優於法令之處，則從其規定。例如，企業員工退休金的計算基數若優於《勞動基準法》第五十五條之規定，則核備後的工作規則應行文予台灣銀行，台灣銀行亦即遵照其規定，由該事業單位退休準備金中發給優於《勞動基準法》規定計算的退休金基數。

10.工作規則應向當地主管機關報備。但事業場所分散於各地者，於訂立適用於事業單位全部勞工之工作規則時，該工作規則應向事業主體所在地之主管機關報備。

11.工作規則不得與該事業體之團體協約牴觸，否則無效，但協約存續期間屆滿後，仍可回復原工作規則之條文。

12.工作規則經主管機關核備後，雇主應即於事業場所內公告並印發各勞工。

13.工作規則應依據法令、勞資協議或管理制度變更情形適時修正，修正後並須報請主管機關核備。主管機關認爲有必要時，得通知雇主修訂前項工作規則。

第四節　勞動契約

近代勞動關係中，勞資雙方之權利義務大都以勞動契約爲根據。例如，勞資雙方基於契約約定，勞工有接受雇主指揮監督服勞務之義務，同時也因此有向雇主請求工資給付的權利。

一、僱傭契約與勞動契約

勞動關係之最基層法律結構係僱傭契約。受僱人於一定或不定之期限內，爲僱用人服勞務，而僱用人負擔給付報酬。《民法》關於僱傭契約在《民法》第二編債第二章各種之債第七節僱傭，共有十個條文來規範。《民法》上個人自由主義之僱傭契約既然不足規範勞動關係，勞工法乃應運而生，發展成爲獨立的法律領域，而以勞動契約及團體協約爲主要內容。

勞動契約是由僱傭關係演進而來。《勞動基準法》第二條第六款對勞動契約用辭定義爲：「謂約定勞雇關係之契約。」適用《勞動基準法》的行業，雇主僱用勞工即屬於「勞動契約」，如果是不適用《勞動基準法》的行業，雇主與勞方所成立的契約，則爲「僱傭契約」，這是因爲不適用《勞動基準法》的企業，本身仍發生僱傭關係，因此，就要透過《民法》僱傭契約的規定來解決勞資雙方的權利義務關係。

二、勞動契約的類別

勞動契約在法律上可分爲「定期契約」及「不定期契約」。《勞動基準法》第九條規定：「勞動契約，分爲定期契約及不定期契約。臨時性、短期性、季節性及特定性工作得爲定期契約，有繼續性工作應爲不定期契約。」（第一項）

一般而言，定期契約對受僱人比較沒保障，因爲契約到期，受僱人就面臨了被解僱的命運，因此，勞工在與雇主訂定契約時，就要特別的注意就業的保障權。所謂的定期契約，是指此一勞動契約有期限，一旦期間

屆滿、契約屆滿或是契約約定的目的完成，則勞動契約就宣告終止，雇主不必給付勞工預告期間的工資，也不必給予資遣費，在這種契約下，雇主的人事成本負擔比較輕。如果是不定期契約而解僱員工，就會有預告期間的工資、資遣費、退休金的問題產生。因此，適用《勞動基準法》的行業，受僱人就要特別注意，其與雇主所訂定的勞動契約，是定期勞動契約或是不定期的勞動契約，這攸關本身的權利、義務。

三、定期與不定期勞動契約

《勞動基準法》為了保障勞工起見，它並不容許任何的工作都可以以定期的勞動契約來約定。《勞動基準法》特別規定，只有屬於臨時性、短期性、季節性、特定性的工作才可以以定期勞動契約來約定。至於屬於繼續性工作，則必須以不定期勞動契約來約定。

《勞動基準法施行細則》第六條及《勞動基準法》第九條對於何謂臨時性、短期性、季節性、特定性及不定期契約工作有明確的定義。

(一)臨時性工作

它係指無法預期之非繼續性工作。期間不超過六個月。

(二)短期性工作

它係指可預期於短期間內完成之非繼續性工作。期間不超過六個月。

(三)季節性工作

它係指受季節性原料、材料來源或市場銷售影響之非繼續性工作。期間不得超過九個月。

(四)特定性工作

它係指可在特定期間完成之非繼續性工作。期間超過一年者，應報請主管機關核備。

(五)不定期契約

在下列情況下，定期契約會改成不定期契約：

1.定期契約屆滿後，勞工繼續工作而雇主不即表示反對意思者。

2.雖經另訂新約，惟其前後勞動契約之工作期間超過九十日，前後契約間斷期間未超過三十日者。但「特定性」或「季節性」之定期工作不適用之（《勞動基準法》第九條）。

3.定期契約屆滿後或不定期契約因故停止履行後，未滿三個月而訂定新約或繼續履行原約時，勞工前後工作年資，應合併計算（《勞動基準法》第十條）。

四、勞動契約消滅的原因

勞動契約消滅（終止），有下列幾項原因：

1.契約當事人雙方合意終止。
2.勞動者自請辭職。
3.雇主經濟解僱（《勞動基準法》第十一條）。
4.雇主懲戒解僱（《勞動基準法》第十二條）。
5.勞動者被迫辭職（《勞動基準法》第十四條）。
6.定期勞動契約期間之屆滿。
7.勞動契約目的之完成。
8.勞動者之退休（強制、自請退休）。
9.勞動者之死亡。

(一)資方解約

以雇主之意思表示而終止者，通常以「解僱」稱之，解僱若爲普通事故（如《勞動基準法》第十一條各款之情事），則通常以「預告解僱」爲之（《勞動基準法》第十六條）。通常「預告解僱」須爲「預告」及支付「資遣費」（《勞動基準法》第十七條）；若不「預告」則可以用「預告工資」給付代之而逕行解僱；懲戒事由之規定者（如《勞動基準法》第十一條各款之情事），則通常以「即時解僱」爲之，解僱的理由要有充分證據，否則易生勞資糾紛。

(二)勞方解約

勞動者意思表示爲終止者，則以「離職」稱之。「離職」通常勞動者僅能以勞務給付之工資請求權，而不得爲其他之請求，但若可歸責於雇主一方之事由時（如《勞動基準法》第十四條第一項各款之情事），則《勞動基準法》亦賦予勞動者比照「資遣費」請求之權利，由雇主給付資遣費。

依最高法院95年度台上字第2720號判決：「按勞基法第十一、十二條分別規定雇主之法定解僱事由，爲使勞工適當地知悉其所可能面臨之法律關係的變動，雇主基於誠信原則應有告知勞工其被解僱事由之義務。基於保護勞工之意旨，雇主不得隨意改列其解僱事由，同理，雇主亦不得於原先列於解僱通知書上之事由，於訴訟上爲變更再加以主張。」

五、勞動契約爭議的處理

一旦勞資雙方就勞動契約發生糾紛時，一般依循下列管道解決之：

1.私下協調。
2.透過工會出面協調。
2.委託律師居中調解。
3.可赴各鄉鎮市調解委員會請求協調。
4.依據《勞動爭議處理法》規定申請調解、仲裁。

如上述途徑皆無法解決糾紛，可以到當地法院提起訴訟，由法院予以判決。

第五節　資訊系統安全管理

由於網際網路的快速崛起，霎時間顛覆了舊有的企業經營模式，其中人力資源管理更是面臨科技與法律的雙重挑戰。在傳統的人事管理體制下，企業在執行人事管理制度之際，所需要考慮的法律問題並不複雜，只

要不違反《勞動基準法》等相關的勞動法規即可，但是在企業界已普遍使用網路與電子郵件信箱之後，企業是否可以監看員工電子郵件內容與員工利用網路處理私人領域的情形，它已經涉及到員工的隱私權、企業的營業祕密保護以及企業資源利用等諸多問題。企業資訊系統安全管理成爲人力資源管理必須面對的問題。

範例 13-2

保密合約書

立契約人○○科技股份有限公司（以下簡稱甲方）因業務需要聘請______（以下簡稱乙方）為員工，雙方同意訂定本合約書，共同遵守合約條款如下：

第一條：聘用日期

1.乙方同意自民國______年______月______日起受僱為甲方員工。

2.乙方同意於離職後，對於任職期間所知悉或持有之機密資訊負有保密之義務不得據為己用，亦不得洩漏、告知、交付、移轉予他人或對外發表出版；如持有記載或含有機密資訊之筆記、資料、參考文件、圖表、電腦碟片等各種文件媒體，應立即交還甲方或其指定之人，並不得影印或以其他方式留存。本項之保密義務因資料已為公衆知識，或非因乙方而外洩，或甲方已予解除機密，或同意公開者，不在此限。所訂義務，如因法律或判決致一部分不生效力時，不影響其餘部分之效力。

第二條：智慧財產權

乙方同意於任職期間，基於職務為甲方所作，或與甲方業務有關之營業祕密，無論有無取得專利權、商標專用權、著作權之任何語文著作、圖形著作（包括科技或工程設計圖形）錄音及視聽著作，以及各種甲方業務上相關之衍生或編輯著作等皆以甲方或其代表人為著作人，相關之著作人格權及著作財產權等皆歸甲方自始擁有。

第三條：保密義務

乙方對於第二條所定之各項著作，及甲方各種相關之技術、產品、規格、行銷計畫、人事及財務資料、客戶名單、策略規劃等，均應採取必要措施維持其受聘期間所知悉或持有之機密資訊，非經甲方書面同意，不得洩漏、告知、交付或移轉予任何第三人或自行以非供職務目的加以使用。本條規定於離職後仍然有效。本條之保密義務因資料已為公衆知識，或非因乙方而外洩，或甲方已予解除機密，或同意公開者，不在此限。所定義務，如因法律或判決致一部分不生效力時，不影響其餘部分之效力。

第四條：文件所有權

雙方同意所有記載或含有機密資訊之資料、參考文件、圖表、工作日誌等各種文件媒體之所有權皆歸甲方所有，於離職或甲方請求時，乙方應立即交還甲方或其指定之人，並不得影印或以其他方式留存。

第五條：競業禁止

乙方同意於離職後一年內，非經甲方書面同意，不得為下列行為：

受僱於其他人，或受委任、特約，或與他人合作，或以有償或無償方式從事經營與甲方相同或相類似之產品項目事業。

第六條：反仿冒條款

乙方茲特別承諾於任職甲方期間所從事之一切創作，均應出自其自行創作，或由公衆資料取得，並確實尊重他人之智慧財產權。乙方同時承諾於任職期間不得盜拷軟體。如乙方因侵犯他人之著作權等智慧財產權，致甲方遭第三人及司法控訴或警告，其因此所產生之一切損害，包括但不限於對第三人之賠償及任何支出，乙方應負責賠償。

第七條：適用法律

雙方之權利義務關係，本合約未規定者，悉依《勞動基準法》及《民法》等中華民國台灣之法令規定。

第八條：管轄法院

關於本合約或因本合約而生之一切爭端，雙方同意以誠信原則解決。如有訴訟上必要，雙方同意以台灣新竹地方法院為第一審管轄法院。

第九條：本合約期限自第一條聘用日期所述時間起生效，於乙方離職日起自動終止。乙方並於離職之際，除有甲方之書面同意乙方保留之外，將歸還所有應屬於甲方之財產，並願意與甲方之指定主管進行離職面談，簽署備忘錄，以重申與提醒乙方在離職後，仍將繼續尊重甲方與乙方彼此合法的權益，包括但不限於本約第一、二、四及五條所定義務。

第十條：本合約作成一式二份，甲乙雙方各執乙份為憑。

立合約書人
甲　　方：○○科技股份有限公司
法定代理人：
住　　址：新竹市科學園區○○路○○號
乙　　方：
身分證字號：
住　　址：
中華民國　　　　年　　　　月　　　　日

資料來源：新竹科學園區某大科技公司。

一、法律規範

在資訊系統安全管理方面，《刑法》、《民法》與《個人資料保護法》有如下的條文來加以規範：

(一)《刑法》部分

有下列行爲之一者，處三年以下有期徒刑、拘役或三萬元以下罰金：

1.無故利用工具或設備窺視、竊聽他人非公開之活動、言論、談話或身體隱私部位者。
2.無故以錄音、照相、錄影或電磁紀錄竊錄他人非公開之活動、言論、談話或身體隱私部位者（第二十八章妨害祕密罪第三百十五條之一）。

從上述條文的規定，若企業無正當理由，利用軟體或其他機制監看員工的電子郵件與網路資料，即可能違反該條規定。

(二)《民法》債篇部分

不法侵害他人之身體、健康、名譽、自由、信用、隱私、貞操，或不法侵害其他人格法益而情節重大者，被害人雖非財產上之損害，亦得請求賠償相當之金額。其名譽被侵害者，並得請求回復名譽之適當處分（第二篇債第一章通則第一節債之發生第五款侵權行爲之第一百九十五條第一項）。

從上述條文可知，如果企業侵害員工的隱私權，員工即可根據《民法》第一百九十五條人格權的規定請求非財產上的損害賠償，但是員工提起訴訟的先決條件，是要企業有「不法侵害」事實發生才能成立，如果企業沒有不法情事，則難於被員工控告的。

(三)《個人資料保護法》規範

在2012年10月1日施行的《個人資料保護法》（簡稱《個資法》），對於企業個人資訊的蒐集、處理或利用，都必須遵循法規規範。依據《個資法》規定，個人可以有權力決定自己的個人資料是否要提供，同時也可

以瞭解自己的個人資料是如何被蒐集、使用、處理、傳輸等狀況。如果企業違反《個資法》之規範，同一事件民事損害賠償甚至可能被求償二億元之鉅額罰款（第二十八條第四項）；在刑事責任方面，意圖營利的違法行爲者，處五年以下有期徒刑，得併科新台幣一百萬元以下罰金（第四十一條第二項）。

《個資法》上路後，人資部門除了則要管理好應徵者、在職、離職的人事資料外，並應注意下列的事項：

1.設置個資保護專責人員：人資部門內應指定擔當資訊安全管理的負責人員，就組織設計、工作任務、工作流程、人員選定標準等方面，加以事先規劃。

2.進行實務演練：在人力資源日常行政工作中實際執行一次，包括人資作業管理機制稽核、事故預防通報應變處理、遵照合法作業流程、認知宣導及教育訓練、委外作業保護等。

3.盤點員工所有相關文件：它包括現行招募時的敏感性題目、員工犯罪紀錄、員工體檢報告等的妥善處理。

4.強化內部教育訓練：對全體員工宣導《個資法》的基礎常識，才能避免誤觸法網。

5.謹慎處理人事調查（reference check）工作，必須取得相關人員的書面同意文件，使可進行人事調查工作。

6.刪除人事資料檔案中的表單、表格的敏感性問題。

7.離職員工的個人資料、考績資料等，於員工報到簽約時，加註同意留存年限條款。

依據《個資法》規定，人資部門有可能在持有個人資料的企業內，承擔一部分資訊安全角色，倘若不瞭解《個資法》規定，就可能使企業內的個人資料遭到不法蒐集、處理、利用，或發生其他侵害當事人權利之情事，若是有人資人員發生直接違法的行爲，還可能面臨更嚴重的刑事責任。因此，人資部門必須謹慎因應《個資法》帶來的規範。（周昌湘，2012）

二、因應對策

企業爲了防範侵犯員工的隱私權，又要保護企業的營業祕密不致於外洩給競爭對手，企業可採行以下的因應對策：

(一)勞動契約的規範

爲防範員工使用企業給予員工的電子郵件或網路系統從事私人性質的行爲，或傳送出公司的營業祕密，並爲防止員工濫用網路起見，可在勞動契約內明文訂定員工使用電子郵件和網路時所應遵守的事項，並約定企業可隨時監看或檢查員工使用電子郵件和網路的情形。

(二)工作規則的規範

訂定防止員工濫用電子郵件或網路的規定於工作規則內。工作規則與勞動契約不同之處在於，工作規則可由企業單方制定後送當地政府勞動行政機關核備，公告揭示即可生效。

(三)管理規章的規範

工作規則的訂定通常是提綱挈領，無法詳細列明，因此企業亦可考慮採用訂定管制員工不得濫用網路電子郵件的管理辦法。

無論將員工利用網路與電子郵件的遊戲規則訂在勞動契約、工作規則或管理制度規章，重要的是要讓員工確實明瞭到濫用企業內的網路與電子信箱的資源會受到何種程度的懲罰。同時，在制定此類資訊科技管理的問題時，必須借重資訊管理部門與法務部門的意見，方能消弭可能的爭議。

結　語

基於勞資協調合作之基本精神，使勞工樂於遵守工作規則，事業單位也能執行順利，事業單位除必須瞭解工作規則之訂立及變更程序外，事業單位應針對企業本身的使命、價值觀、經營理念、企業文化、經營狀況、業務型態以及既有的人事管理規章等，通盤檢討，訂立一套適法、適用、勞資互惠、易於施行的工作規則，以補勞資雙方在訂定個別勞動契約條款內容的不足之處，及防範商業機密之外洩。

箚記

- 企業文化是大多數員工共同的價值觀、信仰、想法及行為模式，是企業永續經營的基礎，而經營理念則是企業文化的核心。
- 企業文化絕不是一種概念而已，企業文化是影響企業永續發展的關鍵。例如，台積電的「誠信」，中信集團的「We are family」（我們是一家人）、台塑的「務實」及統一的「關懷」。
- 有願景、有企業文化，員工才會有共同的方向，有了一致的方向，才有力量，企業才能永續發展。
- 願景和企業文化是凝聚一群志（指願景）同道（指企業文化、價值觀）合者的必要的工具，不然的話，就是烏合之眾。因此，塑造明確的願景與價值觀，是非常重要的事。
- 不同的企業文化塑造出的員工，就會有不同的行為及特質。
- 放眼所有企業成功的關鍵，在於得人、得法。有好的人才，才能規劃好的制度規章，而好的制度規章也要有好的人才才能執行。
- 管理制度需隨時代環境的改變而做機動性調整配合。
- 現代企業的典章制度必須建立在信任上，而信任就是一種倫理關係。
- 有團體就要有制度，制度是一種規範，但絕對不是對人的能力與才能的限制。
- 建立制度，但不要堅持制度，用例外及彈性管理，但要行之有理。
- 全憑人事管理的法規管理員工的時代已經過時，重視員工心理

與願望，才是符合企業「內部顧客」需要的人事管理。

- 傳統組織管理強調按既有的制度、規章行事；現代企業則重視對人的信賴與尊重，透過企業的經營理念與企業文化來掌控，授權員工，要求員工做好自我管理。
- 由於《勞動基準法施行細則》已無「試用期間」的規定。因此，勞資雙方應依工作特性，在不違背契約誠信原則下，自由約定合理之試用期。惟於該試用期內或屆期時，雇主欲終止勞動契約，仍應依《勞動基準法》給予資遣費、預告工資。
- 勞動契約訂立不以書面為要式，口頭約定即生效力，不過為了明確勞資雙方之勞動條件，乃以訂立書面契約為宜。事業單位與勞工所簽訂之勞動契約，不需要報主管機關核准，但該項約定不得違背《勞動基準法》及有關法令的規定。
- 勞資雙方如何熟悉現行法制，透過協商，解決爭議，是勞資雙方需要共同學習的課題。
- 工作規則與勞動契約是雇主保障自己權益的法寶，雇主只要不違反《勞動基準法》和相關法令規定，可以在勞動契約或工作規則上，對勞工做出各種行為上的「合理約束」，而這種「合理約束」是要法律所能容許的使得訂定。
- 為企業奠定「長治久安」基礎，不只要使企業免於虧損，更要使企業能夠制度化、法制化，擺脫「人治」的小天地，使企業不只經得起經濟環境的變化，也經得起人事上的更替，使企業長於一個人或一代的壽命。
- 雖然台諺說：「一種米養百種人」，但是所有的人都有一個共通點，就是一個「情」字，人事管理在處理人的問題時，只要能夠重視人性面，就能擄獲人心，只要得到人心，必然無堅不摧，所向披靡。
- 任何人事制度要實行，如果連承辦人員都不能對政策言之成理，就不宜逕付實施。

第14章

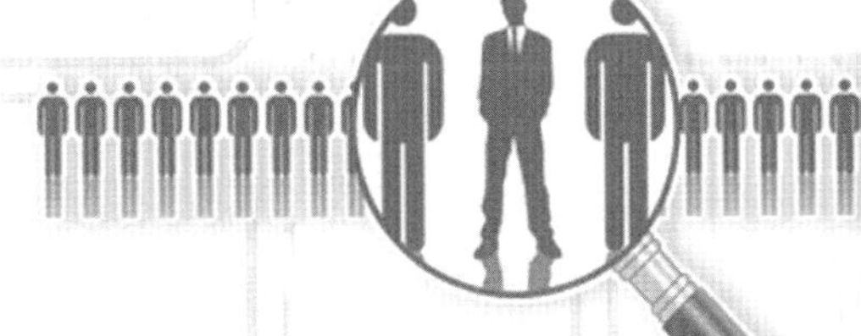

勞資關係

- 勞資倫理
- 勞資溝通
- 員工申訴處理制度
- 勞資會議
- 結　語

> 好的倫理為經營之道（Good ethics is good business）。
>
> ——西方諺語

從企業與員工雙贏的觀點來看，對於勞資雙方衝突或爭議產生的可能，企業應設計一套制度，俾便「思防微杜漸之處，以竟圓滿周全之功。」避免因事小不愼而釀成大害。防微杜漸，就要溝通，溝通不只是表面的象徵或是訊息而已，它是組織賴以生存、調適和茁壯的重要過程（**圖14-1**）。

 第一節　勞資倫理

企業是達成營利目標之一種有組織的工具。企業成敗止於人，「止」上有人是「企」字，「止」上無人就不成「企」字了，而維繫人在企業內的正常活動，是建立在勞資倫理上的互信、互諒的道德規範。

一、倫理定義

「倫」字根據《辭源》字典定義是：「倫常也，如君臣、父子、夫婦、昆弟、朋友爲五倫。」「理」字本指玉的紋理，引申爲有條理或分明的意思，而倫理的英文是「ethics」，原意指風俗習慣。廣義的說，倫理包括社會的一切規範、慣例、制度、典章、行爲標準、良知的表現與法律的基礎。

綜合言之，「倫」者，常也，即恆久也；「理」者，道也、義也，即應該也。換言之，「倫」是指人際關係，「理」是指價值規範，合起來講，「倫理」一詞的簡單解釋就是人際關係的價值規範。

二、雇主倫理的範圍

雇主倫理，係指對於其所僱用之勞動者給予生存權及人格權之尊

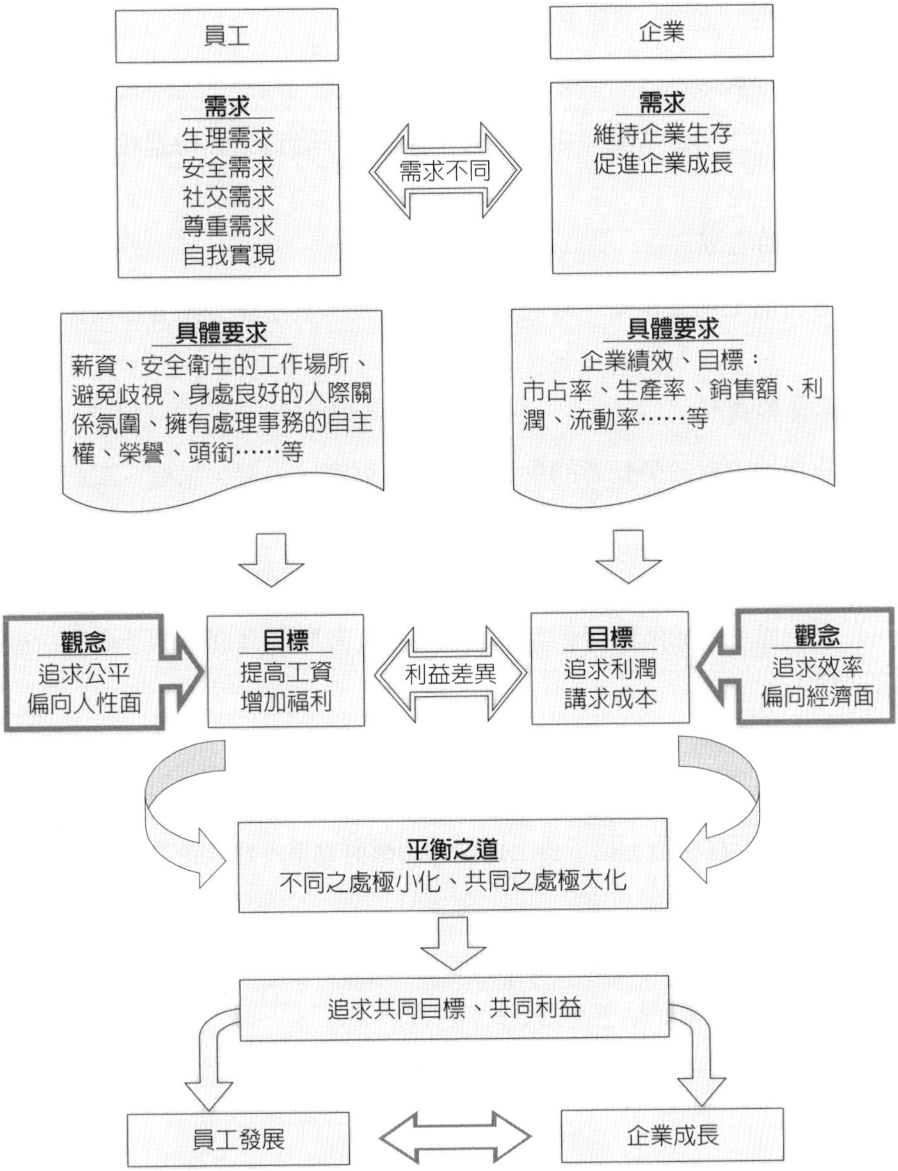

圖14-1　員工關係示意圖

資料來源：常昭鳴、共好知識編輯群編著（2010），《PMR企業人力再造實戰兵法》，臉譜出版，頁360。

重。基於此一認知，則雇主倫理之範圍包括：

(一)給付的義務

它指雇主對於勞動者之提供勞務，有給予合理工作待遇與勞動條件之義務。

(二)僱用的義務

它指雇主基於永續經營的承諾，長期提供其所屬勞動者僱用機會的義務。

(三)保護的義務

它指雇主對於勞動者的生命、健康、財產、名譽、家庭、風紀、信仰等，應加善良之庇護，並提供員工良好安全衛生的工作環境。

(四)發展的義務

它指雇主對於所屬勞動者之知識、技能及職涯發展有給予協助指導之義務。

(五)尊重的義務

它指雇主應尊重勞動者，使其無論在工作時間以內或以外均感覺到生命有意義，有尊嚴，給予員工適切的關懷與尊重，建立企業親情化。

(六)公平的義務

它指雇主對於所僱用之勞動者，不得因其性別、種族、籍貫、信仰及其他非工作因素而給予不公平對待。

三、勞動倫理的範圍

勞動倫理，係指對勞動或工作所抱持的看法、態度等的一組價值體系，是對勞動者的規範。如同雇主倫理一般，勞動者工作倫理所設定的原則是：「勞動者於工作本身及對雇主之經營權、管理權與分配權應加以尊重。」主要的勞動倫理之範圍有：

(一)勞動的義務

它指勞動者有依法律及契約完整提供勞務之義務。

(二)服務的義務

它指認同公司的使命、維護企業形象、對待顧客的態度。

(三)忠實的義務

它指誠實信用，遵從勞動契約之從屬性並盡力避免或減少雇主的損害，諸如：服從（服從上級主管合理的督導）、守密（不洩露公司營運機密，以維護公司利益）、守紀（遵守紀律）、誠信（不欺下瞞上、履行勞動契約）、廉潔（愛惜公物、不偷竊、不盜用公款）、謹慎（負責盡職、主動做好本身應做的工作）、兼職限制、競業禁止與離職經辦業務交代清楚等。

(四)敬業的義務

它指對於工作之專精態度、勤奮、研究、改進、發展、專心於工作崗位之行爲。敬業爲三個層次：第一層是樂於宣傳，就是員工經常會對同事、可能加入企業的人、目前的與潛在的客戶，說組織的好話；第二層是樂意留下，就是具有留在組織內的強烈欲望；而敬業的最高層次是全力付出，就是員工不但全心全力的投入工作，並且願意付出額外的努力促使企業成功。

(五)協同的義務

它係一種同儕倫理，指勞動者與其工作同事有分工合作、溝通協調、工作教導及生活關懷之義務。〔方翊倫，〈企業內勞資倫理的研究〉（摘錄與補遺）〕

第二節　勞資溝通

盲點是企業發展的障礙，企業內部的溝通管道愈暢通，勞資爭議的事件愈不會發生。從溝通中可以瞭解員工對企業管理制度的落差與代溝，對症下藥，設法解決，這也是企業內部消弭勞資糾紛最好的管道。

一、企業內部勞資溝通管道

企業內部最常見的溝通管道，除了部門主管與部屬之間經常面對面交換的信息外，還有許多溝通媒介可加以選擇，諸如：電話聯繫、文件或電子郵件等。各種溝通媒介皆有其特性與適用情況，同時，不同的媒介可以克服不同的情境限制，例如，時間、地點、員工分布區域以及距離等。

一般企業常用的溝通媒介，約有下列幾種方法：

(一)布告欄

它是企業傳達內部管理規章、人事調遷、員工獎懲、內部訓練課程、社團活動等正式溝通管道，讓員工知悉企業將爲員工做些什麼事情，對員工在工作上有哪些規範要員工遵守，以維持團體紀律等。

(二)電子布告欄

隨著辦公室的自動化，由傳統的張貼布告到利用電子布告欄、電子郵件等工具來與員工對話，交換管理的意見與信息，透過員工提出的問題，讓企業能闡述管理的理念，或接受員工合理的建議，修訂公司相關的規定、制度。

(三)走動式服務

人資人員透過定時的到各部門做走動式人事訪談服務，深入瞭解員工的眞正需求，適時的對需要協助之員工給予適當之幫助。

(四)員工手冊

工作規則係經企業所在地的主管機關核備後公告揭示之。人資部門必須將工作規則的重點摘錄，加入企業文化、經營理念等彙集成員工手冊，透過e-HR系統讓員工可以隨時上網查詢，或印成手冊，供員工隨手翻閱，避免「二手」傳播管理制度的資訊，造成誤導而引起誤會或糾紛（**表14-1**）。

(五)部門會議

各部門爲達到年度工作目標，必須每週（月）定期開會檢討工作的進度，預算執行或分配新工作之際，員工提出來討論的問題，除涉及部門內的問題自行解決外，其餘有關屬於公司管理的意見，應轉遞交到人資部

表14-1　員工手冊之架構、項目及編訂要領

項目	內容		
架構	・企業文化	・經營理念	・企業沿革
	・服務守則	・人員進用	・職位與行政體系
	・考勤	・考績、獎懲	・工作時間與假日
	・薪資	・請假	・特別休假
	・人員離退	・福利	
項目	・僱傭方針	・識別證	・工作時間
	・薪資管理	・晉升	・年終（中）獎金
	・加班	・公司之利益與專有資料的維護	・請假規定
			・離職手續
	・智慧財產權	・訓練與發展	・全民健康保險
	・特別休假	・颱風停工	・退休
	・停薪留職	・保留年資	・交通車
	・勞工保險	・團體綜合保險	・職工福利會
	・醫務室	・伙食	・績效考核
	・申訴管道	・獎懲	
編訂要領	・管理規章，重點摘錄 ・將工作規則上網，不需要人手一冊 ・新進人員閱讀公司書面的資料後，要簽字留底		

資料來源：丁志達（2012），「人事管理制度規章設計班」講義，財團法人中華民國勞資關係協進會編印。

門來研究與提出改善的方法。

(六)勞資會議

《勞動基準法》第八十三條規定，事業單位應舉辦勞資會議，由勞資雙方代表組成。這是政府爲企業設立一個定期的勞資溝通的正式管道，此會議參與的代表，應秉持協調合作之精神，向勞資雙方負責。

(七)單位主管定期與員工進行座談

根據美國的一項調查顯示，百分之八十六的員工表示，他們的主管認爲自己是很好的溝通者，但是只有百分之十七的員工同意這種說法。所以，單位主管定期與員工進行座談是相當重要的溝通方式，不可等閒視之。

(八)與高階管理層對話

人資部門應定時安排員工與高階管理層級主管直接溝通的機會，以增強員工對公司的向心力。高階主管與員工溝通的內容，主要將公司的願景、政策、業務等大方向與員工溝通，取得共識，並將員工對公司的建言，交給相關部門研擬，即時提出可行方案，付之實施。短時間無法採納的建議，也要透過溝通管道告知員工，並列入追蹤。

(九)動員月會

動員月會係建立由上而下直接傳播訊息的管道，藉由中、上層管理人員所獲得的訊息傳播給部屬。動員月會的內容，主要介紹公司發展現況及未來發展方向，並安排專題簡報，以及表揚優秀員工，以鼓舞士氣。

(十)各委員會會議記錄

企業必須依照政府法規成立「職工福利委員會」、「退休準備金監督委員會」、「勞工安全衛生管理委員會」、「勞資會議」等正式組織。在每次開會時，能利用散會前，徵詢各委員對公司在管理上應興革改進的意見，因爲這些委員大部分來自基層，在這種場合，管理階層最容易聽到基層員工的「心聲」，防微杜漸，適時解決員工的「苦情」。

(十一)與工會溝通

工會係爲促進勞工團結，提升勞工地位及改善勞工生活爲宗旨而組成的團體，企業應利用工會組織作爲勞資之間的溝通橋樑，來瞭解員工的需求，針對爭議性之勞資問題，彼此坦誠溝通，解決問題，以創造「雙贏」局面。

(十二)員工抽樣面談

它係採隨機抽樣方式，人資部門每週（月）抽選幾位不同部門的員工作爲面談對象，進行一對一的面對面的溝通。針對抽樣面談的員工，人資部門事先要設計一套約談的內容大綱，以利事後的分析。在面談中如員工對公司政策不夠理解，可當面解釋清楚，以解決員工疑惑。針對員工的建議，尤其多數人所關心的問題，可在企業發行的刊物中，用問與答（Q & A）專欄方式或在公司內部網站刊載。

(十三)員工意見箱

員工意見箱是最傳統蒐集員工意見反應的管道，專人按時開啓信箱，彙總資料後及時給予答覆。一般而言，利用員工意見箱投訴意見的員工，以「隱名埋姓」爲多，或用集體簽名方式進行，在處理時要格外愼重與保密。

(十四)新進人員講習

透過新進人員之職前訓練課程，培養新進人員對公司的認識與瞭解，增強其對企業的向心力與歸屬感，讓新進員工在爾後工作中，對管理上造成的個人問題，能循正式的溝通管道獲得解決。

(十五)舉辦年度主管級管理研討會

它除了增強主管級之間群體的共識外，同時亦可達到相互聯誼，彼此交換管理心得之機會，有助於組織間的合作與良性的溝通。

(十六)提案制度

提案制度推動的目的是在「謀求管理革新，有效運用手法與工作經

驗，發揮員工的潛能與貢獻。」用書面的形式，提出意見，在企業「品質、成本、管理」三方面追求改善、成長的空間。利用提案制度，獎勵對企業興革的建議及方法，也包括了管理上的改進提案，產生良好的互動關係。

(十七)品管圈活動

它是定期地召開小組聚會，研討與自己單位工作有關的生產或作業攸關的過程，是集衆人之力提出改善意見，同樣有獎勵的措施，也是企業內員工溝通的正式、定期的管道之一。

(十八)員工諮詢服務

透過諮詢服務，充分提供員工諮詢公司的各項事務，使員工對公司發展、制度、福利等方面有充分瞭解的機會，以防止「以訛傳訛」，造成管理上的困擾，使員工對公司向心力產生動搖，員工士氣的低落。員工諮詢服務的首要工作，是要讓全體員工知道「窗口」在哪裡，諮詢方式可安排直接面對面的諮詢，或設立電話專線諮詢。員工諮詢服務可做到的要及時答覆，馬上解決，暫時無法答應的問題，應隨即交給有關負責單位處理或改善，並做追蹤的工作，不可「不了了之」。

(十九)員工意見調查

它係建立正式書面溝通管道，針對管理上的某些問題（例如：工作環境、福利制度、休息休假與調班等），在企業形成「政策」時，充分的瞭解員工意見，再做最妥善的規劃與執行。

(二十)社團活動

社團活動一般隸屬於職工福利委員會，係由一群熱心、具有奉獻精神的員工來負責推動各社團社務。人資人員要主動參與各社團的活動與服務，從中可得到一些員工對公司管理措施的看法，以作爲制度修訂的參考。

(二十一)其他

舉例而言，利用設定主題的「專題徵文」比賽，鼓勵員工投稿，給予獎勵。從徵文中可蒐集到一些管理制度、工作環境改善的有用、寶貴的資訊。

二、溝通的技巧

溝通不是談判，更不是作戰，眞正的溝通是設身處地，將員工關切的要點納入企業的管理體系內運作，以達到「雙贏」的結果。不同的員工會以不同的方式接受資訊，如果企業主只顧及其中的一個部分而無法讓訊息多方向的順利傳送，溝通管道就會被「堵塞」。所以，溝通管道要多元化，才能「傾聽」員工眞正的心聲，透過各種管道來蒐集員工對公司「施政」的滿意度。因此，從蒐集員工意見中加以整理，提供相關單位改善，並獎勵提案人，則建言將會透過正式溝通管道源源不絕，形成一股良好的組織氣候。如果把蒐集來的意見「束之高閣」，則員工將學會在正式場合上「緘默寡言」，在非正式的組織中卻散布著諸多「小道消息」，勞資和諧的關係，就會「暗礁擋道」，等到員工抗爭出現後，企業再「善意」的回應，則爲時已晚，不如平時「點點滴滴」來改善，使企業能「日新又新，自強不息。」使員工共享企業成長的快樂與員工實質生活的改善，達到勞資「雙贏」的境界（**圖14-2**）。

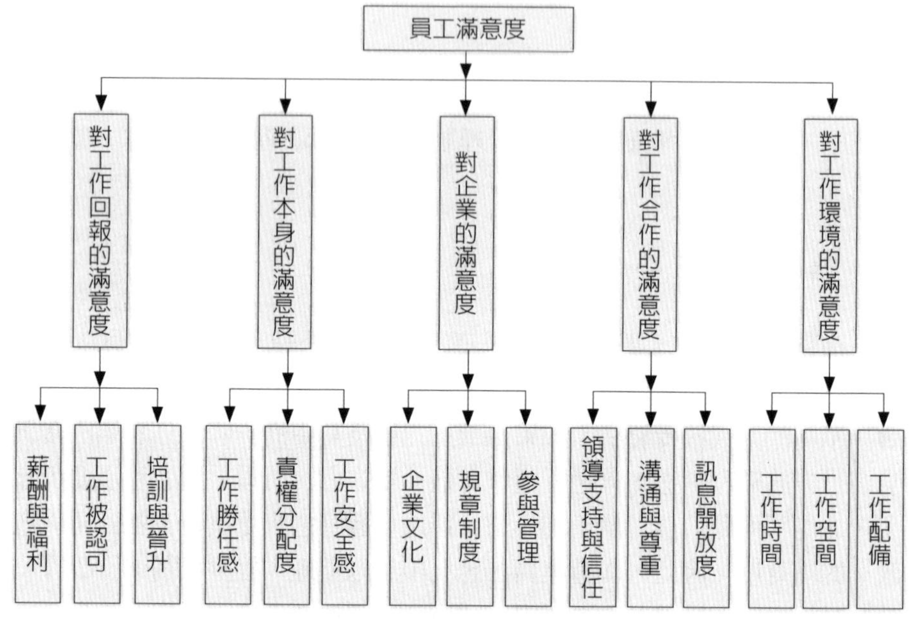

圖14-2　員工滿意度的測評因素

資料來源：白芙蓉、張金鎖、張茹亞（2002），〈員工滿意度與顧客滿意度〉，《企業研究》（2002/3），頁56。

第三節　員工申訴處理制度

企業內員工申訴處理制度，是企業內一種勞資雙方自行解決勞資糾紛的制度，也是檢測人力資源管理成效的方法之一。企業藉著申訴處理制度之實施，員工可在企業內部循著正常管道，表達其在工作中產生之不滿（員工針對公司制度規範或管理措施的不滿意，而內心已經受影響者）、不平（員工將其不滿的問題，經由口頭或書面的形式，引起經營者、管理者或工會代表的注意，且具體地指陳不滿問題的所在）、苦情（員工的問題並未受到相關單位的合理、公正的重視與處理，甚至被企業經營者予以拒絕或駁回等較爲負面的反應，致使員工內心產生怨懟）或爭議（因勞動關係而產生權利上或經濟上的衝突）問題，經由一定的程序加以處理，不

需「兩造」對簿公堂，尋求公權力的介入，排解糾紛，即可迅速予以解決，並促進企業內勞資和諧，有效加強員工向心力，提振生產力。

一、員工申訴處理制度功能

員工申訴處理制度是企業檢視內部體質（包括各種制度、管理方式、工作氣氛、員工情緒等）之一種有效方式，透過員工對工作環境的人、事、物之反映，企業適時做出有效之處理，以強化企業本身的體質。

員工申訴處理制度的推行，可達到下列幾項功能：

1.企業可讓員工在維持現有的勞動關係下，以最小的成本去解決不滿的情境。
2.企業提供員工依正常程序維護權益的救濟管道。
3.紓解員工情緒、改善工作氣氛、降低缺勤率、流動率或產品的不良率。
4.檢視管理制度與規章的合理性。
5.防止各階層管理權的不當使用，讓主管更講求管理的技巧合理性。
6.與團體協約結合，成爲團體協約的適用與解釋的行政管理機制，並用於對抗不法的爭議行爲。
7.減輕高階層管理者處理員工不滿事件的負荷。
8.提高企業內部自行解決員工問題之能力，避免外力介入或干預，使問題擴大或惡化。

二、員工申訴處理制度範圍

員工申訴處理制度的主要作用，在於處理員工工作有關的不滿，但有其範圍上的限制。一般而言，舉凡與工作無關的私人問題，可透過另一種管道，例如，員工協助方案來輔導員工解決。

企業在擬定員工申訴處理制度的範圍包括下列幾項：

(一)處理範圍

界定員工於何種狀況得進行申訴，即企業受理申訴範圍為何？例如，明訂對管理規章、上司與部屬間或部門之間的互動與協調、管理規章與措施、工作分配、調動、獎懲、考核與升遷、安全衛生等感到不滿或不平，得提出申訴之規定。

(二)適用對象

明訂何種人於遭遇不滿或不平時得提出申訴。例如，明訂公司之作業人員或在職人員，或依公司實際需要所定之特定人員。

(三)申訴方式

明訂員工提出申訴之方式，例如，採書面或口頭、以電話或電子郵件、應向何單位提出申訴，或依管理層級循序而上等方式申訴。

(四)處理程序

規定受理申訴案件時，企業應以何種方式處理，並依需要明訂處理階段、每一階段處理之時間、參與處理之人員及其權限等，使申訴者得以瞭解處理過程、進行進度、處理方式及何人處理等。

(五)回覆方式

明訂接獲申訴案件，從受理至處理結束期間，於何階段做初步答覆，及處理完畢後如何答覆。另外，有關從受理申訴至回覆之時間亦應明訂時間，以控制全案之處理進度。（郭吉仁，〈如何建立員工申訴制度〉）

三、員工申訴處理原則

建立員工申訴處理制度，首先須使企業內部凝聚共識，讓企業內各階層瞭解申訴制度之功能及必要性，方能順利推動。高階主管的支持與授權、部門主管配合執行、員工之認同與信賴，如此員工才有勇氣和意願循此管道解決。

處理員工申訴應把握下列四項原則，讓員工對該制度具信心，以發

揮其功能：

(一)保密原則

做好保密工作，使申訴人減少疑慮及具安全感。

(二)公正原則

公正才能取得申訴人的信賴，員工也才願意透過此一管道來得到一個超然、客觀、公平的結果。

(三)時效原則

申訴案件應確實掌握處理的時效，避免過時延遲不決，因而降低員工之信賴或引發勞資爭議。

(四)精確原則

申訴案件調查後的結果與答覆員工時，應力求精確，並應敘明理由，切忌語意不明，模稜兩可。

四、員工申訴處理技巧

員工申訴處理政策，代表企業對員工申訴處理制度的基本態度與目標。企業內部自行處理員工申訴案件的技巧有：

1.建立勞資雙方共識。
2.設立申訴制度的處理委員會（大、中型企業）或指定人資部門專人辦理（中、小企業）。
3.訂定員工申訴處理辦法。
4.制度的推動，要重視事前之溝通、事後的宣導（透過培訓或企業刊物的報導等）。
5.人資部門要定期統計員工申訴件數、申訴類別、追蹤處理案件的後續員工反應，藉以檢視企業內部問題，以爲規章制度的增（修）訂的參考，並對各級主管領導技巧的協助，增強員工的互動，利於業務的推展。

範例14-1

性騷擾防治措施及申訴懲處處理要點

一、中央研究院（以下簡稱本院）為提供人員免受性騷擾之工作及服務環境，採取適當之預防、糾正、懲處及處理措施，以維護當事人權益及隱私，特依性別工作平等法第十三條、性騷擾防治法第七條、工作場所性騷擾防治措施申訴及懲戒辦法訂定準則及性騷擾防治準則規定，訂定本要點。

二、本院有關性騷擾事件防治、申訴及懲處之處理，除法令另有規定外，依本要點規定辦理。

三、本要點適用於本院員工相互間、員工與服務對象相互間或服務對象相互間發生之性騷擾事件。

本院員工於工作時間、工作場所外，對不特定之個人有性別工作平等法及性騷擾防治法所定性騷擾之情形時，經被害人向本院申訴、本院所在地之主管機關或經警察機關移送時亦適用之。

四、本要點所稱性騷擾，其範圍包含性別工作平等法第十二條及性騷擾防治法第二條規定各款情形。

五、本院應利用集會及文宣等各種傳遞訊息方式，加強員工有關性騷擾防治措施及申訴管道之宣傳，並於各種訓練、講習課程中，適當規劃防治性騷擾之相關課程。

六、本院應設置性騷擾申訴之專線電話、傳真、專用信箱或電子信箱，並於佈告欄及本院網頁公告之。

七、性騷擾事件申訴之處理以不公開方式為之。

本院為處理前項之申訴，應設性騷擾申訴處理調查委員會（以下簡稱申訴會）。

申訴會置召集人一人，由院長指定副院長一人兼任，並為會議主席，召集人因故無法主持會議時，得指定委員代理之；申訴會置委員七人至十五人，由院長就本院員工中指定之。委員應親自出席，不得代理。全體委員人數女性委員不得少於二分之一。

委員任期二年，期滿得連任；任期內出缺，仍由院長指定人員遞補。

申訴會應有全體委員二分之一以上出席始得開會，出席委員過半數之同意始得決議，可否同數時，取決於主席。

申訴會委員應按月輪值，以利申訴案件之受理。

八、性騷擾事件之申訴，應由受害人本人或其法定代理人以言詞或書面提出。申訴如屬性騷擾防治法規範之性騷擾事件者，申訴期間於事件發生後一年內為之。以言詞申訴者，受理之人員或單位應作成紀錄，經申訴人確認其內容無誤後，由其簽名或蓋章。

前項書面申訴應由申訴人簽名或蓋章，並載明下列事項：

申訴人姓名、服務單位及職稱、身分證明文件字號、住居所、聯絡電話、申訴日期。

有代理人者，應檢附委任書，並載明其姓名、住居所、聯絡電話。

申訴之事實內容及相關證據。

申訴書或言詞作成之紀錄不合前項規定，而其情形可補正者，應通知申訴人於十四日內補正。

九、申訴案件有下列情形之一者，不予受理：

申訴書或言詞作成之紀錄，未於第八點第三項所定期限內補正者。

同一事件已調查完畢，並將調查結果函復當事人者。

十、申訴會對申訴案件之處理程序如下：

接獲申訴案件，當月輪值委員於三日內確認是否受理。不受理之申訴案件，應提申訴會備查，並於接獲申訴案二十日內，以書面通知當事人，並副知本院所在地之主管機關。

確認受理之申訴案件，應請召集人於七日內指定三位以上委員組成專案小組，進行調查。調查結果應於調查之日起三十日內完成，必要時得延長之。但延長期間以三十日為限。

專案小組調查時，得訪談雙方當事人，並得依法進行搜證及訪查。必要時，得邀請專業人士協助調查。

調查過程應保護當事人之隱私權及其他人格法益，並於調查結束後，作成調查報告，提申訴會審議。

申訴會審議時，應預先通知當事人得到場說明，必要時並邀請與案情有關之人員或專家、學者列席。

審議申訴案件應作出成立或不成立之具體決議。決議成立之案件，應載明理由並應視情節輕重，對加害人依相關規定提出適當懲處或其他處理之建議。決議不成立者，得審酌實際情形，為必要處理之建議。

申訴案件經調查結果證實係誣告者，應對申訴人提出適當之懲處或處理之建議。

申訴案件應自受理之次日起六十日內作成決定，必要時得延長三十日，並以書面通知當事人，屬性騷擾防治法規範之申訴案應通知本院所在地之主管機關，其書面通知內容應包括處理結果之理由、再申訴之期限與受理機關。

十一、參與申訴案件處理、調查、審議、說明之人員，對於案件內容負有保密之責任，違反規定者，召集人應立即終止其參與外，並得視情節輕重，簽報院長依規定辦理懲處。具申訴會委員身分者，並應報請院長解除其委員職務。

十二、參與申訴案件處理、調查、審議之人員，有行政程序法第一章第四節及性騷擾防治準則規定應行迴避或申請迴避者，應依其規定辦理。

十三、申訴案經決定後，當事人對該決定有異議者，得分別依下列程序提出救濟：

屬性別工作平等法規範之性騷擾事件：

1.得於接獲申訴決定書之日起，十日內向申訴會提出申覆。但申覆事由發生在後或知悉在後，應自當事人知悉之日起算。

2.申覆應以書面敘明理由連同原申訴決定書影本，向申訴會提出。

3.申訴會認為申覆無理由者，應維持原申訴決定；有理由應變更原申訴決定者，應通知當事人。

4.申覆案件除本要點另有規定者外，準用申訴程序之規定。

屬性騷擾防治法規範之性騷擾事件：

逾期未完成調查或當事人不服其調查結果者，當事人得於期限屆滿或調查結果通知到達之次日起三十日內，向本院所在地之主管機關提出再申訴。

十四、本院對性騷擾申訴案件應確實追蹤、考核及監督，確保申訴決定有效執行，並避免相同事件或報復情事發生。

本院不得因員工提出申訴或協助他人申訴，而予以解僱、調職或其他不利處分。

十五、性騷擾之受害人為本院員工時，本院應依法提供受害人行使權利之法律協助。

十六、當事人有輔導、醫療等需要時，本院得協助轉介至專業輔導或醫療機構。

十七、非本院參與調查之專業人員撰寫調查報告書，得支領撰稿費。出席會議時得支領出席費。

十八、申訴會所需經費由本院相關預算項下支應。

十九、本要點由院長核定後實施，修正時亦同。

資料來源：中央研究院性騷擾防治措施及申訴懲處處理要點〈97年2月5日人事字第0970014340號函修正〉，網址：hro.sinica.edu.tw/law/4-7.doc

推動員工申訴處理制度，應該重視事前之溝通及事後之宣導。在事前溝通方面，以訂定規章或辦法時之溝通協商最爲重要。俗話說：「星星之火，可以燎原。」解決勞資糾紛最好之方法，就是防患於未然。因此，員工申訴處理制度，正是企業內部解決勞資糾紛最好的管道（**圖14-3**）。

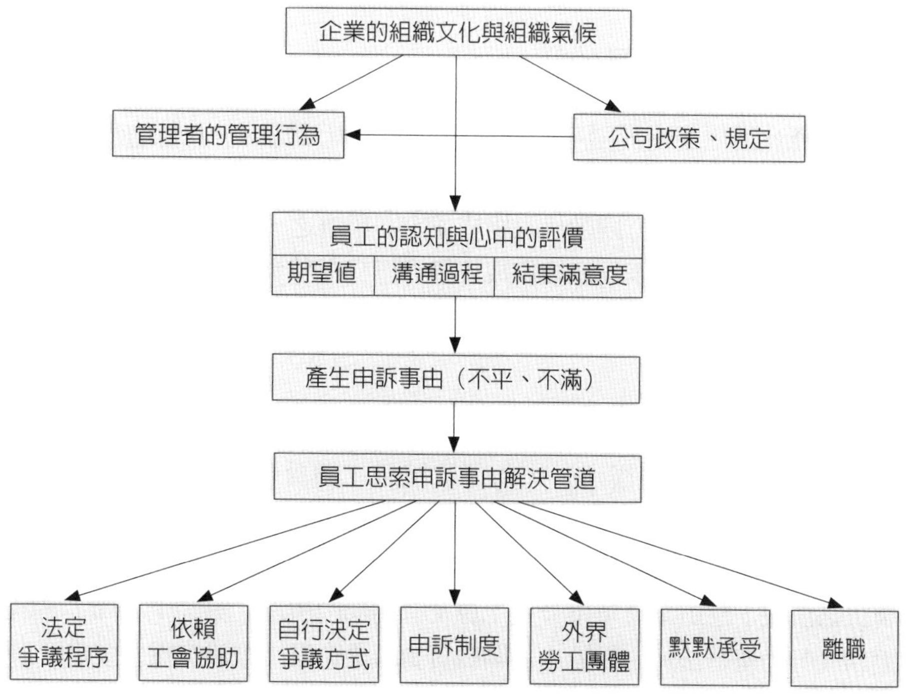

圖14-3　企業內員工申訴事由的產生與解決

資料來源：陳耀芳（1995），《企業內員工申訴處理制度實用手冊》，行政院勞工委員會編印，頁9。

第四節　勞資會議

勞資之間的關係是人類各種關係中最複雜也是最密切的關係之一，密切合作與衝突是相形相隨。如何在遇到勞資衝突時，能有效管理而予以化解，使組織目標能有效達成，這才是有效管理的目的所在，而勞資會議（labor management conference）是勞工參與企業管理，減少勞資衝突的管道之一。

一、舉辦勞資會議目的

勞資會議係規定於《勞動基準法》第八十三條中，其目的爲協調勞資關係，促進勞資合作，提高工作效率。故基本上勞資會議是一種勞資諮商制度，藉由勞資雙方同數代表組成並定期舉辦之，會中以報告或提案討論的方式，經多數代表同意後作成決議，再交由勞資雙方共同執行，以達到改善勞動條件與增進生產的目的。

二、勞資會議功能

《勞資會議實施辦法》，係行政院勞工委員會於2007年12月12日（經濟部會銜）發布，以作爲企業召開勞資會議的準則，其內容除詳細規定如何產生勞資會議的代表及勞資會議的議事範圍及程序外，並要求勞資會議之決議，應由事業單位分送工會及有關部門辦理（第二十二條）。但因爲《勞動基準法》中對於未召開勞資會議之企業，未設有處罰規定，以致於多年來，該「應」舉辦勞資會議的規定始終形同虛設，無法落實。因此，行政院勞工委員會乃協調證券交易所及櫃檯買賣中心，以強化上市、上櫃企業勞資協商功能爲由，將「召開勞資會議」列爲上市、上櫃審查準則之一。

目前證交所及證期會對上市、上櫃公司申請案的勞資關係查核內容，共有六項：

1.最近三年內是否曾因違反勞基法，被處以行政罰確定？
2.是否依法組織職工福利委員會，提撥職工福利金？
3.是否召開勞資會議？
4.是否按月提撥勞工退休準備金？
5.最近三年是否因安全衛生設施不良而發生重大職業災害？
6.曾否積欠勞工保險費，經催款仍未繳納？

但是上市、上櫃的企業終究還是少數，爲了全面發揮勞資會議的功能，在2002年12月10日經立法院三讀通過修正，並自同年12月28日起生效

實施的《勞動基準法》，對企業如尚未設有工會，企業如要採取下列作爲，均須經過勞資會議的同意：

1.將兩週內二日之正常工作時數，分配於其他工作日（第三十條第二項）。
2.將八週內之正常工作時數加以分配（第三十條第三項）。
3.工作時間變更（第三十條之一）。

三、勞資會議組織

勞資會議之組織、雙方代表之產生、召集與舉行之規定如下：

(一)勞資會議之組織

勞資會議由勞資雙方同數代表組成，其代表人數各爲二至十五人，視事業單位規模（包括員工人數、部門多寡）而定。但事業單位人數在一百人以上時，雙方人數各不得少於五人。勞方代表並可選出應選人數二分之一的候補代表。

(二)雙方代表之產生

1.資方代表：由事業單位直接指派，指派的人選應具有相當程度的決策能力，且爲熟悉業務、勞工情形者之人員（雇主本人亦可擔任代表）。任期三年，連派得連任，因職務變動或出缺時，隨時由雇主改派之（故無須指派候補代表）。
2.勞方代表：任期三年，連選得連任，但年滿十六歲者始有選舉勞方代表權，年滿二十歲，工作滿一年以上者，始有被選舉爲勞方代表之權。選務工作，已成立工會者，由工會會員或會員代表大會選舉之；尚未成立工會者，由全體勞工直接選舉之。
3.當選名額的保障：事業單位內單一性別勞工人數達到全體勞工總人數二分之一以上時，所選出之單一性別人數不得少於勞工應選代表總數的三分之一。
4.名額限制：工會理、監事得當選爲勞資會議之勞工代表，但不得超過勞方所選出代表總數三分之二，以保障多數勞工於勞資會議中有

充分的表達意見的權利。

5.選舉勞工代表時，得同時選出不超過勞方代表總數的候補代表，以備於勞方代表出缺時，予以遞補。遞補代表遞補時，不受單一性別及工會理、監事當選勞方代表名額的限制。

勞資會議代表選出或派定後，應報請當地主管機關備查，遞補、補選或改派時亦同（《勞資會議實施辦法》第十一條）。

(三)召集與舉行會議之規定

勞資會議由會議主席召集之，而勞資會議之主席，原則上由勞資會議雙方代表輪流擔任之。但必須時，亦可由勞資雙方代表各推派一人，共同擔任主席（即雙主席制）。

定期性勞資會議，至少每三月舉行一次，必要時，可有主席召集，召開臨時會。勞資會議主席應於會議召開七日前發出開會通知，會議之提案應於會議三日前分送各代表。

勞資會議之議事範圍，分為報告事項（包括：上次會議決議事項辦理情形；勞工動態；關於生產計畫及業務概況；其他報告事項）、討論事項（包括：關於協調勞資關係、促進勞資合作事項；關於勞動條件事項；關於勞工福利籌劃事項；提高工作效率事項）及建議事項（並非一定要做成決議，但代表們可就工作環境、生產問題及工作安全場所之安全等提出建議，不但可增加員工參與感，亦可作為雇主決策時之參考）。

勞資會議應有勞資雙方代表各過半數之出席，其決議須有出席代表四分之三以上之同意，使得做成決議，但決議的內容不得違反國家有關法令及團體協約的規定（**表14-2**）。

表14-2　勞資會議與一般會議之區別

會議別	出席數	決議	備註
勞資會議	勞資雙方代表各過半數	有出席代表3/4以上同意	採共識決
一般會議	全體應出席人數過半數即可	出席代表1/2以上同意	採多數決

資料來源：台北縣政府勞工局編印（2010），《勞資會議宣導手冊》，台北縣政府勞工局出版，頁4。

四、會議紀錄與報備規定

勞資會議紀錄與報備規定如下：

(一)會議紀錄

勞資會議決議事項，應作成會議紀錄，並應由事業單位分送工會及有關部門辦理，如不能實施時，得提交下次會議覆議。

(二)報備規定

1.選舉勞方代表，選舉日期應於選舉前十日公告（《勞資會議實施辦法》第九條第二項）。
2.勞資會議代表選出或派定後應報請當地主管機關備查、遞補、補選或改派時亦同。（《勞資會議實施辦法》第十一條）。

勞資會議乃是本著企業內全體員工上下同舟共濟、榮辱一體的精神，建立勞資雙方正式溝通的管道。事業若能充分利用此一勞資會議的制度，不僅可避免勞資雙方較爲嚴肅的談判或激烈的衝突，更可形成企業上下一體之共識，使生產、效率、品質及團隊士氣明顯提升，尤其在無工會組織之事業單位，更應藉由召開勞資會議，活化企業組織、強化員工參與感、增進管理效能，如此整個企業體將更爲堅實穩固，達到名副其實「勞雇同心，共存雙贏」之目標。（台北縣政府勞工局編印，2010）

結　語

在現行法令規範下的企業勞資關係制度，除了勞資會議外，尙有團體協商、職工福利委員會、勞工安全衛生委員會，以及勞工退休準備金監督委員會等。此外，另基於自發性之企業內勞工關係的互動，常見的還有品管圈制度、提案制度、申訴制度等，這些組織（制度）與勞資會議比較下，功能雖不盡相同，卻又有存在相互之關聯性，都是要達成「勞資和諧，互蒙其利」的勞資雙贏的溝通管道。

箚記

- IBM員工指導手冊上說，你必須遵守法律，但遵守法律只是一種最低的要求，你的所作所為必須合乎倫理。
- 員工是企業的內部顧客，如果連內部顧客對企業的作法都覺得不滿，將影響員工的心理，進一步的造成怠工、生產力下降、產品不良率高漲等現象，如此一來要得到外部顧客的滿意將更不可能。
- 未來，「員工」這個名詞將會消失，因為，「員工」就是公司的內部顧客，藉由顧客內部化的觀念，做好人力資源的服務品質。
- 多元化的社會與快速的環境變遷，容忍接納員工某些不同價值的存在，是必要的。
- 員工抱怨是對管理制度的最後通牒，企業經營者「不理睬」、「不重視」的結果，就是勞資雙方發生「代溝」的導火線，以後企業要付出相當大的代價來處理。
- 鼓勵員工建言，平日以敏銳的心靈來體會與觀察員工的行為舉止，懂得溝通的技巧，化戾氣為祥和。
- 在觀念上千萬不要把員工當作只是生產過程中的資源或是工具，應將員工視為企業發展經營的夥伴，只是彼此對企業貢獻的方式有所不同而已。
- 不要用「感覺」去猜員工需要什麼，就憑直覺去做什麼；而是要用「心」去瞭解員工在想什麼、要什麼，再去做什麼，才不會「隔靴搔癢」，將有限的資源浪費掉。
- 溝通是先要說對方要說的話，把握對方的「價值取向」，再引用可靠的「數據」，不過分誇張你主張的優點，一步一步地說服對方。

・溝通時，多用「肯定句」，少用「否定句」的言詞。先肯定對方所說的，再做必要的解釋。

・與員工的溝通，如果只是用口，即使說破嘴，也無法感動對方，「口服心不服」；若加上一顆真心，那麼對方一時聽不進去「金玉良言」，也能感到你的一份真誠，下一合回的再溝通，就能「交心」論事。

・協商與談判，在工作上是一項不可或缺的重要行為，都必須去面對與員工做某種程度的溝通與折衝，正視員工存在的事實與感覺。

・以自己的立場考慮問題，倒不如以對方的立場考慮問題，由此才可以產生正確的行動。

・只要不妨礙到公司裡規定的紀律要求與公司形象，公司不要去過問員工在外的私人行為。

・管理是管理「人」，領導是領導「心」，員工的「心」才是產生工作意願的最大動機。

・企業的管理措施應主動顧及勞工權益，避免因虧待員工而引發抗爭。

・給員工多一份照顧，員工會在工作方面多一份回饋。

・21世紀是資訊的時代，也是顧客導向的時代，為了抓住顧客的心，身為內部顧客的員工，將會與外部顧客一樣，受到雇主更大的禮遇。

第15章

勞動三法與爭議行為

- 勞動三權
- 工會法
- 團體協約法
- 團體協約之限制與拘束
- 勞資爭議處理法
- 爭議行為
- 結　語

假如人們乾淨，法律便無用；假如人們墮落，法律便不被遵守。
——19世紀英國首相迪色列（Benjamin Disraeli）

工業關係是社會體系的次系統之一，在不同的社會體系下，各有不同的勞資關係模式。勞、資、政三方面對勞資爭議應有「預防勝於治療」之認識，致力於加速勞資合作關係，減少勞資衝突的制度與措施之推動與執行，例如，團體協約之簽訂、勞資會議之舉辦等，以利促進勞資關係的和諧。

第一節　勞動三權

自19世紀初工業革命以來，近代工業資本主義的快速發展擴張，使得大多數的人們必須離開家園，進入工作場域，用自身的勞動力換取薪資，以維持基本生活，社會上開始出現一群在經濟及社會地位上處於弱勢的勞動階級。因此，20世紀以來，世界各國憲法的規定有異於19世紀憲法僅保障國民的自由權，乃是基於社會正義原則，更進一步地保障生存權，即社會權的保障，使個人能在社會中獨立生存，其中主要則落實在對勞工權利的保障。

勞動三權與勞動三法的關聯性

勞動三法，包括：《工會法》、《團體協約法》和《勞資爭議處理法》，爲核心之集體勞動法，它係建立勞資協商機制、促進勞資合作、解決勞資爭議之法制。

勞動三法規範的是勞動三權（labor's fundamental rights）：「團結權」、「集體協商權」和「爭議權」的行使，是勞工最重要之權利。團體權之具體實踐，則爲組織工會；協商權之具體實踐則爲締結團體協約；爭議權之具體實踐，則爲罷工（strike）。

勞工團結起來組織工會（爲行使團結權）之後，接下來便是要運用集體的力量和資方交涉、進行團體協商（爲行使協商權），爭取勞動條件的提高，以確保和提升勞工權益，而採取罷工等爭議行爲（爲行使爭議權）則是前兩者權利的後盾，萬一勞資之間無法達成共識，工會可以運用一些爭議行爲，例如用罷工等籌碼來逼迫資方理會勞工的訴求，工會也才有實際的作用。因此，勞動三法與勞動三權必須一併評估，方能得知勞動三權有沒有獲得確實的保障（**圖15-1**）。

(一)團結權

勞工團結權之保障，係依《憲法》第十四條規定：「人民有集會及結社之自由」之意旨而來。它係指勞工爲了維持或改善其勞動條件，並且以進行集體協商爲目的而組織或加入工會的權利。由於個別勞工與雇主進行交涉地位不對等，必須先組成團體（工會），才能擁有與雇主或有法人資格之雇主團體（以下簡稱雇主）對等的地位。

(二)集體協商權

它係指勞工藉團結權組成的工會，才能與雇主集體協商有關勞動條件及相關事項，並締結團體協約的權利。此項權利在整個勞動三權的結構

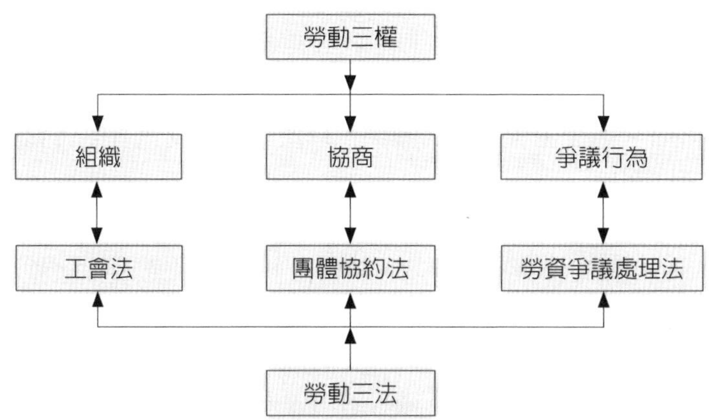

圖15-1　勞動三權與勞動三法關係圖

資料來源：丁志達（2012），「企業問題發掘、分析及診斷班」講義，財團法人中華民國勞資關係協進會編印。

中最爲重要，因爲它促使勞動組織能與雇主對等協商，以改善勞動條件，提升經濟地位。

(三)爭議權

它係指工會在與雇主協商時有進行爭議行爲（例如罷工、怠工）之權利。爭議行爲是一種抗爭行爲，其行使之目的在向雇主施壓，以確保協商地位的對等。

勞動三權雖然區分爲三種權利，但三者之間彼此密切關聯。團結權係集體協商權與爭議權的根源，勞工若無團結權的自由，即無法形成對雇主行使對等協商的組織與力量，協商權與爭議權均因此而無法實現；集體協商權係勞動三權中之核心，透過與雇主協商達成或改善勞動條件，爲團結權實現的目的；集體協商要能貫徹，必須有爭議權作爲後盾，所以爭議權又可以說是集體協商權之手段。

總而言之，勞動三權合在一起才能確保勞工的生存與工作，三者缺其一，都無法扭轉勞工先天上的弱勢地位。（衛民、許繼峰，1999）

第二節　工會法

工會發源於歐洲，是18世紀晚期工業革命的產物。工會運動，是19世紀末工業革命之後產生的結果。工會是受僱者（employee）爲了規範雇主（employer）與受僱者之間的關係，以便於改善受僱者的薪資和工作條件而結合組成的。

組織工會，在理論上是《憲法》賦予勞工的一種基本權利；在社會上，勞工不必用個人的身分、經濟弱勢者的地位，來跟資本家做沒有可能勝利的奮鬥；在經濟上，工會使勞資關係從剝削變成相互合作的關係。因此，工會在國家的政策上、在法律上不但被承認，而且還要促進其功能的發揮。所以，企業員工要籌組工會，法律的門檻是相當低的。《工會法》第四條規定，除現役軍人與國防部所屬及依法監督之軍火工業員工，不得組織工會外，勞工均有組織及加入工會之權利。

一、工會組織的形式

依《工會法》第六條規定，「工會組織類型如下，但教師僅得組織及加入第二款及第三款之工會：

一、企業工會：結合同一廠場、同一事業單位、依公司法所定具有控制與從屬關係之企業，或依金融控股公司法所定金融控股公司與子公司內之勞工，所組織之工會。

二、產業工會：結合相關產業內之勞工，所組織之工會。

三、職業工會：結合相關職業技能之勞工，所組織之工會。

前項第三款組織之職業工會，應以同一直轄市或縣（市）爲組織區域。」

依《工會法》第六條第一項第一款之企業工會，其勞工應加入工會（第七條）。

二、工會發起成立與籌備

依《工會法》第十一條規定，組織工會應有勞工三十人以上之連署發起，組成籌備會辦理公開徵求會員、擬定章程及召開成立大會（第一項）。

前項籌備會應於召開工會成立大會後三十日內，檢具章程、會員名冊及理事、監事名冊，向其會址所在地之直轄市或縣（市）主管機關請領登記證書。但依第八條規定以全國爲組織區域籌組之工會聯合組織，應向中央主管機關登記，並請領登記證書（第二項）（**圖15-2**）。

三、不當勞動行為之禁止

依《工會法》第三十五條規定，「雇主或代表雇主行使管理權之人，不得有下列行爲：

一、對於勞工組織工會、加入工會、參加工會活動或擔任工會職務，而拒絕僱用、解僱、降調、減薪或爲其他不利之待遇。

二、對於勞工或求職者以不加入工會或擔任工會職務爲僱用條件。

工會籌組

30人以上連署發起

發起人召開籌備會之後，公開徵求會員，擬定章程，並召開成立大會。

籌備會需要在成立大會召開之後的30日內，將章程、會員名冊及理事、監事名冊，向勞工局請領登記證書。

註：代表雇主行使管理權之主管人員不得加入工會。但工會章程另有規定者，不在此限。

圖15-2　工會發起成立與籌備

資料來源：《工會法》第十一條。製表：曾世宏（2011/5/27）。

三、對於勞工提出團體協商之要求或參與團體協商相關事務，而拒絕僱用、解僱、降調、減薪或為其他不利之待遇。

四、對於勞工參與或支持爭議行為，而解僱、降調、減薪或為其他不利之待遇。

五、不當影響、妨礙或限制工會之成立、組織或活動（第一項共五款）。

雇主或代表雇主行使管理權之人，為前項規定所為之解僱、降調或減薪者，無效（第二項）。」

另依《工會法》第四十五條規定，雇主或代表雇主行使管理權之人違反第三十五條第一項規定，經依勞資爭議處理法裁決決定者，由中央主管機關處雇主新台幣三萬元以上十五萬元以下罰鍰（第一項）。

雇主或代表雇主行使管理權之人違反第三十五條第一項第一款、第三款或第四款規定，未依前項裁決決定書所定期限為一定之行為或不行為者，由中央主管機關處雇主新台幣六萬元以上三十萬元以下罰鍰（第二項）。

雇主或代表雇主行使管理權之人違反第三十五條第一項第二款或第五款規定，未依第一項裁決決定書所定期限爲一定之行爲或不行爲者，由中央主管機關處雇主新台幣六萬元以上三十萬元以下罰鍰，並得令其限期改正；屆期未改正者，得按次連續處罰（第三項）（**圖15-3**）。

四、會務假

依《工會法》第三十六條規定，工會之理事、監事於工作時間內有

於裁決程序終結前，法院應依職權停止民事訴訟程序。

不當勞動行為	事由	程序
不當勞動行為	**違反《工會法》第35條第2項所生民事爭議** 「雇主或代表雇主行使管理權之人，為前項規定所為之解僱、降調或減薪者，無效。」	**《勞資爭議處理法》第39條第2項** 自知悉或事實發生之次日起90天內書面申請裁決
不當勞動行為	**違反《工會法》第35條第1項** 「雇主或代表雇主行使管理權之人，不得有下列行為： 一、對於勞工組織工會、加入工會、參加工會活動或擔任工會職務，而拒絕僱用、解僱、降調、減薪或為其他不利之待遇。……」 **或《團體協約法》第6條第1項** 「勞資雙方應本誠實信用原則，進行團體協約之協商；對於他方所提團體協約之協商，無正當理由者，不得拒絕。」	**《勞資爭議處理法》第39條第2項** 自知悉或事實發生之次日起90天內書面申請裁決

圖15-3　發生不當勞動行為事由

資料來源：施曉穎（2011），〈勞資爭議處理制度介紹（三）：裁決〉，《金融業工會聯合總會會訊》，第124期（2011/4/15），網址：http://www.bankunions.org.tw/?q=node/1615。

辦理會務之必要者，工會得與雇主約定，由雇主給予一定時數之公假（第一項）。

企業工會與雇主間無前項之約定者，其理事長得以半日或全日，其他理事或監事得於每月五十小時之範圍內，請公假辦理會務（第二項）。

企業工會理事、監事擔任全國性工會聯合組織理事長，其與雇主無第一項之約定者，得以半日或全日請公假辦理會務（第三項）。

另依《工會法》第四十六條規定，雇主未依第三十六條第二項規定給予公假者，處新台幣二萬元以上十萬元以下罰鍰。

企業與工會是在一個圈子裡的兩股動勢，《易經》講一陰一陽，相互之間，有其對立、相反的一面，但是也無可否認的具有相互依賴、互利互助的一面，企業與工會雙方面都應該深深體認共同努力求取均衡、穩定的動態平衡。誠如《易經》所言：「相反相成，相剋相生。」兩個持相反立場的團體，在對立中仍要顧全對方的立場與利益，以達到互助、互依的境界。

第三節　團體協約法

在資本主義市場自由經濟體系下，個別勞工因爲個別議價能力不足，因此各國政府通常會規定最低之立法保障，以協助個別勞工自工作場所取得保障。但因個別企業經營與獲利能力不同，因此，團體協商遂成爲勞工之工具，以集體性行爲進行與雇主之議價，以取得個別雇主經濟上之所得，分配給其工作組織內之勞工。我國《團體協約法》是保障勞動者「團體協商」權之重要法律。

一、團體協約的定義

團體協約，是工會與雇主或雇主團體，針對勞動條件及其他勞資雙方當事人間之勞動關係事項，進行團體協商後達成合意之結果予以文書化，由於該等文書係勞工團結組織與雇主之間所締結之契約，因此稱爲「團體協約」。

依據國際勞工組織在第九十一號建議書《關於團體協約之建議書》中所作的解釋：「團體協約係指個別或多數之雇主或雇主團體與代表工人之團體，或由工人依照國家法令選舉並授權之代表所締結關於規定工作條件及僱用條件之書面契約。」另我國的《團體協約法》第一章總則第一條開宗明義的指出：「為規範團體協約之協商程序及其效力，穩定勞動關係，促進勞資和諧，保障勞資權益，特制定本法。」

二、團體協約的要義

團體協約是雇主與工會簽訂的私法契約，它涵蓋下列的幾項要義：

1.團體協約為雇主或有法人資格之雇主團體，與有法人資格之工會（工人團體）所簽訂的契約。
2.團體協約以規定工作條件與僱用條件，及勞動關係有關事項為其基本內容。
3.團體協約的構成，以經過勞資雙方合意為原則，若僅由單方片面所規定的規章，尚不得逕視為團體協約。
4.團體協約是要式契約，必須以書面訂定，不像勞動契約可以用口頭或書面約定。
5.團體協約之法律位階高於工作規則，工作規則中有違反團體協約者，無效（**表15-1**）。

表15-1 團體協約之種類

種類	說明
定期團體協約	期限不得超過三年；超過三年者，視為三年。
不定期團體協約	當事人之一方於團體協約簽訂一年後，得隨時終止團體協約。但應於三個月前以書面通知他方當事人。 團體協約約定之通知期間較前項但書規定之期間為長者，從其約定。
以完成一定工作為期限的團體協約	工作於三年內尚未完成時，視為以三年為期限簽訂之團體協約。

資料來源：黃秋桂（2011），《勞動六法研習營研習手冊：勞動三法剖析與勞資關係》，社團法人中華民國勞資關係協進會編印，頁D-28。

三、誠信協商義務

《團體協約法》第六條規定：「勞資雙方應本誠實信用原則，進行團體協約之協商；對於他方所提團體協約之協商，無正當理由者，不得拒絕（第一項）。

勞資之一方於有協商資格之他方提出協商時，有下列情形之一，爲無正當理由：

一、對於他方提出合理適當之協商內容、時間、地點及進行方式，拒絕進行協商。

二、未於六十日內針對協商書面通知提出對應方案，並進行協商。

三、拒絕提供進行協商所必要之資料（第二項）。」

另依《團體協約法》第三十二條規定，勞資之一方，違反第六條第一項規定，經依勞資爭議處理法之裁決認定者，處新台幣十萬元以上五十萬元以下罰鍰（第一項）。

勞資之一方，未依前項裁決決定書所定期限爲一定行爲或不行爲者，再處新台幣十萬元以上五十萬元以下罰鍰，並得令其限期改正；屆期仍未改正者，得按次連續處罰（第二項）。

因進行團體協約之協商而提供資料之勞資一方，得要求他方保守祕密，並給付必要費用（第七條）。

四、團體協約的締結

團體協約的締結，首先要有勞資雙方或任何一方提出締約之要求，並約定協商，使可進行團體協商。團體協商到締結團體協約的流程如下：

(一)協商代表產生

依《團體協約法》第八條規定，「工會或雇主團體以其團體名義進行團體協約之協商時，其協商代表應依下列方式之一產生：

一、依其團體章程之規定。

二、依其會員大會或會員代表大會之決議。

三、經通知其全體會員，並由過半數會員以書面委任。

前項協商代表，以工會或雇主團體之會員爲限。但經他方書面同意者，不在此限。

第一項協商代表之人數，以該團體協約之協商所必要者爲限。」

簽約的代表即是協商的代表，勞資雙方在遴選協商代表時，要考慮其協調能力、說服力、耐力、邏輯分析能力、熟悉勞動法規，對事業單位瞭解程度，以及代表之間學識、經驗、能力、性格上的互補性。

(二)協商策略的沙盤演練

「知己知彼，百戰不殆」，勞資雙方代表在簽訂團體協約過程中的締約談判，必須各自學習沙盤演練，以便決定所應採取的態度，擬定提出要求條件的接受，並盡可能決定準備讓步的最大限度。因此，不論勞資雙方，在協商進行前，皆須多方蒐集相關資料，審慎考量，才能獲致最大的成效（**表15-2**）。

(三)研擬協商策略

團體協商是一種談判，傳統的「非輸即贏」及「零和」觀念早已爲「雙贏」目標所取代。在勞資雙方開始進行協商之前，各自先舉行會議，討論協商策略，確立協商目標、替代方案、交換條件，都要有腹案，才能見招拆招，在折衝互動之間，方不致喪失理性的思考，在臨場應對方面，隨著談判過程的爭議、僵化、融洽的情境，在哪些條款要採用柔性策略或剛性手段，都要詳加評估與適時的採取行動，才不致功虧一簣。

研擬協商策略方法有：確立協商目標、瞭解對手相關資訊和決定協商態度。

五、團體協商召開程序

現行《團體協約法》中並沒有明文規定協商會議的召開程序。因此，會議的進行並無固定的模式，勞資雙方各自擬好草案後，應將擬定團體協約草案知會對方研究，並擇期、擇地召開協商會議。協商會議的時間、地點及程序只要經勞資雙方的同意即可，但仍要考慮其適當性。

表15-2　勞資雙方蒐集協商相關資料要項

類別	要項
企業方面	1.蒐集有關工資、福利、年資、工作效率、工作標準及與團體協商主題有關之資料。 2.研究現行團體協約，逐條逐字分析，檢討可能變更之條款。 3.自同業、社會輿論及勞資爭議事件中，蒐集有可能成為工會要求之重點內容與相關資訊。 4.分析各種可能需求之成本及效益。 5.瞭解工會運作現況。 6.檢討公司之營運狀況、盈利情形及同業間勞動條件資料。 7.探求勞工對勞動條件、福利事項等之需求。 8.蒐集政府有關勞工、經濟、法律、財政及社會等政策與相關統計資料。
工會方面	1.公司之市場概況及相關產業之市場資訊等。 2.公司之財務狀況、營運方針及發展情形。 3.本地及全國同業間之工資、物價及勞動力統計資料。 4.會員對本次協商之意見調查。 5.歷次團體協約之內容。 6.公司讓步的彈性尺度。 7.相關工會之需求現況。 8.政府有關最新勞工法令之報導。 9.社會輿論報導。

資料來源：行政院勞工委員會編印（2011），《簽訂團體協約參考手冊》，行政院勞工委員會出版，頁8-9。

(一)主席人選

協商會議的進行，通常由主席來控制議程。主席的產生可由勞資雙方共同推定，或由勞資雙方代表輪流擔任。

(二)會議的進行

主席依據所決定之議程和條款討論次序，逐一將條文提出協商，直到所有的條款均獲得雙方同意為止。

六、簽訂團體協約與備查手續

團體協約的草案獲得協議後，即可進行簽約工作。準備正式簽訂書

面團體協約一式四份，由勞資雙方簽約代表簽名蓋章，並加蓋所屬團體及事業單位之印信後，由雙方各執一份爲憑，另二份由勞方當事人送其主管機關備查；其變更或終止時，亦同。

主管機關於接到團體協約後，依法審核其內容是否牴觸法令，如有牴觸法令時，應加以刪除或修改。刪除後或修改過之團體協約且須經當事人同意，才能予以認可。團體協約經主管機關認可之翌日起生效，並於工作場所易見處所公開揭示，俾利協約關係人隨時查閱。

第四節　團體協約之限制與拘束

簽訂團體協約的目的，在藉由平等、民主之協商方式，確立勞資之間權利義務的規範，期能公平、合理地分享勞資雙方共同創造的事業成果與利潤。而團體協約一經簽訂，最重要的是誠心信守並貫徹執行協約中約定的事項。

一、禁止搭便車條款

依《團體協約法》第十三條規定，受該團體協約拘束之雇主，非有正當理由，不得對所屬非該團體協約關係人之勞工，就該團體協約所約定之勞動條件，進行調整。但團體協約另有約定，非該團體協約關係人之勞工，支付一定之費用予工會者，不在此限。

二、僱用勞工的約定

依《團體協約法》第十四條規定，「團體協約得約定雇主僱用勞工，以一定工會之會員爲限。但有下列情形之一者，不在此限：

一、該工會解散。

二、該工會無雇主所需之專門技術勞工。

三、該工會之會員不願受僱，或其人數不足供給雇主所需僱用量。

四、雇主招收學徒或技術生、養成工、見習生、建教合作班之學生及其他與技術生性質相類之人。

五、雇主僱用為其管理財務、印信或機要事務之人。

六、雇主僱用工會會員以外之勞工，扣除前二款人數，尚未超過其僱用勞工人數十分之二。」

另，依《團體協約法》第十五條規定，團體協約不得有限制雇主採用新式機器、改良生產、買入製成品或加工品之約定。

三、團體協約的拘束

受團體協約之拘束力拘束者，係指依法為團體協約效力所及之人，即《團體協約法》第十七條規定之團體協約關係人。包括：

1.為團體協約當事人之雇主。

2.屬於團體協約當事團體之雇主及勞工。

3.團體協約簽訂後，加入團體協約當事團體之雇主及勞工。

團體協約關係人在團體協約有效期間內均受其拘束。團體協約簽訂後，加入團體協約當事團體之雇主及勞工，其關於勞動條件之規定，除該團體協約另有約定外，自取得團體協約關係人資格之日起適用之。

四、團體協約的效力

團體協約的效力，可分為法規性效力、債法性效力和組織法效力。

(一)法規性效力（如同法律一樣的效力）

它係指團體協約之當事人（工會與雇主或雇主團體）所簽訂之契約，對其成員之個別勞工、個別雇主，無須詢問是否同意而當然發生效力。常見類型有勞動關係內容條款（工資、工時、休假、福利措施等）、勞動契約終止條款（解僱的形式與預告期間）。

(二)債法性效力（一般契約效力）

它僅拘束簽署團體協約之雇主／雇主團體與工會。常見的類型有履

行協約義務、和平義務（不得於團體協約有效期間內罷工）、督促會員和平義務（團體協約當事人及其權利繼受人，不得以妨害團體協約之存在，或其各個約定之存在爲目的，而爲爭議行爲）、工會活動保障義務和自我承諾義務（如興建員工福利措施）（**圖15-4**）。

(三)組織法效力

團體協約當事團體與其會員間之關係雖因團體協約之訂立而發生，其內容亦因協約而定，但其依據則在於規範各該團體之組織法令及規章，此會員與團體之間所發生之權利義務，乃稱爲團體協約之組織法上效力。例如，團體協約當事團體，對於所屬會員，有使其不爲「和平義務」爭議行爲及不違反團體協約約定之義務。團體協約違反法律強制或禁止之規定者，無效。但其規定並不以之爲無效者，不在此限。

五、團體協約爭議之處理

在實務上，團體協約可訂立特別條款，例如約定將爭議提交由雙方代表所組成的聯合會議、民間中介團體、社會公正人士調處，或直接依《勞資爭議處理法》所訂程序處理。

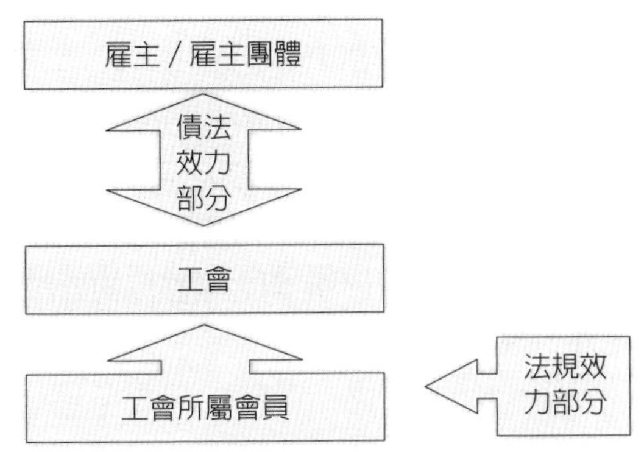

圖15-4　法規性效力與債法性效力示意圖

資料來源：林佳和（2010），「新勞動三法精解」講義，社團法人中華民國勞資關係協進會編印，頁C-8。

六、團體協約的終止

團體協約終止的原因，依《團體協約法》的規定，可歸納爲以下幾種原因：

(一)當事人之合意

團體協約之簽訂係因勞資雙方之合意，因此，不論其定期、不定期或以一定工作完成爲期限，均得由協約當事人合意終止。

(二)有效期間之屆滿

團體協約爲定期者，其期限不得超過三年；超過三年者，縮短爲三年。

(三)當事人單方之終止意思表示

團體協約爲不定期者，當事人之一方於團體協約簽訂一年後，得隨時終止團體協約。但應於三個月前以書面通知他方當事人。團體協約約定之通知期間較前項但書規定之期間爲長者，從其約定。（行政院勞工委員會編印，2011）

七、團體協約之合併分立

團體協約當事人及當事團體在團體協約上的權利義務，除團體協約另有約定外，因團體之合併或分立，移轉於因合併或分立而成立之團體。

團體協約當事團體解散時，其團體所屬會員在團體協約上之權利義務，不因其團體之解散而變更。但不定期之團體協約於該團體解散後，除團體協約另有約定外，經過三個月消滅。

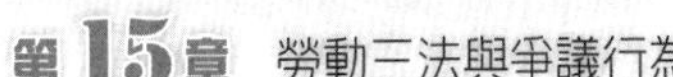

範例 15-1

團體協約之債務篇範本

第一章　總則

第一條（締結團體協約之目的）

〇〇公司與〇〇公司產業工會之間為保障雙方權益，加強雙方合作，提升工作效率，增進會員福利，促進事業發展，特締結本團體協約。

第二條（勞資雙方之互信互重）

公司確認工會有團結權、團體協商權及團體行動權；工會確認公司有所有權及基此而生之其他經營業務所需之權利，雙方確認各自得依法行使權利。

第三條（遵守團體協約之義務）

公司與工會均應本諸誠信原則，遵守本團體協約。

第四條（適用之範圍）

本協約適用於公司、工會及具有工會會員資格之公司員工。

第五條（工會會員之範圍）

本協約所稱之員工，係指受公司僱用從事工作獲得工資之人員，但下列人員不得加入工會為會員：

副理（含）以上人員

人事業務之主管人員

第六條（工會廠場條款）

凡在本協約適用範圍內經公司僱用之員工於報到時，若符合加入工會會員之資格者，應加入為工會會員。

第七條（工會代理廠場條款或稱禁止搭便車條款）

本團體協約所約定之勞動條件，公司不得任意適用於不具會員資格之勞工；但得到工會同意，且該不具會員資格之勞工繳交相當於工會會員經常性會費之費用予工會者，不在此限。

第八條（團體協約之效力）

本協約關係人之勞動關係，悉依本協約之規定。但法律另有強制或禁止規定者，不在此限。

公司所訂工作規則抵觸本協約者，無效。

公司與會員所簽之勞動契約，異於本團體協約所訂勞動條件者，相異部分無效，無效之部分，以本團體協約之約定代之。

第九條（有效期間）

本協約有效期間從生效日起為三年。期滿前三月應由公司與工會雙方互派代表會商續約或另行締結新約。

第十條（餘後效力）

本協約期間屆滿，雙方尚未簽訂新團體協約時，原團體協約關於勞動條

件之約定，仍繼續為該團體協約關係人間勞動契約之內容。但個別勞工與雇主另有新約定者，不在此限。

第二章　工會組織與活動

第十一條（工會活動之自由）

公司對工會及工會會員從事之工會活動，於不違反法令及團體協約之限度內，應承認其權利；公司不得以工會會員從事工會活動為理由而為不利益待遇。

第十二條（會務假）

工會理事、監事因辦理工會會務得請公假，其請假時間，常務理事得以半日或全日辦理會務，其他理事、監事每人每月不得超過五十小時。

前項情形，請假單須載明所從事工會會務之內容，並應於三日前提給公司人事部門主管。

第十三條（會員之會務活動）

工會會員之會務活動原則上應於工作時間外從事之；但符合下列各款之一者，得於七日前向公司請公假：

代表工會進行團體協商、勞資會議。

代表工會參加上級工會舉辦之會議或政府機關所主辦之活動。

會員參加工會所召集之會員（代表）大會。

第十四條（公司設施之利用）

工會活動如需使用公司下列之設施時，得於徵得公司同意後租用（或無償借用）或洽公司給予必要之協助：

(一)工會會所；但公司基於業務需要，得收回工會會所。

(二)布告欄及電子網站。

(三)會議或活動所需之場地及設施。

第十五條（政治活動）

工會或工會會員不得利用公司設施或在公司內部從事政治活動。

第十六條（代扣會費）

工會會員之入會費、經常性會費及其他經過工會會員（代表）大會通過之會員應繳費用，公司同意於每月發薪時自會員之工資中代為扣除，並即將所代扣之款項匯入工會指定之金融機構帳戶。

第十七條（專職駐會）

工會所需之專職駐會辦公人員，如從工會會員中調任時，專職駐會期間之工資繼續發放。

第三章　勞資會議與團體協商

第十八條（勞資會議）

公司應依照「勞資會議實施辦法」舉辦勞資會議，勞資會議決議事項應由公司分送工會及有關部門辦理，如不能實施時，得交由下次會議覆議。

第十九條（團體協商之事項）

公司與工會因下列事項，得進行團體協商：

勞資會議中雙方未能達成協議之勞動條件事項。

工會之組織、運作活動及企業設施之利用。

參與企業經營與勞資合作組織之設置與利用。

申訴制度、促進勞資合作、升遷、獎懲、教育訓練、安全衛生、企業福利及其他關於勞資共同遵守之事項。

其他經勞雇雙方同意進行團體協商之事項。

第二十條（團體協商之程序）

除因本協約之有效期限將屆滿，公司與工會就是否續約或另訂新約所進行之協商外，公司與工會間之團體協商應依下列程序為之：

應將記載擬協商之議題、時間及地點之書面通知對方，他方於接到協商之通知後，應於六十日內針對議題、時間及地點提出對應方案。

雙方得各派三名至五名之協商代表，參與團體協商；協商代表更動時，應提前三日通知他方。協商代表以具有工會或雇主團體之會員身分者為限。

協商會議時，除必要之人員外，禁止旁聽；每次協商會議結束時，應製作會議記錄，並經雙方協商代表簽名。

一方得向他方請求提供為達成協商所必要之資料，並應給付他方必要之費用，他方無正當理由，不得拒絕；但所提供之資料，他方負有保密之義務。

第四章　和平（和諧）義務及和平條款

第二十一條（和平義務）

團體協約有效期間中，不得針對團體協約已經約定之事項，以修改或廢除為理由而發動爭議行為。

公司或工會違反前項規定者，對於他方應給付懲罰性違約金新台幣○○元；如果他方尚有其他損失時，須負損害賠償責任。

第二十二條（爭議行為之預告）

當事人一方擬為爭議行為時，應於三日以前以書面通知他方，但他方以對抗手段所發動之爭議行為，不在此限。

前項書面通知應記載爭議行為開始時日、爭議之訴求及參加爭議人員之範圍。

第二十三條（不參加爭議行為之會員）

公司與工會得約定工會進行爭議行為之期間，負責維持工作場所安全及衛生設備之會員，應繼續依照勞動契約從事勞務。

第二十四條（爭議期間中之設施利用）

爭議期間中，公司同意工會得繼續使用工會會所及布告欄。

爭議期間中，參加爭議行為之會員得按照平常之方式繼續使用公司之宿舍、醫療衛生單位。

第二十五條（注意義務）

爭議期間中，工會及其會員不得惡意毀損公司之機械設備、設施、成品、材料、文件等，否則應對公司負損害賠償責任。

第二十六條（協力義務）

爭議期間中，遭遇火災、水災、風災、地震等不可抗力之災害時，工會及工會之會員仍應協助公司處理。

第二十七條（禁止僱用代替性勞工）

爭議期間中，雇主不得使用替代性勞工從事參加爭議行為勞工之工作。

第二十八條（爭議行為之終止）

爭議行為終止後，發動爭議行為之一方應即以書面通知他方當事人；且公司及工會應儘速回復正常之營業狀態。

第二十九條（爭議期間之工資處理）

對於參加勞資爭議行為之會員，因未依照勞動契約提供勞務，公司不計給爭議期間中之工資。

資料來源：行政院勞工委員會編印（2011），《簽訂團體協約參考手冊》，行政院勞工委員會出版，頁20-38。整理：丁志達。

八、情勢變更之處理

依《團體協約法》第三十一條規定，團體協約簽訂時之經濟情形於簽訂後有重大變更，如維持該團體協約有與雇主事業之進行或與勞工生活水準之維持不相容，或因團體協約當事人之行爲，致有無法達成協約目的之虞時，當事人之一方得向他方請求協商變更團體協約內容或終止團體協約。此係法律上情勢變更原則的運用。

總而言之，團體協約除了是受僱者意識的凝結與行動力團結一致的展現之外，更重要的是勞資雙方對於協約的遵守，受僱者權益的保障。

範例15-2

團體協約之規範篇範本

第一章 人事及勞動條件

第一條（人事處理原則）

公司對於人事上之僱用、試用、解僱、晉升、獎懲之基準應明確，且應公平行使之。

公司為公正行使人事權，得由勞雇雙方代表組成人事評議委員會；有關會員之試用、解僱、晉升、獎懲事項，須經人事評議委員會討論後決之。

第二條（僱用原則）

關於人事上之僱用，公司應事先將僱用之方針、計畫、僱用基準等向工會說明。

第三條（試用）

公司於僱用新進員工時，得約定試用期間。試用期間中，公司如認為有勞動基準法第十二條第一項各款之事由時，得於預告後終止勞動契約。

試用合格時，試用期間計入年資。

第四條（調職）

公司對於工會會員之調職應遵守下列原則：

基於經營上所必需。

不得違反勞動契約。

對於會員工資及其他勞動條件未做不利益之變更。

調動後之工作為會員之體力及技術所可勝任。

調動後工作地點過遠，公司應給予必要之協助。

公司基於經營之必要，經得到會員同意者，得將工會會員調職至關係企業；會員在關係企業間之年資應予併計。

有關關係企業之範圍，依照公司法之規定定之。

第五條（暫停勞務之提供）

公司遇有經營上重大事由或因天災原因，以致於經營陷入困難或不可能時，經取得會員同意後，得請求工會會員於自宅待命。

第六條（資遣）

公司遇有勞基法第十一條所訂各款情形之一、或因併購、改組致須資遣工會會員時，應事先將資遣之名單、理由、基準及作業方式等向工會說明。工會得提供意見供公司參考。

前項情形，如適用大量解僱勞工保護法時，仍依照該法辦理。

第七條（再僱用之原則）

公司依照勞基法第十一條所訂各款情形之一、或因併購、改組致資遣工會會員，嗣後公司克服經營困難而再招募勞工時，得依所需專長、人數及資格等基準，視實際需要，優先僱用被資遣之會員。但有下列情形之

一者，不在此限：

資遣逾一年者。

其他事由足認再僱用不適當者。

關於再僱用辦法，由公司訂定之。

第八條（懲戒解僱）

工會會員符合勞基法第十二條第一項各款事由之一，公司得隨時解僱之，不須預告，亦不須給付資遣費。

前項情形，公司應交由人事評議委員會開會決定辦理。

第九條（獎懲原則）

關於工會會員之人事獎懲，除本協約另有規定者外，公司應依照工作規則辦理，但公司獎懲工會會員前，如工會經當事人之請求，公司應給予工會及工會會員說明之機會。

前項情形，應交由人事評議委員會開會決定辦理。

第十條（工資給付原則）

公司須於每月底按期給付工會會員當月工資，除委託公司代扣之稅金、職工福利金、工會入會費及經常會費外，均應全額以法定通用貨幣給付。

第十一條（工資之種類等）

工資分為本俸、加班費、獎金及津貼，其給付之辦法依照公司工作規則定之。

第十二條（工資不得調降原則）

工會會員之工資不得降低，但公司有經營上之重大事由需降低工資時，應與工會協商。

工會為與雇主進行前項協商，應事先得到會員之授權或事後取得會員之追認。

第十三條（績效獎金）

公司應於每年6月及12月發給會員績效獎金，績效獎金發放辦法由公司與工會協商同意後定之。

第十四條（年終獎金）

公司應視業績狀況，對於任職滿一年以上之會員發給年終獎金；年終獎金發放辦法由公司與工會協商同意後定之。

第十五條（工作時間）

工會會員每日正常工作時間不得超過八時，每二週正常工作總時數不得超過八十四時。

工會會員依工作性質不同，分為常日班及輪班。

輪班採取四班三輪制，適用輪班制之會員應依照公司所排定之班表出勤。但公司得在工作時間內，調配輪班制會員之休息時間。

第十六條（彈性上下班制）

常日班工會會員每日上班、下班時間得自行調整，但提早或延後上班、下班之彈性幅度，以不超過在公司所訂上班、下班時間之前後二

小時為限。

第十七條（二週型變形工時）

因公司屬於中央主管機關所指定之行業，公司與工會合意採取二週為單位之變形工作時間，但應遵守勞基法第三十條第二項規定。

第十八條（四週型變形工時）

因公司屬於中央主管機關所指定之行業，公司與工會合意採取四週為單位之變形工作時間，但應遵守勞基法第三十條之一第一項規定。

第十九條（八週型變形工時）

因公司屬於中央主管機關所指定之行業，公司與工會合意施行以八週為單位之變形工作時間，亦即公司得將八週內之正常工作時數加以分配，但每日正常工作時間不得超過八小時，每週工作總時數不得超過四十八小時。

第二十條（裁量勞動等）

對於下列工作者，經參考勞基法規定，及兼顧勞工之健康福祉之原則，公司與工會協商之工作時間、例假、休假、女性夜間工作如附件，並由公司報請地方主管機關核備後生效。

監督、管理人員或責任制專業人員。

監視性或間歇性之工作。

其他性質特殊之工作。

第二十一條（特別休假）

特別休假給假日數，依照勞基法第三十八條計算；前年度服務日數不滿一年者，按實際服務日數比例計給，不滿半日，以一日計，不滿一日，以一日計。特別休假之期間，最低以半日為單位。

會員聲請之特別休假期間超過○日以上者，應提前○日以書面提出，書面通知應記載特別休假之起迄日期；公司對於會員特別休假之聲請，應予照准，但有經營上之需要時，公司得要求會員更改特別休假之日期。

特別休假因年度終結或終止契約而未休者，其應休未休之日數，公司應發給工資。

第二章　安全衛生及撫卹

第二十二條（安全衛生措施）

公司為確保職場之安全衛生，應遵照勞工安全衛生法等相關規定，採取必要之措施，防止會員發生職業災害，增進會員之健康。

工會會員平時應注意自身之安全，工作時應遵照安全衛生工作手冊，服從雇主、作業主管及安全衛生管理人員之指揮。

第二十三條（安全衛生訓練）

公司應依法令辦理會員之安全衛生訓練。會員有接受安全衛生訓練之義務；工會得視工作環境之需要，洽請公司舉辦必要之安全衛生訓練，或派員參加必要之安全衛生教育訓練。

第二十四條（健康檢查）

公司對工會會員應施行定期健康檢查；對於從事特別危害健康之工作者，應定期施行特定項目之健康檢查，並建立健康檢查手冊，發給勞工。

工會會員不得拒絕前項之健康檢查。

健康檢查發現會員因職業原因致不能適應原有工作者，除予醫療外，並應變更其作業場所，更換其工作，縮短工作時間及為其他適當措施。

第二十五條（安全衛生委員會）

關於公司內部之安全衛生事項，公司應聽取工會之建議，並應依法設置勞工安全衛生委員會，定期檢討安全衛生事項；安全衛生委員會之組織及運作，由公司與工會另行議定之。

第二十六條（醫療衛生單位）

公司應依照法令規定設立醫療衛生單位，便利會員就診，並洽請醫師提供會員醫療之諮詢服務。

第二十七條（慰問金、撫卹金）

會員非因執行公務死亡或傷殘者，公司給予受傷勞工慰問金，給予死亡勞工之家屬撫卹金，慰問金及撫卹金之給予標準依照附件所示辦理。

第三章　福利措施

第二十八條（職工福利委員會）

公司與工會應依法共同設置職工福利委員會，辦理會員福利事項。

公司變賣下腳時，應通知職工福利委員會派出工會代表參加；變賣下腳所得價款，公司應於次月一日交付價款百分之二十至百分之四十予職工福利委員會。

第二十九條（訴訟補助）

工會會員因執行職務涉訟者，公司應補助所委任律師之費用、訴訟費用；補助之金額由公司與工會另行約定之。

第三十條（團體保險）

公司為工會會員辦理員工團體綜合保險，投保項目包括：

團體定期保險。

團體傷害保險。

團體健康保險。

團體癌症醫療保險。

附加眷屬團體健康保險。

會員保險費由公司全額給付；會員眷屬之保險費，由公司補助○分之○。

第三十一條（交通車）

公司提供會員上下班之接送交通車；交通車之接送路線，由公司與工會另行協商之。

第三十二條（離職金）

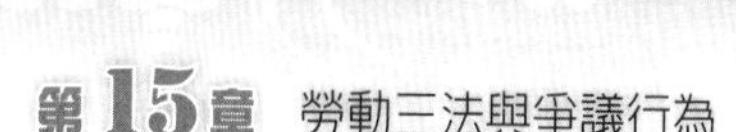

工會會員任職滿○年以上而離職者，公司給予離職金；離職金辦法由公司與工會協商訂定之。

第三十三條（三節節金）

公司於每年春節、端午節及中秋節時，發給節金；節金之金額由公司與工會協商訂之。

資料來源：行政院勞工委員會編印（2011），《簽訂團體協約參考手冊》，行政院勞工委員會出版，頁38-52。整理：丁志達。

第五節　勞資爭議處理法

隨著政治、經濟與社會環境的變遷，勞工自主意識抬頭及整體勞動人口質量的提升，勞資關係已從傳統的主從關係逐漸形成對等夥伴關係。勞資雙方對於共存共榮的體認，雖然已日益深切，惟勞資互動過程中，難免因勞資雙方不同利益考量，使爭議無法完全避免。

勞資爭議是法律上的名詞，習慣上稱之爲勞資糾紛。引起勞資間緊張或衝突的原因很多，在雇主方面，或因勞工的怠惰、工作輪調問題、績效標準認定的差異等，而在勞工方面，或認爲雇主侵犯由法律、團體協約及勞動契約所保護之權利，或無故解僱等，這些均足以引起勞資爭議。

一、權利事項及調整事項

勞資爭議，係指權利事項及調整（利益）事項之勞資爭議兩種。其用詞定義如下：

(一)權利事項之爭議

它係指勞資雙方當事人基於法令、團體協約、勞動契約之規定所爲權利義務之爭議（大部分的勞資爭議均屬之）。

(二)調整事項之爭議

它係指勞資雙方當事人對於勞動條件主張繼續維持或變更之爭議。一般而言，調整事項之爭議，並無法令可資依循以決定調整內容，法院無從判決，因此其處理屬行政體系勞資爭議處理機構之範圍。

依其勞資爭議內容之性質，權利事項之勞資爭議，爲法律上之爭議，係主張現在之權利是否受損，或是權利是否存在爲其內容；調整事項之勞資爭議，爲利益之爭議，係主張將來權益之調整爲其內容，上述舉例之分類，僅爲法律上的分類，就實務上而言，勞資爭議之類型相當廣泛，從人數上而言，有集體勞資爭議與個別勞資爭議；從爭議標的上而言，有終止契約爭議、調職爭議、資遣費爭議、退休金爭議、工資爭議、工時爭議、職業災害補償爭議、年終獎金爭議、罷工爭議、鎖廠爭議等等。但教師之勞資爭議屬依法提起行政救濟之事項者，不適用之。

《勞資爭議處理法》第六十四條規定，權利事項之勞資爭議，經依鄉鎮市調解條例調解成立者，其效力依該條例之規定（第一項）。權利事項勞資爭議經當事人雙方合意，依仲裁法所爲之仲裁，其效力依該法之規定（第二項）。

二、勞資爭議處理管道

勞資爭議處理方式，主要可分爲兩種，一爲正式的勞資爭議處理方式，另外一種是非正式的勞資爭議處理方式。

(一)正式的勞資爭議處理方式

正式的勞資爭議處理方式又可分爲兩種途徑，第一種是循司法（法院）的途徑，另一種則循行政的途徑，也就是「調解、仲裁、裁決」程序處理之。

依《勞資爭議處理法》第六條規定，權利事項之勞資爭議，得依《勞資爭議處理法》所定之調解、仲裁或裁決程序處理之（第一項）。法院爲審理權利事項之勞資爭議，必要時應設勞工法庭（第二項）。權利事項之勞資爭議，勞方當事人提起訴訟或依仲裁法提起仲裁者，中央主管機

關得給予適當扶助；其扶助業務，得委託民間團體辦理（第三項）。

另依《勞資爭議處理法》第七條規定，「調整事項之勞資爭議，依本法所定之調解、仲裁程序處理之（第一項）。

前項勞資爭議之勞方當事人，應爲工會。但有下列情形者，亦得爲勞方當事人：

一、未加入工會，而具有相同主張之勞工達十人以上。

二、受僱於僱用勞工未滿十人之事業單位，其未加入工會之勞工具有相同主張者達三分之二以上（第二項）。」

(二)非正式的勞資爭議處理方式

它係指的是爭議當事人尋求民意代表、專家學者等非特定的人士，以協調、和談的方式進行爭議之解決，協調次數及時間不定，協調結果可能失敗，也可能成功。

勞資爭議之處理程序，主要依據之法令爲《勞資爭議處理法》，該法設計之處理制度有調解與仲裁。此外，《就業服務法》中就業歧視之認定，《鄉鎮市調解條例》之調解，《仲裁法》之仲裁，《民事訴訟法》之調解及督促程序、保全、簡易訴訟程序等，皆爲經常運用之勞資爭議處理的程序與救濟方式。勞資爭議的發生，實爲勞資雙方在實體法上，權利義務發生變動所造成，而勞資爭議處理上，勞動法之規定及相關法源都值得瞭解與說明。

三、禁止行為

依《勞資爭議處理法》第八條規定，勞資爭議在調解、仲裁或裁決期間，資方不得因該勞資爭議事件而歇業、停工、終止勞動契約或爲其他不利於勞工之行爲；勞方不得因該勞資爭議事件而罷工或爲其他爭議行爲。

另依《勞資爭議處理法》第六十二條規定，雇主或雇主團體違反第八條規定者，處新台幣二十萬元以上六十萬元以下罰鍰（第一項）。

工會違反第八條規定者，處新台幣十萬元以上三十萬元以下罰鍰（第二項）。

勞工違反第八條規定者，處新台幣一萬元以上三萬元以下罰鍰（第

三項）。

四、調解、仲裁與裁決

《勞資爭議處理法》規定，法定勞資爭議係透過下列方式來處理爭議。

(一)調解程序

依《勞資爭議處理法》第九條規定，勞資爭議當事人一方申請調解時，應向勞方當事人勞務提供地之直轄市或縣（市）主管機關提出調解申請書（第一項）。

第一項直轄市、縣（市）主管機關對於勞資爭議認爲必要時，得依職權交付調解，並通知勞資爭議雙方當事人（第三項）。

第一項及前項調解，其勞方當事人有二人以上者，各勞方當事人勞務提供地之主管機關，就該調解案件均有管轄權（第四項）。

依《勞資爭議處理法》第十一條規定，「直轄市或縣（市）主管機關受理調解之申請，應依申請人之請求，以下列方式之一進行調解：

一、指派調解人。

二、組成勞資爭議調解委員會（第一項）。」

依《勞資爭議處理法》第十二條規定，直轄市或縣（市）主管機關指派調解人進行調解者，應於收到調解申請書三日內爲之（第一項）。調解人應調查事實，並於指派之日起七日內開始進行調解（第二項）。

勞資爭議當事人對調解委員會之調解方案不同意者，爲調解不成立（第二十條）。

勞資爭議經調解成立者，視爲爭議雙方當事人間之契約；當事人一方爲工會時，視爲當事人間之團體協約（第二十三條）。

(二)仲裁程序

◆交付仲裁

勞資爭議調解不成立者，雙方當事人得共同向直轄市或縣（市）主

管機關申請交付仲裁（第二十五條第一項）。

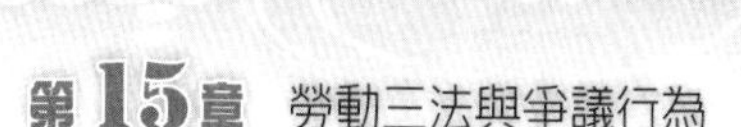

勞資爭議經雙方當事人書面同意，得不經調解，逕向直轄市或縣（市）主管機關申請交付仲裁（第二十五條第三項）。

調整事項之勞資爭議經調解不成立者，直轄市或縣（市）主管機關認有影響公眾生活及利益情節重大，或應目的事業主管機關之請求，得依職權交付仲裁，並通知雙方當事人（第二十五條第四項）。

《勞資爭議處理法》第二十六條規定，「主管機關受理仲裁之申請，應依申請人之請求，以下列方式之一進行仲裁，其爲一方申請交付仲裁或依職權交付仲裁者，僅得以第二款之方式爲之：

一、選定獨任仲裁人。

二、組成勞資爭議仲裁委員會。」

◆和解效力

勞資爭議當事人於仲裁程序進行中和解者，應將和解書報仲裁委員會及主管機關備查，仲裁程序即告終結；其和解與依本法成立之調解有同一效力（第三十六條）。

◆仲裁效力

仲裁委員會就權利事項之勞資爭議所作成之仲裁判斷，於當事人間，與法院之確定判決有同一效力（第三十七條第一項）。

仲裁委員會就調整事項之勞資爭議所作成之仲裁判斷，視爲爭議當事人間之契約；當事人一方爲工會時，視爲當事人間之團體協約（第三十七條第二項）。

對於前二項之仲裁判斷，勞資爭議當事人得準用仲裁法第五章之規定，對於他方提起撤銷仲裁判斷之訴（第三十七條第三項）。

調整事項經作成仲裁判斷者，勞資雙方當事人就同一爭議事件不得再爲爭議行爲；其依前項規定向法院提起撤銷仲裁判斷之訴者，亦同（第三十七條第四項）。

(三)裁決程序

「裁決」機制有一重大目的就是避免冗長費時的訴訟。勞工因《工

會法》第三十五條及《團體協約法》第六條第一項規定，發生「不當勞動行爲」的勞資爭議，須在知悉有違反法律規定之事由或事實發生之次日起九十天內申請裁決，整個裁決流程所需花費天數大約一百二十天。另外，若是因違反《工會法》第三十五條第二項所生之民事爭議，於裁決程序終結前，法院應依職權停止民事訴訟程序（**圖15-5**）。

◆裁決

勞工因工會法第三十五條第二項（按：不當勞動行爲）規定所生爭議，得向中央主管機關申請裁決（第三十九條第一項）。

前項裁決之申請，應自知悉有違反工會法第三十五條第二項規定之事由或事實發生之次日起九十日內爲之（第三十九條第二項）。

當事人就工會法第三十五條第二項所生民事爭議事件申請裁決，於裁決程序終結前，法院應依職權停止民事訴訟程序（第四十二條第一項）。

當事人於第三十九條第二項所定期間提起之訴訟，依民事訴訟法之規定視爲調解之聲請者，法院仍得進行調解程序（第四十二條第二項）。

裁決之申請，除經撤回者外，與起訴有同一效力，消滅時效因而中斷（第四十二條第三項）。

中央主管機關爲辦理裁決事件，應組成不當勞動行爲裁決委員會（第四十三條第一項）。

◆裁決決定

對工會法第三十五條第二項規定所生民事爭議事件所爲之裁決決定，當事人於裁決決定書正本送達三十日內，未就作爲裁決決定之同一事件，以他方當事人爲被告，向法院提起民事訴訟者，或經撤回其訴者，視爲雙方當事人依裁決決定書達成合意（第四十八條第一項）。

裁決經依前項規定視爲當事人達成合意者，裁決委員會應於前項期間屆滿後七日內，將裁決決定書送請裁決委員會所在地之法院審核（第四十八條第二項）。

前項裁決決定書，法院認其與法令無牴觸者，應予核定，發還裁決

不當勞動行為

違反工會法 § 35ii

違反工會法 § 35i或團體協約法 § 6i

知悉或事實發生之日起90內書面申請裁決（§ 39）

程序不完備

申請不符第39條或第40條規定

限期補正

逾期不補正

不能補正

裁決委員作成不受理決定（§ 41i）

基於工會法 § 35ii申請不得聲明不服（§ 41ii）

基於工會法 § 35i或團體協約法 § 6i申請，向行政院提起訴願（§ 51iii）

7日內

召開裁決委員會（§ 44i）

指派1至3名裁決委員調查事實及必要證據（§ 44ii）

20日內（必要時得延長20日）

受指派調查裁決委員作成調查報告（§ 44ii）

7日內

召開裁決委員會（§ 45）

通知當事人言詞陳述（§ 46i）

30日內（必要延長30日）

作成裁決決定（§ 45、§ 46i）

20日內

裁決裁定書送達當事人（§ 47ii）

工會法 § 35ii爭議所為之裁決決定，當事人於裁決決定書送達30日，未向法院提起民事訴訟者，裁決委員會於該期間屆滿7日內，將裁決決定書送請法院核定（§ 48i、ii）

不服裁決委員會對於工會法 § 35i或團體協約法 § 6i之裁決決定者，於裁決決定書送達之次日起2個月內提起行政訴訟（§ 51iv）

裁決流程預計需84～134天

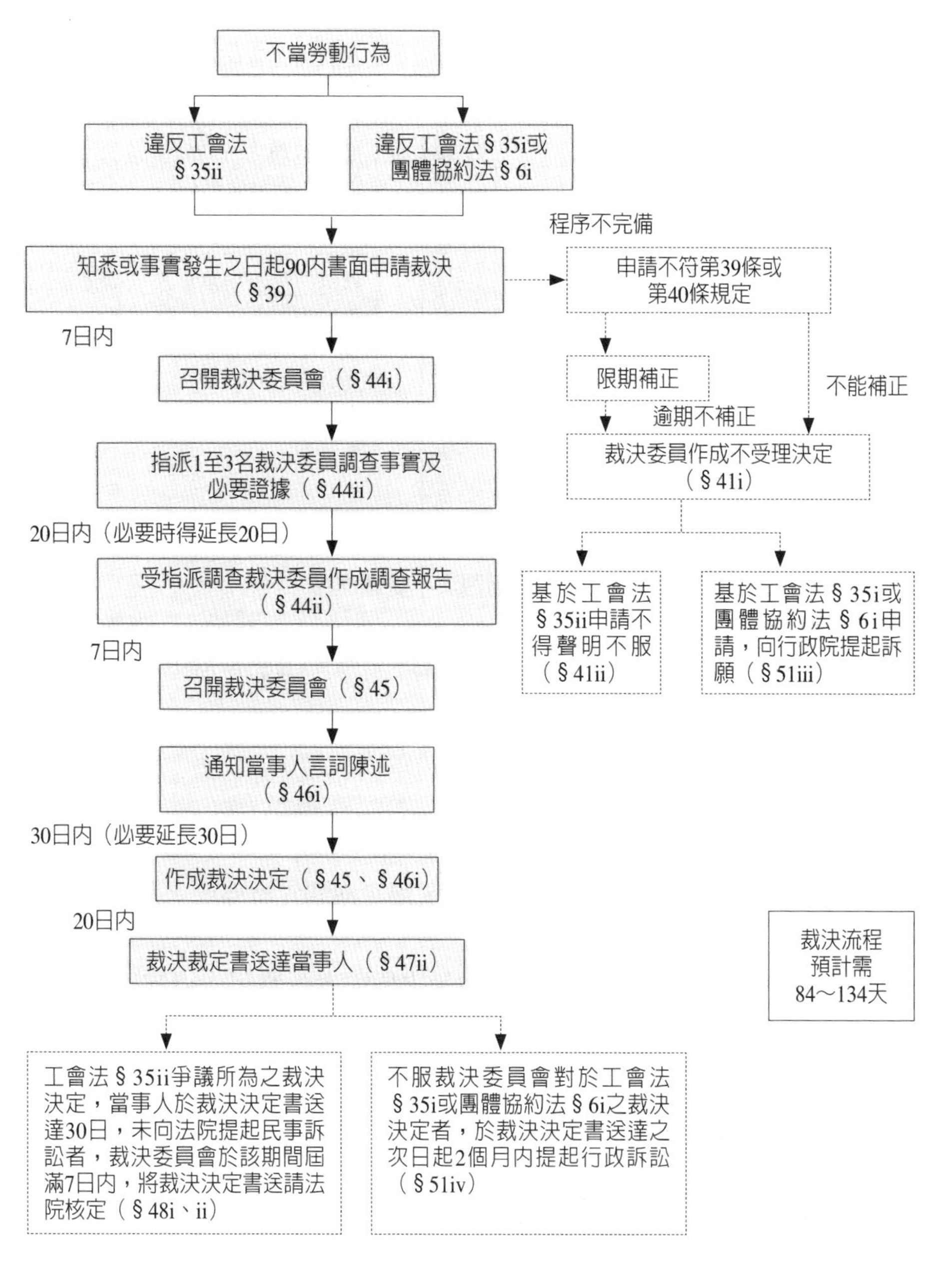

圖15-5　不當勞動行為裁決流程

資料來源：全國產業總工會網址，http://www.tctu.org.tw/front/bin/ptdetail.phtml?Part=20110512&Rcg=29130。

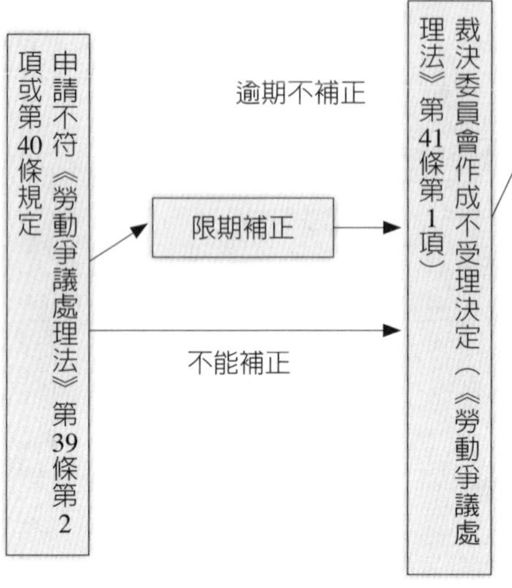

圖15-6　申請裁決不受理程序

資料來源：施曉穎（2011），〈勞資爭議處理制度介紹（三）：裁決〉，《金融業工會聯合總會會訊》，第124期（2011/4/15），網址：http://www.bankunions.org.tw/?q=node/1615。

委員會送達當事人（第四十八條第三項）。

法院因裁決程序或內容與法令牴觸，未予核定之事件，應將其理由通知裁決委員會。但其情形可以補正者，應定期間先命補正（第四十八條第四項）。

經法院核定之裁決有無效或得撤銷之原因者，當事人得向原核定法院提起宣告裁決無效或撤銷裁決之訴（第四十八條第五項）。

前項訴訟，當事人應於法院核定之裁決決定書送達後三十日內提起之（第四十八條第六項）（**圖15-6**）。

第六節　爭議行爲

2009年立法通過的《勞資爭議處理法》，新立專章規範勞工爭議行爲（爭議權）之行使及其限制，尤其是爭議行爲中之罷工程序及其限制；

以及本於謀求工會之爭議權與雇主及第三人之基本權利之間法益平衡之調合原則，而規定爭議行爲之免責規範。

一、用詞定義

爭議行爲，係指勞資爭議當事人爲達成其主張，所爲之罷工或其他阻礙事業正常運作及與之對抗之行爲（第五條第四款）。因此，爭議行爲須滿足下列兩個要件：

1.爭議當事人須有「達成其主張」之意思。
2.爭議行爲須達到「阻礙事業的正常運作及與之對抗」的程度。

勞資爭議爲一種「態樣」，爭議行爲爲一種「行爲」。勞方之爭議行爲，學理上包括：罷工、怠工、杯葛、接管及糾察等；資方之爭議行爲，學理上包括：鎖場及建立黑名單等（**表15-3**）。

表15-3　勞資爭議行為類別

爭議行為類別		說明
工會方面	罷工	它係指一群受僱者用暫時共同停止工作的方式，來表達對雇主的不滿或極力主張他們的需求。罷工只是勞工暫時拒絕提供勞務，爭議當事人之間的勞動契約仍然存續。就罷工的合法性來區分，罷工又分為合法罷工和非法罷工，如野貓式罷工（wildcat strike）、冷不防罷工、間歇性罷工等。
	怠工	它係指受僱者以集體方式，放慢工作的步調而降低產量或服務品質，以逼使雇主妥協。它是一種勞務不完全提供的行為。
	杯葛	它係指受僱者和工會聯合起來勸說消費者或廠商，拒絕購買雇主生產的產品或與之進行之商業交易。
	蓄意破壞	它係指受僱員工破壞雇主資產、設備和原料的直接行動。
	占據工廠	它係指受僱者在一段時間內不離開工作場所，亦不提供勞務之狀態，使雇主的企業或工廠無法營運。
	接管	它係指受僱者未經雇主同意，擅自將生產材料、設備以及工廠等加以占有，並且控制生產銷售，此舉顯然已違反私有財產制的行為，自屬違法。
	糾察	它係指於工作場所舉標語牌宣告勞資雙方正處於爭議期間，並說服勞工不要進入工廠工作，以阻止破壞罷工之行為。

（續）表15-3　勞資爭議行為類別

爭議行為類別		說明
資方方面	繼續營運	當工會進行罷工時，雇主為了企業的繼續營運，對勞方爭議行為不予於理會，設法繼續經營其事業，其手段可能調派不具工會會員身分的員工去接替罷工人員的工作；或雇主臨時僱用一批工人來代替，或者透過關係企業調派人力來支援。
	鎖場	鎖場是雇主所採取的暫時性停工。當勞資爭議發生時，勞工已出現罷工、怠工等爭議行為，雇主為減輕損失，遂將工廠關閉，以逼迫勞方讓步。
	建立黑名單	建立黑名單是雇主將勞資爭議中工會積極分子列冊，並與其他雇主互相通知或交換，共同採取不僱用的手段，而達到勞資雙方對抗行為的平衡。

資料來源：丁志達（2012），「101年勞資爭議調解人訓練及認證班：人力資源管理與勞動法令」講義，中華民國勞資關係協進會編印。

二、罷工規範

罷工，係指勞工所爲暫時拒絕提供勞務之行爲（《勞資爭議處理法》第五條第五款）。罷工是使勞動契約關係的暫時終止，必須由工會主導。

三、合法罷工條件

勞資爭議，非經調解不成立，不得爲爭議行爲；權利事項之勞資爭議，不得罷工（第五十三條第一項）。雇主、雇主團體經中央主管機關裁決認定違反工會法第三十五條、團體協約法第六條第一項規定者，工會得依本法爲爭議行爲（第五十三條第二項）。

工會非經會員以直接、無記名投票且經全體過半數同意，不得宣告罷工及設置糾察線（按：係指參與罷工之勞工，於工作場所之入口處或附近站立或集結，以說服不參與罷工且欲從事工作之其他勞工，請其基於團結而加入罷工行列）（第五十四條第一項）。

教師和國防部及其所屬機關（構）、學校之勞工，不得罷工（第五十四條第二項）。

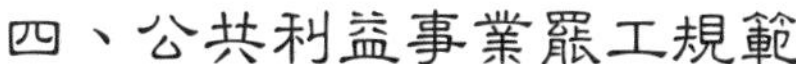

四、公共利益事業罷工規範

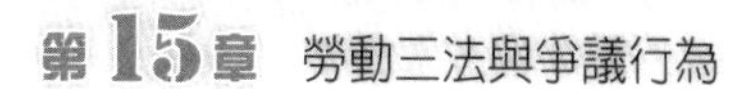

禁止教師、國防部及其所屬機關（構）、學校的勞工罷工。但對於影響大眾生命安全、國家安全或重大公共利益之事業：(1)自來水事業；(2)電力及燃氣供應業；(3)醫院；(4)經營銀行間資金移轉帳務清算的金融資訊服務業與證券期貨交易、結算、保管事業及其他辦理支付系統服務事業，如勞資雙方有約定必要服務條款時，工會得宣告罷工。

五、災害防救期間之罷工限制

重大災害發生或有發生之虞時，各級政府爲執行災害防治法所定災害預防工作或有應變處置之必要，得於災害防救期間禁止、限制或停止罷工（第五十四條第六項）。

六、安全衛生設備之維持

爭議行爲期間，爭議當事人雙方應維持工作場所安全及衛生設備之正常運轉（第五十六條）。

七、禁止爭議行為之期間

勞資爭議在調解、仲裁或裁決期間，資方不得因該勞資爭議事件而歇業、停工、終止勞動契約或爲其他不利於勞工之行爲；勞方不得因該勞資爭議事件而罷工或爲其他爭議行爲。

八、保護勞工的罷工權

《勞資爭議處理法》規定，雇主不得以工會及其會員依本法所爲之爭議行爲所生損害爲由，向其請求賠償，換句話說，工會有民事免責權。其次，工會所發動罷工如果正當合法時，即受本法之保護，縱使有觸犯刑法時，也可以免除其刑責，但是如果工會罷工時所運用的手段有強暴脅迫

致他人生命身體受侵害或有受侵害之虞時，仍應追究其刑責。

爭議行爲應依誠實信用及權利不得濫用原則爲之（第五十五條第一項）。

雇主不得以工會及其會員依本法所爲之爭議行爲所生損害爲由，向其請求賠償（第五十五條第二項）。

工會及其會員所爲之爭議行爲，該當刑法及其他特別刑法之構成要件，而具有正當性者，不罰。但以強暴脅迫致他人生命、身體受侵害或有受侵害之虞時，不適用之（第五十五條第三項）。

九、訴訟費用之暫減及強制執行之裁定

勞工或工會提起確認僱傭關係或給付工資之訴，暫免徵收依民事訴訟法所定裁判費之二分之一（第五十七條）。

勞工就工資、職業災害補償或賠償、退休金或資遣費等給付，爲保全強制執行而對雇主或雇主團體聲請假扣押或假處分者，法院依民事訴訟法所命供擔保之金額，不得高於請求標的金額或價額之十分之一（第五十八條）。

十、暫免繳執行費

勞資爭議經調解成立或仲裁者，依其內容當事人一方負私法上給付之義務，而不履行其義務時，他方當事人得向該管法院聲請裁定強制執行並暫免繳裁判費；於聲請強制執行時，並暫免繳執行費（第五十九條第一項）。

前項聲請事件，法院應於七日內裁定之（第五十九條第二項）。

對於前項裁定，當事人得爲抗告，抗告之程序適用非訟事件法之規定，非訟事件法未規定者，準用民事訴訟法之規定（第五十九條第三項）。

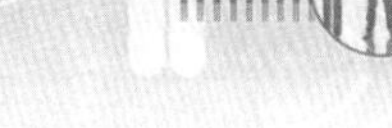

十一、法院駁回聲請

《勞資爭議處理法》第六十條規定，「有下列各款情形之一者，法院應駁回其強制執行裁定之聲請：

一、調解內容或仲裁判斷，係使勞資爭議當事人爲法律上所禁止之行爲。

二、調解內容或仲裁判斷，與爭議標的顯屬無關或性質不適於強制執行。

三、依其他法律不得爲強制執行。」

依本法成立之調解，經法院裁定駁回強制執行聲請者，視爲調解不成立。但依前條（按：第六十條）第二款規定駁回，或除去經駁回強制執行之部分亦得成立者，不適用之（第六十一條）。

合法罷工，使勞動契約關係暫時終止。因此，雇主給付工資與勞工服勞務之權利義務，發生暫時終止的效果。但基於勞動契約所生之忠誠與照顧義務等附隨義務，仍然存在。所以，雇主在罷工期間，無庸給付工資，但仍應維持勞工之勞保、健保，並持續提撥勞工退休金。

結　語

如果企業主不願意見到工會的成立，平日就要多照顧員工，讓員工專心工作，而不是讓員工等著「抓企業的辮子」，「鷸蚌相爭」的結果，讓勞資關係降至「冰點」，走上街頭，用社會的公權力來逼企業「飲鴆止渴」，體質弱的企業只好「關廠」、「歇業」。而處理勞資爭議，貴在「預防先機」，如果能夠透過事先的預防，將使勞資爭議之嚴重性大大降低，甚至於在未出現任何抗爭之前，就可以取得公平、公正之解決，這種預防性的勞資爭議處理機制，人資部門平日就應多觀察員工出現的「異狀行爲」的深入瞭解，果決的判斷，把握時效，善意溝通，彼此諒解，及時提出勞資雙方都能「互蒙其利」的方案，化干戈爲玉帛，勞資雙方共享合作創造的成果。

箚記

- 勞動三權雖然是保障受僱勞動者自身工作權益的三項權利，但其積極意義則是希望受僱者能透過這三項權利的履行，與雇主做對等且平和的溝通與協調，以作成對企業生存與經營最有效之決議，使勞雇雙方共存共榮，即使有爭議發生，亦能使雙方之損失降至最低程度。
- 勞資的利害對立是無可避免的。這種對立能否具有雙贏的意義，是由勞資雙方是否能站在一個共同的立場而決定。
- 沒有成立工會、沒有舉辦勞資會議、沒有簽訂團體協約的企業，應有相對較佳的工作條件。
- 多元化的社會與快速的環境變遷，企業主容忍接納員工某些不同價值的存在，是必要的。
- 「勞」、「資」相提並論，就有對立的感覺，如果在與員工溝通時，如有「我們」、「你們」之分，則將會造成更明顯的對峙立場與溝通不良。儘量以「我們」替代「你們」的說法，將員工的意見納入你自己的看法，相互接納，產生「我們」的共識，增進勞資的和諧。
- 把企業視為一流的交響樂團，員工不同的專長，如同擁有不同的樂器，演奏著相同的曲調，追求的是和諧一致。
- 雇主要有「肚量」，員工要能「知足常樂」，才能建立和諧勞資關係。
- 勞資和諧必須建立在「同理心」之上。
- 雇主關心的是生產力和利潤，員工則需要雇主多關心他們的需要。
- 雇主多為員工想一想，如何提高其生活品質，在不影響企業永續經營的前提下，逐步實現員工的夢想；員工也要體恤企業經

營的風險，要為雇主想一想，犧牲眼前的一些利益，讓企業永續經營。協調二造（勞資雙方）的和諧，是人資人員的責任。

- 從高階經理到一般基層員工都應該有這樣的警惕：能夠幫助雇主解決問題的員工才有其存在的價值。成為一個「好用的員工」，除了盡本分外，更應培養解決問題的能力，如此才能提高自己在職場上的附加價值，以因應瞬息萬變的工作環境。
- 在勞資爭議上，不同法源之依據及適用，往往導致各種勞資爭議案例之處理，產生有不同之結果。

第16章

離職管理

- 離職理論研究與類別
- 離職面談
- 人力精簡
- 人事風險管理
- 競業禁止
- 結　語

> 我們不可能阻止員工離開公司，因為人才流動是正常的現象。我的願望就是：讓每一個離開惠普的員工說惠普好。
>
> ——惠普（HP）創始人之一比爾・休利特（Bill Hewlett）

第一節　離職理論研究與類別

由於人才競爭的加劇，員工的大量流失與人事風險已成爲困擾企業的嚴峻問題，因而日益受到各方關注。奇異電器（GE）公司前總裁傑克・威爾許（Jack Welch）曾用一個生動的比喻，道出了管理的眞諦：「你要勤於給花草施肥澆水，如果它們茁壯成長，你會有一個美麗的花園，如果它們不成材，就把它們剪掉，這就是管理需要做的事情。」對植物「剪枝葉」易如反掌，對企業要「剪人」難如登天，後遺症無窮。世界零售業的傳奇人物山姆・沃爾頓（Sam Walton）有一句名言：「員工是我們最寶貴的財富。」但反面觀之，也就是說「企業唯一眞正的風險就潛藏在人裡面」，可見學會處理員工離職與防範人事風險是同等的重要。

一、離職理論研究

離職，係指受僱員工基於本身的因素無法或不願意繼續在組織內服務，自動向組織提出離開之要求而言。員工提出離職係基於員工本身的考量，此種考量往往與組織業務繁榮與衰退毫無相關。

二、離職理論類型

離職理論研究存在兩大途徑：離職影響（effects of turnover）和離職過程（turnover process）。離職理論所指的個人因素是個體差異，包括個性特徵（如個性、控制力、自信力）、職業特徵（如職務、技術水準、專業化、年齡）和生活特徵（如婚姻、家庭、生活條件）。

(一)環境論

社會心理學的先驅勒溫（Kurt Z. Lewin）提出的環境論指出，一個人能夠創造績效，不僅與他的能力和素質相關，而且與其所處的環境有密切的關係。如果一個人處在不利的環境中，比如專業不對口、人際關係惡劣、工資待遇偏低、領導者跋扈武斷、不尊重知識和人才，則個人很難發揮其聰明才智，也就很難取得應有的成績。

一般而言，個人對環境往往無能為力，改變的方法是離開這個環境，轉到一個更適合自己的發展環境去工作，這就是人員流動。

(二)組織壽命學說

美國學者卡茲（Katz）從保持企業活力的角度建立了企業組織壽命學說。卡茲研究發現，組織壽命的長短與組織內信息溝通情況有關。他透過大量調查統計出了一條組織壽命曲線（**圖16-1**）。

組織壽命曲線提出，在一起工作的研發人員，在一年半至五年這段工作期間裡資訊溝通水準最高，獲得的成果也最多，這是因為相處不到一

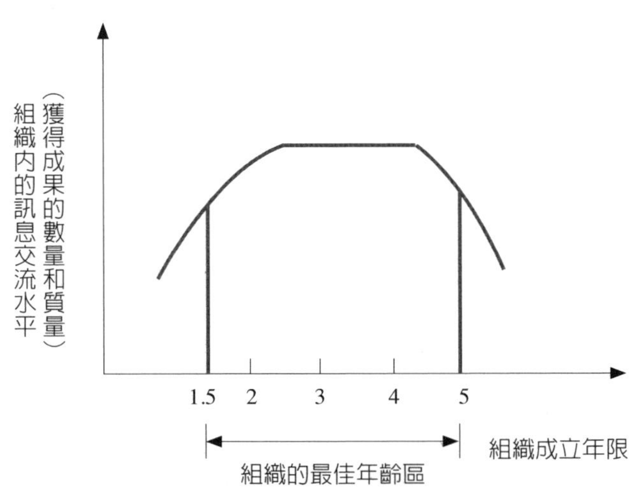

圖16-1　組織壽命曲線圖

資料來源：張德主編（2001），《人力資源開發與管理》（第二版），北京：清華大學出版社，頁145。

年半，成員之間不熟悉，尚難敞開胸扉；而相處超過五年，已成爲老相識，相互之間失去了新鮮感，可供交流的信息也少。一個科研組織與人一樣，也有成長、成熟、衰退的過程。組織的最佳年齡區爲一年半至五年，超過五年就會出現溝通減少、反應遲鈍及組織老化。

卡茲的組織壽命學說從組織活力的角度證明了人力資源流動的必要性，解決的方法是透過人才流動對組織進行改組。

(三)庫克曲線

美國學者庫克（Kuck）提出了一條離職曲線，係從如何更好地發揮人的創造力的角度論證了員工流動的必要性。根據對研究生參加工作後創造力發揮情況做的統計繪出的曲線，被稱爲庫克曲線（Kuck curve）（**圖16-2**）。

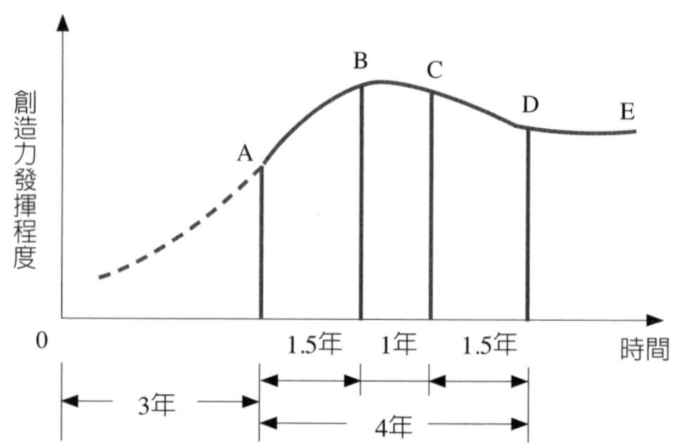

說明：0A表示研究生在3年的學習期間創造力增長情況。
AB表示研究生畢業後參加工作初期（1.5年），創造力快速增長。
BC表示創造力發揮峰值區（1年左右），是產出成果的黃金期。
CD表示創造力開始下降（1.5年）。
DE表示創造力下降並穩定在一個固定值。

圖16-2　庫克曲線

資料來源：張德主編（2001），《人力資源開發與管理（第二版）》，北京：清華大學出版社，頁145。

研究生畢業後，參加工作初期（一年半），第一次承擔任務的挑戰性、新鮮感以及新環境的激勵，促其創造力快速增長，其中約保持一年（到職的兩年半），是創造成果的黃金期；隨後創造力開始下降，時間約爲一年半，最後進入衰退期，創造力繼續下降並穩定在一個固定期，如不改變環境和工作內容，創造力將在低水平上徘徊。爲激發研究人員的創造力，應該及時變換工作部門和研究課題及進行人才流動。

(四)目標一致理論

日本學者中松義郎在《人際關係方程式》一書中提出了目標一致理論（**圖16-3**）。

圖中F表示一個人實際發揮的能力，F_{max}表示一個人潛在的最大能力（個人目標與組織目標之間的夾角）。圖中表示出三者之間的關係：$F = F_{max} \cdot \cos\theta$（$0° \leqq \theta \leqq 90°$），顯然當個人目標與組織目標完全一致時，即$\theta = 0°$，$\cos\theta = 1$，$F = F_{max}$，個人的潛力得到充分發揮。當二者不一致時，$\theta \geqq 0°$，$\cos\theta < 1$，$F < F_{max}$，個人潛能受到抑制。

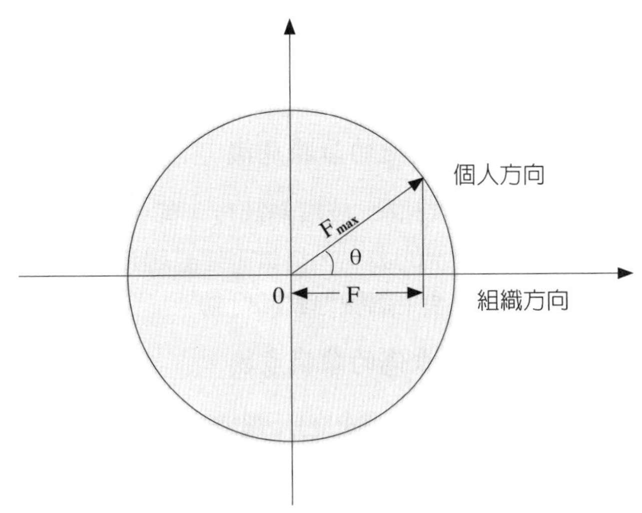

圖16-3　目標一致理論

資料來源：張德主編（2001），《人力資源開發與管理》（第二版），北京：清華大學出版社，頁146。

解決個人目標與組織目標不一致時的方法有二：

1.個人目標主動向組織目標靠攏，引導自己的志向和興趣向組織和群體轉移，並努力趨於一致。
2.進行人才流動，流到與個人目標比較一致的新單位去。（張德主編，2001）

以上四位學者分別從不同角度論證了人才流動的必要性與必然性。

三、員工離職的波段

離職管理，就是讓原本想要離職的員工，因爲安排轉換工作、換部門或開發員工的潛能以達到爲企業挽留人才的目的。一般而言，企業員工離職的高峰期有三個波段：

(一)試用期前後的新人離職危機

當新進員工發現工作性質或工作量超出他的能力，或是與上司不和，就會立即萌生去意。對於剛進入公司的新人，如果用人單位沒有指定一位資深員工協助新人在試用期間適應工作環境的話，他們遇有不如意時，就會選擇離職。

(二)在職兩年後因升遷問題的離職危機

員工經過一段工作時間，技術熟練後，都會渴望得到升遷。如果此時公司沒有注意此種情況的發生，爲員工建立起升遷管道（職涯規劃），員工爲追求新職位而會產生離職他就的行動。

(三)在職五年後的工作厭倦的離職危機

員工在職五年後，當可預知的升遷愈來愈慢，且機會愈來愈少時，就想找尋外面的就業機會。對於這些員工，在他們進入企業的第三年起，便須設法給予分期生效的股票認購權，且絕大部分到期股票認購權時間必須是在第六年（**圖16-4**）。

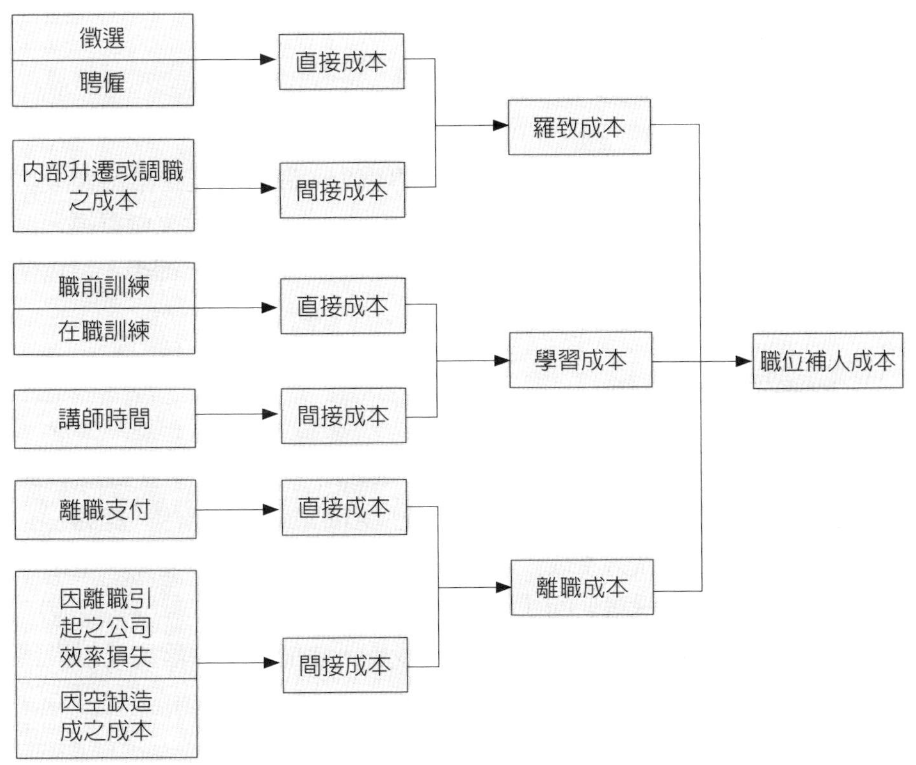

圖16-4　職位替換成本的人力資源

資料來源：許是祥譯（1991），R. M. Hodgetts著，《企業管理：理論．方法．實務》（*Management: Theory, Process and Practice*），中華企管中心出版，頁595。

不當的流動率，不僅影響客戶服務的品質，更造成組織結構人員經驗傳承的斷層。因此，藉由適當的工作規劃、制度化的績效評估及完善的人才培訓來吸納與留住人才，重視工作負荷、角色壓力及薪資對員工的影響，加強配合員工進修需求，參考其他產業的人事作業政策，設計出貼近員工的薪酬福利及相關之人力資源政策，才能提高員工的工作滿足感，降低離職意願及離職率。

第二節　離職面談

由於人力資源爲公司最重要資產，尊重人、關心人是企業用人成功的關鍵。企業界對於員工的離職面談（exit interview）亦愈來愈重視，以期能藉由瞭解員工離職原因，採取適當改正措施，以求亡羊補牢，這也是一項強而有力的管理工具。

一、離職面談的要訣

員工在被錄用前，要經過面試，則離職時，更應該要安排離職面談，用人單位才能知道員工「進」、「出」之間的眞正擋路的「絆腳石」是哪一類。縱使企業留人不成，以後再「補貨」時，也可以避免「重蹈覆轍」，以減少「迎新送舊」的「尷尬」場面出現的頻率。

離職面談的作業要領須把握下列的步驟，才能體現、落實「以人爲本」的精神。

(一)面談前的準備工作

離職面談地點應選擇輕鬆、明亮的空間，忌諱在主管辦公室內面談，時間以二、三十分鐘爲宜。面談前，要先蒐集、研讀離職者的個人基本人事動態資料（升遷、輪調、調薪、降級等）、離職申請書（離職原因）、歷年考績、內外訓紀錄，並從非正式管道探聽出其離職的可能原因，這也可讓提出離職者感受到面談者對於當事人的重視程度而非敷衍了事。

(二)面談進行時諮詢技巧

有些企業在與離職員工面談時，運用離職面談表，以全方位的角度，深入探討眞正離職動機，針對外在誘因、內部阻力、個人的不可抗力因素找出問題癥結。

範例16-1

離職面談單

Department:
部門：________________

Name:
姓名：________________

Hired Date:
到職日：________________

Reason for termination of employment：離職理由

Remuneration
☐Unsatisfaction
待遇問題

Job
☐Uninteresting
志趣不合

Working Condition
☐Unavailable
環境不合

Promotion
☐Unacceptable
無晉升機會

☐Other
其他

QUESTIONS問題	ANSWERS回答	REMARK備註
What's your new position on a higher/same/lower level? 你的新職位是什麼？較現職高、低或相同？		
In which company are you going to wrok? 到哪家公司工作？		
What made you apply for other employment internal/external causes? 另謀他職之原由係外來或內在因素？		
What will be your new salary? 新職薪資多少？		
Are the working-conditions more favourable? If so, which ones? 工作環境是否較為有利，請舉例？		
What are your working-hours? 工作時間如何？		
Did anyone contact you for your new job? 有誰找你接洽新職務？		

INTERNAL CAUSES內在因素		ANSWERS回答	REMARK備註
Your direct manager/supervisor直接主管	YES / NO 是 / 否有關		
The employees? 同事	YES / NO 是 / 否有關		
The salarys? 薪資	YES / NO 是 / 否有關		
The working hours? 工作時間	YES / NO 是 / 否有關		
The working area? 工作地區	YES / NO 是 / 否有關		
The policy? 公司政策	YES / NO 是 / 否有關		
Training and instruction? 訓練及教導	YES / NO 是 / 否有關		
Are there any other reasons? If so, which ones: 其他理由，請舉例	YES / NO 是 / 否有關		

Does the employee have remarks or suggestions towards the working-conditions: 該員對本公司工作環境之意見和建議				REMARK備註
· the training	職訓方面			
· the introduction	引導方面			
· the management	管理方面			
· the salary	支薪方面			
· other remarks	其他			
What caused termination of employment according to the immediate supervisor: 據該員直接主管所言，離職原因為：				
Are these the same reasons mentioned by the employee? 理由與該員所言相符否？				
How is his/her attitude towards ABC? 該員對ABC之態度如何？				
Station Office： 單位： Date Exit interview: 面談日期： Place: 面談地點：		The lst interviewer (Dept. Head): 初談者（單位主管）簽名： The 2nd interviewer (Personnel Dept.): 覆談者（人事室）簽名：		

資料來源：某大國際快遞公司。

面談主持人應以開闊的胸襟，坦然面對離職者的「不滿」表達出來的心聲，如對公司制度上有些「誤解」，則稍加說明或解釋，不要讓離職者帶著「恨意」離開。儘量多聽少說，但也不可當場做任何肯定的承諾。切記，來者是「客」，不是「部屬」了。離職者表達的語言雖不中聽，但逆耳之言，其骨子裡卻包含「忠言」之心，如有抱怨之言詞，正是對企業管理作風淋漓盡致的告白，這對企業興利除弊是「百利而無一害」的，它比聘請企管顧問師來診斷企業的組織氣氛，更爲有效。企業要的是「眞相」而不是粉飾太平的「假象」，只有向離職者虛心的取經挖寶，企業才能茁壯。

(三)離職面談問話內容

離職面談的話題，必須事先準備，才能有頭緒的找到離職的原因與後續辦理移交手續需要的時間，以及公司指派的業務移交者的遴選資格。

(四)告知離職規定

因離職面談而能留下員工「驛動的心」，不要冀望太高，通常提出離職的人，在提出離職前，多少都會透露一些「風聲」給要好的同事。所謂「覆水難收」，留下來「面子」掛不住，所以在面談時，在「客氣」的挽留無效時，則必須提醒他遵守職場的「倫理道德」，辦理移交手續，履行「競業禁止條款」（商業祕密）的約束，保護企業的「智慧財產權」，以及離職生效日期前的少請假。

(五)離職資料的診斷

面談結束後，應將面談紀錄彙整，分析整理出離職眞正原因，並且提出未來改善的建議，以防範其他員工類似離職原因再度發生。如果從面談中瞭解到該員工有被挽留的可能性，他又值得挽留時，則應馬上向有關主管傳遞此一信息，設法共同挽留這位企業「戰士」（**表16-1**）。

表16-1　降低員工流動的策略

・事先做好人力資源規劃（人盡其才） ・儘量使員工與任務做最好的配合，以使新進人員預期與工作的實際情況相吻合（知行合一） ・改進甄選程序與精心選拔「志同道合」的員工，提供完整的訓練課程（重視企業文化） ・多關心、多照顧新進員工（我們是一家人） ・持續督導及訓練員工（嚴父慈母） ・以不偏頗的態度及方式管理員工（一視同仁） ・隨時告知員工各項公司重要信息（暢通知的權利） ・公正、公平的用人制度（落實績效管理） ・職位空缺或晉升應先內後外（能力主義） ・精神激勵與經濟鼓勵相結合（薪酬設計） ・改善企業福利待遇，用長遠的利益吸引員工（提升工作環境與生活品質的舒適度） ・採用績效獎勵制度（重視激勵效果） ・利益共用，讓員工成為股東（股票認購權） ・在企業內部實行輪調制度，有利於員工之間相互配合與相互瞭解，提高工作效率（職涯多功能的磨練） ・經常舉行各類培訓和文康娛樂活動，增進員工之間的友誼，加強企業的凝聚力（建立團隊默契） ・實行感情管理，關心員工家庭，為有困難的員工提供支援和幫助（愛屋及烏）

資料來源：丁志達（2012），「人力資源管理實務研習班」講義，中國生產力中心中區服務處編印。

二、離職原因的探討

員工離職是企業普遍存在的事實，適度的人員流動率，尤其是工作表現差的人離職，對組織而言不但無損，甚至可說是「求之不得」，反而是促進企業內人事新陳代謝具有正面的意義，能保持一定的企業活力；但表現佳的員工或企業內儲備幹部的流失，則會造成人力規劃的困擾，使得企業經營累積的經驗或知識無法做有效的傳承。

一般離職員工在離職時，所「編撰」的離職原因有數十種，但歸納起來，不外有下列三個因素：

(一)外部拉力

競爭者的挖角、合夥創業、服務公司喬遷造成通勤不便、有海外工作的機會等。

(二)內部推力

缺乏個人工作成長的機會、企業文化適應不良、薪資福利不佳、與工作團隊成員合不來、不滿主管領導風格、缺乏升遷發展機會、工作負荷過重、壓力大、不被組織成員重視、無法發揮才能、沒有充分機會可以發展專業技能、公司財務欠佳、股價下滑、公司最近裁員、公司被併購、工作場所安全衛生條件差、學非所用、外派人員調回後，無適當的職位安插等。

(三)個人因素

自我尋求突破（個人的成就動機）、家庭因素（結婚、生子、遷居、離婚）、人格特質（興趣）、職業屬性、升學（出國）或補習、健康問題（身體不適、工作壓力）、年齡等。

員工決定去或留，通常有一個以上的原因，而影響員工離職或留職的主因，不一定是同一的原因。例如，一名員工因爲其他公司的高薪挖角，因此考慮辭職，但是後來該員工決定留職，不是因爲公司提高了他的薪資，而是因爲他很喜歡公司的同事友誼。

第三節　人力精簡

在十倍速時代，產品的生命週期愈來愈短，研發與行銷之成本日益高漲，人事費用與生產成本亦不斷上揚，加以各種新科技資訊快速的翻新，市場上競爭者衆，產品售價節節下滑，使得企業的獲利也愈來愈微薄，有些體質較弱之企業，應變不及而慘遭虧損、關廠、歇業之窘境；另外有些企業，爲提升其競爭力，而紛紛實施組織再造、精簡策略，在其過程中，員工的精簡便被視爲企業再生的最佳策略之一，因雇主相信降低用人費用，控制成本支出，便可提高收益，增加競爭優勢，而裁員是最快速可以顯現效益的方法，但對在職員工的士氣低落與工作權不保的惶恐心理亦不可忽視。

一、企業裁員的因素

「資遣」是法律名詞，「裁員」是資遣名詞的通俗說法，而「優退」則是裁員的一種「人性尊嚴」的另一種說詞，都是屬於「失業人口」，只是申請「優退」的員工可以領到比《勞基法》、《勞工退休金條例》規定給付較高的資遣費，但企業在對外界說明資遣員工時，一般都使用「人力精簡」這個名詞來維持公司良好的「企業形象」。企業執行人力精簡，歸納起來有下列三大因素：

第一類因素：是許多企業發現必須削減導致公司衰退或危機的勞動力規模。例如，許多企業正在經歷顧客對其產品或服務的需求減少，這應被歸諸某種衰退的商業氣候、更加激烈的國際競爭，或來自廉價商品品牌的競爭。

第二類因素：是技術進步的出現，它使許多企業能夠用更少的人員生產更多的產品。例如，使用自動化設備，引進「機械人」操作取代人工作業以削減勞動成本支出。

第三個因素：是公司重組，按照組織的要求，一個企業的結構將透過削減中間管理層而減少等級，中層主管在企業裡成爲被犧牲的一群，因

爲信息和通信技術使得高層經理們直接監督和控制運作變得更加容易。（孫非等譯，2000）

二、人力精簡涉及的法令

企業在執行裁員動作時，要遵守《勞動基準法》、《大量解僱勞工保護法》、《就業服務法》、《企業併購法》等規範，雇主不得違法。

(一)資遣原因

依《勞動基準法》第十一條規定，非有下列情形之一者，雇主不得預告勞工終止勞動契約：

1.歇業或轉讓時。
2.虧損或業務緊縮時。
3.不可抗力暫停工作在一個月以上時。
4.業務性質變更，有減少勞工之必要，又無適當工作可供安置時。
5.勞工對於所擔任之工作確不能勝任時。

(二)預告期間

雇主符合《勞動基準法》第十一條規定資遣員工，應依同法第十六條規定，給予被資遣者預告期間：

1.繼續工作三個月以上一年未滿者，於十日前預告之。
2.繼續工作一年以上三年未滿者，於二十日前預告之。
3.繼續工作三年以上者，於三十日前預告之。

雇主未依上述規定期間預告而終止契約者，應給付預告期間之工資。

(三)通報主管機關

雇主在資遣員工時，對當地主管機關〔在中央爲行政院勞工委員會；在直轄市爲直轄市政府；在縣（市）爲縣（市）政府〕有通報的義務。

1.《就業服務法》第三十三條規定：「雇主資遣員工時，應於員工離職之十日前，將被資遣員工之姓名、性別、年齡、住址、電話、擔任工作、資遣事由及需否就業輔導等事項，列冊通報當地主管機關及公立就業服務機構。但其資遣係因天災、事變或其他不可抗力之情事所致者，應自被資遣員工離職之日起三日內爲之。」

2.《大量解僱勞工保護法》第四條規定：「事業單位大量解僱勞工時，應於合乎第二條規定情事之日起六十日前，將解僱計畫書通知主管機關及相關單位或人員，並公告揭示。但因天災、事變或突發事件，不受六十日之限制。」（**圖16-5**）

三、資遣費之給付

資遣費的給付，《勞動基準法》及《勞工退休金條例》的規定如下：

(一)《勞動基準法》

1.在同一雇主之事業單位繼續工作，每滿一年發給相當於一個月平均工資之資遣費（第十七條第一款）。

2.依前款計算之剩餘月數，或工作未滿一年者，以比例計給之。未滿一個月者以一個月計（第十七條第二款）。

(二)《勞工退休金條例》

勞工適用本條例之退休金制度者，適用本條例後之工作年資，（以下略），其資遣費由雇主按其工作年資，每滿一年發給二分之一個月之平均工資，未滿一年者，以比例計給；最高以發給六個月平均工資爲限，不適用勞動基準法第十七條之規定（第十二條第一項）。

(三)資遣人員的選定

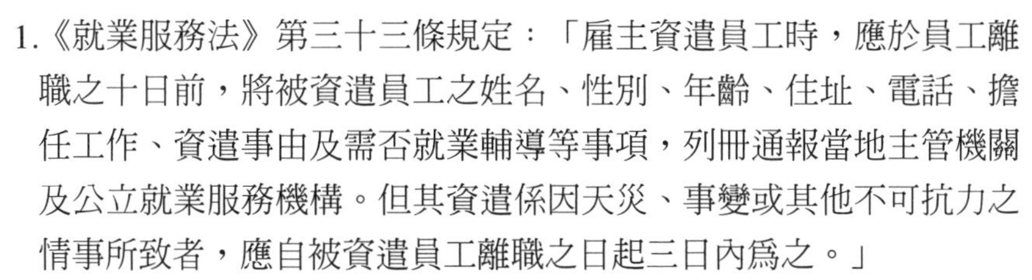

企業資遣人員的優先順序，在《勞動基準法》並沒有規定。而在《大量解僱勞工保護法》第十三條的規定是：「事業單位大量解僱勞工時，不得以種族、語言、階級、思想、宗教、黨派、籍貫、性別、容

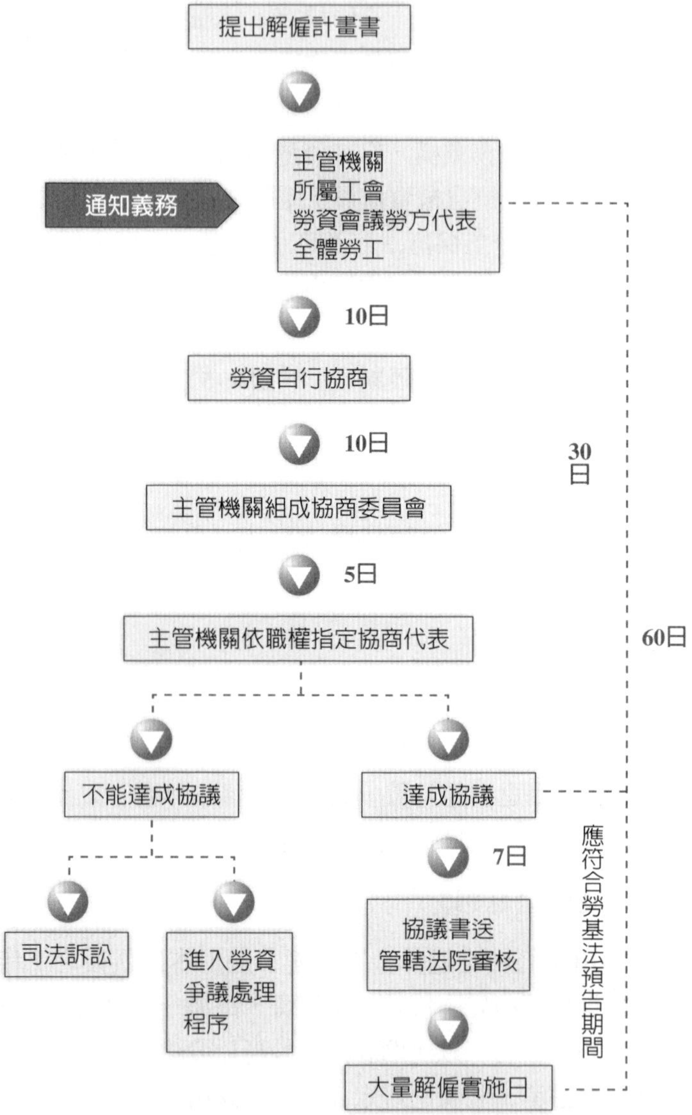

圖16-5　大量解僱勞工作業流程圖

資料來源：行政院勞工委員會（2012），〈大量解僱勞工保護法須知〉文宣品（DM）。

貌、身心障礙、年齡及擔任工會職務為由解僱勞工（第一項）。違反前項規定或勞動基準法第十一條規定者，其勞動契約之終止不生效力（第二項）。」（**表16-2**）

(四)企業併購員工的去留

企業併購衍生出的員工的去留問題，《企業併購法》第十六條規定：「併購後存續公司、新設公司或受讓公司應於併購基準日三十日前，以書面載明勞動條件通知新舊雇主商定留用之勞工。該受通知之勞工，應於受通知日起十日內，以書面通知新雇主是否同意留用，屆期未為通知者，視為同意留用（第一項）。

前項同意留用之勞工，因個人因素不願留任時，不得請求雇主給與資遣費（第二項）。

留用勞工於併購前在消滅公司、讓與公司或被分割公司之工作年資，併購後存續公司、新設公司或受讓公司應予以承認（第三項）。」

公司進行併購，未留用或不同意留用之勞工，應由併購前之雇主終止勞動契約，並依勞動基準法第十六條規定期間預告終止或支付預告期間

表16-2　裁減資遣向誰開刀？

・工作績效差（無法勝任）或工作意願低落的人（達到質的契合）
・閒置人員（達到量的契合）
・品行不佳，好惹事生非者
・健康不佳的員工
・技能過時的員工
・請假、缺勤率高的人
・沒有發展潛力的員工
・工作表現不如同儕的員工
・可取代性高的工作人員（幕僚管理職人員／業務人員）
・三高（高年齡、高職位、高薪）族群
・拒絕變革者
・組織中的特定部門或崗位的員工
・組織改組多餘的人力
・可外包職類的員工
・新進人員工作意願不高者
・外籍勞工

資料來源：丁志達（2012），「人力合理化」講義，中華民國勞資關係協進會編印。

工資，並依同法規定發給勞工退休金或資遣費（《企業併購法》第十七條）。

(五)雇主不付資遣費的法律責任

雇主不支付資遣費，處九萬元以上四十五萬元以下罰鍰（《勞動基準法》第七十八條），雇主只要繳得起這筆罰鍰，是不會坐牢的。在民事責任方面，勞工可以向地方法院民事庭起訴請求雇主支付。當雇主已經沒有財產可以被強制執行時，或者勞工沒有辦法查到雇主的財產時，縱使勞工在民事訴訟上告贏了官司，除了拿到一張判決書以外，並沒有什麼實益，這是一個很殘酷而且很無可奈何的「遊戲規則」。

雇主爲了減少勞工資遣費之支出，往往對勞工動之以情，或威脅恫嚇，使勞工簽下拋棄全部或部分資遣費，在司法實務上，認爲此同意書「簽署日期」究竟在勞動契約終止前或終止後，對資遣費拋棄是否生效，具有關鍵之影響。若在勞動契約存續期間，事先拋棄尚未發生之資遣費，則依《民法》第七十一條規定：「法律行爲，違反強制或禁止之規定者，無效。但其規定並不以之爲無效者，不在此限。」則此拋棄資遣費之行爲無效，勞工仍得向雇主請求之。反之，在勞動契約終止後，勞工之資遣費請求權已發生，其爲獨立之債權，依私法上「契約自由」大原則下，勞雇雙方自得依債權成立和解，故若雙方就資遣費金額達成低於原有金額之協議，應有效成立，致若使勞工事後全部拋棄其全部或部分資遣費，則不得再行爭執，上述同意書對勞資雙方權利影響甚大，宜加注意。（魏千峰，2002）

在裁員訴訟案例中，企業可能面對的最大陷阱就是所謂的選擇裁員的人員標準。例如，企業不能以年齡、性別或是省籍等明顯具有歧視意味的理由作爲裁員選擇對象的依據（**表16-3**）。

四、人力精簡作業

人力精簡對於企業而言絕不是「走人了事」這麼簡單。如果不慎重考慮，講求裁員的藝術，就誠如經濟和管理學者羅伯特・瑞奇（Robert Reich）說的：「眞正的問題在於採取什麼樣的裁員措施，這比是否裁員更爲重要。」（**圖16-6**）

表16-3　替代資遣員工方案

・停止招募活動（凍結人事） ・限制加班時數 ・重新培訓／重新部署員工 ・轉向僱用臨時員工 ・轉向分工的方式 ・轉為顧問職 ・使用不付報酬的休假辦法 ・使用較短的工作週 ・使用減薪方法 ・使用休年假的方法 ・實施提前退休方案 ・實施無薪假

資料來源：孫非等譯（2000），Lawrence S. Kleiman著，《人力資源管理——獲取競爭優勢的工具》，機械工業出版社，頁39。

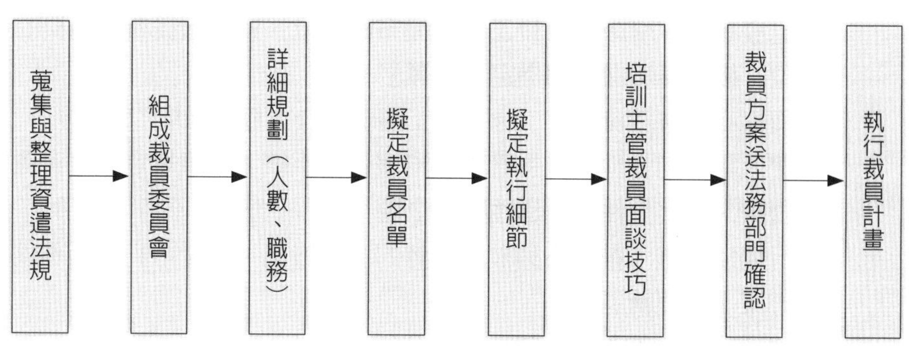

圖16-6　裁員事前準備與規劃

資料來源：丁志達（2011），「裁減資遣處理實務研習班」講義，中華民國勞資關係協進會編印。

企業一定要裁員時，千萬不能用公事公辦的態度來處理這些「弱勢團體」，而是要用感同身受的心理來對待這些即將被迫離去的昔日「袍澤」。

(一)事前準備

1.釐清公司裁員的目的與目標（爲何裁員？期望達到什麼結果？希望

掌握什麼原則？不希望發生什麼事情？）。

2.確認所需裁員的範圍與對象（人數、職級和哪些部門的人員名單）。

3.評估可能的反彈與問題（員工、工會、經銷商、當地政府勞工部門等）。

4.構思處理方案（資遣費的給付設計、對外公布的說辭、技能培訓、輔導就業方案）。

5.財務負擔的評估（資遣費、預告工資、未休特別休假日數的補償等資金的調度）。

6.制定行動計畫（資遣時間、進度、負責人員、處理要點與注意事項、資遣面談技巧訓練課程安排）。

(二)事中處理

1.消息發布單位層級（對員工正式發布的單位、對媒體發布新聞稿的單位、接受媒體採訪的指定人選等）。

2.過程協商（被裁員者、工會、勞工機構的介入協商採取的原則）。

3.法律手續（向當地政府主管機關申報資遣手續、法律規定不可資遣的對象、簽字文件的周延性與合法性）。

4.進行協助措施（推展系列被裁員者的協助方案：技能培訓、輔導就業方案、心理輔導）。

5.離職形式（集體資遣、個別資遣）。

(三)事後安撫

1.儘量安撫在職員工，並採取適當的激勵措施，避免負面情緒擴大。

2.儘速找到新的挑戰目標，讓員工專注在新的焦點上。

3.妥善處理媒體或政府關係，避免變成公關災難。（趙善輝，2002）

五、資遣員工後遺症

組織瘦身通常是希望公司減少不需要或多餘的人力，但矛盾的是通常最有生產力的員工反而先離開公司，造成企業競爭力下滑，同時也對企

業的長期獲利產生負面的影響。所以，資遣員工並非保證能使企業起死回生的萬靈丹，若規劃、執行不當，可能會造成更深遠的傷害。因此，裁員所導致的問題經常與它所要解決的問題一樣多，最大的問題之一涉及員工態度問題，衝擊的是員工與雇主之間的心理契約，改變了員工對組織的忠誠及承諾。至於組織瘦身後所留下來的員工，當他們看到其他同事相繼離去之後，也開始擔心其工作保障的問題，以及面對更多的工作、承擔更多的責任，或調換部門工作等，他們需要重新適應不同的工作環境、新主管的領導風格，以及在新單位裡建立新的工作關係。他們的工作負荷（包括工作量、工作壓力）加重、心理不安的壓力提高，對組織的忠誠產生懷疑，這都會影響他們的生產力的產出，甚至於執行瘦身的經理，也可能因產生內疚及憂鬱等現象，降低其對公司的信任感。

第四節　人事風險管理

企業經營過程中，不可避免地要面臨各種內部與外部的風險，例如契約履行、不公平競爭、人力資源、租稅以及因應外在法律政策改變而導致的經營環境變化的風險，甚至面臨違反外國法律規範所帶來的法律風險。（馮震宇，2006）

人事風險不同於保險學範疇的風險，它是指由於經營管理上的不善和制度上的缺陷而導致員工對企業（組織）利益造成損害的可能性。一般而言，企業經營是否具有法律風險意識，乃是企業能否有效防範法律風險的關鍵因素。

一、人事風險發生的原因

人事風險發生的原因有直接的和間接的，這些原因可能是來自內部的或外部的因素。例如，部分員工不認同企業文化或管理風格而籌組工會，用「集體」的力量來爭取「他們」自認應該得到的「權利」，這是內化的人事風險；部分員工因受不了外在競爭廠家的「高薪」誘惑而「集體出走」，或「盜取商機」來通敵，這就是來自外在的人事風險。從某種意

義上來講，所有的人事風險都是人的風險，有行爲、態度方面的，有工作能力方面的，有故意的或非故意的。所以，企業做好人事風險管理（risk management），抓住人的因素，就是抓住了根本（**表16-4**）。

二、防範人事風險的對策

人力資源管理體系包括組織架構及職能設計、人員甄選與任用、晉升與輪調、考核與獎懲、薪酬管理、培訓發展、員工關係等多項功能的環節。對於人事風險的管理，應該不放過每一個環節，要有系統地加以防範，同時要抓住徵才、選才、用才、育才、留才等重要環節，有重點地排除人事風險的防範工作。英代爾公司原執行長安德魯・葛洛夫（Andrew S. Grove）有句名言：「懼者生存」。「懼」的詮釋就是「如臨深淵，如履薄冰，戰戰兢兢」做好防範的功課。

風險分析，就是透過風險識別、風險估計、風險駕馭、風險監控等一系列活動來防範風險的發生。

(一)提交年度工作報告

企業每年在開股東大會時，都要準備一份「年度業績報告」給「出錢」的股東瞭解企業經營的現況。同樣道理，員工爲企業付出的心力，由企業「給錢」交換「工作成果」，理應在年底時，企業主有權要求每位員

表16-4　人事風險的偵測類別

・用人不當的風險	・經營者突然離職的風險
・集體跳槽的風險	・內部員工窩裡鬥的風險
・機密文件流失的風險	・員工檢舉企業違法的風險
・人職匹配不當的風險	・大量資遣員工的風險
・晉升員工的風險	・併購人員去留的風險
・監守自盜的風險	・核心人才招不到的風險
・解僱員工的風險	・職業傷害的風險
・調薪不公的風險	・勞資糾紛的風險
・職場性騷擾的風險	・技術骨幹離職風險
・績效考評不公的風險	・違反競業禁止條款

資料來源：丁志達（2003），〈駕馭人事風險，化險爲夷〉，《管理雜誌》，第352期（2003/10），頁62-64。

範例16-2

詐公款買精品　林百里祕書起訴

廣達電腦公司董事長林百里的女祕書徐○君，涉嫌和丈夫林○文模仿林百里簽名，詐領九千萬元公關費全用來買鑽石、名牌包。板橋地檢署將徐○君夫婦依詐欺、偽造文書等罪嫌起訴。

徐○君坦承詐騙公款，但辯稱有憂鬱症和購物慾，無法控制行為；林○文則否認知情。

三十九歲女子徐○君自二○○三年五月十六日起擔任林百里祕書，林將公關費和交際費都交給徐女處理；但徐女自二○○六年十二月起，在貴婦百貨BELLAVITA、微風廣場等處刷卡，購買LV、愛馬仕等名牌包。

徐○君「花起公款毫不手軟」，所買最貴名牌包超過一百萬元，甚至將同系列精品的各種花色都買回家，鞋子也是同款不同色全數購入，卻幾乎都沒有使用，家中堆滿未拆封的精品；她甚至在和丈夫林○文（四十五歲）交往時，幫林繳卡費金額動輒破百萬。

徐女將個人消費發票貼在公司請款單，在總經理欄位蓋「林百里」印章，再請林○文偽簽林百里簽名，藉口替老闆墊錢的方式向公司請款，致廣達財務部門不察，將錢匯入徐女帳戶。

廣達財務人員被蒙在鼓裡近五年，直到去年五月發現徐女單月分別請款一百四十多萬和三百六十多萬元，認為事有蹊蹺向林百里求證，發現徐○君夫婦詐騙公款達九千萬元，因此提告。

資料來源：楊竣傑（2012），〈詐公款買精品　林百里祕書起訴〉，《聯合報》（2012/9/6 A12版）。

範例16-3

史上惡棍交易員

公司	交易員	虧損金額（億美元）	敗績	時間
瑞銀	阿多波里	20	違規交易	2011年9月
MF Global	杜里	1.4	違規操作小麥期貨	2009年12月
PVM 石油期貨公司	柏金斯	0.1	越權操作原油期貨	2009年7月
美銀美林銀行	史坦佛斯	4.6	蓄意高估交易部位	2009年2月
摩根士丹利	派柏	1.2	衍生性金融商品報價錯誤	2008年2月
法國興業銀行	柯維耶	72	越權賭錯股市指數期貨	2008年1月
阿瑪蘭斯避險基金	杭特	66	賭錯天然氣期貨	2006年3～4月
中航油	陳久霖	5.5	燃油期貨操作失利	2004年10月
住友商事	濱中泰男	26	越權賭錯銅期貨	1996年6月
霸菱銀行	李森	14	越權賭錯日經指數期貨	1995年2月
大和銀行	井口俊英	11	越權賭錯公債	1995年9月

資料來源：田思怡（2011），〈惡棍交易員　從瑞銀實習生爬起〉，《聯合報》（2011/9/16 A3版）。

工寫出一份個人「年度工作成果報告書」。舉例來說：每位業務代表將這一年所接觸的客戶名單、聯絡電話、通訊地址及電子信箱資料整理出來，這是一種不露痕跡的要求部屬定期「移交」業務檔案的「高明」手法，如果沒有提出年度個人成果報告書者，則停發固定年終獎金的發給，如此一來，員工與企業「反目成仇」時，企業才不會「一無所有」。

(二)用人不疑、疑人不用

所謂「用人不疑、疑人不用」，指的是企業要在錄用員工前，先要摸清他的「底細」，也就是詢問前幾任的雇主或業務往來的人士，瞭解該員「為人處事」的態度，從徵詢中所透露出的「蛛絲馬跡」，判斷可以「用」或「不能用」。

(三)強迫休假

《勞動基準法》第三十八條規定，員工服務滿一年以上有特別休假七日至三十日（依個人服務年資長短而定）。員工休假是為了走更長的路，但也給企業有機會在員工休假期間找他人來代理其工作，從而瞭解該員在工作上有否「隱瞞不可告人違法行為」，也為「而後」該名員工突然「辭職」時，有「備胎」的接替人選。鼓勵員工休假，而不是「獎勵」員工不休假，企業才能「永保平安」。

(四)職務輪調

職務輪調除了可加強員工多職能工作的歷練外，更具有防弊的作用，透過業務移交與換人做做看，讓員工戒慎恐懼，不敢為非作歹。

由於高科技的產業，對人的依賴度大，所以，更需要重視人資管理中的風險管理。人事風險管理成功與否的關鍵，在於事前準備功夫是否完善。我國自古就有「置之死地而後生」的說法，例如，春秋晚期，伍子胥在輔佐吳國整軍時，他不是先練怎樣打勝仗，而是先練打敗仗後如何處置，並多次在大戰時獲勝。

當人事風險不幸來臨時，千萬不要只是怨天尤人，記得，「在亂中造機，從亂中取勝」，誠意面對問題，將心比心，找尋適當解決方案，才能藉此將企業的「風險」轉機為員工對企業的「奉獻」。

第五節　競業禁止

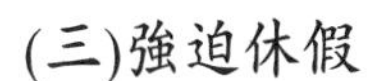

競業禁止，在法律上有兩種意義，一個是依照《公司法》第二百零九條董事競業禁止的規定；另一個則是一般《民法》上由雇主和員工所訂立的競業禁止規定。雇主和員工所訂立的競業禁止條款，則是雇主為了避免其所培訓的員工，洩漏其商業機密，包括：營業祕密、技術……，而與員工訂立於離職後一段期間不得在營業項目相同或是相類似的企業工作，以保障雇主本身的競爭力。

一、競業禁止法律規定

有關競業禁止條款的法律規定有：《民法》、《公司法》、《公平交易法》、《營業祕密法》和《刑法》的規定。

(一)《民法》

約定之違約金額過高者，法院得減至相當之數額（第二百五十二條）。

經理人或代辦商，非得其商號之允許，不得爲自己或第三人經營與其所辦理之同類事業，亦不得爲同類事業公司無限責任之股東（第五百六十二條）。

經理人或代辦商，有違反前條規定之行爲時，其商號得請求因其行爲所得之利益，作爲損害賠償（第一項）。前項請求權，自商號知有違反行爲時起，經過二個月或自行爲時起，經過一年不行使而消滅（第二項）（第五百六十三條）。

(二)《公司法》

經理人不得兼任其他營利事業之經理人，並不得自營或爲他人經營同類之業務，但經依第二十九條第一項規定之方式同意者，不在此限（第三十二條）。

(三)《公平交易法》

第十九條規定，「有左列各款行爲之一，而有限制競爭或妨礙公平競爭之虞者，事業不得爲之（第一項）：

五、以脅迫、利誘或其他不正當方法，獲取他事業之產銷機密、交易相對人資料或其他有關技術祕密之行爲（第五款）。」

(四)《營業祕密法》

第十條規定，「有左列情形之一者，爲侵害營業祕密。

一、以不正當方法取得營業祕密者。

二、知悉或因重大過失而不知其爲前款之營業祕密，而取得、使用

或洩漏者。

三、取得營業祕密後，知悉或因重大過失而不知其爲第一款之營業祕密，而使用或洩漏者。

四、因法律行爲取得營業祕密，而以不正當方法使用或洩漏者。

五、依法令有守營業祕密之義務，而使用或無故洩漏者（第一項）。

前項所稱之不正當方法，係指竊盜、詐欺、脅迫、賄賂、擅自重製、違反保密義務、引誘他人違反其保密義務或其他類似方法（第二項）。」

因故意或過失不法侵害他人之營業祕密者，負損害賠償責任。數人共同不法侵害者，連帶負賠償責任（第十二條第一項）。前項之損害賠償請求權，自請求權人知有行爲及賠償義務人時起，二年間不行使而消滅；自行爲時起，逾十年者亦同（第十二條第二項）。

(五)《刑法》

依法令或契約有守因業務知悉或持有工商祕密之義務，而無故洩漏之者，處一年以下有期徒刑、拘役或一千元以下罰金（第三百十七條）。

無故洩漏因利用電腦或其他相關設備知悉或持有他人之祕密者，處二年以下有期徒刑、拘役或五千元以下罰金（第三百十八條之一）。

二、競業禁止的類別

競業禁止，係指事業單位爲保護其商業機密、營業利益或維持其競爭的優勢，要求特定人與其約定在職期間或離職後之一定期間、區域內，不得經營、受僱或經營與其相同或類似之業務工作而言。

受僱者受競業禁止約定的限制，可區分爲在職期間及離職後兩種型態。

(一)在職期間的競業禁止

勞雇關係存續期間，員工除有提供勞務的義務外，尙有忠誠、愼勤之義務，亦即員工應保守公司的祕密及不得兼職或爲競業行爲的義務。現

行勞工法令並未明文禁止員工之兼職行爲，因此，員工利用下班時間兼差，如未損害雇主之利益，原則上並未違反法令之規定。但是如果員工在雇主之競爭對手處兼差，或利用下班時間經營與雇主競爭之事業，則可能危害到雇主事業之競爭力，故雇主常透過勞動契約或工作規則，限制員工在職期間之兼職或競業行爲，員工如有違反約定或規定之情事，可能受到一定程度之處分，其情節嚴重者甚至構成懲戒、解僱事由。

(二)離職後的競業禁止

員工對雇主負有守密及不爲競業之義務，於勞動契約終了後即告終止，雇主如欲再保護其營業上之利益或競爭上之優勢時，須於勞動契約另爲特別約定。常見的方式爲限制勞工離職後之就業自由，明定離職後一定期間內不得從事與雇主相同或類似之工作，違者應賠償一定數額之違約金之約定，這種約定稱爲「離職後的競業禁止」。

三、法院審查模式

關於員工競業禁止條款的審查，我國法院已經發展成有體系的審查模式，這是因爲員工競業禁止條款，涉及到員工的工作權，以及雇主的營業權和財產權，所以法院必須衡量兩者，而作一個較爲妥適的審查模式。

- 員工有無顯著背信或違反誠信原則。
- 雇主有無法律上利益應受保護之必要。
- 員工擔任之職務或地位。
- 應本於契約自由及誠信原則約定。
- 限制之期間、區域、職業活動範圍是否合理。
- 有無代償措施。
- 約定的違約金是否合理。

至於競業禁止條款是否有效，必須審酌：

1.該約定是否以雇主營業祕密之保護，或防止客戶與交易對象被奪取爲目的。

2.勞工離職前之職務及地位，能否知悉或蒐集客戶及交易對象等雇主之營業祕密。

3.限制勞工就業之對象、期間、區域及職業活動，是否在合理範疇。

4.雇主有無給予離職勞工一定財產作爲競業禁止之對價等項，作爲判斷之依據。

四、書面內容簽訂要項

競業禁止約定的內容，因產業性質、勞工從事之工作內容、本身經驗及技術等之不同而有極大的差異，實難擬定一個放諸四海皆準的通用樣例。儘管如此，一份明確與合理之競業禁止約定，應以書面訂之，並載明下列主要之內容，較不易引起爭議。

1.競業禁止之明確期限（如起訖時間及期限）。
2.競業禁止之區域範圍（如行政區域或一定之地域）。
3.競業禁止之行業或職業之範圍（如特定產業或職業）。
4.違反競業禁止約定時之處理方式（如賠償訓練費用或違約金）。
5.例外情形之保障（如勞工因不可抗力之原因而違反）。

勞資雙方應開誠布公，事先溝通協調，與其事後再來處理爭議，不如事先預爲防範，訂定明確的契約內容，以維企業經營及工作倫理，並藉以維持勞動市場秩序。（行政院勞委會編印，http:// www.cla.gov.tw/cgi-bin/download/AP_Data/.../426f4ecb.pdf）

基於私法自治及契約自由，以及確保企業競爭優勢之目的性，雇主與員工訂定競業禁止約定，原則上於法並無不可，惟適當的競業禁止限制，應是能有效保障企業欲保護合法營業利益，同時不過度侵害勞工生存權及工作權。

範例16-4

競業禁止合約書

甲方（員工）：　　　　　身分證號碼：
乙方（企業）：　　　　　營業執照號碼：

鑑於甲方知悉的乙方商業祕密對乙方極度重要，為保護甲乙雙方的合法權益，根據政府有關法規的規定和平等自願的原則，甲、乙雙方經協商一致達成下列條款，雙方共同遵守。

(一)甲方義務

1.未經乙方同意，在職期間不得自營或者為他人經營與乙方同類的行業。

2.不論因何種原因從乙方離職，離職後二年內不得在與乙方有競爭關係的企業就職。

3.不論因何種原因從乙方離職，離職後二年內不得自辦與乙方有競爭關係的企業。

4.不論因何種原因從乙方離職，離職後二年內不得從事與乙方商業祕密有關的產品的生產。

(二)乙方義務

從甲方離職後開始計算競業限制時起，乙方應當按照競業限制期限向甲方支付一定數額的競業限制補償費。補償費的金額為甲方離開乙方單位前一年的基本工資（不包括獎金、福利、勞保等）。補償費由乙方透過銀行支付至甲方銀行卡上。

(三)違約責任

1.甲方不履行規定的義務，則視為違約，應當一次性向乙方支付違約金，違約金數額為甲方離開乙方單位前一年的基本工資的二十倍。同時，甲方因違約行為所獲得的收益應當交還乙方。

2.乙方不履行義務，拒絕支付甲方的競業限制補償費，則應當一次性支付甲方違約金〇〇萬元。

(四)爭議解決

因本協議引起的糾紛，由雙方協商解決。如協商不成，則提交乙方所在地的地方法院審理。

(五)合約效力

本合約自雙方簽章之日起生效。

甲、乙雙方確認，已經仔細審閱過合約的內容，並完全瞭解合約各條款的法律涵義。

甲方（簽章）：	乙方（簽章）：
簽訂日期：＿＿年＿＿月＿＿日	簽訂日期：＿＿年＿＿月＿＿日
地址：	地址：
聯繫方式：	聯繫方式：

資料來源：于富榮編著（2005），《員工離職處理與防範》，中國紡織出版社出版，頁76-78。

結　語

加強人員培育及研究發展，降低人員流動性，是企業的主要經營策略。古人說：「得人者昌，失人者亡。」唯有使員工產生對公司的歸屬感、參與感與成就感，才能使企業成長茁壯，並在企業遭逢困境時，可以靠著員工忠誠的向心力而度過難關，期待員工忠誠的向心力，則有賴於企業文化的深植。

箚　記

- 人員的流動是個相當正常的現象，只要流動率保持在企業能夠接受的幅度內，都是正常的現象。換個角度來看，流動率也未嘗不是好事，它是一種良性的換血，使企業維持一定的活力與朝氣。
- 員工不會因為有怨言而辭職，他們辭職是因為沒有人理他，不重視他們的怨言，這對員工而言，是一種侮辱，是不能忍受的。
- 處理離職面談時，要注意處理的技巧，以保障離職人員不受傷害。
- 離職面談後，要將離職人員所填寫的各項紀錄拿出來作研究、分析，找出潛在的重要離職原因，及早做出對策，這對組織才有正面的意義，否則，照章行事，浪費人力、時間，徒留一堆廢紙。
- 離職時，離職員工必須將業務移交清楚，並以書面或口頭提醒離職者的保密義務，尤其對因違反公司規定遭解聘而心生不滿的離職人員，應儘量縮短其離職所需的時間，防止其藉機蒐集或帶走公司機密資訊。
- 當企業診斷出虧損可能是長期而不是短期硬撐就可以撐過去時，企業為求生存，必定會做組織重整，裁員是手段之一。
- 想要提高生產力及財務績效，企業主絕不能單靠裁員就能在短期內奏效，裁減再多的員工，也無法彌補一個嚴重錯誤的事業策略決定。
- 很多企業在面臨經濟困境的時候，常用裁員來紓解成本壓力。但是裁員時，如果犯下嚴重錯誤，例如分不清楚其長期和短期目標，或沒有伴隨縮編改變工作方式，將對企業造成長期的傷害。

- 積極推動人事精簡政策，如僅採用人員遇缺不補，人員自然流失的策略，幾年後企業就會面臨人才「青黃不接」，產生組織僵化、老化、「接班人」斷層的嚴重組織病態，企業要「反敗為勝」就困難重重。
- 裁員時，要考慮裁員後「企業損失了多少人才」而不是「裁了多少人頭」。
- 資遣時，最容易發生勞資糾紛，務必遵守勞動基準法資遣之法令，免生困擾。
- 視員工為可刪減的成本，不如視員工為可發展的資產。
- 先考慮其他替代資遣員工方案，並設身處境地站在員工立場著想，讓縮編成為一種萬不得已的最後手段，而非優先採取的措施。
- 裁員選擇的標準應依員工個人績效表現、生產力、之前的懲戒規範紀錄、類似工作已經消失或原來工作跟其他工作結合，以致別人就可勝任其工作時，員工就會面臨被解僱的命運。
- 失業不僅影響一個人的財務收支狀況，還同時賠上情緒。失業者需要自行設法排除壓力外，同時也需要家人以及朋友的支持與善意的關懷。
- 企業想要留住人才，最重要的是營造一個具有整合性、前瞻性的環境，使員工能夠擁有充分的發展機會，也就是要員工感受到這種氣氛。

詞彙表

- **360度回饋**（360-degree Feedback）

  員工的行爲或技能，不僅由其下屬進行評估，而且由其同事、顧客、上司、供應商及其本人，根據評估表中所測項目來進行評定的綜合評估方式。

- **六個標準差**（6 Sigma）

  此概念屬於製造業的品質管理範疇，西格瑪（Σ，σ）指統計學中的標準差。它是用來嚴格要求良率。一般而言，相同的流程、程序，每重複一百萬次只允許有三次或四次以下的錯誤，若達五次錯誤即是未達六個標準差所設定的高良率水準。

- **雙梯職涯發展路徑**（A Dual Career Ladder Path）

  一家公司的營運既需優秀的管理人才，也需要技術專家，所以應該要爲管理（經理）人員和專業（技術）人員設計一個平行的晉升體系。

- **仲裁**（Arbitration）

  爭議雙方對某一問題無法達成協議，雙方同意遵從第三者所作之決定，此一過程即爲仲裁。

- **平衡計分卡**（Balanced Scorecard, BSC）

  根據企業組織的策略要求而精心設計的指標體系。從財務的觀點、顧客的觀點、內部企業流程觀點，以及學習成長的觀點，提供經理人必要決策資訊。

- **紅利**（Bonus）

  以一次性方式支付的報酬，這種報酬並不成爲員工固定薪資的一部分。

- **扁平寬幅薪資結構**（Broadbanding Pay Structure）

  將原來十幾甚至二十幾、三十幾個薪酬等級壓縮成幾個級別，但同時將每一個薪酬級別所對應的薪酬浮動範圍拉大，從而形成一種新的薪酬管理系統及操作流程。

- **自助式福利**（Cafeteria Benefit）

  最重要的特色在於提供員工自由選擇福利的權利，讓員工依照個人或家庭的狀況，在其金錢回饋、醫療保健或休閒生活上得有不同的選擇。對公司而言，所付出的是相同的成本代價，但對每位員工而言，卻得到對自己最有價值的福利。

- **團體協約**（Collective Agreements）
透過團體協商（談判）所簽訂的協議。
- **團體協商**（Collective Bargaining）
一個或多數個雇主或雇主團體與一個或多數個工人團體間，爲達成有關工作條件或僱傭條件協議的一種協商（談判）過程。
- **佣金**（Commission）
依銷售數量或銷售額的某一百分比來計算酬勞的報酬方式。
- **可酬因素**（Compensable Factor）
用來確定許多種工作所共有的工作價值的因素。
- **薪酬**（Compensation）
透過任何財務性或有形服務的給付來建立僱傭關係。包括直接的現金（底薪、加薪、獎金、各項津貼等）、非現金的外部酬償（職稱、獨立辦公室、配車等）與各項福利政策（離職金、保險、休假、旅遊、福利會、員工認股權證等）。
- **薪資報酬委員會**（Compensation Committee）
通常在董事會下成立的一個小組，其成員由非企業成員的外來董事所構成。
- **職能**（Competency）
與工作績效相關，並可透過訓練及培養之一連串知識、技能、態度、經驗和人際關係。
- **核心職能**（Core Competency）
能創造競爭優勢的能力、技術和資訊系統。
- **企業文化**（Corporate Culture）
企業在長期生產經營過程中逐步形成與發展的、帶有本企業特徵的企業經營哲學，即價值觀念和思維方式爲核心所生成的企業行爲規範、道德準則、風俗習慣和傳統的有機統一。
- **企業大學**（Corporate University）
企業提供組織成員在職學習方案，培養成員專業能力，建立成員終身學習機制，發展公司成爲學習型的組織。
- **企業工會**（Corporate Union）
結合同一廠場、同一事業單位、依公司法所定具有控制與從屬關係之企業，或依金融控股公司法所定金融控股公司與子公司內之勞工，所組織之工會。
- **開除**（Discharge）
因工作者怠惰不檢，或違犯企業規章制度情節重大等原因，爲雇主所辭退者。

· **紀律**（Discipline）
培養強制貫徹企業規則習慣的一種方式。

· **組織扁平化**（Downsizing）
組織藉由大量裁員，使組織規模縮減，以提升競爭力。

· **教育**（Education）
給予一個人一般知識、能力之培養，包括專門知識、技能及生活環境的適應力的培養，屬於較長期、廣泛且較客觀的能力發展。

· **效能**（Effectiveness）
爲部門成果對組織整體目標的貢獻，即能以更正確、快速、安全的達成組織目標。

· **效率**（Efficiency）
投入與產出之間的關係，能使資源成本降至最低，消除浪費、失衡的事物。

· **員工協助方案**（Employee Assistance Programs, EAPs）
企業在工作場所中所提供給員工的服務系統，其目的在發現並解決有關勞動生產的問題，這些勞動生產的問題，發現大部分是由於員工因個人受到傷害而造成勞動生產降低。

· **員工參與**（Employee Involvement）
員工在日常工作中的積極參與，是改善生產及創造可持續發展方案的穩固基礎。

· **賦權**（Empowerment）
一種更有效，更成功的授權，但以「當責」（Accountability）爲其核心。

· **員工持股信託**（Employee Stock Ownership Plan, ESOP）
讓員工購買部分公司股票計畫，可有效地提升員工之士氣並鼓勵員工參與公司之決策。

· **企業使命**（Enterprise Mission）
企業的根本性質和存在的理由，說明企業的經營領域、經營思想，爲企業目標的確立與戰略的制定提供依據。

· **企業資源規劃系統**（Enterprise Resource Planning Systems）
一個以會計爲導向的資訊系統，利用模組化的方式，用來接收、製造、運送和結算客戶訂單所需的整個企業資源，將原本企業功能導向的組織部門轉化爲流程導向的作業整合，進而將企業營運的資料，轉化爲使經營決策能更加明快，並依據強調資料一致性、即時性及整體性的有效資訊。整個企業資源包含了產（生產）、銷（配銷）、人（人力資源）、發（研發）、財（財務）等企業各功能性部門的作業。

・**企業價值觀**（Enterprise Value）
企業在追求經營成功過程中所推崇的基本信念和奉行的目標。
・**公平理論**（Equity Theory）
美國行為科學家亞當斯所提出，認為組織成員是否工作滿足，主要原因取決於組織是否公平，與組織成員的比較心態。
・**離職面談**（Exit Interview）
為向那些即將離開企業的員工，瞭解他們決定離開企業的眞正原因所進行的談話。
・**海外派遣人員**（Expatriate）
通常是指專業或經理人員，為了工作的緣故而由一個國家遷移到另一個國家工作。
・**彈性福利**（Flexible Benefit）
一般由企業設定一定福利額度，然後由員工按照自己需要選擇所喜好的福利項目。
・**額外福利**（Fringe Benefit）
由雇主負擔，通常是提供實物或服務的一種間接報酬。
・**熱爐法則**（Hot Stove Rule）
懲罰作為管理的基本方法必須符合警告性、驗證性、即時性、公平性四大原則。
・**人力資本**（Human Capital）
存在於人體之中的具有經濟價值的知識、技能和體力（健康狀況）等品質因素之和。
・**人力資源**（Human Resource）
一定時期內組織中的人所擁有的能夠被企業所用，且對價值創造起貢獻作用的教育、能力、技能、經驗、體力等的總稱。
・**人力資源會計**（Human Resource Accounting）
鑑別和計量人力資源數據的一種會計程序和方法，其目的是將企業人力資源變化的信息提供給企業和外界有關人士使用，包括人力資源的計量和人力資源價值的計量兩種。
・**人力資源發展**（Human Resource Development, HRD）
一種策略方法有系統的發展和人與工作有關的能力，並且強調組織和個人的目標。
・**人力資源資訊系統**（Human Resource Information System）
為追求競爭優勢，利用資訊科技以提升人力資源管理品質，善用資訊技術，

建立資訊化的經營模式，以增進速度與效率。

· **人力資源管理**（Human Resource Management）
如何吸引、發展、應用和維護有效勞動力的一連串活動，以保證使員工的才幹充分、有效地用於實現企業的各項目標。

· **人力資源規劃**（Human Resource Planning）
為配合企業在未來經營環境上的發展趨勢，業務推展計畫及企業整體運作之必要，預測各項人力的變動，可能的人力需求種類、數量及時機，並於事前擬訂各項人員培訓或招募計畫，以適時滿足組織的需求。

· **人力資源政策**（Human Resource Policy）
企業為了實現目標而制定的有關人力資源的獲取、開發、保持和利用的政策規定。

· **人力資源計分卡**（Human Resource Scorecard）
一種管理工具，同時也是一種測量工具，可以用來測量企業中的人力資源活動、員工行為方式、績效產出和企業戰略之間的相互關係，在企業建立戰略目標導向的人力資源管理體系中發揮著重要的作用。

· **人力資源策略**（Human Resource Strategy）
在界定一家企業為達成目標所需要的人力資源，其處理的問題包括人力資源的數量、品質、任務編組、外包等。

· **激勵**（Incentive）
對員工超水準表現的鼓勵和報酬。

· **產業工會**（Industrial Union）
結合相關產業內之勞工，所組織之工會。

· **智力資本**（Intellectual Capital）
包括認知智識、高級技能、系統理解力、創造力以及自我激勵的創新能力。

· **工作分析**（Job Analysis）
一種書面文件，蒐集和分析關於各種職務的工作內容和對人的各種要求，以及履行工作背景環境等信息資料的系統方法。

· **工作說明書**（Job Description）
對一份工作的任務、職責和責任的說明文件。

· **工作設計**（Job Design）
根據組織需要並兼顧個人需要，規定某個工作的任務、責任、權力以及在組織中與其他職務關係的過程。工作設計的結果就是工作規範，是對現有工作規範的認定、修改或對新設職務的完整描述。

- **工作擴大化**（Job Enlargement）
  工作內容之水平擴充。主要目的在於提高員工工作內容之多樣性，譬如原本只負責中餐廳之前場管理，工作擴大化後，則西餐廳前場一併負責。
- **工作豐富化**（Job Enrichment）
  工作內容之垂直擴充，幫助員工能對自己的工作加以規劃並控制質與量，譬如原本只負責中餐廳之前場管理，工作豐富化後，則中餐廳後場一併負責。
- **工作評價**（Job Evaluation）
  確定企業內各種職務相對重要性的系統方法。
- **工作輪調**（Job Rotation）
  定期給員工分配完全不同的一套工作活動。它是培養員工多種技能的一種有效的方法，既使組織受益，又激發了員工更大的工作興趣，創造了更多的前途選擇。
- **工作規範**（Job Specification）
  工作分析後的另一產品，乃在列出擔任某項工作所具備的各種條件，包括學歷、技能等。
- **關鍵績效指標**（Key Performance Indicator, KPI）
  透過對組織內部流程的輸入端、輸出端的關鍵參數進行設置、取樣、計算、分析，衡量流程績效的一種目標式量化管理指標，是把企業的戰略目標分解爲可操作的工作目標的工具，是企業績效管理的基礎。
- **知識管理**（Knowledge Management）
  知識爲一有價值的智慧結晶，創造附加價值的效果，透過取得、交流、學習、傳播、整合與創新等方法達成。
- **勞工**（Labor）
  受雇主僱用從事工作獲致工資者。
- **勞動契約**（Labor Contract）
  當事人之一方，對於他方在從屬關係上之提供其專業上之勞動力，而他方給予報酬之契約。
- **勞資會議**（Labor Management Conference）
  爲了協調勞資關係，促進勞資合作，並防患各類勞工問題於未然的一種勞資溝通管道。
- **勞動三權**（Labor's Fundamental Rights）
  團結權、集體協商權和爭議權是工會代表員工維護其利益的權利。
- **學習型組織**（Learning Organization）
  能根據環境需要，不斷適應改變和自我革新，從經驗中學習，並且能夠很快

的改變工作方式。

· **裁員**（Layoff）
雇主因業務不振、更換設備、生產淡季、機器故障或停工待料的情形，將員工資遣，停止僱用關係。

· **目標管理法**（Management by Objectives, MBO）
任何一個組織均必須有一項管理原則，以爲該組織管理人員的行動指導，使各部門各單位的個別目標得以與組織的目標獲得協調，從而促成組織的團隊精神。

· **人力**（Manpower）
組織中投入之一種經濟資源，舉凡從事開發、計畫、執行及評估等活動，而直接或間接對組織有貢獻之人員均屬之。

· **使命**（Mission）
說明組織成立的理由，使組織中的人員瞭解企業的目的、營運的範圍、形象等，因此使命可作爲策略性管理的工具，用以促進組織內各階層員工的共識與期望。

· **導師**（Mentor）
能幫助缺乏經驗的員工進行人員開發之經驗豐富、工作卓越有成效的人而言。

· **跨國企業**（Multinational Corporation）
最少在一個國外地區擁有設施及其他資產的企業。

· **在職訓練**（On-the-Job Training, OJT）
主管經由日常的工作（包括：責任、權限、狀況、面對困難及障礙等因素），在工作中隨時給予部屬做必要的指導，以達培育部屬工作能力之目的。

· **職前訓練**（Orientation）
協助新進人員認清自己所在之位置及工作方向；其內容重點應包括介紹公司的理念、目的、組織、政策、環境、考勤規章等。

· **外包**（Outsourcing）
與組織外公司簽約，以提供本公司資源或服務。一種強調核心優勢行動之延伸，組織可以專心於自己專長之工作，並向外取得其他非專長的資源或服務（如會計、法律等）。

· **組織診斷**（Organizational Diagnosis）
在對組織的文化、結構以及環境等的綜合考核與評估的基礎上，確定是否需要變革的活動。

- **帕金森定律**（Parkinson's Law）
  它是官僚主義或官僚主義現象的一種別稱，源於英國學者帕金森（Cyril Northcote Parkinson）所著《帕金森定律》一書的標題。
- **工資級別**（Pay Grade）
  將具有大致相同工作價值的各個職務聚合爲一個工資分配等級組。
- **績效評估**（Performance Appraisal）
  衡量員工工作表現的過程。
- **績效管理**（Performance Management）
  一個持續不斷在進行的流程，目的在藉由個人和團隊的發展，提升組織的經營績效。
- **人事管理**（Personnel Management）
  管理範疇中主要處理工作中人的問題，以及人與企業之關係的活動。
- **利潤分享**（Profit Sharing）
  將企業部分利潤分配給員工的制度。
- **晉升**（Promotion）
  將員工職位變更而派任至職等較高、薪資較高、職稱較高的職位而言。
- **辭職**（Quit）
  由工作者主動請求終止僱用關係而言。
- **招聘**（Recruiting）
  爲企業的職務空缺而引吸一批有資格的申請人的過程。
- **組織再造**（Reengineering）
  組織之結構或活動流程之改變，其目的在於減少浪費與無效率之工作程序。
- **信度**（Reliability）
  測驗結果的可靠性、一致性，就某個現象重複測試，而得到大致相同的結果。
- **獎勵制度**（Reward System）
  企業組織內一種變動性酬償制度，是設法將績效和報酬連結在一起的誘因計畫，以財務方式對員工在正常績效水準之上的一種犒賞，期望以直接快速的方式獎勵表現優良的員工。
- **風險管理**（Risk Management）
  爲了有效管理發生的事件及其不利的影響所執行的步驟及系統。
- **退休**（Retirement）
  員工離開工作崗位不再工作的生活狀況。

· **選拔**（Selection）
選擇具有相應資格的人來塡補職務空缺的過程。

· **性騷擾**（Sexual Harassment）
以性目的爲導向，但爲對方所不情願的各種行爲，它使員工屈從於不利的就業條件或造成一個敵意的工作環境。

· **敏感性訓練法**（Sensitivity Training）
透過非結構性的團體互動方式來改變個人的作爲，從而達到增進及瞭解別人的能力，以更開闊的心胸，來改善人際關係，可間接減低工作倦怠發生的可能。

· **股票選擇權**（Stock Options）
企業將股票權發給員工，員工有權利用較低的股價來承購其股票。但是，選擇權並不能直接在股票市場買賣，如要獲利，員工必須先在企業規定的一定期限內，分期執行權利，即員工向企業申請將此持有的一些選擇權轉成股票，股票再由個人（公司）賣掉，員工賺取差價。員工也可以不將選擇權轉換股票，長期持有。

· **策略**（Strategic）
一種組織定位，目的在追求永續競爭優勢，其主要涉及組織選擇參與何種領域、製造哪些產品或服務，以及如何最有效分配資源，以獲得最大優勢。

· **策略性人力資源管理**（Strategic Human Resource Management）
人力資源管理與組織目標間的有效連結，各項人事作爲的最終目的均在支持總體目標的有效達成、創造組織績效與價值，以及發展一種能夠促進創新與彈性的組織文化。

· **罷工**（Strike）
勞工互相團結，爲了維持或改善勞動條件，或是爲獲得其他經濟利益而共同暫時不履行勞動契約上勞務供給，給資方造成壓力而進行的停工之集體行動。

· **接班人計畫**（Succession Planning）
公司確定和持續追蹤關鍵崗位的高潛能人才，並對這些高潛能人才進行開發的過程。

· **呆伯特法則**（The Dilbert Principle）
呆伯特，一個由史考特・亞當斯（Scott Adams）所創造的漫畫人物，被《時代雜誌》評選爲1997年最具影響力的美國人之一。自1989年起，他在報紙上連載以呆伯特爲主角的漫畫之後，即確立了他爲全球上班族發言人的地位。

- **彼德原理**（The Peter Principle）

  強調每個人在科層層級依照能力往上升遷，總會面臨到升遷到某個位置是不適合自己也無法勝任的現象。

- **史坎隆計畫**（The Scanlon Plan）

  一種提案獎金制，鼓勵員工提出增加產量、降低成本的建議，若因此而節省具體的成本，則員工可以獲得獎金。

- **訓練**（Training）

  企業爲了提供員工在執行某個特定職務所必要的知識、技能、態度或培養其對解決問題之能力的一切活動。

- **離職**（Turnover）

  員工離開企業而其職位空缺又必須找人接替的過程。

- **效度**（Validity）

  指一項預測標準達到所要衡量標的之準確程度。

- **願景**（Vision）

  組織在特定期間內的意向。

- **工資**（Wage）

  直接根據工作時間數量計算的應得報酬。

- **薪資曲線**（Wage Curve）

  工作的重要性（價值）與平均工資率之間的關係，與給付等級息息相關。

- **野貓式罷工**（Wildcat Strike）

  違反契約，未經工會授權的停止工作的行動。

- **工作規則**（Work Rules）

  規定勞工工作規律與勞動條件等具體詳細內容之有關各種規定。

參考書目

〈自助式整體薪酬方案〉，大連快線網址：http://www.dlxp.com/new_view.asp?id=7197。

EMBA世界經理文摘編輯部（2001），〈人力資源計分卡——人力資源的終極武器〉，《EMBA世界經理文摘》，第178期（2001/6），頁103-111。

EMBA世界經理文摘編輯部（2002），〈打造顧客至上的企業文化〉，《EMBA世界經理文摘》，第193期（2002/9），頁105。

丁志達（1983），〈企業如何做薪資調查〉，《現代管理月刊》（1983/4），頁37-38。

丁志達（1996），《大陸勞動人事管理實務手冊》，台北：中華企業管理發展中心。

丁志達（2001），《裁員風暴：企業與員工的保命聖經》，台北：生智文化。

丁志達（2002），《職場兵法》，廣州：南方日報出版社。

丁志達（2003），〈企業文化是公司的重要資產〉，《管理雜誌》，第350期（2003/8），頁84-86。

丁志達（2004），《績效管理》（*Performance Management*），台北：揚智文化。

丁志達（2009），《培訓管理》，台北：揚智文化。

丁志達（2012），《人力資源管理診斷》，台北：揚智文化。

丁志達（2012），《大陸台商人力資源管理》，台北：揚智文化。

丁志達（2012），《學會管理的36堂必修課》，台北：揚智文化。

丁志達編著（2006），《薪酬管理》，台北：揚智文化。

丁志達編著（2008），《招募管理》，台北：揚智文化。

丁志達編著（2011），《勞資關係》，台北：揚智文化。

中華人力資源管理協會（1998），《員工協助方案工作手冊》，行政院勞工委員會。

尹德宇（1996），〈當前福利制度的規劃〉，《1996年台灣地區產業人力資源年鑑》，中國時報社出版，頁43-48。

方翊倫（2000），〈成功企業共通語言符號e-HR〉，《精策人力資源季刊》，第44期（2000/12），頁4-6。

方翊倫，〈企業內勞資倫理的研究〉（摘錄與補遺），勞工行政學術委託研究成果發表會研究報告摘要彙編，頁118-119。

王友超、章建賽（2003），〈自助式整體薪酬方案的構成及評價〉，《管理現代化雜誌》（2003/2），頁36-38。

王銳添（1998），《現代管理要訣》，台灣商務印書館，頁113。

王璞、詹正茂、閻同柱、任聲策、曹景巍著（2004），《人力資源管理諮詢實務》，北京：機械工業出版社出版。

丘美珍（2002），〈如何進行能力盤點？〉，《CHEERS雜誌》（2002/1），頁192-193。

北京愛丁文化交流中心譯（2003），Andre A. de Waal著，《成功實施績效管理》，北京：電子工業出版社。

台北縣政府勞工局編印（2010），《勞資會議宣導手冊》，台北縣政府勞工局出版，頁4-13。

石力、李可譯（2002），Ralph L. Klien、Irwin S. Ludin著，《項目下的人力資源管理》，北京：機械工業出版社。

石才原（2011），〈組織設計著眼於做正確的事〉，《人力資源》，總第327期（2011/1），頁34。

任英梅譯（2003），Carol Quinn著，《獵頭眼光：尋找最優秀的人爲你工作》，北京：人民郵電出版社。

后東升主編（2006），《36家跨國公司的人才戰略》，北京：中國水利水電出版社出版。

朱瑞寶、顧雪春（2003），〈看不見的手——淺析薪酬設計中的參數運用〉，《智財》，總第218期（2003年4月下半月刊），頁41。

江麗美譯（2001），Jenny Rogers著，《有效求職》（*Effective Interviews*），台北：智庫文化。

行政院勞工委員會（1996），《工作規則訂定參考手冊》。

行政院勞工委員會編印（2011），《簽訂團體協約參考手冊》，行政院勞工委員會出版，頁1-15。

行政院勞工委員會職業訓練局（1998～2000），《87～89年度企業人力資源管理

系列演講專輯（共三冊）》。

行政院勞工委員會職業訓練局（2000），《企業人力資源管理手冊》。

行政院勞工委員會職業訓練局（2001），《企業人力資源作業手冊》。

行政院勞工委員會職業訓練局（2001），《企業員工職涯發展手冊》。

行政院勞委會編印，《簽訂競業禁止參考手冊》，頁24，網址：www.cla.gov.tw/cgi-bin/download/AP_Data/.../426f4ecb.pdf。

行政勞工委員會主編（2011），《簽訂團體協約參考手冊》，行政勞工委員會編印。

余佑蘭譯（2002），Pentti Sydänmaanlakka著，《建構智慧型組織》（*An Intelligent Organization*），台北：中國生產力中心。

吳秉恩（1999），《分享式人力資源管理》，台北：翰蘆圖書公司。

吳美連、林俊毅（2002），《人力資源管理理論與實務》，台北：智勝文化。

吳雯芳譯（2001），James W. Walker著，《人力資源戰略》（*Human Resource Management Strategy*），北京：中國人民大學出版社。

呂叔春主編（2005），《破解企業人力資源風險》，北京：中國紡織出版社出版。

李小平譯（2000），Robert L. Mathis、John H. Jackson著，《人力資源管理教程》，北京：機械工業出版社。

李宏暉、吳瓊治（2002），〈從「教育訓練」及「組織學習」談知識經濟時代下的人力資本蓄積〉，《品質月刊》（2002/5），頁87。

李佳玲、李懿洋（2008），〈從薪酬委員會看公司治理〉，《會計月刊》，總第272期（2008/7），頁84-85。

李芳齡譯（2003），Dave Ulrich著，《人力資源最佳實務》（*Human Resource Champions: The Next Agenda for Adding Value and Delivering Results*），台北：商周出版。

李長貴（2000），《人力資源管理：組織的生產力與競爭力》，台北：華泰文化事業公司。

李南賢（2000），《企業管理（管理學）》，滄海書局，頁622。

李建偉、許炳譯（2001），John W. Jones著，《人力測評：管理人員指南》，上海：上海財經大學出版社。

李茂興、林宜君譯（2003），Ashok Chanda、Shilpa Kabra著，《人力資源策略》（*Human Resource Management: Architecture for Change*），台北：弘智文化

出版。
李茂興譯（1992），Gary Dessler著，《人事管理》，台北：曉園出版社。
李港生（2004），〈追求核心優勢之系統思維——從A到A+〉，《統一月刊》，第298期（2004/5），頁39。
李雄（1998），《人力資源發展：人力資源管理面面觀》，高雄市政府公教人力資源發展中心編印，頁78-80。
李誠主編（2000），《人力資源管理的12堂課》，台北：天下遠見出版公司。
李誠主編（2001），《高科技產業人力資源管理》，台北：天下遠見出版。
李漢雄著（2000），《人力資源策略管理》（*Strategic Management of Human Resources*），台北：揚智文化。
李璋偉譯（1998），Dessler著，《人力資源管理》（*Human Resource Management*），台北：台灣西書出版社。
李聲吼（1996），〈績效導向企業訓練評鑑〉，《管理雜誌》，第263期（1996/5），頁120。
周昌湘（2012），〈個人資料保護法上路　企業人資當心了！〉，《Career職場情報誌》，第437期，2012年9月號。
林文政（2000），《人力資源管理的12堂課：國際人力資源管理》，台北：天下遠見出版公司，頁225-226。
林桂碧（2003），〈他山之石——台灣地區EAP的發展與現狀〉，《財智》，總第228期（2003年9月下半月刊），頁66-67。
林富松、褚宗堯、郭木林合譯，Douglas L. Bartley著，《工作評價與薪資管理》（*Job Evaluation: Wage and Salary Administration*），新竹：毅力書局出版。
林欽榮（2002）。《人力資源管理》。台北：揚智文化。
林榮欽譯（1995），Lloyd L. Byars & Leslie W. Rue著，《人力資源管理》（*Human Resource Management*），台北：前程企業管理公司，頁19。
林澤炎（2001），《3P模式：中國企業人力資源管理操作方案》，北京：中信出版社。
林聰明（2000），〈外籍勞工之人力資源管理〉，華人企業人力資源管理與發展研討會專題演講及分組討論資料集，中華人力資源管理協會主辦（2000/11/16～17），頁18-6～9。
林瓊瀛（2004），〈經營思潮篇：人力資源制度如何協助提升組織競爭力〉，資誠會計師事務所出版，頁2。

邱天欣譯（2002），Robert Bacal著，《績效管理：立即上手》，台北：美商麥格羅·希爾國際公司。

邵沖、董劍、呂峰譯（2001），Ann C. Frost著，《人力資源管理案例》（第二版），北京：機械工業出版社。

姚若松、苗群鷹（2003），《工作崗位分析》，北京：中國紡織出版社。

姚燕洪，〈樹立人力資源管理的專業形象〉，創值管理諮詢公司網站，http://www.advmcl.com/s4p1_1.htm。

段興民、張生太（2003），《企業集團人力資本管理研究》，北京：機械工業出版社，頁38。

洪榮昭（1988），《人力資源發展——企業培育人才之道》，遠流出版公司，頁1-2。

科學工業園區同業公會人力資源委員會（1997），《教育訓練實務》，科學工業園區同業公會人力資源委員會編製。

胡宏峻、陳依敏（2002），〈人力資源的一堂課——與李誠教授敘談中國人力資源〉，《財智》，總第212期（2002/12），頁33。

胡政源（2002），《人力資源管理——理論與實務》，台北：大揚出版社。

范國艷譯（2001），R. Brayton Bowen著，《激勵員工》，北京：企業管理出版社。

唐秋勇著（2006），《人事第一：世界500強人力資源總監訪談》，北京：中國鐵道出版社出版。

孫非等譯（2000），Lawrence S. Kleiman著，《人力資源管理——獲取競爭優勢的工具》（*Human Resource Management: A Tool for Competitive Advantage*），北京：機械工業出版社，頁38。

孫健（2002），《海爾的人力資源管理：關於一個中國企業成長的最深入研究》，北京：企業管理出版社。

孫經緯譯（2001），Susan L. Brock、Sally R. Cabbell著，《如何編寫員工須知》，上海：上海財經大學出版社。

孫曉萍（1999），〈大前研一新作：上班族生死存亡戰〉，《天下雜誌》，總第221期（1999/10），頁274-276。

徐芳譯（2001），Raymond A. Noe著，《雇員培訓與開發》（*Employee Training & Development*），北京：中國人民大學出版社。

馬康莊譯（1988），Richard Hyman著，《勞工運動》，台北：桂冠圖書公司。

常昭鳴，〈組織診斷的「望聞問切」〉，HR研究網，http://bbs.chochina.com/thread-15748-1-1.html。

常昭鳴、共好知識編輯群編著（2005），《PHR人資基礎工程：創新與變革時代的職位說明書與職位評價》（*Performing Human Resources*），台北：臉譜出版。

常昭鳴、共好知識編輯群編著（2008），《PSR企業策略再造工程》（*Performing Business Strategic Re-Engineering*），台北：臉譜出版。

常昭鳴、共好知識編輯群編著（2010），《PMR企業人力再造實戰兵法》（*Performing Business Human Resources Management Re-Engineering*），台北：臉譜出版。

康毅仁譯（2004），傑克．沃特曼著，《IBM變革管理：基業長青的偉大學問》，哈爾濱：哈爾濱出版社。

康耀鉎（1999），《人事管理成功之路》（*The Key to Successful Personnel Management*），台北：品度公司。

張一弛（1999），《人力資源管理教程》，北京：北京大學出版社，頁291。

張文賢（1999），《人力資源會計設計》，上海：立信會計出版社。

張德主編（2001），《人力資源開發與管理》（第二版），北京：清華大學出版社，頁144-147。

梭倫主編（2001），《以人爲本發現好員工》，北京：中國紡織出版社。

許玉林主編（2005），《組織設計與管理》，復旦大學出版，頁101-102。

許曉華譯（1986），龜岡大郎著，《IBM的人事管理》，台北：卓越文化事業出版社。

郭吉仁（1998），〈如何建立員工申訴制度〉，《第三屆全國婦女國是會議論文集》，第三屆全國婦女國是會議——職場性騷擾防治要點與企業內性騷擾防治制度建立，（1998/3/7~14）。

陳明漢總主編（1992），《企業人力資源管理實務手冊》，台北：中華企業管理發展中心。

陳芳龍（1992），《企業錦囊：如何建立規章制度》，工商時報社，頁58。

陳柏蒼譯（1996），John Humphries著，《管人的藝術》，希代出版公司，頁101-102。

陳美容譯（1992），Laurence J. Peter、Raymond Hull著，《彼德原理——爲何事情總是弄砸了》，遠流出版公司，頁37。

陳郁然譯（1992），江幡良平著，《推動企業的人脈》，台北：台灣英文雜誌社。

陳家聲（1995），〈3C時代的彈性生涯管理〉，《世界經理雜誌》，第103期（1995/3），頁88-89。

陳海鳴、萬同軒（1999），〈中國古代的人員篩選方法——以《古今圖書集成》「觀人部」爲例〉，《管理與系統》，第6卷，第2期（1999/4），頁191-205。

堺屋太一（1994），《組織的盛衰：從歷史看企業再生》，呂美女、吳國禎譯，吳思華，〈導讀：東方型的組織改造〉，麥田出版，頁3。

曾肇昌著（2011），《勞資爭議解析》，自印。

馮震宇（2006），〈是該重視法律風險時候了：法律風險的有效管理〉，《能力雜誌》，總第607期（2006/9），頁57。

黃定遠譯（1989），荻原 勝著，《新人事管理：廿一世紀的人事管理藍圖》，台北：尖端出版公司。

黃勳敬（2002），〈職位評估的方法與重要性〉，《能力雜誌》（2002/5），頁115。

楊軍（2003），〈企業文化攸關企業成敗〉，《經濟論壇》（2003/9），頁36。

楊劍、白雲、朱曉紅著（2002），《人力資源的量化管理》，北京：中國紡織出版。

楊錫昇（1999），〈現階段勞工福利發展趨勢與規劃〉，《勞工之友雜誌》，第587期（1999/11），頁12-13。

鄔金濤、邵丹（2002），〈員工激勵的新菜系：薪酬自助餐〉，《企業管理》，第12期，頁31。

廖秋芬譯（2000），Gloria Cunningham著，《員工協助方案：工業社會工作的新趨勢》（*Effective Employee Assistance Programs*）。台北：亞太圖書出版社。

榮泰生（2002），〈學習型組織的探索〉，《震旦月刊》，第376期（2002/11），頁18。

趙天一（2000），〈成人學習與教學方法〉，企業訓練機構（北區）教學觀摩研討會講義，中華民國職業訓練研究發展中心，頁28-52。

趙善輝（2002）。〈「無痛」裁員配方〉，《財智》，總第196期（2002年5月下半月刊），頁57。

趙曙明、Peter J. Dowling、Denice E. Welch著（2001），《跨國公司人力資源管理》，北京：中國人民大學出版社，頁2-3。

劉吉、張國華主編，胡零、劉智勇譯（2002），John E. Tropman著，《薪酬方案》（*The Compensation Solution: How to Develop an Employee-Driven Rewards System*），上海交通大學出版社出版，頁28。

劉志皓，〈e-HR人力資源管理科技化應用經驗談〉，http://www.gss.com.tw/eis/30/ p33.htm。

劉秀娟、湯志安譯（1999），Lawrence S. Kleiman著，《人力資源管理——獲取競爭優勢的工具》（*Human Resource Management- A Tool for Competitive Advantage*）。台北：揚智文化。

潘陸麗，〈人力資源成本量化管理〉，新華網：http://big5.xinhuanet.com/gate/big5/news.xinhuanet.com/employment/2006-02/22/content_4211358.htm。

衛民、許繼峰（1999），《勞資關係與爭議問題》，空中大學出版，頁60。

諸承明（1999），〈中國石油公司——薪酬管理制度個案〉，《第四屆台灣本土企業個案研討論文集》，國立成功大學，頁407-414。

諸承明（2001），〈薪酬設計與實務之整合性模式——台灣大型企業實證分析〉，《人力資源管理學報》（2001夏季號），第1卷第1期，頁6-8。

鄧東濱（1998），《人力管理》，台北：長河出版社。

鄭晉昌（2002），〈新觀念 新解答〉，《人力資源管理的未來》，Dave Ulrich、Michael R. Losey、Gerry Lake著，賴文珍譯，商周出版，頁Ⅲ。

鄭銀榮（2004），〈印刷產業臨時僱用人員構成及受僱者對工作與生涯看法之研究〉，《出版界》，第69期（2004/1/15），頁34-38。

謝康（2001），《企業激勵機制與績效評估設計》，廣州：中山大學出版社。

鍾國雄、郭致平譯（2001），Lloyd L. Byars、Leslie W. Rue著，《人力資源管理》，台北：麥格羅·希爾出版。

藍天星翻譯公司譯（2002），Richard S. Williams著，《組織績效管理》（*Performance Management*），北京：清華大學出版社。

魏千峰（2002），〈勞動基準法實務〉，《91年度事業單位勞動基準法研習會手冊》，台北縣政府勞工局（2002/4/9），頁18。

羅業勤（1992），《薪資管理》，自印出版，頁1-12～13。

羅業勤（1992），《薪資管理》，自印出版，頁9-20～9-30。

譚天譯（2000），Chris Argyris等著，《人力管理》（*Harvard Business Review on*

Managing People），台北：天下遠見出版。

蘇宜君，「勞動基準法問題分析與因應對策」講義，中小企業相關法規個案解說系列宣導說明會，經濟部中小企業處編印，頁1。

蘇柏屹，〈庫藏股制度與員工認股權證〉，豆丁網網址：www.docin.com/p-42091135.html。

管理叢書 3

人力資源管理

編 著 者 / 丁志達
出 版 者 / 揚智文化事業股份有限公司
發 行 人 / 葉忠賢
總 編 輯 / 閻富萍
特約執編 / 鄭美珠
地　　址 / 22204 新北市深坑區北深路三段 260 號 8 樓
電　　話 / (02)8662-6826
傳　　真 / (02)2664-7633
網　　址 / http://www.ycrc.com.tw
E-mail / service@ycrc.com.tw
印　　刷 / 鼎易印刷事業股份有限公司
ISBN / 978-986-298-065-1
初版一刷 / 2005 年 1 月
二版二刷 / 2014 年 9 月
定　　價 / 新台幣 550 元

國家圖書館出版品預行編目（CIP）資料

人力資源管理 / 丁志達編著. -- 二版. -- 新北市：揚智文化, 2012.11
面；　公分. --（管理叢書 ;3）

ISBN 978-986-298-065-1（平裝）

1.人力資源管理

494.3　　101021703